Liens de sang, liens de pouvoir

Collection « Histoire »

Dirigée par Frédéric Chauvaud, Florian Mazel et Jacqueline Sainclivier

Liste des derniers titres parus

Aurélie Campana, Grégory Dufaud et Sophie Tournon (dir.),
Les déportations en héritage. Les peuples réprimés du Caucase et de Crimée hier et aujourd'hui, 2010, 248 p.

Élise Julien,
Paris, Berlin. La mémoire de la guerre, 1914-1933, 2010, 416 p.

Guy Boistel, Jérôme Lamy et Colette Le Lay (dir.),
Jérôme Lalande (1732-1807). Une trajectoire scientifique, 2010, 240 p.

Vincent Corriol,
Les serfs de Saint-Claude. Étude sur la condition servile au Moyen Âge, 2010, 400 p.

Frédéric Le Blay (dir.),
Transmettre les savoirs dans les mondes hellénistique et romain, 2010, 418 p.

Julian Mischi,
Servir la classe ouvrière. Sociabilités militantes au PCF, 2010, 344 p.

Isabelle Cartron,
Les pérégrinations de Saint-Philibert. Genèse d'un réseau monastique dans la société carolingienne, 2010, 458 p.

Maïté Billoré et Myriam Soria (dir.),
La trahison au Moyen Âge. De la monstruosité au crime politique (V^e^-XVe siècle), 2010, 400 p.

Jean-François Chanet et Christian Windler (dir.),
Les ressources des faibles. Neutralités, sauvegardes, accommodements en temps de guerre (XVIe-XVIIIe siècle), 2010, 458 p.

Tudi Kernalegenn, François Prigent, Gilles Richard et Jacqueline Sainclivier (dir.),
Le PSU vu d'en bas. Réseaux sociaux, mouvement politique, laboratoire d'idées (années 1950-années 1980), 2009, 376 p.

Gilles Vergnon,
L'antifascisme en France de Mussolini à Le Pen, 2009, 236 p.

Emmanuel Droit,
Vers un homme nouveau ? L'éducation socialiste en RDA (1949-1989), 2009, 356 p.

Céline Regnard-Drouot,
Marseille la violente. Criminalité, industrialisation et société (1851-1914), 2009, 366 p.

Frédéric Hurlet (dir.),
Rome et l'Occident. Gouverner l'Empire (IIe siècle av. J.-C.-IIe siècle apr. J.-C.), 2009, 528 p.

Lydie Bodiou, Véronique Mehl, Jacques Oulhen, Francis Prost et Jérôme Wilguax (dir.),
Chemin faisant. Mythes, cultes et société en Grèce ancienne. Mélanges en l'honneur de Pierre Brulé, 2009, 320 p.

Yann Lagadec et Stéphane Perreon avec la collaboration de David Hopkin,
La bataille de Saint-Cast (Bretagne, 11 septembre 1758). Entre histoire et mémoire, 2009, 452 p.

Sous la direction de Laurent Coste
Textes réunis par Lara Rosenberg

Liens de sang, liens de pouvoir

Les élites dirigeantes urbaines en Europe occidentale et dans les colonies européennes (fin XVe-fin XIXe siècle)

Collection « Histoire »

Presses universitaires de Rennes
2010

UHB Rennes 2 – Campus La Harpe
2, rue du Doyen-Denis-Leroy
35044 Rennes Cedex

www.pur-editions.fr

Mise en page : Solen Cueff pour le compte des PUR

Dépôt légal : 1er semestre 2010
ISBN : 978-2-7535-1043-2
ISSN : 1255-2364

Avant propos

Michel Figeac

Au fil des années et au hasard des recrutements, une véritable thématique unifiante s'est dégagée au Centre d'Études des Mondes Moderne et Contemporain autour de l'étude des élites urbaines. Successivement, le négoce et la noblesse, les parlementaires et les avocats, leurs revenus, leur culture matérielle, leurs sensibilités religieuses, leurs mentalités démographiques, tout a été dévoilé. Bien sûr, nous partions tous des archives bordelaises, au risque d'encourir la terrible accusation de « localisme », mais pourquoi se priver du formidable creuset que fut Bordeaux à l'époque moderne, tant il est vrai que les minutes notariales, les registres paroissiaux et les fonds privés nous offraient un champ merveilleux de compréhension des structures sociales ? Cet espace d'interconnexion qu'était le port nous a permis de nous intéresser ensuite tout naturellement à l'espace national puis international.

Laurent Coste, en digne élève de Jean-Pierre Poussou, s'est inscrit totalement dans cette démarche qui élargit progressivement les espaces, et son habilitation sur les pouvoirs urbains le démontre magistralement, en particulier au travers de sa belle synthèse sur *les corps de ville sous l'Ancien Régime : essai sur le renouvellement des oligarchies municipales*[1]. Dans le concert de l'histoire des élites, la partition de Laurent Coste, c'était celle des élites municipales auxquelles il a su donner vie en faisant tomber les masques toujours trop figés des portraits officiels, comme celui des jurats qui orne un mur du Musée des Arts Décoratifs de Bordeaux. À la suite des travaux pionniers de Philippe Guignet[2] et Christine Lamarre[3] puis de Guy Saupin[4] et Sylvie Mouysset[5], l'étude institutionnelle et sociale des

1. Voir aussi Coste L., *Messieurs de Bordeaux. Pouvoirs et hommes de pouvoirs à l'hôtel de ville 1548-1789,* Bordeaux, Fédération Historique du Sud-Ouest et CAHMC, 2006.
2. Guignet Ph., *Le pouvoir dans la ville au XVIIIe siècle*, Paris, EHESS, 1990.
3. Lamarre C., *Petites villes et fait urbain en France au XVIIIe siècle. Le cas bourguignon,* Dijon, EUD, 1993.
4. Saupin G., *Nantes au XVIIe siècle, vie politique et société urbaine,* Rennes, Presses universitaires de Rennes, 1996.
5. Mouysset S., *Le pouvoir dans la bonne ville. Les consuls de Rodez sous l'Ancien Régime*, Rodez-Toulouse, Société des Lettres, Sciences et Arts de l'Aveyron, 2000.

municipalités a connu un nouvel élan. Laurent Coste s'est inséré dans ce courant et ses ouvrages font la synthèse de ces apports. Aussi, profitant de ses réseaux dans ce secteur de l'historiographie, a-t-il songé que le moment était venu pour dresser un nouveau bilan après le colloque de Tours sur les patriciats urbains [6].

L'une des grandes originalités de cette rencontre scientifique est d'avoir su raisonner au niveau de l'espace atlantique en envisageant même les prolongements coloniaux. Les différents intervenants ont proposé des communications fort variées, allant de la présentation d'un individu (William Beckford) ou d'une famille (les Penalver, les Ybarra) à l'étude comparée à l'échelle d'une ville (Dijon, Tours, Amiens), d'une région (l'Aquitaine, la Flandre française, la Bretagne), d'un pays (la France), voire de plusieurs (France et Angleterre, Brésil et Portugal). Le clivage souvent évoqué dans l'historiographie entre villes maritimes et villes continentales n'apparaît opératoire que dans un certain nombre de cas, comme celui de l'Aquitaine du XIXe siècle, mais il doit être fortement relativisé comme le montre la composition du gouvernement urbain des villes flamandes au XVIIIe siècle. S'il existe des spécificités dans chaque ville, pour chaque pays, les communications ont permis de mettre en évidence de manière très suggestive les différences qui pouvaient exister entre la règlementation et la mise en application concrète sur le terrain. Les institutions sont ce que les hommes de pouvoir en font. Si l'analyse sociologique a fait des progrès ces dernières années, les interventions ont établi qu'il fallait dépasser la simple taxinomie et analyser de manière plus fine ce qui se cachait derrière les catégories sociales. Un autre apport a été de souligner qu'il ne fallait pas réduire ces hommes de pouvoir à des représentants en tant que tels de groupes sociaux, appelés par une sorte de partage tacite ou réglementaire du pouvoir. Mais nous laisserons là le soin à François-Joseph Ruggiu de tirer le rideau et d'exposer dans de magistrales conclusions tout l'apport d'un colloque qui n'est pas qu'un colloque de plus.

Quelques mots encore pour remercier le Ministère de l'Éducation Nationale, le Conseil Régional d'Aquitaine et plus particulièrement François Corbel et l'équipe éditoriale des Presses universitaires de Rennes qui accueillent ce colloque en lui donnant un maximum de visibilité. Après la sortie de *Jeunesse et élites*, l'école bordelaise d'histoire des élites s'affiche au grand jour, dans la robe beige et noire de la célèbre collection, aujourd'hui point de ralliement de nombreux historiens.

6. PETITFRÈRE Cl. (textes réunis par), *Patriciats urbains de l'Antiquité au XXe siècle*, Tours, CEHVI, 1998.

Introduction

Laurent Coste

« Le pouvoir et le sang ». Tel était le titre du colloque organisé en mai 2008 à Bordeaux par le Centre d'Étude des Mondes moderne et Contemporain. Titre provocateur et mystérieux derrière lequel ne se cachaient ni sombres intrigues, ni sordides traquenards ni assassinats violents dignes de l'époque des Borgia ! Nulle allusion non plus aux longs conflits meurtriers que se livrèrent en Europe des souverains soucieux d'accroître leur domination en versant des flots de sang. Le pouvoir dont il devait être question était essentiellement, mais pas uniquement, le pouvoir local, municipal, provincial, et le sang évoqué n'était pas celui qui s'épanchait des plaies d'une victime mais celui qui coulait dans les veines des représentants des dynasties de notables. C'est le sang du *jus sanguinis* qui assure la filiation, qui inscrit l'individu dans une lignée[1]. Le sang représente donc le lignage, la parenté, l'une des assises du pouvoir. Il y a une vingtaine d'années, en effet, l'ethnologue toulousain Yves Pourcher n'écrivait-il pas que la parenté était au cœur du traditionalisme politique[2], faisant donc de ce critère, la famille, la parenté, un vestige des temps passés, et de son éventuelle persistance une certaine forme de conservatisme. Or, dans ce domaine, comme dans d'autres, la césure entre les temps modernes et l'époque contemporaine n'est pas aussi claire qu'il n'y paraît.

De fait, au printemps 2008, la presse quotidienne comme la presse hebdomadaire se sont faites plusieurs fois l'écho du fait familial et le terme de « dynastie » est apparu sous la plume de certains journalistes, plus versés habituellement dans l'histoire immédiate que dans celle de l'époque moderne. Dans le numéro du 27 février 2008 d'un grand quotidien régional, un journaliste prêtait à l'adjoint du maire d'une petite ville du Sud-Ouest, dont la sensibilité politique paraîtrait de prime abord étrangère au fait familial, les propos suivants : « Nos pères ont été des élus locaux. Nous

1. On lit dans le célèbre *Dictionnaire* de Furetière : « Sang, se dit aussi de la parenté, de la race de la communication qui se fait du sang par la génération… », Édition du Robert, Paris, 1978, t. 3, s. p.
2. Pourcher Y., « La parenté au cœur du traditionalisme politique : l'exemple de la Lozère », Thélamon F. (dir.), *Aux sources de la puissance, sociabilité et parenté*, Actes du colloque de Rouen, 12-13 novembre 1987, Publications des Universités de Rouen et du Havre, 1989, p. 213-221.

sommes adjoints et maire. Nos fils seront ou sont conseillers ou adjoints. » Quel vibrant éloge du fait familial en ce début de XXIe siècle ! L'opposition entre époque moderne et époque contemporaine peut donc être relativisée dans ce domaine et si de nombreux éléments entrent en ligne de compte, notamment l'émergence et la structuration des partis politiques, l'accession de nouvelles couches de la population aux responsabilités par le biais de la démocratisation de la vie politique, il ne faut pas négliger l'élément familial, comme le montrait le bel ouvrage collectif sur les maires en France au XIXe siècle, paru il y a presque un quart de siècle[3]. On pouvait y discerner sur les listes des maires des principales villes du pays des noms qui fleuraient bon, encore sous le Second Empire, le consulat, l'échevinage et la jurade, à l'image des du Hamel ou des Brochon à Bordeaux[4].

Sous la monarchie absolue comme sous les régimes successifs que la France a connus depuis 1789, les autorités, locales et centrales, se sont intéressées à l'aspect familial du pouvoir, comme en témoignent les textes réglementaires, divers par définition sous l'Ancien Régime, unifiés depuis, qui tentent de s'opposer à la main mise de quelques familles sur les instances de décision. « *Le consulat ne se transmet point par lignage ni affection de parenté... afin que les honneurs soient répartis entre tous les gens habitans la Cité* » indique le règlement de Rodez[5] ; « *Nul ne pourra être en charge quelle que ce soit, s'il est parent en degrés de parenté suivants, scavoir père et fils, frères, beau-père et beau-fils et cousins germains*[6] » précise le règlement marseillais de 1585. Et l'on pourrait multiplier les exemples, tant dans la péninsule ibérique que dans les Îles britanniques. En France, le code électoral actuel limite encore à deux les membres proches d'une même famille, parents et enfants, frères et sœurs dans les communes de plus de 500 habitants[7]. Le parti de réunir dans un colloque modernistes et contemporanéistes afin de mieux cerner les éléments de continuité et de rupture s'imposait donc naturellement.

---

3. AGULHON M., GIRARD L., ROBERT J.-L., SERMAN W., *Les maires en France du Consulat à nos jours*, Paris, Fayard, 1986.
4. Sur la permanence de cette famille par delà les troubles révolutionnaires, voir COSTE L. « Les Brochon et la municipalité de Bordeaux : destins croisés du milieu du XVIIIe au milieu du XIXe siècle », DAUSSY H. et PITOU F. (dir.), *Hommes de loi et politique (XVIe-XVIIIe siècles)*, Rennes, Presses universitaires de Rennes, 2007, p. 241-255.
5. Archives départementales de l'Aveyron (A. D. A.) G 170.
6. Dans MÉRY L., GUINDON F., *Histoire analytique et chronologique des délibérations du corps et du conseil de la municipalité de Marseille depuis le Xe siècle jusqu'à nos jours*, Marseille, Feissat et Demonchy, t. 5, 1847, p. 473.
7. Code électoral : Article L238 Modifié par la Loi n° 88-1262 du 30 décembre 1988-art. 25, JORF 4 janvier 1989. « Dans les communes de plus de 500 habitants, le nombre des ascendants et descendants, frères et sœurs, qui peuvent être simultanément membres du même conseil municipal est limité à deux. Toutefois, dans les communes où les membres des conseils municipaux sont élus par secteur, les personnes mentionnées au quatrième alinéa ci-dessus peuvent être membres d'un même conseil municipal lorsqu'elles ont été élues dans des secteurs électoraux différents. » À contrario, l'appartenance de plusieurs élus à une même famille est justifiée en dessous de 500 habitants afin de ne pas tarir les vocations.

Mais le poids des familles dans l'exercice du pouvoir, notamment urbain mais pas seulement si l'on songe à la transmission quasi héréditaire des charges de gouverneurs, à l'hérédité des offices dans la plupart des compagnies d'officiers [8], n'est pas une spécificité française et de nombreux travaux, portant sur les îles britanniques, sur la péninsule ibérique et le reste du continent [9], ont depuis quelques années analysé et mis en évidence des processus similaires. Si l'on s'intéresse au phénomène dynastique, des travaux aussi divers que ceux de Philippe Guignet pour Lille et Valenciennes, de Sylvie Mouysset pour Rodez, de Guy Saupin pour Nantes, de Robert Descimon pour Paris, de Jean-Pierre Andrault pour Poitiers, de Josette Pontet pour Bayonne ou de Michel Combet pour Bergerac ont montré qu'il était fort variable d'une ville à l'autre [10]. En Angleterre, les travaux de Nicholas Rogers, John T. Evans et Rosemary West ont mis en évidence des phénomènes similaires que ce soit à l'époque des Stuarts ou sous la dynastie des Hanovre [11]. Quant aux élites urbaines espagnoles, elles ont fait l'objet d'études récentes très novatrices, que ce soit de chercheurs espagnols, comme Mauro Hernandez, ou de français comme Jean-Pierre Dedieu [12]. Partout, avec naturellement des différences, liées au mentalités, aux institu-

8. Dans les compagnies d'officiers de justice et de finances, nombreux sont les règlements concernant la parenté, comme ceux touchant les dispenses ou les récusations. Voir notamment Cubells M., *La Provence des Lumières. Les parlementaires d'Aix au 18e siècle*, Paris, Maloine, 1984, p. 67-71 ; Le Mao C., *Parlement et parlementaires. Bordeaux au Grand Siècle*, Seyssel, Champ Vallon, 2007, p. 203-209 ; Paulhet J.-C. « Les parlementaires toulousains à la fin du xviie siècle », *Annales du Midi*, 1964, p. 189-204.

9. Il faut citer ici le travail fait sur Liège : Moreau Y., *Les bourgmestres de Liège au xviiie siècle*, Kortrijk-Heule, 1978.

10. Andrault J.-P., *Poitiers à l'âge baroque 1594-1652. Une capitale de province et son corps de ville*, Poitiers, Société des Antiquaires de l'Ouest, 2003 ; Combet M., *Jeux des pouvoirs et familles. Les élites municipales de Bergerac au xviiie siècle*, Bordeaux, FHSO, 2003 ; Guignet Ph., *Le pouvoir dans la ville au xviiie siècle. Pratiques politiques, notabilité et éthique sociale de part et d'autre de la frontière franco-belge*, Paris, EHESS, 1990 ; Mouysset S., *Le pouvoir dans la bonne ville. Les consuls de Rodez sous l'Ancien Régime*, Toulouse, Société des Gens de Lettres, Sciences et Arts de l'Aveyron, 2000 ; Pontet J., *Bayonne, un destin de ville moyenne à l'époque Moderne. Étude de l'agglomération bayonnaise de la fin du xviie siècle au milieu du xixe siècle,* Thèse d'État sous la direction de Poussou J.-P., Paris IV, 1978 ; Saupin G., *Nantes au xviie siècle. Vie politique et société urbaine*, Rennes, Presses universitaires de Rennes, 1996.

11. West R., « Oligarchy and urban government in eighteenth-century England », Saupin G. (sous la coord. de), *Le pouvoir urbain dans l'Europe atlantique du xvie au xviiie siècle*, (Colloque international de Nantes, 21-22 janvier 2000), Nantes, Ouest Éditions, 2002, p. 183 ; Rogers N., « Money, land and lineage : the big bourgeoisie of Hanoverian London », *Social History*, 1979, n° 4, p. 437-454 ; Evans J. T., « The decline of oligarchy in Seventeenth-century Norwich », *The Journal of British Studies*, 1974, p. 46-76.

12. Hernandez M., *A la sombra de la Corona. Poder local y oligarquia urbana, (Madrid, 1606-1808)*, Madrid, Siglo XXI de España, 1995 ; Castellano J.-L., Dedieu J.-P. (dir.), *Réseaux, familles et pouvoirs dans le monde ibérique à la fin de l'Ancien Régime*, Paris, CNRS Éditions, 1998. ; Dedieu J.-P., « Noblesses espagnoles au xviiie siècle : entre déclin et renouveau », communication à la journée d'étude du CAHMC, *Noblesses en échec ? Les aristocraties françaises et européennes et leurs comportements démographiques du xviiie au milieu du xixe siècle* (Pessac, 3 juin 2005) ; Loupes P., Dedieu J.-P., « Pouvoir et vénalité des offices en Espagne. Corregidores et échevins, un groupe médian », Cassan M. (études réunies par), *Les officiers « moyens » à l'époque moderne : pouvoir, culture, identité*, Actes du colloque de Limoges (11-12 avril 1997), Limoges, PULIM, 1998.

tions locales, à l'emprise plus ou moins forte du pouvoir central, partout, il est clair que les familles de notables ont cherché, d'une manière ou d'une autre, à se perpétuer au pouvoir. C'est ce qu'ont mis en évidence, à de degrés divers compte tenu de leurs orientations respectives, de nombreux colloques récents centrés sur la ville comme *Noblesses et villes (1780-1850)* tenu en 1994 à Tours, *Construction, reproduction et représentation des patriciats urbains de l'Antiquité au XX*e *siècle*, tenu à Tours en 1998, *Le pouvoir urbain dans l'Europe atlantique*, tenu à Nantes en l'an 2000, *Gouverner la ville en Europe. Du Moyen Âge au XX*e *siècle*, organisé à Lyon en 2002. Si certaines familles sont parvenues à s'inscrire dans la durée, parfois sur plusieurs siècles, même si cette longévité reste relativement rare, d'autres ont échoué pour de multiples raisons. Plusieurs historiens ont ainsi mis en exergue la disparition de certains lignages, incapables de se perpétuer au-delà d'une certaine durée. On peut citer le cas des villes flamandes, celui de Kendal, en Angleterre, où un tiers des aldermen en charge entre 1575 et 1637 n'a pas eu d'enfants mâles, celui la municipalité d'Avila en Espagne, à la fin du XVIIe et au début du XVIIIe siècle, qui a les plus grandes difficultés à rassembler le quorum requis, les familles s'étant réservées le pouvoir ne pouvant occuper les postes. Mais, il faut bien le reconnaître, si l'extinction biologique des familles dirigeantes a été souvent présentée comme un des facteurs de renouvellement des élites, les avancées restent limitées dans ce domaine, la plupart des auteurs se contentant d'allusions à quelques cas plus ou moins connus [13]. Pour autant, l'oligarchisation qui apparaît nettement dans les formes de distribution et de partage du pouvoir n'est pas seulement familiale, elle est aussi sociale, réservant, dans la plupart des cas, l'exercice des responsabilités à des notables, à des milieux professionnels élevés ou intermédiaires. Les textes anciens évoquent souvent les « plus apparents ». La tendance à la « patrimonialisation » de bien des professions renforce donc le poids de certaines familles où le négoce, le prétoire ou la rente se transmettent de génération en génération.

C'est à l'ensemble de ces problématiques que les intervenants du colloque organisé en mai 2008 se sont attaqués, présentant des analyses comparatives d'ensemble lorsque l'état de la bibliographie le permettait, posant des jalons en vue de futures synthèses par l'étude de villes, de familles voire d'individus emblématiques. C'est ce qui a conduit les organisateurs du colloque à regrouper les communications en quatre thèmes d'inégale ampleur. Le choix géographique et chronologique s'imposait de lui-même. La volonté de mesurer les effets ou non des bouleversements institutionnels et sociaux que l'Europe a connus à la fin du XVIIIe et au début du XIXe siècle impliquait de travailler sur la longue durée, du XVIe au tout début du

13. Ruggiu F.-J., « Pour une étude de l'engagement civique au XVIIIe siècle », *Histoire urbaine*, 2007/2, n° 19, p. 145-164.

XXe siècle, en transgressant les frontières de la Révolution dans la lignée des travaux de l'Ecole historique bordelaise représentée entre autres par Paul Butel, Jean-Pierre Poussou ou Josette Pontet. Les regards se sont donc majoritairement portés sur la France, l'Angleterre et la péninsule ibérique, centres d'intérêts des chercheurs du Centre d'Étude des Mondes Moderne et Contemporain depuis déjà de longues années. Mais le choix de cette aire géographique n'a pas été seulement le fruit des circonstances, il s'est surtout imposé du fait de similitudes organisationnelles. En effet, même si certains États évoqués précédemment exercent une emprise sur l'intérieur – pensons à la Mancha en Espagne, au Massif central en France, tous ont une façade maritime développée, dynamique, mettant en relations étroites leurs ports respectifs et par là même leurs élites. Tous, malgré la persistance de privilèges, de *fueros*, de *liberties*, de particularismes provinciaux, sont des États relativement structurés, tentant sous des formes diverses et avec des résultats inégaux à renforcer leur emprise sur leur territoire. On ne peut en dire autant de la partie médiane de l'Europe, qui de la péninsule du Jutland à la botte sicilienne, offre le visage d'une multitude de principautés, dont certains se trouvent être des Cités-États.

Les seize communications définitivement retenues et publiées – sur vingt-et-une proposées initialement – sont de fait présentées selon un plan régressif, de l'espace le plus vaste à l'étude de cas. Même si le champ de recherches concernant les élites a été déjà fortement labouré, il aurait sans doute été présomptueux de prévoir une synthèse qui paraît encore prématurée. Mais il était néanmoins possible de brosser des tableaux d'une relative envergure sur certains points, en particulier sur les élites municipales. Le titre du colloque est donc devenu pour la publication « Les liens du pouvoir, les liens du sang » car, ainsi que l'indiquent plusieurs participants, l'aspect strictement familial a été largement englobé dans des considérations d'ordre social et politique, en raison notamment, de la relative rareté des publications concernant les liens familiaux[14]. Il apparaît donc clairement, à l'issue

14. Rares sont les données facilement exploitables dans ce domaine. Les chercheurs peuvent consulter les Armoriaux et Dictionnaires biographiques de la noblesse mais ceux-ci, par définition, ne recouvrent pas l'ensemble des élites. Ils comportent en outre de nombreuses inexactitudes. Il existe quelques publications plus générales sur les élites urbaines mais elles sont peu nombreuses. Citons le remarquable travail de Denis du Péage utilisé par Philippe Guignet (Denis Du Péage P., *Recueil de généalogies lilloises*, publiées sous les auspices de la Société d'Études de la province de Cambrai, Lille, Lefebvre-Ducrocq, 1906-1908). Dans le domaine des élites municipales, l'on dispose surtout de listes nominatives et de quelques dictionnaires comme celui de Robert de Saint-Loup sur Lyon (Saint-Loup R. de, *Dictionnaire de la noblesse consulaire de Lyon*, Versailles, Mémoires & Documents, 2004, 208 p.), ou le mien sur Bordeaux. (Coste L., *Les élites municipales françaises. Dictionnaire prosopographique. Les jurats de Bordeaux de 1550 à 1789*, Bordeaux, HISME-SAHCC-CGSO, 2008, 440 p.). Quant aux ressources de l'état-civil ancien, elles sont souvent lacunaires pour le XVIe et le début du XVIIe siècle.

de cette rencontre, que les historiens manquent encore d'instruments de travail suffisamment étoffés, surtout si l'on envisage la longue durée [15].

Il s'agit, dans un premier temps, de tenter, à l'échelle de l'Europe occidentale (Guy Saupin), à l'échelle d'un État et de ses prolongements ultramarins (Nuno Monteiro), ou à l'échelon de deux pays dont les élites entretiennent des échanges approfondis (Jean-Philippe Priotti), de mesurer les rôles des différentes élites. Diversités institutionnelles et pratiques sociales ne se décalquent pas. Si la France et l'Angleterre se caractérisent par un même modèle organisationnel pyramidal, les familles au pouvoir dans les villes portuaires ne se recrutent pas dans les mêmes milieux, milieux marchands en Angleterre, milieux marchands mais aussi officiers du roi, hommes de loi dans les villes françaises. Quant au schéma institutionnel brésilien, s'il fut exporté au Brésil, l'exercice du pouvoir fut dévolu au milieu négociant dans le monde ultramarin alors que les villes de la métropole restaient dominées par les élites traditionnelles. Quant à Vicente Montojo, il s'intéresse à l'intégration des Italiens et des Français au sein des élites dirigeantes urbaines du Levant espagnol.

C'est au niveau inférieur, provincial ou régional, que se focalisent les études d'Agathe Leyssens, de Jean-Paul Jourdan, de Philippe Jarnoux et de Stéphane Durand. Le panel relevé y est tout à fait représentatif des provinces françaises bien typées, au fort particularisme et associant villes côtières et villes de l'intérieur. Citons pour l'Aquitaine, Bordeaux et Bayonne d'une part, Agen et Pau de l'autre, pour les Flandres, Lille, aux frontières de l'ennemi héréditaire Habsbourg, Calais, Dunkerque et Boulogne sur le front de mer, en Bretagne, Rennes et Vitré, Brest et Saint-Malo. Ce faisant, les auteurs, analysant les élites urbaines du milieu du XVIe siècle à la veille de la Première Guerre mondiale, s'efforcent de prouver ou de récuser l'opposition entre villes maritimes aux élites commerçantes et villes de l'intérieur aux élites officières et administratives, en tentant de proposer d'autres critères de différenciation.

Le concept de système atlantique, qui a longtemps orienté les investigations des chercheurs, anglo-saxons en particulier, est aujourd'hui contesté [16]. L'un des objectifs des organisateurs de ce colloque était cependant de mettre en parallèle les élites dirigeantes des villes portuaires et celles des provinces plus continentales. La mise en évidence d'une éventuelle spécificité des élites du monde maritime suppose en effet de connaître les caractéristiques des milieux dirigeants des régions continentales, souvent moins connus. Quatre intervenants, couvrant une vaste aire géographique et un champ chronologique étendu ont apporté leur contribution à cet axe de réflexion,

15. D'où l'intérêt de multiplier les enquêtes. Citons sur Bordeaux, grâce aux chercheurs du CEMMC, le projet ANR « Gaulhore » de Bernard Lachaise qui a pour objectif la constitution d'un corpus prosopographique des gaullistes de la Seconde Guerre mondiale au milieu des années 1970, ou la publication des biographies des magistrats bordelais. COSTE L., *Les jurats de Bordeaux de 1550 à 1789*, *op. cit.*

16. PIETSCHMANN H., *Atlantic History. History of the Atlantic System, 1580-1830*, Göttingen, Vandenbroeck & Rupecht, 2002 ; ARMITAGE D. & BRADDICK M. (éd.), *The British Atlantic World 1500-1800*, New York, Palgrave, Macmillan, 2002.

Olivia Carpi sur les élites amiénoises du XVIe siècle, Christine Lamarre sur l'échevinage de Dijon du XVIIIe siècle, encore méconnu, Béatrice Baumier sur la municipalité tourangelle des deux derniers siècles de l'Ancien Régime. Jean-Pierre Poussou, quant à lui, s'intéressait aux élites du Lot-et-Garonne à la veille de la Première Guerre mondiale. Les auteurs ont expliqué, en présentant en détail leurs sources, les difficultés de la reconstitution des généalogies et des réseaux familiaux, notamment pour les périodes les plus anciennes, ce qui explique leur choix d'avoir insisté sur la composition sociologique des élites. Les analyses patronymique et prosopographique permettent d'intéressants parallèles, notamment entre Dijon et Amiens, malgré les époques fort éloignées qui sont présentées. La longueur des carrières personnelles, sensible dans les deux villes, n'implique pas en effet nécessairement l'émergence de dynasties.

La dernière partie, associant les apports de la microstoria comme de la prosopographie présente des destins individuels et des destins familiaux. Vaste débat que celui du rôle de l'individu, symbole d'un mouvement lent de la société ou exception, cas atypique devant aux hasards de la documentation d'être tiré de l'anonymat. Or, si le contexte, le milieu social, l'éducation, jouent un rôle non négligeable pour les uns, fondamental pour les autres, dans l'émergence d'une personnalité, l'individu contribue par ses décisions, par ses traits de caractères, à sa propre destinée et à celle de ses proches. Car la réussite d'un individu prend tout son sens lorsqu'elle s'inscrit dans la durée, grâce à ses descendants. C'est dire l'intérêt des études de cas présentées ici, associant des destinées hors du commun comme celles des Penalver de La Havane, présentés par Dominique Goncalves ou celles des Ybarra, chers à Alexandre Fernandez. À ces familles du monde ibérique, répondent les ascensions tout aussi remarquables que celle de William Beckford dans l'Angleterre des Hanovre (Perry Gauci) ou celle des Villeroy dans la France des Bourbons (Yann Lignereux).

Les communications des plus éminents spécialistes des élites locales permettront, nous l'espérons, de conforter les recherches et les réflexions des chercheurs intéressés par l'histoire sociale du politique, tant en France qu'à l'étranger. Si l'origine sociale, les réseaux familiaux des élites locales, urbaines ou provinciales, sont désormais mieux connus, de nombreux champs restent ouverts. Citons, entre autres exemples, celui des « partis », des « clans » dont l'existence a été mise en évidence dans certaines villes [17], à certaines époques mais qui restent encore peu connus, pour l'époque moderne tout au moins.

17. Citons pour le Midi de la France, CUBELLS M., « Les pratiques politiques à Marseille au milieu du XVIIe siècle », *Provence historique*, t. 202, 2000, p. 413-426 ; PASCAL H., *Agde. L'enjeu du pouvoir urbain, 1766-1781*, mémoire de maîtrise, Montpellier, Université Paul Valéry, 1991, 2 vol. ; DURAND S., « La vie politique arlésienne de la Fronde à la Révolution », *Arles. Histoire, territoires et cultures*, ROUQUETTE J.-M. (dir.), Paris, Imprimerie nationale, 2008, p. 505-517.

Première partie

LE POUVOIR DANS LES VILLES MARITIMES

Sociologie du gouvernement urbain des villes atlantiques anglaises et françaises aux XVIIe et XVIIIe siècles

Guy Saupin

La réflexion engagée dans cette comparaison sociologique des dirigeants des municipalités des villes atlantiques anglaises et françaises renvoie à une question plus large, celle des divers vecteurs qui ont soutenu la construction d'un monde atlantique à l'époque moderne. L'hypothèse de départ est celle d'un impact profond de la dimension atlantique dans la structuration interne des villes portuaires pour qui le commerce colonial avec le continent américain, avec toutes ses ramifications extérieures secondaires, est devenu le moteur essentiel de la croissance. La ville étant saisie ici comme production sociale, l'influence atlantique, si elle existe, doit pouvoir se lire en priorité dans les oligarchies municipales, partie prenante des élites sociales urbaines ayant entre les mains les moyens locaux d'impulser les inflexions fondamentales dans le développement urbain et la configuration de son identité sociale et culturelle. Si l'appartenance à des États nationaux différents et à des systèmes régionaux très disparates ne peut que tirer vers une affirmation des décalages, l'existence d'un même modèle socio-politique pyramidal dans les institutions municipales et la pression que l'enrichissement dans les affaires atlantiques exerce sur la recomposition de la société, travaillent à ramener ces villes portuaires vers un même type urbain justifiant cette tentative comparative. Pour aller droit au but, résumons de manière simpliste la question de fond : le très fort essor du commerce atlantique au long de l'époque moderne, concrétisé par une puissante élévation des fortunes de ses acteurs principaux, s'est-il traduit par la main mise de ces derniers sur les gouvernements urbains des villes atlantiques ? Cette recherche vise d'abord à établir la profonde différence entre l'Angleterre, où une certaine homogénéité des données invite plutôt à répondre positivement, et la France où la discordance entre les situations urbaines oblige à une nette réserve. Il s'agit ensuite de proposer quelques interprétations capables de rendre compte de cette relative opposition.

Contexte global de la comparaison

Comme la plupart des villes européennes, les ports atlantiques anglais et français relèvent du même modèle administratif pyramidal à trois étages hiérarchisant une base d'ouverture sociale, un niveau intermédiaire de consultation et de participation déjà oligarchique et un conseil de direction totalement réservé à des représentants de l'élite urbaine.

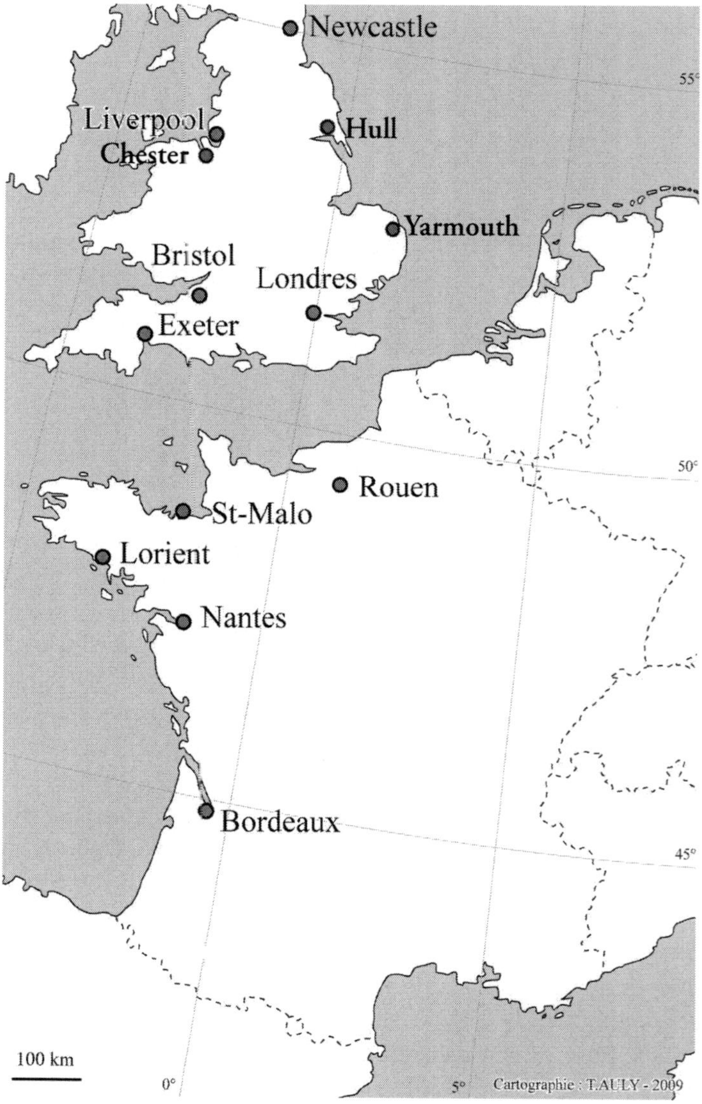

Les principales villes atlantiques anglaises et françaises
de l'époque moderne observées dans cette étude

En Angleterre, ce schéma pyramidal classique à trois étages est très fortement relié aux organisations d'arts et métiers comme il est de coutume en Europe du Nord et du Centre, et principalement dans cette concentration urbaine formée par les anciens Pays-Bas et leur périphérie. Le gouvernement urbain est principalement assuré par la cour des *aldermen* présidée par le lord maire, mais celle-ci s'appuie fortement sur un conseil commun (*common council*) et un corps électoral formé par l'ensemble des bourgeois (*freemen*), membres du corps privilégié par leur appartenance aux guildes professionnelles [1]. En France, le pouvoir est le plus souvent entre les mains d'un échevinage ou d'un consulat, appuyé sur plusieurs structures intermédiaires de consultation, et une assemblée plus large dont la compétence est principalement électorale. Dans les deux pays, le processus de dévitalisation de la base au profit du sommet est en cours au long de l'époque moderne. La disparité des modes de fonctionnement paraît cependant nettement supérieure en France.

En Angleterre comme en France, les villes portuaires liées au commerce international, dans lequel l'espace atlantique joue le rôle majeur, ont connu les plus forts taux de croissance à l'époque moderne. Il convient toutefois de marquer la différence fondamentale quant à une même macrocéphalité dans le réseau urbain : le développement de Londres a été beaucoup plus spectaculaire que celui de Paris et le fait que la capitale anglaise ait additionné la fonction de principale place maritime du pays à ses fonctions politiques et culturelles de capitale du royaume en est la principale raison. Pendant les trois siècles, Londres a imposé son hégémonie en termes de commerce intérieur et extérieur, même si sa domination relative a légèrement faibli au XVIIIe siècle [2]. Quand on sélectionne le sommet de la pyramide urbaine dans les deux pays, la principale différence ne vient pas de la proportion des ports, qui reste proche de la moitié, avec un léger avantage à l'Angleterre, mais plutôt de la modification plus nette de la hiérarchie dans ce dernier pays.

En 1500, sur les dix villes anglaises de plus de 5 000 habitants, on compte cinq ports, et même six en incluant York. Derrière Londres, viennent Exeter et Bristol pour la côte sud-ouest et Colchester et Newcastle sur la côte nord-est. En 1600, alors que le nombre de villes a doublé, on relève douze ports. Le XVIe siècle a été plus profitable à Londres et Newcastle qu'à Bristol et Exeter, mais le fait le plus remarquable est l'émergence de nouveaux ports sur la côte est pour desservir des villes importantes, comme Darmouth pour Norwich et Hull pour York, mais aussi Gloucester et Chester sur la

1. Clark P. et Slack P. (eds), *Crisis and Order in English Towns, 1500-1700*, Londres, Routledge and Kegan Paul, 1972 ; Clark P. et Slack P. (eds), *English Towns in Transition, 1500-1700*, Oxford, OUP, 1976 ; Clark P. (ed.), *The Transformation of English Provincial Towns*, Londres, Hutchinson, 1984 (voir introduction).
2. Boulton J., « London, 1540-1700 », Clark P. (ed.), *Urban History of Britain*, Cambridge, CUP, 2000, vol. 2, p. 315-346.

côte ouest, soutenus par les liens commerciaux avec l'Irlande. En 1700, on compte 16 ports sur les 32 villes de plus de 5000 habitants. Le XVIIe siècle a surtout vu l'explosion de Londres dont le taux de croissance se situe entre 300 et 400 %, mais Newcastle et Bristol ont bien progressé. La nouveauté vient de l'émergence de Liverpool sur la côte ouest[3]. Le XVIIIe siècle confirme le développement rapide des grands ports provinciaux, sur un rythme supérieur à Londres[4]. La nouveauté vient surtout du nord-ouest avec le décollage de Liverpool qui dépasse Bristol pour s'affirmer comme deuxième port anglais, la naissance du port charbonnier de Whitehaven, et l'essor spectaculaire du port écossais de Glasgow qui profite pleinement de l'intégration dans le Royaume-Uni (1707).

La France connaît beaucoup moins de modification puisque les grandes villes portuaires du XVIIIe siècle sont les mêmes que celles du XVIe siècle, avec toutefois quelques reclassements dans la hiérarchie[5]. C'est dans la seconde moitié du XVIIe siècle que Rouen perd sa place de premier port français au profit de Saint-Malo et régresse au rang de troisième ville de province derrière Lyon et Marseille. La ville normande, dont les activités maritimes sont de plus en plus captées par Le Havre, ne peut enrayer son déclin relatif face à la belle croissance de Bordeaux et de Nantes qui l'ont dépassée dès 1650. Marseille, bien que décimée par la peste de 1720, talonne Bordeaux à la fin du XVIIIe siècle. Tout n'est pas facile pour les villes portuaires moyennes à l'exemple de Dieppe qui perd son importance du XVIe siècle, de La Rochelle longtemps affectée par les conséquences du siège de 1627-1628, ou de Saint-Malo qui décline au long du XVIIIe siècle après son demi-siècle de gloire sous Louis XIV. Les plus belles réussites sont celles des villes militaires, soutenues par leurs arsenaux, sous la forme de création de villes nouvelles à l'exemple de Brest, Rochefort et Toulon en France ou Portsmouth et Plymouth en Angleterre. Le choix de Lorient comme centre d'armement maritime pour la compagnie des Indes orientales par Colbert produit le même effet.

L'importance relative des marchands dans les gouvernements urbains des villes portuaires

Une très importante hégémonie marchande en Angleterre

À l'exemple de la Cité de Londres, les grandes villes maritimes anglaises comme Newcastle, Yarmouth, Hull sur la côte est ou Bristol, Exeter, Gloucester, Chester, Liverpool sur la côte ouest, étaient administrées par des

3. Sacks D. et Lynch M., « Ports, 1540-1700 », Clark P. (ed.), *Urban History, op. cit.*, p. 377-424.
4. Jackson G., « Ports, 1700-1840 », Clark P. (ed.), *Urban History, op. cit.*, p. 705-731.
5. Meyer J. et Poussou J.-P., *Études sur les villes françaises : milieu du XVIIe à la veille de la Révolution*, Paris, SEDES, 1995.

corporations dont la direction était étroitement contrôlée par le milieu marchand le plus important, celui qui dominait le commerce international. Les problèmes financiers de la monarchie au XVIe siècle ont facilité la négociation de beaucoup de chartes, incluant même des légalisations de situations de fait, à l'image de Liverpool qui est parvenue en 1579 à faire admettre que ses privilèges remontaient à Jean Sans Peur. L'autonomie urbaine était fondée sur l'indépendance par rapport au comté, c'est-à-dire à son *sheriff*, sa *county court* et ses juges de paix. Les relais politiques passaient par les liens avec la cour, mais aussi par le parlement puisque les chartes portaient le privilège d'élire deux députés aux Communes.

À Londres, *The court of the Lord Mayor and aldermen* formait l'organe exécutif qui contrôlait l'essentiel de l'autorité municipale, appuyé sur la *court of Common Council* composée de 206 membres vers 1600, de 237 en 1646, élus annuellement par les *wardmote* ou assemblées de quartier qui rassemblaient des représentants de 67 guildes de commerce et d'arts et métiers [6]. Cette assemblée délibérative tenait cinq à six séances par an pour valider la levée des impôts, cautionner les grandes orientations du *Common Council* et choisir six conseillers qui se joignaient à quatre *aldermen* pour former un comité chargé d'administrer les biens de la ville. À la base, l'assemblée électorale, ou *Court of Common Hall*, regroupait les membres de la *corporation*, soit environ 4 000 *liverymen*. Il ne suffisait pas d'être un simple bourgeois (*freeman*) pour voter, puisqu'il fallait avoir été admis au grade de *livery*, c'est-à-dire membre du comité directeur de son organisation professionnelle. Le rôle électoral consistait au XVIIe siècle à choisir, sur une liste cooptée de six à huit échevins, les deux qui rempliraient l'office de *sheriff*, deux candidats pour la charge de Lord Maire et à élire les représentants de la City au parlement. Les 26 échevins (*aldermen*) détenaient des charges viagères, mais électives puisqu'ils étaient désignés dans les assemblées de quartier. La responsabilité d'échevin était de fait quasiment réservée aux membres des « *liveries* » des douze plus grandes guildes londoniennes, sans que ce fût une règle impérative [7].

Ce modèle londonien se retrouvait, avec quelques variantes, dans la plupart des villes anglaises les plus importantes. Vers 1600, les échevinages fermés avec des membres viagers, renouvelés par des procédures dominées par la cooptation, étaient devenue la règle. Partout, les guildes les plus importantes dans l'animation économique de la ville réglaient entre elles la composition de l'élite municipale. Dans les villes portuaires, la participation et la maîtrise du commerce de mer assuraient la prédominance politique locale. À Londres, Exeter, Bristol, Newcastle [8] et dans bien d'autres places maritimes, la société

6. Archer I., *The Pursuit of Stability. Social Relations in Elizabethan London*, Cambridge, CUP, 1991.
7. Rogers N., « Money, Land and Lineage : the Big Bourgeoisie of Georgian London », *Social History*, 1979-4, p. 437-454.
8. Howell R., *Newcastle-upon-Tyne in the Puritan Revolution*, Oxford, Clarendon Press, 1967.

des Marchands aventuriers formait l'antichambre de la municipalité[9]. Les crises politiques, principalement centrées sur le XVIIe siècle, n'ont même pas affecté ce dispositif socio-économique de distribution de l'autorité municipale. Les luttes entre royalistes et parlementaires au temps de la guerre civile des années 1640[10] et de la restauration anglicane avec le code Clarendon ou les purges destinées à renforcer la sensibilité tory au détriment du courant whig pendant la crise de succession au début des années 1680 se sont bien traduites par des changements de personnalités ou de familles, sans remettre en question la distribution sociale de l'autorité politique urbaine en faveur de l'élite marchande des villes. Les études menées sur Chester[11], Exeter, Gloucester ou Newcastle se rejoignent toutes sur cette conclusion.

La « corporation » de Bristol était fondée sur les lettres patentes d'Henry VII de 1499, confirmant les privilèges concédés en 1373, tout en créant le conseil des échevins. Le gouvernement urbain était ainsi confié à un corps de 43 personnes, incluant le maire, le *recorder*, les échevins, les *sheriffs* et les conseillers, élus par un corps de citoyens de 1 500 à 2 000 chefs de feux de sexe masculin. Comme partout, les candidatures n'étaient pas libres car il importait de garantir la qualité sociale du gouvernement urbain par le filtre de la cooptation. Il était exigé deux candidats pour chaque poste vacant, l'un proposé par le maire et le second par le reste du conseil. Comme le nombre de citoyens considérés comme dignes de ces responsabilités était en nombre réduit, les mêmes noms revenaient à chaque élection jusqu'à leur admission. Mais tous les notables proposés n'acceptaient pas l'honneur qui leur était fait car l'obligation de dégager beaucoup de temps au service de la collectivité et de contribuer par ses finances en faisait reculer plus d'un. La menace de lourdes pénalités faisait normalement fléchir les plus hésitants, sans toutefois ébranler les plus rétifs comme ce Luke Hodges, marchand épicier, qui préféra acquitter les 200 livres exigées. D'un autre côté, il existait une compétition entre les familles très intéressées par cette instance de pouvoir, ce qui obligeait à actionner les solidarités à travers les réseaux de parenté et d'amitié.

Les grandes mutations commerciales qui ont assuré l'essor de Bristol durant l'époque moderne pour en faire le second port anglais derrière Londres[12], avant que Liverpool ne le supplante dans la seconde moitié du XVIIIe siècle en tirant un plus grand profit encore du système atlantique, ont eu leur traduction dans la hiérarchie économique et sociale du grand port du sud-ouest et assez logiquement dans la distribution sociale du pouvoir

9. CLARK P. et SLACK P. (eds), *Crisis and Order…, op. cit.*, p. 21-25 ; CLARK P. et SLACK P. (eds), *English Towns…, op. cit.*, p. 126-129.
10. PEARL V., *London and the Outbreak of the Puritan Revolution*, Oxford, 1961.
11. JOHNSON A. M., « Politics in Chester during the Civil Wars and the interregnum », CLARK P. et SLACK P. (eds), *Crisis and Order…, op. cit.*, p. 204-229.
12. SACKS D. H., *The Widening Gate : Bristol and the Atlantic Economy, 1450-1700*, Berkeley, Californie, 1991.

politique urbain étant donné l'étroite connexion entre les deux. Dès le XVIe siècle, la progression du commerce avec l'Espagne, la Méditerranée et les îles atlantiques a soutenu l'émergence des grands marchands internationaux au détriment des marchands itinérants ou spécialisés sur du cabotage régional et plus encore des marchands détaillants et des artisans. Cette élite, où confluaient les dynasties les plus entreprenantes, les enfants de la gentry du comté et les meilleurs des boutiques et des ateliers, a trouvé dans la constitution de la Société des Marchands aventuriers l'instrument confortant une cohésion déjà engagée par l'échange de services, de facteurs et de capitaux. Le relais pris par le commerce atlantique au XVIIe siècle ne fit qu'accentuer ce phénomène de polarisation [13].

Toutefois, la force de la relation traditionnelle de la *corporation* avec les guildes atténua les effets de cet éclatement au niveau de la composition sociale du Conseil Commun dans lequel les marchands spécialisés et les marchands détaillants de produits de luxe maintinrent relativement bien leur position, beaucoup mieux que les plus importants artisans [14].

Tableau n° 1. Origines socio-professionnelles des membres du Conseil Commun de Bristol (1605-1642)

Occupations	Nombre	% du total connu
Marchands	56	46,67
Principaux détaillants, dont	40	33,33
Apothicaire, épicier	07	
Drapier	11	
Poissonnier	02	
Mercier	01	
Quincaillier	03	
Mercier	13	
Marchand de vin, aubergiste	03	
Marchand de savon et de chandelle	04	03,33
Total des entrepreneurs dominants	100	83,33
Artisanat	20	16,66
Fabriquant de draps	05	
Dentellier	01	
Fabriquant de cartes à jouer	01	
Tréfileur, étireur	01	
Brasseur	07	
Gentlemen, Yeomen	05	04,17
Total connu	120	100
Non identifié	03	
Total général	123	

13. SACKS D. H., *Trade, Society and Politics in Bristol, 1500-1640*, New-York, 1985.

14. SACKS D. H., « The Corporate Town and the English State : Bristol's "little business", 1625-1641 » ; BARRY J. (ed.), *The Tudor and Stuart Town, 1530-1688*, Londres, New-York, Longman, 1990, p. 297-333.

Le risque de déstabilisation de la corporation, suite à l'expression d'intérêts divergents, était conjuré par le contrôle du renouvellement de ses membres par les Marchands aventuriers[15]. Sur les 123 individus promus au Conseil de 1605 à 1642, 71 (près de 60 %) en furent membres dans leur carrière marchande et 62 y tinrent même les postes de maître, trésorier ou directeur. Cette prédominance alla en s'accentuant puisqu'on passa d'un peu plus de la moitié de membres de la Société de 1605 à 1623 à 75 % pour la seconde phase jusqu'à 1642. Il en fut quasi de même pour les maires, avec une proportion des quatre cinquièmes pour la seconde phase. L'illustration la plus éclatante de cette étroite alliance fut offerte lorsque, par deux fois dans les années 1630, le maire fut en même temps le maître de la Société. L'imbrication des pouvoirs fut amplifiée par les députations au parlement. Ainsi l'échevin Humphrey Hooke, six fois maître dans les années 1630, siégea au Court et au Long Parlement, au côté de Richard Longe, deux fois maître et élu au Long Parlement.

Cela n'empêcha pas l'existence de tensions car certains boutiquiers de luxe et gros artisans entendaient tirer de leurs privilèges de bourgeoisie le principe du libre accès à n'importe quel niveau de commerce, à la seule condition d'en courir les risques. Cela en vint même parfois à structurer les groupes de pression lors des élections. La tension maximale fut atteinte en 1626 lorsque Christopher Whitson, raffineur de sucre et distilleur de miel de Bretagne, intégré dans la Société en 1619, chef de file de la contestation des manufacturiers et des boutiquiers contre leur exclusion du grand commerce, parvint à se faire élire maire contre l'échevin Robert Aldworth, le plus riche et le mieux connecté des marchands de sa génération, proposé par le maire sortant et soutenu par les Marchands aventuriers. L'analyse des origines des votes est très éclairante quant aux tensions évoquées. Aldworth obtint 19 voix sur les 42 votes exprimés dont 17 venant de Marchands aventuriers. Whitson réunit 22 suffrages, dont huit seulement de membres de la Société, plus tournés vers des trafics de moindre importance en Baltique et en Normandie, Bretagne et Baie de Biscaye. Sa performance est d'autant plus remarquable qu'il avait contre lui la majeure partie des marchands de la compagnie d'Espagne au sein de laquelle son cousin John avait défendu la même position dès 1604. Un partage de même nature a aussi prévalu dans le conflit pour le choix du trésorier de ville en 1639. Là encore, la victoire revint au candidat ayant les soutiens les plus diversifiés contre le candidat des marchands les plus importants. L'explication est certainement à chercher dans la rencontre entre une certaine réaction symbolique contre un patronage trop visible de la Cour et une volonté d'adresser un message de revendication d'ouverture à la Société des Marchands aventuriers dont

15. MACGRATH P. V., *The Merchant Venturers of Bristol : a History of the Society of Merchant Venturers of the City of Bristol from its Origins to the Present Day*, Bristol, 1975.

l'autorité venait d'être renforcée par le pouvoir royal par l'octroi de nouveaux statuts.

Une situation beaucoup plus diversifiée en France

Par rapport à la relative homogénéité anglaise, les réalités des villes maritimes françaises s'avèrent plus complexes, avec une diversification sociale beaucoup plus grande dans l'exercice du pouvoir, même si elle se limite naturellement à une variation au sein de l'élite urbaine. Au-delà des conséquences d'équilibres différents dans l'association des fonctions administratives et économiques, l'environnement politique, religieux et culturel paraît avoir eu beaucoup plus d'impact sur le renouvellement des élites municipales. La comparaison de Nantes et Bordeaux, deux grands ports atlantiques ayant un même profil commercial mais une dimension administrative inégale, permet ainsi de présenter rapidement, mais efficacement, la question de la diversité française.

Durant l'époque moderne, l'échevinage nantais, composé d'un maire et de six échevins, a été principalement composé de grands marchands, même si le poste de maire leur échappait le plus souvent[16].

Le renouvellement du corps de ville de Nantes sous l'Ancien Régime fut sans doute l'un de ceux qui furent les plus en liens avec les mutations d'une société urbaine, non pas que la ville ait ignoré la précautionneuse cooptation ou le contrôle royal établi dès 1598, en sanction de la longue rébellion ligueuse, mais parce que le classement des éligibles se fit dans une assemblée électorale ouverte, résistant curieusement à toutes les tentatives de fermeture, au sein de laquelle les réseaux de parenté, d'amitié et de sociabilité étaient fortement mobilisés. Il en résulte d'importantes mutations dans l'équilibre des diverses strates de l'élite urbaine, beaucoup plus pour les échevins que pour le maire.

Tableau n° 2. Les origines socio-professionnelles des maires

	Officiers de justice	**Autres officiers**	**Avocats**	**Marchands-Négociants**
1565-1598	52,17 %		8,70 %	39,13 %
1598-1692	89,36	2,13		8,51
1693-1789	47,62	14,28	14,28	23,82

16. Saupin G., « Sociologie du corps de ville de Nantes sous l'Ancien Régime, 1565-1789 », *Revue Historique*, 1996, CCXCV/2, p. 299-331.

Tableau n° 3. Les origines socio-professionnelles des échevins

	Officiers de justice	**Officiers de finances**	**Avocats Procureurs Médecins**	**Marchands Négociants**	**Sieurs**
1565-1598	10 %	11 %	15 %	62 %	2 %
1598-1668	35,4	8	17,3	38,7	0,6
1669-1719	5,2		30,9	63,9	
1720-1789	23,3	2,3	15,8	58,6	

La charge de premier magistrat municipal a toujours été confiée de préférence à un officier royal, de judicature à quelques rares exceptions près. En ajoutant les avocats, la suprématie du monde judiciaire est évidente. Le milieu marchand ne fut que faiblement représenté. Le XVIIe siècle a correspondu à une marginalisation quasi-totale, et le vigoureux essor commercial du XVIIIe siècle n'a pas eu sa traduction dans la direction du bureau de ville, même si une réévaluation témoigne de l'importante mutation de l'image sociale du négociant dans la société des Lumières, progression également consolidée par la présence de quelques officiers de l'amirauté – tribunal royal des affaires maritimes et portuaires installé à Nantes en 1693 –, étroitement intégrés dans les réseaux de parenté des plus grands négociants. Il ne faut pas se méprendre sur la signification du chiffre élevé du dernier tiers du XVIe siècle, les marchands ne faisant que profiter du vide créé volontairement par les officiers du présidial et de la sénéchaussée, hostiles à la transformation de l'ancien Conseil des bourgeois, fondé par les ducs de Bretagne en 1420, en municipalité à la française à cause d'un important transfert des compétences de police, et boycottant les élections jusqu'à l'établissement de compromis entre 1575 et 1581. Il est à noter qu'ils ne furent pas suivis par les officiers de la Chambre des comptes dans cette politique d'obstruction, sans doute parce que nombre d'entre eux sortaient directement des mêmes lignées marchandes. Avec le règne de Louis XIV, ces officiers des Comptes ont commencé à se dégager de la municipalité et la rupture est totalement consommée au XVIIIe siècle.

Il pourrait être tentant d'expliquer cette prédominance des officiers royaux, et plus globalement des gens de justice, par la recherche d'une compétence professionnelle, facilitant la conduite de l'administration urbaine et la défense des privilèges collectifs. La comparaison avec les réalités des villes anglaises, où l'ampleur des pouvoirs à assumer et des droits à défendre était d'un niveau bien supérieur, doit nous convaincre de l'inanité de cette direction. Dans les villes des deux royaumes, les édiles disposaient des compétences d'officiers administratifs supérieurs comme le procureur du roi syndic ou le trésorier pour les aider aux mises au point techniques. L'impact du modèle social le plus classique dans la culture politique urbaine française nous paraît une voie interprétative beaucoup plus performante. Nous en voulons pour preuve la réaction négative de la plupart des villes à l'édit d'Henri II de 1547 excluant les officiers de justice des corps de ville. Dans les sollicitations d'exemption figurent toujours en premier la question de l'honorabilité du corps de ville. Pour les défenseurs du pouvoir municipal, il était évident que la communauté devait avoir la meilleure tête possible pour garantir un bon fonctionnement organique et entretenir l'esprit civique. Il était donc vital d'y maintenir les officiers de justice royale. Une telle perspective ne pouvait exister dans les villes anglaises car leur *corporation* disposait de l'ensemble des pouvoirs exigés pour couvrir tous les besoins de la société urbaine et s'intégrer dans le système comtal. Ainsi, le dualisme entre l'appareil étatique des offices, principal vecteur d'anoblissement pendant longtemps, et les municipalités [17], représentatives des communautés privilégiées, semble la principale clé pour comprendre l'originalité de la vie politique urbaine française.

L'importance de la fonction commerciale dans le développement de la ville de Nantes est beaucoup plus lisible dans la composition de l'échevinage, même si d'importantes mutations doivent être commentées afin de savoir si elles reflètent plus la position fluctuante des marchands nantais dans l'essor du trafic portuaire ou l'impact social de problèmes de nature politique, les deux phénomènes pouvant parfois se rejoindre à certaines périodes. Dans le dernier tiers du XVIe siècle, l'hégémonie marchande relève également de la stratégie de non participation choisie par le présidial et la sénéchaussée pour manifester leur opposition à la création d'un échevinage obtenue par le lobby marchand. L'excellente intégration des grands marchands castillans dans l'élite urbaine assure aussi une force réelle à ce milieu qui investit les finances royales et la chambre des comptes. Dans un revirement total, les deux premiers tiers du XVIIe siècle se singularisent par un retrait marchand légèrement au dessous des 40 %. Même si la période peut être placée sous le signe d'un délicat redéploiement commercial, au sein duquel les marchands indigènes sont gênés par une forte concurrence portugaise et surtout hollandaise, il nous semble que la principale explication est politique. Il s'agit principalement du temps nécessaire pour faire oublier que le milieu marchand a fourni le principal soutien de la Ligue. Traumatisée par la peur rétrospective d'avoir mis en péril les privilèges urbains, l'élite nantaise, suivie par le reste du corps civique, entend rétablir sa relation de confiance avec la monarchie dans un loyalisme indéfectible, ce qui favorise la présentation privilégiée de gens de justice, milieu ayant fourni la plupart des « politiques » au moment de la grande crise.

17. CHEVALIER B., *Les bonnes villes de France du XIVe au XVIe siècles*, Paris, Aubier-Montaigne, 1982.

Le retour en force des marchands dans l'échevinage sous le règne de Louis XIV est trop puissant pour être attribué sans discussion à l'essor commercial réel qui fait passer le port ligérien au rang de premier centre d'armement maritime du royaume au début du XVIIIe siècle. Naturellement, le basculement progressif du grand cabotage européen et de la grande pêche vers le commerce colonial antillais ainsi que la déportation des esclaves noirs vers les Îles d'Amérique ne pouvaient qu'attirer l'attention bienveillante du pouvoir royal depuis le fort engagement dans une politique mercantiliste impulsée par Colbert. Le soutien apporté aux acteurs les plus performants dans leur entrée dans les corps de ville s'inscrivait dans une logique de reconnaissance et de valorisation, adaptée à chaque contexte particulier, mais délicate à soutenir, comme le montrent les issues opposées de la réforme de l'échevinage de Marseille, réservé aux grands marchands, et de la tentative bordelaise, rapidement abandonnée, de redéfinition interne de la jurade à leur profit [18]. Toutefois, ce qui alerte le plus sur l'insuffisance de cette analyse n'est pas tant le caractère encore expérimental de l'exploitation du marché transatlantique que l'effondrement brutal de la représentation des officiers de justice [19]. Inquiétées par la suppression et la restauration partielle, mais toujours menacée et de plus en plus fiscalisée, des privilèges de noblesse municipale, au milieu et après les grandes enquêtes de réformation de noblesse, les familles du présidial et de la sénéchaussée ont suivi celles de la chambre des comptes qui elles-mêmes finissaient de se rallier à l'attitude dépréciative des parlements vis-à-vis de la dignité sociale des corps de ville. Afin de ne pas se retrouver sur des listes de traitants, dans cette phase juridique incertaine, il était plus prudent de s'écarter d'une institution risquant de troubler l'image extérieure d'un lignage en ascension. Ainsi, la suprématie marchande dans l'échevinage nantais sous Louis XIV ne correspond que partiellement à une reconquête, car elle résulte en grande partie de l'occupation de la place laissée vide par la désertion volontaire des officiers de justice.

Finalement, l'équilibre du XVIIIe siècle traduit mieux la puissance du milieu négociant, même si la proportion enregistre une légère contraction en valeur relative, car ce dernier a dû s'imposer contre une réelle concurrence des gens de justice, soutenue par le retour des officiers du présidial et l'affirmation des avocats au détriment des procureurs. Ces redistributions, qui traduisent une prise d'autonomie vis-à-vis du modèle des officiers des cours souveraines, s'expliquent par une conscience plus forte de l'importance de l'autorité municipale en ce qui concerne la propriété urbaine dans le cadre du développement de la politique d'embellissement urbain.

18. Coste L., « La jurade de Bordeaux au XVIIe siècle », Pontet J. (dir.), *Des hommes et des pouvoirs dans la ville, XIVe-XXe siècles*, Bordeaux, CESURB, 1999, p. 257-287.

19. Saupin G., *Nantes au XVIIe siècle. Vie politique et société urbaine, 1598-1720*, Rennes, Presses universitaires de Rennes, 1996.

Abandonnant leur trop longue utopie de l'accession aux rangs des officiers supérieurs par le partage du privilège d'anoblissement, les familles du présidial ont considéré en priorité, avec plus de réalisme, leurs intérêts en tant que propriétaires urbains.

Pour Bordeaux, le poids relatif des grands marchands dans la jurade se caractérise par une présence régulière, mais minoritaire. Pour les agents royaux de Louis XIV, le principe de la composition sociale tripartite de la jurade remontait à l'édit du roi Henri II de 1550, acte de refondation de l'institution municipale effaçant la suppression des privilèges politiques sanctionnant la grande rébellion anti-fiscale de 1548. C'était une opinion erronée car ce principe s'est progressivement établi dans la pratique au cours de la seconde moitié du XVIe siècle. Les actes fondateurs médiévaux comme le Livre des Bouillons de 1375 ou les lettres patentes de Charles VII n'imposaient que la condition minimale et évidente d'appartenance au corps de bourgeoisie. La première moitié du XVIe siècle semble avoir été principalement favorable aux gentilshommes et anoblis (47 %) et aux auxiliaires de justice (42 %) beaucoup plus qu'aux marchands (11 %). La seconde moitié du siècle a vu se normaliser la pratique avec un net redressement de la représentation marchande (40 %) au détriment des deux anciens milieux favorisés réduits à 30 % chacun.

Ce n'est donc qu'avec le XVIIe siècle que la tripartition classique se mit en place[20]. Elle ne fut contestée que par une initiative de Colbert, qui au moment où il accélérait sa politique mercantiliste anti-hollandaise, tant dans la guerre des tarifs douaniers que dans la mise en place de l'Exclusif colonial, considéra que l'administration municipale des grandes villes portuaires du royaume devait être confiée en priorité au grand commerce. L'arrêt du Conseil du 18 juillet 1670 doubla le nombre de marchands dans la jurade, réduisant ainsi la représentation nobiliaire et avocate à l'unité. Tous les corps constitués de la ville se dressèrent contre cette réforme de l'ancien usage. L'assemblée des Cent et Trente délibéra sur des suppliques qui furent portées en Cour par plusieurs députations, tant et si bien que le grand Colbert renonça en reprenant la rhétorique bordelaise dans les justifications de l'arrêt du Conseil du 21 juillet 1674 :

> « La ville de Bordeaux, estant asses exposées aux ennemis de l'Estat, a besoing de magistrats faisant profession des armes, pour y commander dans ce temps là, et dans les villes voisines, que, parce que estant juges de la police et des crimes qui se commettent dans la dite ville de Bourdeaux et banlieue d'icelle, il est nécessaire qu'une partie d'entre eux soit graduée, et d'ailleurs, que la dite ville estant maritime, il estoit nécessaire, pour exciter les habitans d'icelle à faire le commerce, de donner part des honneurs de la magistrature à ceux de cette profession. »

20. COSTE L., *Messieurs de Bordeaux. Pouvoirs et hommes de pouvoirs à l'hôtel de ville, 1548-1789*, Bordeaux, Fédération Historique du Sud-Ouest, 2006.

Après cette alerte, la tripartition devint un principe sacré de la vie municipale bordelaise que la réforme Laverdy ne manqua pas de respecter en 1767.

L'importance de la noblesse comme premier ordre symbolique était affirmée, mais quels types de nobles la pratique y envoya ? L'affirmation du principe de l'alternance entre l'épée et la robe sous la plume du chroniqueur Jean de Gaufreteau n'est pas confirmée par l'analyse historique. Selon le contexte politique et social, la jurade n'a pas accueilli les mêmes catégories nobiliaires et plusieurs phases sont à distinguer. Prenant à la lettre l'édit d'Henri II de 1547 interdisant aux officiers royaux de siéger dans les échevinages pour réserver ces derniers aux bourgeois marchands, les parlements y ont vu immédiatement une excellente stratégie pour affirmer leur supériorité, tant institutionnelle que sociale, et ils ont été suivis par mimétisme par les autres cours royales de justice présentes dans la même ville, alors que les membres de ces mêmes cours adoptaient des comportements totalement différents dans les villes non parlementaires[21]. Suite à cette faiblesse initiale, le poids relatif de la noblesse de robe n'a pu être que marginal, à l'exception d'une correction à la marge apportée par les secrétaires du roi à la chancellerie du parlement dans la seconde moitié du XVIe siècle ou par les officiers du bureau des finances dans la première moitié du XVIIe siècle, les deux ayant en commun une recherche de consolidation de prestige du fait d'un anoblissement récent. Les vrais militaires s'intéressèrent peu à la jurade car les deux engagements étaient contradictoires quant à la mobilisation dans le temps et dans l'espace. Ce furent principalement des petits gentilshommes dont le principal travail était de s'occuper de la gestion de leurs seigneuries autour de Bordeaux. Laurent Coste s'interroge sur les causes de l'effacement des officiers de finances sous le règne de Louis XIV : expulsion sous pression de la gentilhommerie rentière ou retrait volontaire d'une institution méprisée ? À la lumière du cas nantais, il me semble qu'il faut surtout retenir la seconde interprétation. Suite aux enquêtes de noblesse lancées par Colbert et aux remises en cause des privilèges de noblesse municipale dans les villes privilégiées du royaume, le passage par les municipalités trouble l'image sociale de ceux qui sont en procès d'anoblissement. Ces officiers de finance finissent par se rallier, pour sécuriser leur position, au modèle imposé par les parlements pour le monde de la judicature dans les villes qu'ils peuvent régenter par leur puissance sociale.

Si les officiers de justice supérieurs et moyens ne pouvaient siéger à la jurade pour des questions de gestion de dignité des lignages, il convenait d'y envoyer ceux qui en étaient les plus proches par leur formation univer-

21. SAUPIN G., « Fonctionnalisme urbain et sociologie des corps de ville français (XVIe-XVIIIe siècles) », SAUPIN G. (dir.), *Le pouvoir urbain dans l'Europe atlantique du XVIe au XVIIIe siècle*, Nantes, Ouest Éditions, 2002, p. 235-258.

sitaire, leur travail et leur culture, c'est-à-dire les avocats[22]. Cette volonté de souligner cette proximité, et leur fonction de remplacement symbolique de milieux qui ne désiraient pas paraître, a conduit à l'exclusion des procureurs à partir du début du XVIIe siècle. Afin de préserver au maximum la lecture sociale de cette médiation sous forme de substitution, il convenait de maintenir une frontière institutionnelle claire entre les avocats et les cours, tout en multipliant les signes de proximité sociale. D'où l'interdiction vigilante de cumul avec des charges, même petites, de cour royale et le désintérêt pour la fréquence du même cumul avec les offices seigneuriaux. D'où la recherche des signes extérieurs d'honorabilité, tant dans l'ancienneté de la fonction que dans la reconnaissance corporative puisqu'on privilégiait le recrutement des anciens bâtonniers, et ce d'autant plus que ces derniers étaient désignés par le parlement. Il s'agissait donc de maintenir un subtil équilibre symbolique entre proximité et infériorité.

Dans le modèle social traditionnel reposant sur la hiérarchie statutaire des états, le milieu marchand manquait un peu de dignité. C'est pourquoi il n'était pas inutile de lui imposer un cursus honorum, sorte d'ascension probatoire destinée à pallier un déficit initial. Celui de Bordeaux n'était pas original car il additionnait la charge de trésorier de l'hôpital Saint-André et le passage par le Consulat du commerce. Le parlement, à la fin des années 1570, avait même formulé l'idéal de la sortie des affaires, sans grande illusion d'ailleurs étant donné la « mesquinerie marchande ». Cette prétention, très éclairante sur les préjugés sociaux, ne fut bien sûr jamais respectée, sauf si cela convenait à l'intéressé. Comme partout, la réalité du cursus honorum paraît très relative et on compte autant d'exceptions que d'illustrations dans les carrières des jurats marchands. L'essor du commerce bordelais dans sa maîtrise du marché transatlantique français entraîna les mêmes phénomènes de dénivellation socio-économique dans le monde marchand que dans tous les ports européens. À Bordeaux, c'est en 1671 que le terme de négociant apparaît sur un registre. Cependant, la référence à la tradition catholique de la ville servit à protéger l'influence des anciennes familles marchandes dans la jurade puisque beaucoup des plus puissants négociants du XVIIIe siècle, issus de l'immigration des villes du Sud-Ouest, étaient de religion protestante.

22. Coste L., *Mille avocats du Grand siècle. Le barreau de Bordeaux de 1589 à 1715*, Bordeaux, SAHCC, 2003.

Les causes des variations sociologiques dans les municipalités anglaises et françaises

Une fausse piste : l'idée erronée d'un décalage de puissance de la dynamique commerciale

Faut-il se tourner vers l'économie et chercher dans une dénivellation ou un retard français l'explication principale d'une présence plus fragile dans les institutions municipales ? Les dernières grandes études menées montrent qu'il n'en est rien, ni dans le calendrier du développement, ni dans l'inventivité des acteurs français, même si les stratégies restent différentes. L'idée d'un manque de dynamisme des ports atlantiques français dans le dernier tiers du XVIe et au XVIIe siècle n'est plus guère d'actualité[23]. Le taux de croissance du commerce international français semble même avoir été légèrement supérieur à celui de l'Angleterre au XVIIIe siècle, d'où l'agressivité militaire maritime et coloniale entre les deux États[24].

L'essor économique des villes portuaires suit grossièrement le même schéma d'ensemble en Angleterre et en France, mais certaines spécificités anglaises peuvent expliquer les décalages observés, principalement le plus fort renouvellement du réseau portuaire malgré l'hégémonie londonienne[25]. Les deux royaumes ont construit leur puissance maritime dans un puissant basculement du grand cabotage européen centré sur l'Europe du nord-ouest, principalement de l'Andalousie aux Pays-Bas, vers le grand commerce colonial, en priorité atlantique dans un système intégrant le marché européen, les côtes d'Afrique noire, la zone caraïbe et la côte est de l'Amérique du nord, sans oublier l'expansion dans l'océan Indien et le commerce du Levant, ni l'importance de la Baltique, tant comme zone d'approvisionnement de matières premières essentielles pour les marines que comme marché de redistribution des produits coloniaux[26]. Dans ces espaces connectés, la circulation des mêmes produits a assuré les mêmes enrichissements en liant les différents marchés, organisés dans des systèmes nationaux de type mercantiliste, mais toutefois débordés par les trafics illégaux du commerce interlope assurant un certain degré d'intégration difficilement quantifiable.

L'équilibre entre les rôles des grandes compagnies et des entreprises privées des acteurs individuels ou associés dans l'essor du commerce international à l'époque moderne n'est pas le même dans les deux pays. L'Angleterre

23. Lespagnol A., *Messieurs de Saint-Malo. Une élite négociante au temps de Louis XIV*, Rennes, Presses universitaires de Rennes, 1997 ; Priotti J.-P. et Saupin G. (dir.), *Le commerce atlantique entre la France et l'Espagne à l'époque moderne*, Rennes, Presses universitaires de Rennes, 2008.

24. Butel P., *L'économie française au XVIIIe siècle*, Paris, SEDES, 1993, chapitres 2 et 3.

25. French C., « Crowed with traders and a great commerce, London's domination of English Overseas Trade, 1700-1775 », *London Journal*, 1992.

26. Butel P., « La croissance du port de Londres au XVIIIe siècle », Pontet J. (éd.), *Des hommes…, op. cit.*, p. 59-68.

fut pionnière dans le recours aux compagnies, avec la formation de la Société des Marchands aventuriers, des compagnies du Levant et d'Espagne dans la seconde moitié du XVIe siècle, avant même la formation de la célèbre compagnie des Indes orientales en 1600. Le retard chronologique français ne fut jamais compensé par de meilleures performances malgré la politique volontariste du colbertisme, puisqu'on connaît la rapide déliquescence de la plupart des compagnies françaises et les aléas de celles des Indes orientales, du Sénégal et de Guinée qui finirent par fusionner dans l'ambitieux Système Law et l'apurement financier qui suivit son fracassant échec en 1720. Londres bénéficia de leur concentration, mais surtout du monopole de la compagnie des Indes orientales. Mais les autres grands ports comme Bristol et Newcastle profitèrent au XVIIe siècle de la formation de sociétés locales de marchands aventuriers qui s'emparèrent des trafics les plus importants[27]. En France, la principale conséquence urbaine de cette politique fut l'essor de la ville neuve de Lorient à partir des activités d'armement maritime, puisque les ventes se déplacèrent selon les époques, passant de Rouen à Saint-Malo au début du XVIIIe siècle, pour venir à Nantes en 1720, avant d'être placées à Lorient en 1733, sans effacer le contrôle principal des négociants nantais.

Dans une ville comme Bristol au XVIIe siècle, la *corporation* et la société des Marchands aventuriers se sont fortement épaulées, dans une double dimension sociale et institutionnelle, puisque la saisie de tous les postes importants de la *corporation* par les membres de la Société a permis en retour un soutien administratif décisif pour compenser quelque faiblesse du statut initial de l'organisation du grand commerce[28]. La charte de fondation de 1552 n'avait pas attribué clairement des pouvoirs de taxation aux Marchands aventuriers et l'adjonction de ce privilège, accordé par le parlement en 1566, avait été annulée par suite de plaintes des marchands des autres villes dès 1571. En 1605, afin de consolider la position juridique de la Société, le Conseil Commun de Bristol a publié une ordonnance garantissant son autorité et l'autorisant à établir des taxes destinées à l'entretien du port. La crise de 1638, provoquée par les contestations des marchands de Barnstaple, a été gérée conjointement par les deux institutions auprès des instances du pouvoir royal, aboutissant à un jugement favorable de la Chambre étoilée et à la publication de nouvelles lettres patentes renforçant l'autorité de la Société le 7 janvier 1639, ce qui renforça son attractivité. En quelques jours, 29 marchands préférèrent régler leurs dettes pour éteindre leurs conflits ; en trois ans, la Société accueillit 51 nouveaux membres.

La seule comparaison qui puisse être faite avec une réalité française renvoie à la ville nouvelle de Lorient où l'administration municipale est restée longtemps sous le contrôle de la Compagnie des Indes orientales. Les

27. Grassby R., *The Business Community of Seventeenth England*, Cambridge, CUP, 1995.
28. Sacks D. H., *Trade…*, *op. cit.*, chapitres 7-8.

principaux marchands des grands ports atlantiques français montrèrent par contre beaucoup de réticence face aux tentatives colbertistes, et leur participation financière fut contrainte et minimale à Bordeaux comme à Nantes, même si dans les deux villes des promotions à la jurade ou à l'échevinage vinrent récompenser les individus et les familles les plus coopératives.

L'espace atlantique, principal support de la croissance commerciale des temps modernes, avec un impact de plus de plus important sur l'économie générale, fut cependant celui où les initiatives des acteurs privés conservèrent leur prépondérance, en France plus encore qu'en Angleterre. Ici, ce furent essentiellement les stratégies des individus, travaillant seuls ou en société dans leurs maisons de commerce, mais obligatoirement en réseaux pour s'assurer une meilleure maîtrise de leurs circuits, qui assurèrent le développement des échanges à partir de la progression de la colonisation dans la zone caraïbe et en Amérique du nord, et de l'intégration des littoraux de l'Afrique noire comme réservoirs d'esclaves pour la valorisation américaine. Les plus grandes réussites s'appuyèrent sur la constitution de partenariats transatlantiques, réunissant des intérêts sur les trois continents bordant cet océan, sans exclure ceux de l'océan Indien, comme l'illustrent les 23 grandes familles marchandes londoniennes étudiées par David Hancock[29]. Outre la mobilisation plus forte de capital, cette stratégie permettait de réunir des compétences diversifiées pour tirer le maximum de profits dans chaque étape d'une filière ainsi totalement contrôlée. Sans atteindre cette dimension maximale, c'est ainsi que procédèrent les grands marchands de Glasgow pour s'imposer rapidement dans le commerce du tabac de Virginie[30], mais aussi ceux de Bordeaux[31] et de Nantes pour dominer les échanges avec les Antilles au XVIIIe siècle.

La comparaison entre plusieurs annuaires de commerce de Londres de 1677 à 1791 suggère dans un premier temps une forte baisse du nombre de marchands dans le dernier quart du XVIIe siècle, suivie d'une remontée régulière de leur nombre, sans retrouver toutefois le niveau initial. La qualité inégale des documents impose une lecture critique qui corrige fortement ce commentaire[32]. Dans son annuaire de 1677, Lee ne fait guère la distinction entre les véritables marchands et les magasiniers, empaqueteurs et facteurs qui utilisaient son répertoire pour se faire connaître. De même, le chiffre de 850 marchands donné pour la Cité en 1692 est manifestement sous-estimé puisqu'il vient d'une source fiscale et que nombre de commerçants pluriactifs ont préféré déclarer une autre activité pour éviter la taxe. Les données de l'annuaire Mortimer de 1763 semblent beaucoup plus fiables

29. HANCOCK D., *Citizens of the World*, Cambridge, CUP, 1995.
30. DEVINE T., *The Tobacco Lords. A study of the tobacco merchants of Glasgow and their trading activities, c. 1740-1790*, Edinbourg, Donald, 1975.
31. BUTEL P., *Les négociants bordelais, l'Europe et les Îles au XVIIIe siècle*, Paris, Aubier, 1974.
32. GAUCI P., « Le grand commerce : les marchands londoniens, 1660-1760 », *Histoire, Économie, Société*, 2007, 1, p. 47-66.

car son auteur se flattait d'une excellente connaissance du milieu du commerce international et d'une lecture plus stricte que celle de ses concurrents. En comptant un millier d'acteurs dans le grand commerce à Londres à la fin du XVIIᵉ siècle, on mesure une hausse de seulement 25 % dans les deux premiers tiers du XVIIIᵉ siècle, suivie d'une forte accélération dans le dernier tiers portant la hausse séculaire à 60 %. Deux faits majeurs sont à souligner. Alors que les marchands travaillant en partenariat ne sont qu'une infime minorité en 1677 (4 %), ils forment une partie significative de l'effectif en 1791 (37,8 %). Si la City voit le nombre des marchands s'élever, l'essentiel de l'augmentation est venue des quartiers hors de sa juridiction, avec un taux supérieur dans la croissance des partenariats explicable par le retard initial. Toutefois, la City demeure bien le cœur marchand de Londres, en concentrant toujours l'essentiel des acteurs et en bénéficiant d'un meilleur rapport entre maisons de commerce en société et individuelles, ces dernières restant toutefois majoritaires[33].

Ces données suggèrent une concentration des plus grosses affaires entre les mains d'une élite commerçante qui entend se distinguer des marchands redistributeurs, intervenant occasionnellement dans le grand commerce. C'est ce que traduit en France la volonté d'établir une distinction entre les négociants et les marchands dans la désignation des acteurs dès les années 1670 à Bordeaux et seulement 1720 à Nantes, avec comme conséquence la volonté d'exclure les seconds des grands corps urbains au bénéfice des premiers. Ceci est lié à la volonté d'affirmation de l'honorabilité du commerce international, elle-même assise sur une plus forte inégalité des fortunes issue d'une répartition très disparate des profits dégagés à partir de pratiques très diversifiées.

À partir des registres de taxation pour la City de Londres, Perry Gauci a proposé une évaluation de l'ampleur des différentiels de fortune marchande pour le XVIIIᵉ siècle. Pour une approche la plus fine possible, il a créé onze tranches fiscales, chacune représentant un multiple de l'évaluation la plus basse. Quand la cote moyenne s'établit à 47,4 shillings en 1763, elle est de 41,1 shillings pour les individus et de 73,8 shillings pour les associés, ce qui confirme de manière éclatante l'idée déjà émise d'une concentration des activités les plus rentables à leur profit. Cette polarisation progressive est clairement soulignée par le renforcement du nombre des acteurs dans les trois tranches les plus basses (de 41 % en 1692 à 59,8 % en 1763), surtout liée à l'effritement des tranches moyennes (de 51,4 à 30,2 %) et à une affirmation d'une étroite élite dans les 5 tranches supérieures (de 7,5 à 10,1 %). L'articulation entre ces écarts croissants de richesse et la structuration internationale des affaires est nettement révélée par la répartition des marchands travaillant en société : 9,1 % pour les trois tranches les plus

33. Kynaston D., *The City of London : a World of its Own*, Londres, Chatto, 1994.

basses regroupant la plupart des marchands et 48,1 % pour les cinq tranches les plus hautes, désignant l'élite conduisant le commerce international de Londres.

Cette distribution inégale des profits et cette hiérarchisation du monde marchand existait de la même façon dans les ports français. L'estimation des fortunes négociantes nantaises, réalisée par le subdélégué-maire Mellier en 1725 dans le but de constituer une assiette fiscale correcte pour la perception du droit de joyeux avènement, peut être considérée comme fiable[34], ce trésorier de France et général des finances connaissant particulièrement bien le milieu, auquel il a offert une très forte hégémonie dans ses échevinages durant ses cinq mandats successifs de 1720 à 1729.

Tableau n° 4. Hiérarchie des fortunes
dans le négoce nantais selon le subdélégué-maire Mellier en 1725

Niveau de fortune (l. t.)	Nombre de négociants	Quelques exemples
600 000	01	René Montaudoin
400 000	02	Sarrebourse d'Audeville ; Van Harzel
350 000	01	Mac Nemara (Thomas)
300 000	08	Héritiers Pierre Michel ; Jean Michel ; René Darquistade, Jacques Montaudoin ; Germain Laurencin ; Bellabre ; Burot de Carcouet ; Cochon de Maurepas
250 000	02	Veuve Berthrand ; héritiers Mac Nemara (Daniel)
200 000	10	Thomas Montaudoin, Valleton, Bouteiller, Bernier Joachim
150 000	07	Bernier Pierre ; Perrée de la Villestreux ; O'Shiell
140 000	01	Jean-Baptiste Grou
130 000	04	
120 000	05	
100 000	22	
80 000	26	
70 000	26	

12 à 300 000 L et plus : 22, 5 % du total financier
24 à 200 000 L et plus : 36 %
63 à 100 000 L et plus : 24 %

34. Meyer J., *L'armement nantais dans la deuxième moitié du xviiie siècle*, Paris, Éd. EHESS, 1999, 2e éd., p. 257-261.

La seule question importante renvoie au degré d'intérêt porté par les plus riches marchands à l'exercice des responsabilités municipales. En opposition à l'importance de contrôler un pouvoir susceptible de défendre ou d'étendre des privilèges commerciaux et de conforter la considération sociale pour les individus et leurs lignages, la concurrence dans le temps de travail entre l'administration publique et la conduite des affaires personnelles, et la lourdeur des sacrifices financiers à supporter, pouvaient en faire reculer certains. Dans les villes maritimes anglaises, on considérait ce défilement avec sévérité et pragmatisme en monnayant chèrement ces refus de service par des amendes. En France, la création du Conseil de Commerce et des Chambres de commerce au tout début du XVIIIe siècle ouvrit le risque du désinvestissement municipal des marchands les plus en vue dans la mesure où ces nouvelles structures offraient un cadre favorable à une expansion considérable du lobbying, mais surtout invitaient l'élite marchande à se constituer en pouvoir autonome, en rivalité avec le corps de ville, surtout lorsque celui-ci rechignait à admettre le délitement de son ancienne sujétion sur le consulat commercial. À Nantes, le départ des consuls de l'hôtel de ville pour aller s'installer à la bourse de commerce en 1754 constitua la manifestation la plus symbolique de ces tensions. Dans la seconde moitié du XVIIIe siècle, les plus grandes familles marchandes ont ignoré les responsabilités municipales, les abandonnant à des négociants seconds, quand elles ne les ont pas refusées à l'exemple de Louis Drouin en 1777.

Les conséquences sociales de modèles administratifs monarchiques divergents

Si l'opposition entre la suprématie marchande dans les municipalités anglaises et les variations de situation dans les échevinages ou consulats français des villes atlantiques ne vient pas d'un décalage de puissance commerciale, il convient d'interroger les effets possibles de l'évolution divergente des modèles administratifs monarchiques sur la redistribution sociale et les orientations de la culture politique au sein des élites urbaines. Dans cette direction, l'Angleterre s'oppose doublement à la France, tant dans l'enracinement social de ses institutions municipales que dans leur capacité à influer sur le façonnement de l'élite urbaine.

L'Angleterre appartient à cette vaste aire européenne de l'Europe du Nord-Ouest dans laquelle la vie municipale était essentiellement fondée sur l'organisation des guildes des arts et métiers, enrichies ultérieurement des compagnies de commerce. À l'exemple de la City de Londres, les termes de chefs de feu (*housekeeper*) et de maître de métier (*householder*) ont fini par se confondre pour définir la notion de bourgeois (*freeman*), bénéficiant des droits reconnus par la charte parce qu'il en supportait toutes les charges, principalement financières et de service public bénévole. Cette assise institutionnelle favorisait ainsi structurellement la saisie des *corporations* par l'élite des secteurs de la production et du commerce et, dans notre étude de cas, tout particulièrement les acteurs principaux du commerce atlantique.

Le royaume de France n'était que très minoritairement intégré dans cette grande aire européenne qui associait très étroitement l'identité citoyenne à l'identité sociale définie par l'appartenance à un métier, renvoyant ainsi principalement la reconnaissance civique à la qualification professionnelle et la reconnaissance corporative des maîtres de la profession dont la réglementation générale avait été définie en Angleterre par le Statut des apprentis de 1563. Seul un petit quart nord-est, allant de la Picardie au Lyonnais, partageait la même logique. Ailleurs, la définition corporative du citoyen urbain, lui permettant une certaine participation à la vie municipale, renvoyait à une sociabilité de quartier, assise soit sur le partage d'une même vie religieuse à travers les paroisses soit sur l'autogestion de l'ordre urbain à travers les compagnies miliciennes. Ces deux réalités n'étaient pas ignorées dans les villes anglaises, mais elles étaient clairement subordonnées à la primauté de l'identification par le travail assuré par l'encadrement des guildes et des compagnies. Ainsi, la composition sociologique des gouvernements urbains des villes anglaises était beaucoup mieux reliée au monde de l'artisanat et de la boutique, dans une logique de continuum hiérarchique[35], tandis qu'en France dominait nettement le principe de la séparation entre les élites et le niveau médian.

Par ailleurs, dans la culture politique française sur la définition sociale des corps de ville à l'époque moderne, il existait une alternative entre deux principes opposés au sein d'un accord général sur la nécessité d'un pouvoir de type oligarchique[36]. Soit s'établissait la règle de conformer la définition sociologique du gouvernement urbain à un équilibre idéal dont la valeur venait de son exacte correspondance avec la hiérarchie sociale anciennement établie, soit se maintenait une possibilité de variation d'intégration des diverses strates de l'élite urbaine du fait de l'absence de codification préalable. Bordeaux relevait du premier type avec sa jurade tripartite composée de deux nobles, deux avocats et deux marchands, surtout à partir du XVIIe siècle. Nantes obéissait au second modèle, ce qui produisit logiquement des variations d'ampleur inégale dans la distribution des charges de maire et des six échevins.

Quelle interprétation proposer quant aux origines de ce dualisme à partir de la comparaison entre Bordeaux et Nantes ? La réponse pourrait bien se trouver dans la différence d'équilibre des fonctions urbaines. Si les deux ports ont partagé l'expérience du développement commercial en prenant la

35. Ruggiu F.-J., « Oligarchies et ascension sociale urbaine en France et en Angleterre du XVIe au XVIIIe siècle », Saupin G. (dir.), *Le pouvoir…*, *op. cit.*, p. 195-210.
36. Coste L., *Les lys et le chaperon. Les oligarchies municipales en France de la Renaissance à la Révolution*, Bordeaux, PUB, 2007.

tête de la structuration du système atlantique français, Bordeaux a conservé parallèlement une haute fonction administrative, tant civile que religieuse, qui a en partie échappé à Nantes au profit de Rennes depuis 1561, suite au transfert du nouveau parlement de Bretagne que le roi Henri II avait préalablement fixé dans la cité ligérienne. L'impact administratif, mais surtout social et culturel, du parlement dans la société bordelaise explique sans doute la différence.

Cette constatation nous mène à souligner les conséquences des politiques monarchiques officières dans l'évolution sociale des corps de ville. Une grande différence oppose la préservation d'une forte autonomie administrative dans les villes anglaises, limitant donc la création d'offices royaux, et le processus de centralisation français nourrissant une concurrence entre l'État des offices et le communautarisme bourgeois.

La reconstruction de l'autorité royale en France s'est largement appuyée sur le développement de l'État des offices, lancé dès la fin du XVe siècle, principale base de protection du loyalisme monarchique pendant les guerres de religion et soutien essentiel de la royauté, à l'exception d'une très courte crise d'adaptation au moment de la Fronde, avant l'apparition d'une tension récurrente à partir du règne de Louis XV, sans doute limitée à la fraction supérieure des cours souveraines et plus spécialement des parlements, d'où une géographie très disparate des tensions au XVIIIe siècle. La concurrence établie dans la ville entre l'autorité étatique officière et l'autorité municipale portait les risques d'un dépérissement de l'esprit civique et d'un affaiblissement de l'idéal municipal, érosion susceptible de favoriser un désintérêt au sein des familles relevant de la sphère oligarchique municipale. Il nous semble que cette orientation fut contredite par deux évolutions majeures, tant sociales que culturelles.

Tout d'abord, les officiers de justice et de finances, tout en veillant à protéger les compétences de leurs institutions dans la police urbaine, se sont intéressés, pour partie d'entre d'eux, aux responsabilités municipales, rétablissant ainsi par le social, c'est-à-dire les liens de parenté et d'amitié passant par leurs réseaux relationnels, l'union entre les deux formes d'exercice du pouvoir au sein de l'espace urbain. L'analyse du renouvellement des oligarchies municipales a montré que loin de tendre vers une fermeture les rapprochant de plus en plus d'une sorte de caste, la noria a continué à maintenir une rotation très importante des individus et des familles, dans une opposition entre une majorité de passages météoriques et la fidélité d'un noyau dur beaucoup plus attaché à l'exercice du pouvoir communautaire. Pour les familles de l'élite urbaine, il n'était pas obligatoire de s'intéresser à ces responsabilités qui comportaient plus de services à rendre que de profits personnels à en tirer. Il n'est pas certain que l'ascension sociale ait été vraiment accélérée par le passage par les échevinages, même si une intégration manifestait publiquement la preuve de sa notoriété et de la puissance de son environnement relationnel. Tout était question de prétentions et, pour les plus ambitieux, un attachement municipal excessif pouvait même devenir contre-productif tant l'image de l'institution était liée à la médiocrité dans certaines strates supérieures de la société urbaine. À ce propos, il paraît utile de distinguer les villes de cours souveraines, et sans doute principalement de parlement, tant la présence de ces grands officiers supérieurs semble avoir créé une mentalité particulière, ce qui expliquerait bien des différences entre Bordeaux et Rouen d'un côté et Marseille et Nantes d'un autre côté.

Quelque soit la ville, toutes les familles de l'élite urbaine n'avaient pas un intérêt automatique pour la municipalité. Il semble beaucoup plus intéressant d'aborder le portrait de ce noyau dur essentiel à travers la notion de projet urbain [37], c'est-à-dire une entrée culturelle et politique. Le travail pionnier de Yann Lignereux sur Lyon [38] nous ouvre une voie à explorer. La contraction de l'autonomie administrative des corps de ville dans le processus d'intégration comme cellule de base d'un grand appareil administratif, au sein duquel leur rôle de pourvoyeur financier ne va pas cesser de se renforcer, n'empêche absolument pas les échevins lyonnais de construire leur spécificité dans l'ordre du symbolique, affirmant par là leur vocation fondamentale à conduire la communauté dont ils sont responsables vers un rapprochement toujours plus fort avec l'image de la cité de Dieu sur terre dont leur parle constamment la Réforme catholique dont ils se sentent des militants du premier rang.

Cette approche, qui pose la question compliquée de la relation entre le positionnement social et la formation d'une culture politique plus ou moins communautaire, concerne aussi les villes anglaises, marquées par d'importantes luttes de sensibilité politique, bien ancrées dans des divergences religieuses intra-protestantes [39]. Reste à savoir, dans les deux pays, si cette variable déterminante à l'échelle de l'étude des individus et des familles, a réellement un impact au niveau de considérations sociologiques plus globales.

La comparaison sociologique de la composition des municipalités des villes maritimes anglaises et françaises des temps modernes oppose ainsi la solide prépondérance des grands acteurs du commerce international en Angleterre et une situation nettement plus différenciée en France, avec des villes où cette domination parvient à s'imposer, non sans difficultés, comme à Nantes, et d'autres où le milieu marchand doit se contenter d'une position secondaire comme à Bordeaux. L'insertion dans un espace économique

37. Ruggiu F.-J., « Pour une étude de l'engagement civique au xviiie siècle », *Histoire Urbaine*, 2007-19, p. 145-164.
38. Lignereux Y., *Lyon et le roi : de la « bonne ville » à l'absolutisme municipal (1594-1654)*, Seyssel, Champvallon, 2003.
39. Sweet R., *The English Town, 1650-1840. Government, Society and Culture*, Londres, Longman, 1999.

de même nature ne produit donc pas les mêmes effets sur la distribution du pouvoir municipal. C'est que cette dernière relève aussi de considérations politiques et culturelles, traduites dans les stratégies de promotion des familles relevant de la sphère sociale municipale. Trois grandes causalités sont ainsi en action : l'enracinement social de l'institution municipale dans les guildes, le rôle de l'État monarchique dans la structuration de l'élite urbaine à travers la création d'offices royaux et l'importance accordée par les familles à l'horizon civique municipal, très liée à des décalages culturels et à l'évolution du modèle monarchique.

Dynamiques commerciales castillanes, ordres locaux bretons et monarchie française (seconde moitié du XVIe siècle)

Jean-Philippe Priotti

Dans les années 1550, le prince Philippe désobéissait à son père, Charles Quint, lorsqu'il lui intimait de faire cesser le commerce avec le royaume de France. Sans doute mieux informé de la situation castillane, Philippe savait combien certains produits français étaient indispensables à l'Espagne [1]. De son côté, la France – qui n'avait que des ressources minières propres médiocres – dépendait des métaux précieux américains dont la production augmenta rapidement dans les années 1560-1570. Le gouvernement français comme les marchands autochtones et étrangers installés dans les principaux ports du royaume s'efforcèrent donc d'attirer l'argent espagnol, même si le monarque castillan ne voyait pas forcément avec bienveillance cette évasion de comptant [2].

Au milieu du XVIe siècle, les Castillans, au premier rang desquels se trouvait la firme Ruiz établie des deux côtés des Pyrénées, contrôlaient une bonne partie du commerce toilier entre le sud de la Bretagne et la Castille, à travers les ports de Nantes et de Bilbao [3]. À cette époque, nombreux étaient les marchands originaires de Medina del Campo, de Burgos et de Bilbao qui s'étaient installés dans le port de la Loire. Toutefois, les arrivées massives d'argent américain à Séville dans les années 1560-1570, la paix de 1559 entre les royaumes de France et de Castille et la proximité des centres de production stimulèrent le développement commercial du nord de la Bretagne, à partir duquel Malouins et Vitréens allèrent vendre des toiles en Andalousie.

1. Cette dispute autour des questions commerciales se prolongea durant deux longues années, Rodríguez Salgado M. J., *Un imperio en transición,* Barcelona, Crítica, 1992, p. 122.
2. Ruiz Martín F., *Pequeño capitalismo, gran capitalismo. Simón Ruiz y sus negocios en Florencia,* Barcelona, Editorial Crítica, 1990, p. 21-24.
3. Sur la composition de la firme voir annexe et aussi Lapeyre H., *Une famille de marchands : les Ruiz,* Paris, A. Colin, 1955 ; Lapeyre H., *El comercio exterior de Castilla a través de las aduanas de Felipe II,* Valladolid, Universidad de Valladolid, 1981.

Leurs zones d'approvisionnement en Bretagne étant les mêmes que celles des Castillans, ils entrèrent en concurrence avec eux[4]. Ce processus concurrentiel porté par des pratiques commerciales différentes aboutit à une certaine restructuration du champ économique et à une répartition accrue des fonctions marchandes et portuaires dans l'espace considéré au profit des Malouins, de leur port et des Vitréens, au détriment des Castillans, de leurs alliés et du port de Nantes. Certains indicateurs économiques (courbes démographiques[5], ponctions du pouvoir royal sur le commerce[6] et frappes monétaires[7]) confirment cette évolution différenciée des deux ports dans la seconde moitié du XVIe siècle, au profit de Saint-Malo et aux dépens de Nantes.

La modification de la performance et de l'implication des différents groupes marchands dans l'économie considérée, et la redistribution des rôles qui s'ensuivit, eurent aussi des conséquences politiques, surtout dans le contexte troublé des guerres de Religion. L'activité des Castillans à Nantes comme celle des Malouins à Saint-Malo dépassait le monde du négoce. Grâce à l'importance de leurs capitaux matériels et immatériels, ces hommes participaient de façon diverse aux instances de gouvernement municipales et à la politique parisienne. Les monarques français les incitaient à collaborer aux grands desseins qu'ils s'étaient fixés au moyen d'avantages de toute nature. Ces privilèges, exemptions et autres immunités, étaient octroyés

4. Priotti J.-P., « Metales preciosos, competencia comercial y transformación económica en el Atlántico franco-español (1550-1570) », *Jahrbuch für Geschichte Lateinamerikas*, 43, Böhlau-Verlag-Köln-Weimar-Wien, 2006, p. 25-40; Priotti J.-P., « Logiques commerciales d'une globalisation. Les toiles françaises dans l'Atlantique hispano-américain (1550-1600) », Pérez B., Rose S. et Clément J.-P. (éd.), *Des marchands entre deux mondes*, Paris, Presses Universitaires de la Sorbonne, 2007, p. 15-41.

5. Entre 1518-1537 et 1551-1575, Saint-Malo enregistra une progression de 68 % tandis que pendant le même temps la paroisse Saint-Nicolas de Nantes augmenta de 42 %. Voir Croix A., *Nantes et le pays nantais au XVIe siècle*, Paris, SEVPEN, 1974, p. 166. De plus, la population malouine continua de croître durant le derniers tiers du siècle et passa de quelque 4300 habitants au début du XVIe siècle à plus de 10000 habitants à la fin du siècle, en particulier grâce à une forte natalité; Croix A., *op. cit.*, p. 210.

6. L'écart des prélèvements que les autorités politiques (ducale ou royale) réalisèrent sur les économies des deux villes tendit à se résorber au cours du siècle, ce qui indiquerait que la place économique de Saint-Malo ne cessa de grandir au sein de l'ensemble breton entre la fin du XVe siècle et la fin du XVIe. En 1483, lorsque le duc de Bretagne ordonna la levée de deniers pour la défense des villes du duché, la contribution nantaise se fit à hauteur de 200 livres tandis que celle de Saint-Malo ne fut que de 60 livres. Voir Arch. mun. de Nantes, EE 161. Ce rapport de 1 à 3,5 environ entre les deux ports fut confirmé par la suite. En 1536, afin de payer les mercenaires chargés de lutter contre Charles Quint, Nantes contribua pour 4000 livres tandis que Saint-Malo n'en déboursa que 1000. Voir Arch. mun. de Nantes, AA 23. Toutefois, douze ans plus tard, l'écart de richesse entre ces deux villes semblait s'être amenuisé, puisque sur 60000 livres prélevées sur l'ensemble du duché, Nantes devait fournir 4000 livres et Saint-Malo 2255. Voir Vaihlen J., *Le conseil des bourgeois de Nantes*, thèse de doctorat de droit, université de Nantes, p. 160. Bien que grossières, ces valeurs devaient un tant soit peu tenir compte de la situation des économies urbaines.

7. Le volume des frappes monétaires réalisées à Nantes et à Rennes dont l'hôtel des monnaies était alimenté en argent par la voie malouine confirme le développement différencié des deux ports bretons dans la seconde moitié du XVIe siècle. Dans le parallèle qui nous intéresse, Saint-Malo fit jeu égal avec Nantes dans l'intervalle 1561-1570 et supplanta la cité ligérienne entre 1571 et 1590. Voir Spooner F. C., *L'économie mondiale et les frappes monétaires en France, 1493-1680*, Paris, Armand Colin, 1956, cartes, p. 263-264.

à des individus et/ou à des villes. Cela compliquait la relation entre ces hommes et le roi, car ces privilèges tendaient à rendre ces acteurs et/ou leur communauté d'appartenance plus autonomes tandis que la royauté était soucieuse de ne pas perdre le contrôle des villes, notamment portuaires. Aussi les performances économiques des différents groupes importaient beaucoup altérant la place de chacun d'eux au sein de la politique municipale, à Nantes comme à Saint-Malo, et conditionnant en bonne part la forme et la teneur de la relation avec le monarque. Cela avait de multiples incidences pour la construction du territoire car, comme on le verra, les États étaient attentifs à ces changements et utilisaient les effets de la concurrence entre groupes marchands à leurs propres fins, dans un contexte de mondialisation commerciale.

Le contexte de mondialisation économique n'était pas seul à influencer les performances des acteurs et leur place sur l'échiquier politique local et « national ». Quelles soient civiles ou « internationales », les guerres créaient de l'incertitude. Chaque marchand, chaque groupe marchand avaient une résistance plus ou moins forte face à cette incertitude. Si d'un point de vue général l'économie française pâtit de ces guerres, il ne faut pas pour autant gommer les trajectoires différenciées des villes, à l'intérieur parfois d'une même province. Le roi ne s'y trompait pas. Avant d´être bretonne, sa politique, de même que celle des élites, fut nantaise, malouine, morlaisienne, etc.

L'action du monarque s'organisa avant tout en fonction des villes et de leurs privilèges. Le dialogue entre le monarque et les élites doit être pris en compte sans obvier le cadre politico-économique local au sein duquel elles se mouvaient. Pour être toutes les deux bretonnes, les élites marchandes malouine et nantaise n'en étaient pas moins radicalement différentes. Schématiquement, l'on peut affirmer que les turbulences politico-religieuses de la seconde moitié du XVIe siècle donnèrent l'occasion à la cité malouine de s'ériger en république à la fin du siècle et d'accroître ses privilèges, tandis que la municipalité nantaise précipita à la même époque son passage sous le contrôle royal.

Le réseau Ruiz et la politique nantaise

Notre analyse repose sur la participation des parents et associés de Simón Ruiz dans la gestion des affaires de Nantes, ce dernier étant établi à Medina del Campo et ses principaux partenaires commerciaux dans le port ligérien. Entre 1555 et 1559, période immédiatement antérieure à la création de la municipalité nantaise, André Ruiz I et Yvon Rocaz, respectivement frère et associé de Simón, ainsi que les cousins d'André Ruiz I, les De la Presa, participaient à la plupart des sessions du conseil des bourgeois représentant la ville[8]. Dans les actes qui émanaient de cette institution, les Espagnols étaient toujours cités en premier, à la suite des procureurs, des miseurs et des prévôts. C'est dire autrement qu'au moment du grand développement de leurs affaires avec Simón Ruiz, de Medina del Campo, ses parents et associés de Nantes étaient parties prenantes dans la direction des affaires politiques du port breton.

Toutefois, si l'on y regarde de près, ces participations étaient inégales[9]. Entre 1555 et 1562, les commissions ordinaires données aux membres du conseil pour la gestion financière de la ville échoyaient surtout à Yvon Rocaz et à Jean Le Lou, les deux Nantais associés de Simón Ruiz, André Ruiz I, frère de Simón, n'y figurant pas[10]. En revanche, les commissions pour Saint-Nicolas, la paroisse marchande, étaient confiées à ces trois derniers et aussi au cousin des Ruiz, Pedro de la Presa[11]. Les Ruiz et leurs alliés à Nantes incarnaient la relation entre commerce international et gestion municipale. Pour les commissions extraordinaires de responsabilité importante (députation auprès du roi ou des États généraux ou provinciaux), Jean Le Lou surtout, mais aussi Yvon Rocaz et André Ruiz I lorsqu'il s'agissait de négocier avec les commissaires royaux le montant d'un emprunt exigé par le roi, apparaissaient fréquemment[12].

En somme, Yvon Rocaz, Jean Le Lou, Michel Le Lou et Pedro de la Presa comptaient parmi les hauts représentants de la ville et se trouvaient au cœur du processus décisionnel[13]. André Ruiz I, pour sa part, jouait un rôle en apparence plus effacé du point de vue politique. Il ne fut jamais maire ni sous-maire après la mise en place de la première municipalité en 1564 mais prenait directement part aux décisions du gouvernement de la ville à travers les quatre personnages précédemment cités, ses partenaires et associés commerciaux, du moins tant que dura leur entente économique jusqu'aux années 1565-1570[14].

8. Vaihlen J., *Le conseil…, op. cit.*, p. 164.

9. Cette nuance revêt une importance capitale car, comme nous le verrons, ces implications différenciées renvoyaient à l'ancienneté de l'installation et au degré d'intégration dans le milieu d'origine.

10. Yokoyama N., *Le « noyau » du conseil des bourgeois de Nantes au milieu du XVIe siècle*, mémoire de Master (sous la direction de Saupin G.), 2001-2003, p. 8 notes 14-19, p. 9 notes 21-25.

11. *Ibid.*, p. 11 notes 33-38.

12. Henri II, en tant que premier roi de France héritier du duché, y fit progresser l'impôt. En 1552, il imposa une taxe sur les marchés. Outre la taxe, il entendait créer 140 offices destinés à son prélèvement. Afin de faire abolir ces deux mesures et de répartir la charge nouvelle à leur convenance, les États de Bretagne empruntèrent 120 000 livres à André Ruiz I, Yvon Rocaz, Jean Le Lou et Julien Motay. Voir Collins J., *Classes, Estates and Order in Early Modern Brittany*, Cambridge, Cambridge University Press, 1994, p. 124 ; Collins J., « Les finances bretonnes du XVIIe siècle : un modèle pour la France », Bayard F. (dir.), *L'administration des finances sous l'Ancien Régime*, Comité pour l'Histoire Économique et Financière, Paris, 1997, p. 311. En 1559, André Ruiz I fit l'avance des 50 000 livres au roi, imposées à l'ensemble des villes closes de Bretagne. Voir Yokoyama N., *Le « noyau »…, op. cit.*, p. 18.

13. Yokoyama N., *Le « noyau ».. , op. cit.*, annexes 1, 2 et 3.

14. L'emprise des négociants sur la municipalité ne s'arrêtait pas à ces grands noms. Des trente-sept bourgeois siégeant au conseil de la ville entre 1555 et 1562 et ayant un rôle important, la moitié provenait de la paroisse de Saint-Nicolas dont dix du quai de la Fosse, les chefs de file étant

En 1559, dans l'espoir d'améliorer l'administration royale de la province, le roi avait accédé à la requête des riches marchands de Nantes de transformer le conseil des bourgeois de la cité en municipalité [15]. Cette décision, rejetée par toutes les autorités déjà en place (prévôt, capitaine, gens de justice), avait été bloquée pendant cinq ans [16]. La création d'un consulat de commerce en avril 1564 permit de sortir de l'impasse car, ressentie comme une victoire du groupe de pression marchand, elle lui donna l'énergie nécessaire pour lancer une nouvelle offensive en novembre 1564 [17]. Les deux institutions ardemment attendues par le même milieu se trouvèrent donc soudées par les circonstances historiques de leur naissance et aussi du point de vue institutionnel, car la municipalité définissait la liste des marchands éligibles au poste de juge et de consul du commerce de la ville [18].

À partir de la mise en place de la première mairie, les changements observés par rapport à la période antérieure intéressent tout à la fois stratégies matrimoniales, affaires commerciales et charges politiques. Plaçons-nous dans un premier temps du point de vue des stratégies matrimoniales. L'établissement de la première mairie coïncida avec la création d'alliances matrimoniales entre des membres des familles Ruiz-Rocaz-Le Lou déjà associées en affaires. Yvon Rocaz joua un rôle central dans la création de ce front de parenté. En effet, il maria ses enfants à ceux de ses associés et partenaires commerciaux présents à Nantes. Comme les enfants des Ruiz et des Le Lou ne contractèrent pas d'alliances matrimoniales directes entre eux, les Rocaz occupèrent une position centrale dans ces alliances.

Nous touchons ici un point important de la structuration sociale du front de parenté et de son identité qui importait particulièrement dans le domaine de la politique locale. En effet, bien que le repérage de Castillans dans des familles nantaises ou au sein du gouvernement local donne des indices sur leur intégration sociale à Nantes [19], la prise en compte de la teneur de leurs liens interindividuels conduit à mieux considérer l'aspect

---

ceux participant à la firme Ruiz. Les Poullain, par exemple, avaient tissé des relations d'amitié avec les Le Lou, les Ruiz et les de la Presa. Il s'agissait de quatre des cinq familles qui structuraient le noyau du conseil. Voir Yokoyama N., *Le « noyau »..., op. cit.*, p. 30, 44-48 et annexe 6.

15. Saupin G., *Nantes au XVIIe siècle. Vie politique et société urbaine*, 1996, Rennes, Presses universitaires de Rennes, p. 16-17.

16. *Ibid.*

17. *Ibid.*

18. *Ibid*, p. 48. Entre 1565 et 1597, dix marchands, onze officiers (quatre du groupe sénéchaussée-présidial, cinq pour les comptes, deux au parlement) et deux avocats furent nommés maire, *ibid.*, p. 154.

19. Certes, à Nantes, les Espagnols l'emportaient de loin sur les autres étrangers, et leur installation était ancienne. Après la paix de Cateau-Cambrésis nombre d'entre eux s'installèrent à Nantes, puisque le nombre des baptêmes les concernant fit plus que doubler entre 1561-1565 et 1566-1570. Voir Saupin G., *La vie municipale..., op. cit.* À Nantes, le nombre des Espagnols s'était tellement accru que la langue castillane y avait acquis droit de cité : bon nombre d'actes de baptêmes étaient rédigés en castillan. Voir Mathorez J., « Notes sur les rapports de Nantes avec l'Espagne », *Bulletin Hispanique,* 1912, p. 388-389. Yvon Rocaz était un des tout premiers espagnols à avoir épousé une Française, Saupin G., *La vie municipale..., op. cit.*, p. 212.

conflictuel de ces relations et les degrés ou paliers du processus d'intégration. Il paraît un peu hâtif de trancher la question de l'appartenance des Castillans de Nantes en affirmant qu'« ils étaient devenus à ce point nantais, qu'au cours du XVIe siècle ils se firent bâtir une chapelle au couvent des Cordeliers[20] ». Sans écarter complètement l'idée d'intégration, il nous semble important de prendre en compte le processus lent et fragile qui y menait. En effet, l'appartenance à une communauté ou à la communauté d'un royaume était au début de la période moderne un processus qui dépendait et était constitué en fonction de réseaux relationnels et linguistiques[21]. En ce sens, toutes les familles castillanes de Nantes, même les plus prestigieuses, n'étaient pas logées à la même enseigne et suivaient des trajectoires propres.

Au milieu du siècle, vingt ans après son arrivée à Nantes, André Ruiz I et sa famille étaient toujours en voie d'intégration. Ses enfants mâles avaient épousé des filles issues de familles d'origine espagnole[22], installées depuis longtemps à Nantes : les Rocaz l'étaient au moins depuis le début du XVe siècle et les Compludo depuis la fin du XVe siècle. L'assimilation au milieu d'accueil était lente et liée à un processus de sédimentation et de stratification des liens. À ce titre, André Ruiz I ne jouissait pas à Nantes, à travers les mariages de ses fils, d'un accès privilégié aux marchands nantais de souche, autrement qu'à travers les Rocaz et les Compludo. Les lignages castillans les plus fraîchement arrivés dans la ville, indépendamment de leur niveau de richesse, se connectaient à la société marchande nantaise par l'entremise de familles d'origine castillane, établies à Nantes depuis plus longtemps qu'eux, et alliées par voie de sang à des Nantais de souche. L'assimilation s'effectuait par palier.

La prudence restait de mise. André Ruiz I ne souhaitait certainement pas voir passer l'héritage marchand laissé à ses fils aussi bien en termes de compétences commerciales que de capitaux aux mains nantaises. Sous des apparences policées, une certaine défiance devait animer les deux groupes : le milieu marchand autochtone et les étrangers de récente installation. D'ailleurs, André Ruiz I ne semblait pas avoir beaucoup de confiance et de considération pour les Nantais dans le domaine commercial, ses employés étant presque tous des Basques espagnols. En outre, des disputes eurent lieu

20. Ou en s'interrogeant : « Peut-on encore parler d'Espagnols ? » Dans un ouvrage récent, l'intégration des Castillans à Nantes est même érigée en modèle. Voir CROIX A. (coord.), *Nantais venus d'ailleurs. Histoire des étrangers à Nantes des origines à nos jours*, Rennes, Presses universitaires de Rennes, 2007, p. 26-37.

21. HERZOG T. *Defining Nations. Immigrants and citizens in early modern Spain and Spanish America*, New Haven & London, Yale University Press, 2003, p. 5-6.

22. André Ruiz I était lui-même marié à Isabel de Santo Domingo, issue d'une famille castillane. Elle était la fille de Francisco de Santo Domingo, établi à Nantes dès 1522. Voir MATHOREZ J., « Notes sur les rapports de Nantes avec l'Espagne », *Bulletin Hispanique*, 1912, p. 397.

avec les beaux-parents de l'un de ses fils, Julien Ruiz, et se prolongèrent avec leurs héritiers pendant des années[23].

Lorsqu'en 1574 André Ruiz I reçut de Henri III avec l'accord du parlement, pour lui et sa descendance, les privilèges d'exemption de tous les impôts et tailles même en cas de possession de terres roturières, l'exemption ne fut pas appliquée par la communauté. La relation privilégiée que les Ruiz de Nantes entretenaient avec les rois de France successifs était sans doute de nature à éveiller la vigilance des Nantais qui ne souhaitaient pas voir le monarque s'immiscer dans leurs affaires et jouer de leurs prérogatives, en l'occurrence des droits locaux de citoyenneté.

En dehors du milieu marchand, André Ruiz I maria ses filles à des juristes bretons de haute volée, sans plus de succès, semble-t-il, puisque des tensions eurent toujours lieu entre les Ruiz et leur belle-famille de ce côté-là également[24]. La lente assimilation au milieu d'accueil nantais que nous avons cru deviner dans les alliances matrimoniales de sa progéniture se refléta clairement dans la place qu'André Ruiz I occupa à la mairie. Pour un homme qui ne dédaignait pas les honneurs, il est curieux de constater que ni lui, ni aucun de ses deux fils, fut élu maire ou sous-maire par les Nantais dans le demi-siècle où leur poids économique à Nantes fut d'importance.

Néanmoins, le front de parenté Ruiz-Rocaz-Le Lou, réunissant une famille castillane en voie d'assimilation, une famille d'origine castillane assimilée et une famille bretonne, domina la mairie pendant les années 1560-1570. À travers les mariages de leurs enfants, ces trois familles recrutèrent les relais qui les représentaient au sein de la mairie, renouvelant ainsi leur influence dans les affaires municipales[25]. La date des mariages n'était pas anodine et montre à quel point ces alliances étaient étroitement liées à la mise en place et aux premières années de fonctionnement de la municipalité en 1564-1565[26]. Les membres du front de parenté en voie de formation installés à Nantes prenaient ainsi la tête de la nouvelle institution, autant pour les privilèges qui en découlaient que pour imprimer leur volonté à

23. De plus, Nantais et Espagnols n'occupaient pas la ville de la même façon. Tandis que les marchands espagnols vivaient tous dans la paroisse Saint-Nicolas, les Français se répartissaient dans l'ensemble des paroisses de la ville.

24. Deux filles d'André Ruiz I avaient épousé, l'une Jean Morin, avocat du roi au présidial de Nantes, sieur de la Marchanderie, maire en 1570, l'année de son mariage, et l'autre Jacques Barrin, en 1573, président au parlement de Rennes et à la chambre des comptes.

25. En 1565, Jeanne, une fille d'Yvon Rocaz, épousa Julien Ruiz et une fille d'André Ruiz I épousa Julien Rocaz vers 1564. Mais cette dernière mourut en 1568. En 1576, André Ruiz II épousa Bonaventure Compludo. Voir Lapeyre H., *Une famille..., op. cit.*, p. 52. Yvon Rocaz, de son côté, maria plusieurs de ses autres enfants avec des membres de familles marchandes nantaises : les Le Lou et les Fyot. Tous faisaient office d'associés ou de facteurs dans la compagnie Ruiz-Rocaz-Le Lou.

26. André Ruiz I, qui avait reçu sa lettre de naturalité en 1547, se trouvait parmi les délégués des marchands députés à l'assemblée qui se tint dans la salle des Cordeliers, lors de la création de la mairie, en novembre 1564. Voir Perret A., « André Ruiz », *Bulletin de la Société Archéologique de Nantes*, 1949, t. 87, p. 10.

la politique de la ville[27]. À différentes dates, des branches de ce front de parenté furent investies de grands pouvoirs au sein de la mairie de 1565 à 1585[28]. Des liens d'amitié avec d'autres familles, comme celle des Poullain, pouvaient même renforcer cette mainmise sur la politique locale et/ou pallier les faiblesses momentanées de la représentation du front de parenté au gouvernement de la ville. Toutefois, dès la seconde moitié des années 1560, la cohésion du front de parenté fut mise en danger.

Tout d'abord, la concurrence commerciale malouine sur les marchés d'approvisionnement bretons engendra une déstabilisation des liens entre les associés de Castille et de Nantes, au terme de laquelle Simón Ruiz centralisa de plus en plus le pouvoir de décision de la firme aux dépens de ses associés nantais[29]. À la génération suivante, ces brouilles passagères entre associés de la firme s'étaient muées en inimitiés durables entre les fils Ruiz et les beaux-frères ayant hérité des affaires de feu Yvon Rocaz, ces derniers devenant ouvertement concurrents des Ruiz[30]. La concurrence des Nantais vis-à-vis des Castillans prenait donc forme au sein même du réseau Ruiz et avait lieu dans le domaine économique avant de se traduire politiquement. Mais ces rivaux bretons, Fyot et Saligot, qui avaient réussi à s'immiscer dans la famille et les affaires des Rocaz[31], l'étaient aussi devenus parce que

27. La municipalité règlementait les lieux de travail et les marchés, et défendait ses privilèges à travers ses membres. De plus, des avantages étaient réservés aux membres du corps de la ville (avantages financiers, prestige social et anoblissement transmissible depuis les lettres patentes de François II en 1559).

28. Si à la place de considérer les familles isolément, on prend les fronts de parenté pour « unité d'étude », on s'aperçoit que certains fronts de parenté contrôlèrent les charges municipales pendant un certain temps. En effet, lors des premières élections, fin 1564, Yvon Rocaz devint sous-maire et il occupa le poste de maire entre 1566 et 1568 tandis que son associé Jean Le Lou était élu échevin en 1565. La branche Ruiz du front de parenté prit alors la relève : Jean Morin fut élu maire dès après son mariage avec la fille d'André Ruiz I en 1570, et ce jusqu'en 1571. Ce fut également en 1570 que les beaux-fils d'Yvon Rocaz, Michel Le Lou et Nicolas Fyot, furent respectivement élus sous-maire et échevin. Nicolas Fyot accéda au poste de sous-maire en 1572-1573 et Jean Le Lou à celui de maire en 1573. Si nous ne connaissons pas la date du mariage de Jean Le Lou avec la fille d'Yvon Rocaz, en revanche, il est sûr que Nicolas Fyot se maria avec Marguerite Rocaz avant son accession au pouvoir municipal. À cette date, Bonaventure de Compludo était échevin et le fut jusqu'en 1576. Après le mariage de sa fille avec André Ruiz II en 1576, un des fils d'André Ruiz I, Bonaventure fut élu maire en 1581 et en 1582, et André Ruiz II, pour sa part, officia en tant qu'échevin. Les fils d'Yvon Rocaz, Jean et Julien, prolongèrent cette participation en occupant pour le premier le poste d'échevin en 1578-1579 et celui de sous-maire en 1580-1581, et pour le second celui d'échevin en 1582 et de sous-maire en 1584-1585. Ce front de parenté occupa les postes-clé de la mairie de 1564 au milieu des années 1580, pendant une vingtaine d'années.

29. Priotti J.-P., « Conflits marchands et intégration économique (Bretagne, Castille et Andalousie, 1560-1580) », Priotti J.-P. et Saupin G. (dir.), *Le commerce atlantique franco-espagnol. Acteurs, négoces et ports (XVe-XVIIIe siècle*, Rennes, Presses universitaires de Rennes, p. 73-99.

30. En effet, les beaux-frères de Julien Ruiz étaient à la tête de la communauté marchande nantaise faisant des affaires à Séville. Nicolas Fyot, lequel s'était marié avec une fille d'Yvon Rocaz et qui avait été facteur de Simón Ruiz à Bilbao, s'était entouré du facteur d'Yvon Rocaz : Saligot G., « *Nicolás Fyot* [era] *doctor de todos en Sevilla y Saligot su factor* ». Voir Arch. Hist. Prov. de Valladolid, fonds Ruiz, C20-168, JR à SR, 30-9-1573. Julien Ruiz ne s'entendait pas du tout avec ses beaux-frères.

31. En 1572, Simón Ruiz leur paya des dividendes, lesquels étaient certainement issus de la compagnie qu'Yvon Rocaz avait eu avec lui. Voir Arch. Hist. Prov. de Valladolid, C17-175, JR à SR, 16-5-1572.

Simón avait refusé de former une compagnie avec eux[32] et que les Ruiz de Nantes leur battaient froid. Ce refus d'intégrer à leur réseau les proches collaborateurs de leur ancien associé, Yvon Rocaz, fut responsable des ruptures de collaboration entre les marchands de la Fosse et maintinrent les Ruiz de Nantes à une certaine distance de la communauté nantaise tant politiquement que du point de vue économique.

Par ailleurs, l'investissement dans la voie échevinale était un engagement contraignant en temps et en argent ; il était également dangereux et compromettant[33]. Ceux qui occupaient ces postes devaient se détourner partiellement des affaires commerciales et leurs liens horizontaux (à l'intérieur du conseil municipal) n'étaient pas forcément compatibles avec leurs liens verticaux (réseau commercial). En effet, au moment de leur passage à la mairie ou durant les années qui y firent suite, certains membres du front de parenté, installés à Nantes, renforcèrent leurs intérêts sur place, diversifièrent leurs relations et leurs placements, notamment à travers l'achat d'offices de finance. Julien Rocaz (1580-1587) et postérieurement Nicolas Fyot furent receveurs généraux de la trésorerie générale[34]. Bien que tous les titulaires de cette charge pussent être apparentés à André Ruiz I[35], ce dernier ne s'était pas pour autant assuré par ce biais le contrôle de ces recettes importantes, puisqu'une certaine rivalité opposait les Ruiz aux Fyot dans les années 1570. Dans le cadre de la politique d'aliénation du domaine royal mise en place dans les années 1560-1570, Nicolas Fyot avait aussi acheté des droits sur les marchés urbains et, en la matière, le monarque n'aliénait pas son domaine à n'importe qui, mais attirait ainsi certains membres éminents des élites urbaines dans son orbite[36].

Certes ces investissements en temps, en argent et en prestige local, détournaient quelque peu les uns et les autres du commerce et de leurs anciens collaborateurs établis en Castille, mais on aurait tort de croire que les marchands embrassaient systématiquement des carrières administratives, car grâce à la résistance des États Généraux et des États Provinciaux, l'administration financière bretonne, par exemple, comptait peu de membres et limitait ainsi le nombre d'emplois accessibles aux familles attirées par le

32. Arch. Hist. Prov. de Valladolid, C17-198, JR à SR, 14-10-1572.

33. Ruggiu F.-J., Les *élites et les villes moyennes en France et en Angleterre (xviie-xviii*e *siècles)*, Paris, Éditions L'Harmattan, 1997.

34. Julien Rocaz fut receveur des fouages et Nicolas Fyot du taillon, Le Page D., « Les grands officiers de finances en Bretagne dans la seconde moitié du xvie siècle », Bayard F. (dir.), *Pourvoir les finances en province sous l'Ancien Régime*, Comité pour l'histoire économique et financière, Paris, 2002, p. 197.

35. *Ibid.*, Vital de Contour était marié à Françoise Morin, sœur de Jean Morin, premier président de la chambre des comptes de Bretagne et gendre d'André Ruiz I ; Julien Rocaz, son successeur, avait épousé en premières noces Marie Ruiz, fille d'André Ruiz I et en secondes noces, Françoise de Contour, fille de Vital. Julien Rocaz transmit ensuite la charge à son gendre Nicolas Fyot, époux de sa fille Marguerite.

36. Ainsi, en 1580, Nicolas Fyot, marié avec une fille d'Yvon Rocaz et ancien employé de la firme Ruiz, plus tard receveur général du taillon en Bretagne, achetait certains de ces droits.

service de l'État dans la France de l'Ouest[37]. De même, la carence des offices de marine laissait à la Bretagne une relative autonomie. Cela réduisait d'autant les possibilités de dépendance des élites marchandes bretonnes vis-à-vis du pouvoir central.

Cela explique qu'il y eut pendant les guerres de Religion des pouvoirs politiques et des réseaux commerciaux étrangers, nommément castillans, capables d'instrumentaliser certaines élites urbaines et des membres de la noblesse bretonne. Il y avait au sein de cette dynamique un des facteurs d'explication de la spécificité des élites portuaires bretonnes, à de multiples égards plus proches de la Castille que de l'intérieur du royaume. Dans les années 1560-1580, le fait que les favoris provinssent de territoires traditionnellement aux mains du roi – ce qui expliquait que rares étaient les Bretons ayant obtenu des responsabilités de premier plan à la cour[38] – ajoutait aux logiques de fonctionnement décrites et à la permanence de la Bretagne dans un état de relative autonomie.

Les quatre mariages des enfants d'André Ruiz I à Nantes n'avaient pas eu raison de ses préoccupations pour le commerce et la finance, qui le poussaient davantage vers Medina del Campo et vers Paris, que vers la communauté nantaise. D'autant qu'en parallèle des différends commerciaux des Ruiz avec les Rocaz et les Le Lou, ces deux dernières familles créaient des liens « horizontaux » au conseil municipal – lesquels affaiblissaient l'homogénéité des intérêts commerciaux entre les trois familles – et, à travers l'achat d'offices de finances, créaient un rapport privilégié avec le souverain[39]. André Ruiz I n'était d'ailleurs pas en reste. Dans la seconde moitié du XVIe siècle, sans investir lui-même dans l'achat d'offices, il fut néanmoins à la tête des principales fermes de la province, comme celle de la prévôté de Nantes, ou souscripteur d'emprunts de la monarchie.

Patriciat nantais, noblesse et royauté : vers la fin de l'autonomie municipale

Si la polarisation des intérêts nantais par les Castillans de Nantes avait signifié un certain degré de dépendance extérieure de la ville à une époque où le contrôle du roi sur la Bretagne était mal assuré – ce qui avait retardé l'intégration territoriale de cette province dans l'ensemble français –, la

37. Le Page D., « Les grands officiers de finances… », *op. cit.*, p. 195.

38. Le Roux N., *La faveur du roi. Mignons et courtisans au temps des derniers Valois (vers 1547-vers 1589)*, Seyssel, Champ Vallon, 2000, p. 104, 212.

39. Blaufarb R., « Vers une histoire de l'exemption fiscale nobiliaire. La Provence des années 1530 à 1789 », *Annales, Histoire, Sciences Sociales*, nov-déc. 2005, n° 6, p. 1203-1228. En suscitant la division des élites provinciales au sujet de la répartition de la charge fiscale, les exigences royales contribuèrent à multiplier les disputes internes, qui non seulement sapèrent la cohésion des institutions provinciales susceptibles de s'opposer à l'intrusion royale, mais poussèrent les élites régionales désunies à réclamer l'arbitrage royal. L'imposition déclencha donc une dynamique corrosive qui affecta les solidarités provinciales.

situation avait évolué sous le coup de la concurrence commerciale dès le milieu des années 1560 et évolua encore par la suite à cause des événements politiques.

Malgré l'implication des Rocaz-Le Lou et de leurs parents dans la structure financière royale en Bretagne, la configuration des pouvoirs dans la province ne poussa pas à la création d'un groupe homogène de marchands et de juristes[40]. James Collins pense que la faute en revint à la faiblesse de l'appareil fiscal royal. Cela est sans doute vrai, mais s'y ajoutent les dissensions au sein du front de parenté Ruiz-Rocaz-Le Lou qui poussèrent les Ruiz de Nantes à adopter davantage une logique de réseau vers les nobles bretons et parisiens, et vers Medina del Campo, qu'une logique de groupe avec les autres marchands et conseillers municipaux de Nantes.

La demande grandissante d'argent de la part du trésor royal poussa aussi certains riches marchands nantais à traiter de grosses affaires financières avec le gouvernement. Ces liens étaient médiatisés par la haute noblesse, laquelle intervenait à Paris, dans les plus hautes sphères, en faveur d'André Ruiz I et de ses alliés notamment[41]. André Ruiz I avait réussi à se rapprocher durablement des grands propriétaires terriens de Bretagne. Dans l'évêché de Nantes, ces grandes familles possédant les fiefs les plus importants étaient les Montmorency, le duc de Mercœur, le duc de Retz et le duc de Montpensier[42]. De plus, les Grands et André Ruiz I avaient des connaissances en commun. Vital de Contour, grand ami de ce dernier, avait été trésorier du duc de Montpensier[43]. Ces grands lignages furent les premiers à bénéficier des aliénations importantes du domaine royal dans les années 1560-1570[44]. André Ruiz I parvint à tisser un lien d'amitié avec eux

40. Traditionnellement, le principal allié politique des marchands venait du monde des officiers de finance royaux, mais ce groupe était assez réduit en Bretagne. Collins J., *Estates and Order...*, *op. cit.* Aussi, en Bretagne, le pouvoir du roi s'appuya surtout sur les nobles et les juristes. Il faut insister sur le fait que la Bretagne était la seule généralité qui n'ait pas de bureau des finances. L'élite mercantile bretonne qui manqua de leviers de pouvoir était assez inutile pour le roi en tant qu'alliée. Parmi les cinquante familles françaises de la « contractation », trois ou quatre seulement passèrent à la bureaucratie royale avant 1650 et deux étaient déjà dans la bureaucratie avant 1580.

41. Ainsi, en 1578, la duchesse de Montpensier envoya une lettre de faveur à son oncle, le cardinal, pour Vitores Ruiz, neveu d'André Ruiz I et de Simón.

42. Depuis 1540, les Montmorency possédaient la baronnie de Châteaubriant (23 paroisses). Le duc de Mercœur, quant à lui, acheta la baronnie d'Ancenis en 1599. Un autre grand seigneur du comté de Nantes était le duc de Retz. Les Gondi achetèrent la baronnie de Retz au XVIe siècle. Henri III l'éleva au rang de duché en 1581, duché de 86 paroisses. De 1543 à 1565, le duc d'Étampes fut gouverneur de Bretagne et appliqua fidèlement la politique de concorde de Catherine de Médicis et de L'Hospital. Louis de Bourbon, duc de Montpensier, fut gouverneur de Bretagne de 1569 à 1582. En 1582 lui succéda le duc de Mercœur. Il s'opère une montée en puissance de la fonction du gouverneur parallèle au fléchissement de l'autorité royale pendant les guerres de Religion. Voir Collins J. B., *Classes, Estates..., op. cit.*, p. 116-117; Saupin G., *Nantes au temps de l'édit*, Geste Éditions, La Crêche, 1998, p. 30, 114-117.

43. Le Page D., « Les grands officiers... », *op. cit.*, p. 197.

44. Collins J. B., « La gestion du domaine royal en Bretagne », Bayard F. (dir.), *Les finances en province sous l'Ancien Régime*, Comité pour l'Histoire Économique et Financière, Paris, 2000, p. 155.

au moment de leur participation au gouvernement, les échanges de services dans la finance et l'activité guerrière les réunissant.

Lisons les mots durs de l'ambassadeur espagnol à Paris dans une lettre écrite à Philippe II en juin 1568 :

> « André Ruiz, habitant de Nantes, [...] n'est pas la meilleure pièce qui soit sortie d'Espagne. Il était grand ami du connétable Anne de Montmorency et, si je comprends bien, homme qui avait l'habitude de lui donner des informations en temps de paix et de guerre, et ainsi il [le connétable] l'a aidé à devenir riche[45]. »

De même, son amitié avec les Gondi – Albert de Gondi était duc de Retz – tout puissants auprès de Catherine de Médicis, lui avait valu de nombreuses aides et informations politiques[46]. Cette proximité avait été facilitée par le fait qu'Albert de Gondi avait exercé plusieurs charges en Bretagne (général des galères, gouverneur de Belle-Isle et de Bretagne[47]). Toutefois, Gondi ne put maintenir son accès à la faveur royale. Il perdit le poste-clé de Premier Gentilhomme de la chambre en 1574, à l'avènement de Henri III, et vit ainsi son autorité à la cour largement entamée, mais ce ne fut qu'à la fin des années 1570 qu'il fut réellement évincé[48].

Quant au duc de Montpensier, il demanda à parrainer le petit-fils d'André Ruiz I tandis que le père du nouveau-né, Julien, avait pensé à Simón Ruiz[49]. Cette substitution forcée montre à quel point les Ruiz de Nantes étaient socialement « polarisés » entre le réseau commercial cas-

45. Real Academia de la Historia, *Archivo documental español. Negociaciones con Francia*, Madrid, 1959, t. 10, p. 460. Je remercie Bertrand Haan d'avoir attiré mon attention sur cette citation; Le Roux N., *La faveur du roi...*, *op. cit.*, p. 17, 40 et suivantes.

46. Le pays de Rais (ou Retz) en Bretagne échut aux Gondi à partir du mariage d'Albert de Gondi avec Catherine de Clermont en 1565, laquelle l'avait reçu en douaire de son premier mari. L'accumulation des droits en Bretagne fut particulièrement impressionnante. Le rôle d'Albert de Gondi à la cour fut de toute première importance à partir de 1565. Comte de Retz et marquis de Belle-Île en 1573, avant de devenir duc et pair en 1581. C'était l'une des premières fortunes de France. Le plus remarquable dans l'ascension de Gondi, ce fut la répartition par capillarité des bénéfices de la faveur à ses parents. Voir Le Roux N., *La faveur du roi, op. cit.*, p. 63-68; Dubost J.-F., *La France italienne, XVIe-XVIIe siècle*, Aubier, 1997, p. 180, 234, 239-241, 251, 272, 275, 295-297.

47. Dès le premier tiers du XVIe siècle, la royauté avait peuplé d'Italiens les bénéfices lucratifs du diocèse. Après l'arrivée des Gondi en Bretagne ce mouvement de favoritisme alla croissant jusqu'au moment où les membres de la famille des ducs de Retz, préférant leur propre avantage à celui de leur clientèle, sollicitèrent pour eux-mêmes des bénéfices fructueux. Albert de Gondi, duc de Retz, était gouverneur de la ville de Nantes en 1568. Lorsque Mercœur s'empara du château de la ville, il fut évincé sinon de ses fonctions du moins de son autorité. Lorsqu'il eut adhéré à la politique de la Sainte Union, en 1591 (mais Gondi avait rallié la cause de Mercœur bien avant), il obtint le commandement de la flottille de la Ligue et fut nommé amiral des galères. Voir Mathorez J., *Les étrangers en France sous l'Ancien Régime*, Paris, Édouard Champion Éditeurs, 1919, p. 11-17.

48. Le Roux N., *La faveur du Roi...*, *op. cit.*, p. 164-168, 193.

49. Le 22 décembre 1572, Jeanne Rocaz eut un fils que Julien voulait prénommer Simón. Mais le duc de Montpensier, gouverneur de Bretagne, arriva à Nantes le lendemain et lorsqu'il sut que la belle-fille d'André Ruiz I avait accouché, il voulut qu'on lui donne son prénom, Louis, et il s'offrit comme parrain, Archivo Histórico Provincial de Valladolid, C20-122, 31-01-1573, AR I à SR. Bien qu'anecdotique en apparence, cette affaire montre la capacité des Grands à attirer et à protéger de nouveaux clients au détriment des liens de ces derniers avec leurs parents de Castille.

tillan auquel ils appartenaient, la noblesse et l'État français qui étaient leurs hôtes. À Nantes, André Ruiz I était souvent occupé avec le duc, gouverneur de Bretagne, et n'avait donc pas le temps d'écrire à son frère [50] et son fils, André Ruiz II, avait à Paris un accès privilégié aux appartements royaux [51].

En 1582, lors de sa nomination au gouvernement de Bretagne, le duc de Mercœur descendit chez André Ruiz I [52]. Quelques années plus tard, Mercœur et la duchesse douairière de Penthièvre tinrent Marie Ruiz, la petite fille d'André I, sur les fonts baptismaux [53]. La volonté des grands et des proches du monarque de se ménager la loyauté des acteurs économiques à forte capacité financière gommait quelque peu les intérêts réciproques des membres de la firme Ruiz. Pour le Nantais d'adoption, ce n'était pas peine perdue. À travers les mariages de ces grands lignages, André Ruiz I pouvait espérer des faveurs d'une bonne partie de la noblesse de France [54].

Autant de facteurs en définitive qui renforçaient les liens du front de parenté Ruiz/Rocaz/Le Lou – en fonction des différentes branches – avec la municipalité de Nantes, la province de Bretagne et/ou le roi de France au détriment de la solidité du réseau transnational marchand. Ces changements accroissaient sans doute les mésententes et les jalousies au sein de la descendance des Ruiz-Rocaz-Le Lou et poussaient à un certain degré d'individualisation des trajectoires de chaque branche.

Les guerres de Religion polarisèrent davantage encore les intérêts divergents des membres du front de parenté, en fonction de leurs liens sociaux locaux, provinciaux et/ou « nationaux », fragilisant de façon accrue les liens inter-familiaux entre les membres de la seconde génération du front de parenté [55]. Au sein d'une même branche familiale les prises de position divergeaient. Dans les lettres qu'il envoyait à son oncle en Espagne, Julien Ruiz, le cadet d'André Ruiz I, proférait les injures les plus terribles contre les hérétiques. Il était profondément catholique. De peur qu'ils trouvent l'Anglais Montgomery sur leur chemin, Julien espérait même que ses rivaux commerciaux, malouins et vitréens, catholiques pour la plupart, n'envoient

50. André Ruiz I avait eu à s'occuper de nombre de choses avec le gouverneur (duc de Montpensier) et n'avait pu écrire à Simón Ruiz, Archivo Histórico Provincial de Valladolid, C20-130, 27-01-1573, JR à SR.

51. André Ruiz II « *puede entrar y salir cuando quiere en la cámara del rey.* [...] *Y la reina madre le habla luego que le ve* », Archivo Histórico Provincial de Valladolid, C14-256, AR I à SR, 5-12-1571 ; C20-127, 16-01-1573, JR à SR.

52. Grégoire L., *La Ligue en Bretagne,* Paris-Nantes, Dumoulin J.B. et Guéraud A. et Cie, 1856, p. 12.

53. Perret A., *op. cit.*, p. 10.

54. Voir Carroll S., *Noble Power during the French Wars of Religion*, Cambridge, Cambridge University Press, 1998, p. 18, 25 note 28.

55. Pendant l'été 1561, pour contrer la montée en puissance des Protestants, la formation d'un triumvirat pour la défense du catholicisme scella un rapprochement entre les Guise et les Montmorency, lequel résulta d'une perte d'influence à la cour. Montpensier en faisait partie, Carroll S., *Noble Power..., op. cit.*, p.106.

pas de toiles blanches en Andalousie[56]. À Nantes, il expédiait le courrier du duc de Mercœur. Julien appartenait au cercle des marchands du port de la Loire, à tendance ligueuse, qui faisait le commerce avec la Castille et ne possédait pas d'offices royaux. Il n'était donc pas étonnant qu'il fût en accord avec les idées de son oncle, farouchement opposé aux Protestants. Parmi les cousins de Julien, les De la Presa, étaient aussi en grande faveur auprès de Mercœur, l'un d'entre eux exerçant les fonctions de capitaine de la ville[57]. Lorsqu'à Nantes les Protestants entendirent bénéficier de l'édit d'Amboise, la panique s'empara de l'élite négociante, car cela était contraire à la politique de Philippe II et au commerce avec l'Espagne[58]. Cette opinion prévalait toujours en 1589 lorsque la ville se révolta contre la monarchie.

Pourtant, tous ne réagissaient pas de la même manière. L'aîné d'André Ruiz I et frère de Julien Ruiz, André Ruiz II, fut fait prisonnier par les troupes de Mercœur, à proximité de Nantes en 1589[59]. Bien que sa fille fût la filleule du duc rebelle au roi de France, il avait toujours été regardé avec méfiance par le milieu ligueur[60]. Il faut dire qu'il avait séjourné à plusieurs reprises à la cour dans les années 1570-1580, où il possédait beaucoup d'entregent. Avant comme après les assassinats des Guise, il entrait dans les appartements royaux et s'entretenait personnellement avec Catherine de Médicis[61], que l'on soupçonnait de favoriser la cause protestante. En outre, son beau-frère, Jacques Barrin, qui intervenait dans nombre de ses procès et participait financièrement à la firme Ruiz de Nantes, était président au parlement à Rennes, un des bastions loyalistes de Bretagne. D'ailleurs, lors de son passage à Nantes, en 1598, Henri IV en personne fit une visite à André Ruiz II[62]. Bien souvent, les grands financiers ne s'identifiaient pas clairement à un parti et agissaient au service de camps opposés. En définitive, le choix d'André Ruiz II était celui du roi de France, puisqu'il était lié à la couronne, tandis que son frère Julien, coupé de tous pour rester au service de son oncle, était demeuré foncièrement pro-catholique.

Michel Le Lou, pour sa part, fils du marchand Jean Le Lou, associé de Simón Ruiz dans les années 1560, adopta une attitude assez modérée

56. Arch. Hist. Prov. de Valladolid, C20-153, JR à SR, 26-5-1573.

57. Lapeyre H., *Une famille…*, *op. cit.*, p. 89.

58. Saupin G., *Nantes à l'époque…*, *op. cit.*, p. 170.

59. Archivo Histórico Provincial de Valladolid, C131-95, 23-6-1589, BB à CR et LA.

60. Archivo Histórico Provincial de Valladolid, C64-142, JR à SR; C168-242, AR II à SR, 7-1-1594. André Ruiz II s'était rendu à Rennes pour voir sa sœur. Son beau-frère l'avait assuré de son amitié et si les troubles finissaient, il s'occuperait des nombreux procès dans lesquels André était impliqué, mais à ce moment-là il n'était pas question d'en parler, car cela revenait à assurer sa défense dans les villes desquelles ses opposants étaient originaires. Arch. Hist. Prov. de Valladolid, C131-162, Baltasar de Lezama (BL) à SR, 17-01-1589; C131-163, BL à SR, 7-02-1589; C168-243, AR II à SR, 20-4-1594.

61. Archivo Histórico Provincial de Valladolid, C14-256, AR I à SR, 5-12-1571; C17-138, AR I à SR 12-2-1572; C69-235, 13-5-1581, ARII à SR; C124-230, 1588, Baltasar de Lezama à SR; C131-162, BL a SR 17-01-1589.

62. Mathorez J., *op. cit.*, p. 405.

vis-à-vis de la ligne dure du parti catholique. Et en avril 1589, en tant qu'officiers du roi, Michel Le Lou et son beau-frère, Nicolas Fyot, furent jetés en prison par le gouverneur. Cela permit sans doute à la descendance de Le Lou d'occuper la mairie à l'extrême fin du XVIe siècle et au début du XVIIe siècle [63].

On voit combien les cas de figures étaient divergents à l'intérieur du front de parenté, les attitudes allant du soutien inconditionnel à Mercœur, de la part de ceux dont les revenus provenaient essentiellement du commerce hispano-breton, à une certaine résistance de ceux qui ne se cantonnaient pas au commerce, comme les officiers royaux et les grands financiers, en passant par des prises de position plus modérées. D'où le danger de considérer uniformément tous ces acteurs économiques. La grande crise politique qui voyait la ville de Nantes opter pour la Ligue contre l'avènement de Henri IV, contraria la fusion et/ou accrut les différends au sein du milieu marchand entre ceux qui dépendaient en bonne partie du commerce international et ceux qui avaient opté pour une diversification de leurs activités et trouvé dans l'achat de charge un complément utile. Il y avait marchand et marchand.

Le soutien des acteurs économiques à la révolte du duc de Mercœur n'était donc pas unanime. Bien que les marchands – surtout ceux qui appartenaient à l'association commerciale organisant les échanges entre la Basse-Loire et la Castille – aient été particulièrement actifs et semblent même avoir été les premiers à poser les principes de la Ligue [64], tous n'y étaient pas franchement favorables. D'ailleurs, si l'on y regarde de près, aussi importante fut-elle dans le dernier quart du XVIe siècle, la participation des Castillans aux charges municipales de la ville fut moins soutenue dans les années 1590 qu'elle ne l'avait été dans les années 1570 [65].

La Ligue n'était pas l'élément déclencheur de ces parcours différenciés, le groupe marchand s'étant scindé dès les années 1560-1570 pour des raisons

63. Déjà en 1572, le maire Harouys et le sous-maire Michel Le Lou, fils de l'associé des Ruiz, avaient agi avec prudence pour ne pas engager la ville dans une Saint-Barthélémy nantaise. Voir SAUPIN G., *Nantes à l'époque..., op. cit.*, p. 124, 141. Comme de plus en plus de membres de la seconde génération du front de parenté devenaient officiers royaux (Julien Rocaz, Michel Le Lou et Nicolas Fyot, en particulier), avec une prise de position plutôt loyaliste, ils s'écartaient de l'alliance faite avec l'Espagne laquelle correspondait davantage aux intérêts des riches marchands nantais faisant commerce avec la Castille et l'Andalousie.

64. SAUPIN G., *Nantes à l'époque..., op. cit.*, p. 256-257.

65. Voir graphique dans CASADO ALONSO H., *El triunfo de Mercurio. La presencia castellana en Europa (siglos XV y XVI)*, Burgos, 2003, p. 105. Dès la seconde moitié des années 1560, des disputes incessantes concernant le négoce eurent lieu entre les Ruiz de Nantes et les descendants d'Yvon Rocaz, et à partir des années 1580 cette représentation s'affaiblit au profit de marchands français de souche qui concurrençaient les firmes castillanes dans le domaine commercial, à Nantes et à Bilbao comme à Séville. À partir de cette époque-là, les patronymes de marchands français connus en Espagne, Jean Gobin, Jean Fruneau, Jean Jarnigan apparaissent aux postes d'échevins. Voir PERTHUIS A. et DE LA NICOLLIÈRE S., *Le livre doré de l'hôtel de ville de Nantes*, Nantes, 1873. Cette logique commerciale était renforcée par le fait qu'à partir de 1589, les hommes du duc de Mercœur, français pour la plupart, furent amenés à diriger la ville. Voir SAUPIN G., *Nantes au temps de l'édit, op. cit.*, p. 204.

commerciales, comme nous l'avons vu. Mais les conflits politiques et religieux les accrurent en singularisant les trajectoires. La teneur et l'intensité des échanges de services entre marchands, et entre marchands et gouvernements, n'étaient pas neutres et l'achat de charges, les prêts à la couronne ainsi que les associations commerciales, influençaient les partis pris politiques et religieux. Il existait une corrélation certaine entre interdépendance commerciale et financière, loyauté politique et conviction religieuse[66].

Le désintérêt des Ruiz de Nantes et de leur parentèle pour certaines activités, notamment militaires, avait aussi son importance. Parmi les capitaines des milices bourgeoises chargées de protéger la ville, les Ruiz et autres Espagnols étaient exceptionnellement nommés, pas plus avant la révolte de Mercœur que pendant ou après[67]. Généralement, les Castillans de Nantes ne se passionnèrent jamais pour les affaires militaires de la ville : leurs activités étaient essentiellement commerciales et financières. Cette caractéristique se retrouvait à l'échelle collective, puisque Nantes ne jouissait pas d'une protection militaire propre et dépendait d'armes extérieures à la ville : inconvénient difficile à gérer[68]. Pourtant, les rivalités organisées autour du thème des milices montrent bien l'importance que leur contrôle revêtait pour le souverain comme pour la ville[69]. De toute façon, la milice bourgeoise de Nantes demeurait faible et inefficace, en particulier à cause d'une artillerie en mauvais état et d'échevins ignorants de l'art de la guerre[70]. En 1588, grâce à l'introduction de forces militaires à Nantes, le duc de Mercœur avait fait facilement taire les oppositions, notamment celle du maire de Nantes, modéré opposé à la politique ducale, et en avril 1589 un dévoué du duc et de la duchesse avait été placé à la tête de la nouvelle administration municipale.

Le manque d'indépendance des armes de la part de la municipalité avait donné à la noblesse ligueuse puis à Henri IV des opportunités de manœuvres politiques qu'ils n'avaient pas eues à Saint-Malo. À Nantes, deux faits particulièrement importants avaient marqué la période des guerres de Religion. En 1562, elles avaient été d'abord l'occasion pour le monarque

66. À l'image de ce que Stuart Carroll observe en Normandie à la même époque, *Noble Power…, op. cit.,* p. 83-85.

67. Saupin G., *La vie municipale…, op. cit.,* p. 24. Il n'en reste pas moins que le représentant de la Fosse était lié à la parentèle : en 1562, lors de la préparation militaire liée à la première guerre de Religion, il s'agit de Jean Le Lou. Voir Saupin G., *Nantes au temps…, op. cit.,* tableau p. 172.

68. Cela n'empêchait pas les Espagnols de contribuer financièrement à la défense de la province. Voir Perret A., *op. cit.,* p. 8.

69. Il existait au xvie siècle une milice bourgeoise à Nantes qui assurait le maintien de l'ordre de jour et de nuit. Au moment de la création de la municipalité, cette milice était sous les ordres du connétable, officier royal, adjoint au capitaine du château de Nantes. En 1588, après de longues discussions, le maire fut reconnu colonel de la milice bourgeoise. Voir Saupin G., *La vie municipale à Nantes sous l'Ancien Régime (1565-1789),* thèse de troisième cycle, 1981, Université de Nantes, p. 21-22.

70. *Ibid.,* p. 65, 74-75 ; Croix A., *L'âge d'or de la Bretagne, 1532-1675,* Rennes, Éditions Ouest-France, 1993, p. 50. En 1598, il existait quatorze compagnies de milice. Saupin G., *Nantes au temps de l'édit, op. cit.,* p. 61

de remplacer la milice urbaine par des troupes royales professionnelles[71]. Et au moment de la Ligue, la municipalité n'avait pas été mieux lotie car, dès 1589, Mercœur s'était adressé à Philippe II pour demander des secours militaires; l'année suivante 7 000 Espagnols débarquaient à Saint-Nazaire[72]. Pour assurer sa survie militaire, Mercœur réitérait auprès du roi castillan les autorisations pour importer de la poudre, du soufre, du fer et des munitions des territoires de Philippe II, notamment de Bilbao et du reste de la Biscaye[73].

Cette dépendance militaire de la ville vis-à-vis de Mercœur et de ce dernier vis-à-vis de l'extérieur, enleva une bonne part du pouvoir de négociation de la ville avec Henri IV, lors de la reddition de celle-ci en 1598. Le monarque en profita pour priver les Nantais d'importants privilèges. Du point de vue politique, la communauté des habitants n'élirait plus les échevins et le maire directement – comme cela avait été le cas depuis 1565 –; cela se ferait au bon vouloir du roi[74]. Les nominations de 1599 et celles du début du XVIIe siècle montrèrent bien l'étroitesse de la marge de manœuvre des Nantais en matière d'élection municipale : dans ses missives, le roi n'hésitait pas à faire référence à un éventuel recours à la force si son choix n'était pas respecté[75]. Rien d'étonnant alors à ce que le candidat « royal » ait fait partie d'une famille qui avait aidé le souverain à lutter contre Mercœur et les Espagnols[76]. Ce furent les officiers de justice ayant résisté à la Ligue et garants d'une stratégie d'union avec la monarchie qui occupèrent les postes-clé de la municipalité au début du XVIIe siècle[77]. Le roi essayait donc de créer un espace de pouvoir dans une ville qu'il entendait mieux contrôler.

La relative faiblesse des connexions entre les élites nantaises et le gouvernement central, et les rivalités au sein des élites urbaines même, se combinaient donc avec les luttes entre la noblesse bretonne et la royauté. Sous Henri III, le roi avait tenté de fidéliser de nouveau la noblesse par un rapport établi à la cour, et non par des gratifications et des honneurs redistribués par des barons provinciaux[78]. Cette politique royale s'inscrivait dans une réaction au mouvement de promotion autonome des maisons nobiliaires et de constitution de réseaux politico-confessionnels indépendants qui se produisit pendant les premières années des guerres civiles[79]. Il

71. CROIX A., *L'âge d'or…*, *op. cit.*, p. 51.
72. *Ibid.*, p. 54.
73. DE CARNÉ G., *Documents sur la Ligue en Bretagne. Correspondance du duc de Mercœur et des ligueurs bretons avec l'Espagne*, Vannes-Rennes, 1899, t. 1, p. 24 (Lettre du duc de Mercœur à Philippe II); VAIHLEN J., *Le conseil…*, *op. cit.*, p. 142 note 1. Voir DE CARNÉ G., *Documents…*, *op. cit.*, lettre 19, lettre 24 (15-11-1590), lettre 69, lettres 35, 36 et 37, lettre 61 note 2, lettre 165.
74. SAUPIN G., *La vie municipale…*, *op. cit.*, p. 23, 32.
75. PERTHUIS A. et DE LA NICOLLIÈRE S., *Le livre doré…*, *op. cit.*, p. 194-197.
76. *Ibid.*
77. *Ibid.*, p. 256.
78. LE ROUX N., *op. cit.*, p. 197.
79. *Ibid.*, p. 717.

s'agissait de court-circuiter l'autorité des grands lignages que le souverain avait jusqu'alors associés à l'exercice du pouvoir. Mais le fonctionnement de la cour en système fermé portait en lui-même son échec, car il empêchait cette institution de ce qui en définitive était son principal objet : servir de point de contact entre les élites et le pouvoir central [80]. Henri IV rompit avec cette idée de faveur exclusive à une troupe [81].

Coupée de la possibilité d'obtenir des faveurs à la cour durant la majeure partie des guerres de Religion, les nobles provinciaux renforcèrent leurs bases locales et régionales. À ce titre, la période des guerres de Religion peut être considérée comme une époque de restructuration des clientèles aristocratiques, car nombre de patrons perdirent alors des parts significatives de leur patronage et leurs clientèles déclinèrent puisque tous les clients n'étaient pas fidèles [82]. Toutefois, les clientèles continuèrent d'exister et se renouvelèrent même en partie, ce qui démontre la vitalité et la durabilité de ces liens, qui ne disparurent pas mais furent absorbés dans des partis et continuèrent à opérer.

Les marchands-guerriers garants des privilèges de la république malouine

Avant d'entrer dans le détail, il est utile de rappeler que Saint-Malo comptait tout au plus 10 000 habitants à la fin du XVIe siècle tandis que la ville de Nantes en avait 25 000 environ. Cet écart de population est déterminant à l'heure de considérer la capacité de contrôle de la part des marchands sur l'institution municipale. De plus, à la différence de beaucoup d'autres villes et ports, Saint-Malo ne connut pas la mainmise de l'État royal sur les finances municipales et la création d'offices urbains avant la fin du XVIIe siècle [83]. La résistance à l'ingérence de l'État fut plus longue que celle opposée par Nantes, et les guerres de Religion furent pour Saint-Malo l'occasion d'affirmer son indépendance. Cette indépendance politique à l'égard de Mercœur et du roi permit de sauvegarder et même d'accroître les privilèges de la ville et de sa bourgeoisie. Toutefois, les sources faisant défaut, nous ne pourrons aborder dans le détail les aspects sociaux considérés pour Nantes dans la seconde moitié du siècle. En revanche, le processus d'indépendance militaro-commerciale sera retracé sur le long terme.

Fondée par un évêque en 1152, Saint-Malo fut ainsi placée sous la coupe d'une puissante seigneurie ecclésiastique, ce qui permit aux habitants

80. *Ibid.*, p. 718.
81. *Ibid.*, p. 720.
82. KETTERING S., « Clientage during the French Wars of Religion », *Sixteenth Century Journal*, vol. XX, n° 2, 1989, p. 221-239.
83. CHALINE O., « La société urbaine des ports français de commerce français du Ponant », POUSSOU J.-P. (dir.), *Les sociétés urbaines au XVIIe siècle (Angleterre, France, Espagne)*, Paris, Presses de l'Université de Paris-Sorbonne, 2007, p. 151.

d'échapper à la tutelle directe des ducs de Bretagne[84]. À partir du XIIIe siècle et de façon croissante par la suite, le roi de France s'appuya sur la course malouine pour contester le pouvoir anglais dans le canal de la Manche, récupérer la Normandie et accentuer son influence en Bretagne[85]. De ces services militaires, en particulier ceux livrés pendant la guerre de Cent ans, Saint-Malo obtint de nombreux avantages économiques. En effet, par les lettres patentes de 1395, Charles VI octroyait aux Malouins d'importants privilèges avec comme noyau central une immunité fiscale généralisée aux habitants, ainsi qu'aux étrangers[86].

Aussi, dans le dernier quart du XVe siècle, n'était-il pas étonnant de retrouver les Malouins, devenus plus français que bretons, aux côtés du roi dans l'affrontement maritime franco-breton au cours de la lutte entre le roi de France et un duché dont l'indépendance politique était devenue insupportable[87]. Il n'en retirait pas seulement des privilèges économiques, comme on vient de le voir, mais aussi une gestion militaire propre, en matière de fortifications par exemple[88]. Or, c'était à travers ces fortifications que rois et ducs transformaient certaines villes portuaires en bases militaires[89], introduisant ainsi dans la ville des pouvoirs concurrents de ceux de la municipalité. L'indépendance des armes et la gestion propre des affaires de défense représentaient une limite stricte à la marge de manœuvre des seigneurs et à celle du roi vis-à-vis des élites malouines. Fait capital pour comprendre l'avantage de Saint-Malo sur Nantes, au moment où éclatèrent les guerres de Religion, moment de pression maximum sur les villes, leurs élites et leurs privilèges.

Par ailleurs, compte tenu des conflits ambiants de la seconde moitié du XVe siècle, les Malouins se virent attribuer de la part du duc le privilège

84. TROTY DE LA TOUCHE C., *Les privilèges de Saint-Malo et de ses habitants*, DES histoire du droit, 1972, Rennes, p. 5.
85. À ce sujet, voir RUSSON M., *Les côtes guerrières. Mer, guerre et pouvoirs au Moyen Âge (France-Façade océanique, XIIIe-XVe siècle)*, Rennes, Presses universitaires de Rennes, 2004, p. 21-22, 46; GRÉGOIRE L., *La Ligue en Bretagne…*, *op. cit.*, p. 101.
86. Sans être un paradis fiscal absolu, Saint-Malo offrait ainsi, indéniablement, aux marchands une situation favorable en matière de charge fiscale, qu'ils devaient conserver jusqu'en 1695. Cette immunité octroyée en 1395 s'étendait aussi aux marchandises qui transitaient par la place et y faisaient l'objet de transactions. Cette immunité de droits sur les transactions commerciales, formulée en termes archaïques en 1395, signifia progressivement franchise commerciale, et *de facto* statut de port-franc pour Saint-Malo, lui permettant d'échapper aux taxes établies successivement par les ducs et les rois sur les marchandises entrant ou sortant par voie de mer dans le duché et le royaume. Voir LESPAGNOL A., *Messieurs de Saint-Malo. Une élite négociante au temps de Louis XIV*, 1997 (1re éd. en 1990), p. 51-52; COLLINS J. B., *Classes…*, *op. cit.*, p. 243.
87. Ce ralliement était d'autant plus compréhensible que les Malouins avaient pris l'habitude de servir le monarque dans la lutte contre l'Anglais, souvent allié des ducs. Voir RUSSON M., *Les côtes guerrières…*, *op. cit.*, p. 61.
88. Au XVe siècle, pour la Bretagne, la Normandie et la Guyenne, les décisions concernant l'édification, la réparation ou le renforcement des fortifications urbaines furent seulement celles du prince et non celles de la communauté, Saint-Malo étant à cet égard une exception puisque c'était la communauté urbaine qui décidait des ouvrages fortifiés. Voir RUSSON M., *Les côtes guerrières…*, *op. cit.*, p. 183.
89. *Ibid.*, p. 185.

d'escorter les convois marchands contre les Anglais aussi bien que contre les Français[90]. Le développement de cette force armée malouine à l'intersection des antagonismes territoriaux entre l'Angleterre, la Bretagne et la France, protégeant tour à tour le roi de France et le duc de Bretagne, aidait le port de la Rance à construire son propre territoire. Entre le XIIIe et le XVe siècle, cette même force armée au service du roi de France permettait aux Malouins de se jouer de la rivalité des pouvoirs épiscopal, ducal et royal pour tirer leur épingle du jeu.

À la faveur de cette position particulière, les bourgeois de Saint-Malo développèrent leurs activités guerrières et commerciales pendant les siècles suivants. Cette force ne déclina pas au XVIe siècle comme on l'a supposé[91] : elle s'accrut même pendant cette période, à l'issue des guerres de Religion, comme à chaque fois que la monarchie recourut aux services des Malouins.

En 1513, les habitants de Saint-Malo qui bénéficiaient déjà de nombreux privilèges commerciaux s'appuyèrent sur la reine Anne pour obtenir la création d'une communauté de ville et l'abaissement des droits perçus par la co-seigneurie[92]. Dès les premières assemblées, les bourgeois nommèrent des officiers municipaux. Toutefois, il y eut peu de délibérations entre 1561 et 1575[93], et le capitaine de la ville, nommé par le duc – qui prêtait serment au roi et au chapitre tandis que ce dernier nommait les officiers[94] – présidait les assemblées de bourgeois dont les droits étaient restreints, seulement pour réparer les murailles ou lutter contre les épidémies[95]. À cette époque, trois pouvoirs dominaient la ville : celui déclinant de l'évêque et des chanoines, celui du capitaine-gouverneur et celui montant des bourgeois[96].

Par à-coups, en se jouant des rivalités entre puissants, les bourgeois allaient réussir à s'imposer à leurs concurrents. En 1575, Henri III délivra des lettres patentes en vue de la création d'une juridiction consulaire, mais sur les oppositions des chanoines et du chapitre (oppositions de 1576 et de 1582 au cours desquelles les États généraux se mirent du côté de l'évêque

90. Entre 1460 et 1470, l'escorte armée des convois marchands se concentrait à Saint-Malo, autour de la nef amirale de Bretagne, pour lutter contre les Anglais et, par la suite, pendant les deux dernières décennies, contre la France. Voir Russon M., *Les côtes guerrières…*, *op. cit.*, p. 260, 284.

91. Marc Russon conclut un peu vite que toutes les villes portuaires, parmi lesquelles Saint-Malo, furent de plus en plus soumises à l'État central, *op. cit.*, p. 490.

92. Troty de la Touche C., *Les privilèges…*, *op. cit.*, p. 6, 55. Au début du XVIe siècle, une lutte eut lieu entre les bourgeois et les chanoines, ces derniers voulant fixer les taxes, nommer les magistrats et garder les archives, mais la reine Anne trancha en faveur des bourgeois, maîtres du commerce, et interdit aux clercs de se mêler de justice et de conférer le droit de bourgeoisie. Voir Durand Y., « Les républiques urbaines en France au XVIe siècle », *Annales de la Société d'Histoire et d'archéologie de l'arrondissement de Saint-Malo,* 1990, p. 219.

93. *Idem*, p. 57. Ce ne fut qu'en 1578 que l'assemblée décida de nommer quinze bourgeois.

94. Durand Y., « Les républiques… », *op. cit.,* p. 219.

95. *Ibid.*

96. *Ibid.*

et des chanoines) – qui avaient la juridiction ordinaire –, l'établissement en fut différé jusqu'en 1594[97].

Les titulaires des charges de consul et de prieur étant le plus souvent des échevins, la communauté de ville contrôlait le consulat[98]. Grâce à la cooptation, une trentaine de familles de marchands et d'armateurs monopolisait les charges de prieurs et consuls[99]. Les commerçants de la ville avaient en outre la faculté de faire arrêter les étrangers pour dette ou délit[100].

Autre privilège d'importance : la cité avait sa propre garde. Même si l'on ne possède pas de renseignements sur son origine exacte, il est probable que le caractère immémorial auquel faisait référence les Malouins à ce sujet, remontait à 1384, époque où ne pouvant mettre de garnison dans la ville de Saint-Malo le pape en avait confié la garde aux co-seigneurs et à leurs vassaux les bourgeois[101]. Ce ne fut qu'avec les guerres de Religion et l'instauration de la République malouine que naquit cette coutume de garde de la ville par les Malouins eux-mêmes, qui serait par la suite confirmée comme privilège par Henri IV, Louis XIII et Louis XIV, respectivement en 1594, 1610 et en 1643[102].

Dans le dernier tiers du XVIe siècle, particulièrement troublé, les Malouins réussirent à négocier au mieux de leurs intérêts leur force militaire. Ils semblaient invincibles sur mer[103] et, dans le port, en 1589, il existait quatorze compagnies de milice bourgeoise. Avant le commencement de la guerre civile, le procureur syndic de la ville, les quatorze capitaines de la milice et quatre capitaines généraux formaient un conseil souverain de la commune[104]. En 1590, soupçonnant le gouverneur de vouloir introduire une garnison royaliste dans la ville et rançonner les riches marchands pour établir une autorité despotique, les Malouins le tuèrent[105]. Comme ils n'avaient pas besoin de secours militaire, ils ne laissèrent pas pour autant Mercœur pénétrer dans leur ville et refusèrent de participer aux frais de guerre qu'il établissait en grevant le commerce marchand[106].

97. TROTY DE LA TOUCHE C., *Les privilèges...*, *op. cit.*, p. 66. Les bourgeois de Saint-Malo avaient réclamé la création d'un consulat lors du passage de Charles IX, en 1570.

98. TROTY DE LA TOUCHE C., *Les privilèges...*, *op. cit.*, p. 67.

99. *Ibid*, p. 69.

100. Très grande sécurité pour les affaires, surtout à partir de 1594, qui n'avait pas cours en France de façon répandue, *ibid.*, p. 69.

101. *Ibid.*, note 2, p. 75.

102. *Ibid.*, p. 76.

103. En 1573, les Malouins avaient lutté contre l'Anglais en aidant à leurs frais la prise de Belle-Isle. En 1575, vingt-trois marchands et capitaines de cette ville, proposait au duc de Montpensier, gouverneur de Bretagne, de fournir douze grands vaisseaux armés en guerre pour servir le roi. Ils s'engageaient à bloquer le port de La Rochelle, moyennant 120 000 livres, de manière que rien ne put entrer ni sortir, et ils offraient de 100 000 écus de caution à Paris ou à Rouen, qu'ils étaient disposés à perdre s'ils trouvaient en mer plus forts qu'eux. Voir GRÉGOIRE L., *La Ligue en Bretagne...*, *op. cit.*, p. 101-102.

104. *Ibid.*, p. 102.

105. *Ibid.*, p. 102.

106. *Ibid.*, p. 109.

Saint-Malo, d'abord ligueuse, se constitua en république autonome dès mars 1590. Après la mort du gouverneur, les Malouins imposèrent que ce dernier ne tiendrait dorénavant son autorité que des habitants ; ils levèrent aussi des impôts et constituèrent des troupes armées [107]. Ceux qui avaient alors le pouvoir à Saint-Malo étaient des gens de « créance et de moiens » qui voulaient « tendre à la liberté [108] ». Saint-Malo devait avant tout protéger ses intérêts commerciaux et écrivit dans ce sens aussi bien aux États de Hollande en 1589, qu'à Philippe II en 1591 et en 1594.

Les opérations étaient menées par de puissantes familles d'armateurs-négociants qui formaient le nouveau conseil et s'y maintenaient par divers moyens : épuration, cooptation, etc. [109]. Il s'agissait de lignages enrichis dans le négoce avec l'Andalousie, ceux-là même qui concurrençaient Castillans et Nantais dans le commerce des toiles bretonnes en Espagne. Ces armateurs-négociants entraient au conseil et dans les charges à la tête d'une clientèle d'ouvriers et de marins qu'ils occupaient ; ils avaient mené les opérations à l'origine des révoltes urbaines [110].

L'argent et l'indépendance des armes leur permettaient de garder à distance Mercœur et Henri de Navarre en se défendant d'une mise sous tutelle : Mercœur par la menace de leur puissance de feu, Henri de Navarre grâce à leur utilité militaire et aux barres et réaux d'argent rapportés d'Espagne [111], même si au plus fort des troubles l'hôtel des monnaies de Rennes ne fonctionna pas à plein rendement. Les Espagnols et les Hollandais avaient également besoin de leur commerce. À cette époque, en 1591, les bateaux de Saint-Malo de retour d'Espagne, avec 500 000 écus à leur bord, relâchaient à Blavet, port sous contrôle espagnol, à cause de la menace des navires anglais présents en Bretagne [112].

Compte tenu de l'homogénéité relative de son milieu militaro-marchand, l'élite malouine et le port échappèrent à la manipulation politique des pouvoirs étrangers et français. De même, les incitations économiques de la monarchie française échouèrent. Les aliénations du domaine royal observées pour Nantes n'existaient pas à Saint-Malo, puisque la cité était hors du domaine royal. De plus, à la fin du XVIe siècle, les Malouins refusèrent l'établissement d'un hôtel des monnaies dans leur ville, disant ouvertement qu'ils voulaient bailler leurs réaux aux plus offrants, ce dont la cour des monnaies se plaignait [113]. Comme si cela était peu, en tant que

107. DURAND Y., « Les républiques… », *op. cit.*, p. 225.
108. *Ibid.*, p. 226.
109. *Ibid.*, p. 231.
110. *Ibid.*, p. 232.
111. Ils obtenaient ces barres et réaux d'argent contre des toiles bretonnes vendues au comptant, qu'ils commercialisaient en Andalousie.
112. GRÉGOIRE L., *La Ligue…*, *op. cit.*, p. 108, 253.
113. En 1594, dans une remontrance, elle affirmait que les Hollandais et Flamands négociant en Bretagne tiraient la monnaie argent. Voir LESPAGNOL A., *op. cit.*, p. 476-478.

villes productrices de textiles, Saint-Malo, Vitré et Morlaix recevaient la protection des États tandis que Nantes avait peu d'alliés en leur sein [114].

La double nature de leur activité, commerciale et guerrière, se solda par un accroissement de leurs prérogatives en 1594. Lors de la reddition de la ville, les Malouins obtinrent la création d'un consulat, dont les co-seigneurs ecclésiastiques avaient longtemps bloqué la promulgation [115]. Ce fut l'une des concessions majeures consenties aux Malouins en échange de leur soumission à l'autorité royale. Mais si l'on y regarde de près, il y en eut d'autres, dont la signification n'a pas été mise en valeur, notamment dans le domaine de la puissance de feu de la ville. En effet, tandis que le parlement de Rennes, demeuré fidèle au roi, avait condamné à la roue et à la corde le procureur de la ville et une centaine d'habitants, suite à l'assassinat du capitaine-gouverneur, le roi accorda un pardon général et imposa le silence aux Rennais et aux héritiers de ce dernier. Les prérogatives de la ville furent maintenues, avec dispense de toute garnison, liberté commerciale complète et six ans d'exemption de toutes tailles et emprunts [116]. Privilège souvent passé sous silence, la ville eut le droit de fondre de l'artillerie pour sa défense et ses nombreux bateaux qui couraient la mer [117]. En outre, par privilèges spéciaux, le roi donnait aux juges de Saint-Malo le pouvoir de connaître et de décider tous cas royaux en première instance, la ville se soustrayant ainsi à la tutelle rennaise en pareille matière [118].

On comprend mieux pourquoi les Malouins avaient réussi à négocier en leur faveur avec Henri IV, en 1594. Les marchands-guerriers faisaient le commerce d'Andalousie et rapportaient depuis une vingtaine d'années des sommes prodigieuses de comptant à Saint-Malo; ils figuraient parmi les grands pourvoyeurs de l'argent qui entrait à l'hôtel des monnaies de Rennes. Bien sûr, les agents du roi devaient payer les barres d'argent ou les réaux, mais compte tenu des quantités en jeu, le monarque les obtenait à bon prix et en retirait le droit de seigneuriage qui lui rapportait de grosses quantités d'argent.

L'impossibilité pour Henri IV de manœuvrer à Saint-Malo était également due au caractère relativement monolithique de sa bourgeoisie, nous l'avons évoqué. Il ne nous est pas permis de suivre les fronts de parenté marchands qui se formèrent dans la ville. Nous nous en tiendrons à quelques indices forts. Tout d'abord, la stratégie sociale des lignages bourgeois était sans conteste sa fidélité au commerce et, jusqu'en 1690, les évasions vers les offices de finance de la province, ceux de la chambre de comptes de

114. Collins J. B., *Classes..., op. cit.*, p. 46.
115. Lespagnol A., *op. cit.*, p. 50.
116. Grégoire L., *La Ligue..., op. cit.*, p. 294-295.
117. Voir l'édit de reddition publié par de Carné G., *Documents sur la Ligue..., op. cit.*, doc. n° 215; Grégoire L. *La Ligue..., op. cit.*, p. 295.
118. *Ibid.*

Nantes surtout, demeurèrent des cas isolés[119]. De plus, la grande noblesse bretonne et les juristes accaparaient les prestigieux offices du parlement de Bretagne, empêchant ainsi les marchands d'y avoir une importante représentation politique[120].

Ensuite le milieu marchand était constitué de marchands et de marchands-guerriers, c'est-à-dire d'hommes qui conjuguaient la fonction d'armateurs et de capitaines de navires navigant avec celle de marchands. Cela renvoyait au triple rôle que les Malouins jouaient depuis les derniers siècles de la période médiévale : marchands, corsaires et protecteurs armés des convois de commerce. Le service du roi fondait dans un même moule ces trois activités et donnait au milieu militaro-marchand une grande homogénéité sociale que les Malouins mettaient à profit pour le commerce avec l'Espagne.

Dans un contexte de mondialisation des échanges et de multiplication des conflits, la mobilité et la prégnance de valeurs maritimes au sein du monde marchand représentaient des atouts importants. Parce qu'elle permettait de maintenir la cohérence interne d'un groupe d'acteurs, la possession des armes était aussi un trait différenciateur marqué lorqu'on prenait en considération la performance des élites. L'exercice des armes exacerbait l'identité locale et la coopération des marchands-guerriers tandis qu'en temps de conflits les réseaux exclusivement marchands se délitaient.

Cette accumulation de pouvoir économique et guerrier à Saint-Malo, valorisée par les rois de France, renforçait certainement le sentiment de puissance et de domination des mers des Malouins. C'était le trait distinctif majeur de ces élites portuaires liées aux monarques. Elles s'étaient forgées au cours des conflits atlantiques du Moyen Âge et du début de l'époque moderne un pouvoir maritime important. Le roi de France qui avait le monopole de la guerre n'avait pas celui de la force armée.

En période de conflits et en fonction de ces caractéristiques, le roi construisait son territoire au détriment de certains ports marchands, comme celui de Nantes, dont l'indépendance des armes était fragile, et au profit de certains autres, comme Saint-Malo, qui à leur fonction militaire ajoutait un grand développement marchand avec le soutien du monarque. La période des guerres de Religion se solda en l'occurrence par la reconsidération des privilèges des villes à l'échelle du royaume, en fonction de la capacité de chacune d'elles à se défendre des pressions royales et à lui prêter des services. Ce raisonnement conduit à expliquer pourquoi au XVIIe siècle, dans

119. Le choix des familles marchandes en matière d'éducation était simple : « de père en fils élevés dans le commerce ils continuent d'y élever leurs enfants ». Cette fidélité au commerce était renforcée par l'absence d'alternatives de carrière sur place. Voir Lespagnol A., *op. cit.*, p. 107, 108, 110.

120. Collins J. B., *Classes, Estates…*, *op. cit.*, p. 3. Il restait la perspective des grands offices parisiens de justice et de finances, mais ces offices étaient chers, et Paris restait encore, jusque dans les années 1680 une ville lointaine. Voir Lespagnol A., *op. cit.*, p. 108.

une tourmente guerrière presque continue, les Malouins contribuèrent si activement aux échanges marchands atlantiques et transatlantiques.

Pendant les guerres de Religion, Nantes et Saint-Malo ne furent pas des exemples isolés de développement différencié, car après la mort des Guise à Blois et celle de Henri III, nombre de villes, en passant à la Ligue, se risquèrent à compromettre leurs privilèges et donc leur place et leur fonction au sein du royaume. Les revers de certaines grandes familles à Paris les poussaient sans doute à privilégier les solidarités sociales régionales sur les territoires où leur patrimoine foncier était important. Tandis que des provinces entières se soulevaient contre Henri de Navarre, certaines villes servaient les deux partis en lutte et, au sein du chaos, accroissaient leur indépendance. Saint-Malo mis à part, Marseille, La Rochelle et Morlaix acquirent un état avancé d'indépendance [121], ce qui montre la difficulté du roi de maîtriser ses frontières maritimes.

Ces villes avaient en commun d'être dotées d'une autonomie militaire et commerciale et de vouloir s'ériger en république. En effet, en dehors de sa fonction commerciale, Marseille avait une vocation militaire abritant galères royales et corsaires. En 1595, les galères de Carlo Doria entrèrent dans le port avec 1 200 soldats espagnols et italiens, et les députés marseillais offrirent de céder Port-de-Bouc comme base pour les soldats espagnols [122]. C'était l'équivalent du Blavet breton, où Philippe II avait fait débarquer ses soldats pour soutenir Mercœur. La faible polarisation des élites guerrières à fort pouvoir économique par le roi de France provoqua au premier chef ces désordres, lesquels furent instrumentalisés par Philippe II [123].

Le roi de France avait échoué à tisser un lien fort d'interdépendance avec certaines de ses élites maritimes, largement modelées de l'extérieur. En période de guerre, la construction du territoire français et le contrôle aux limites du royaume s'avéraient fragiles. Cette possibilité d'ingérence de la Castille en France et l'interdépendance commerciale entre les deux royaumes avaient eu raison d'une possible guerre ouverte entre les deux ennemis politiques dans la seconde moitié du XVIe siècle.

Toutefois, le processus de mondialisation lié aux flux importants de métaux précieux et la montée en puissance de certains pouvoirs locaux ne

121. Durand Y., « Les républiques... », *op. cit.*, p. 205-244.

122. *Ibid.*, p. 231.

123. Dès 1559, le monarque castillan implanta en France un réseau diplomatique dense et efficace qui recoupait en partie le réseau marchand castillan y étant établi, lequel, à travers ses agents, s'ingénia à troubler l'ordre et à diviser le pays. Francés de Álava remplit plusieurs ambassades extraordinaires en France à partir de 1562 et jusqu'à ce qu'il soit nommé ambassadeur en 1567. Il était au courant de ce qui se passait en France, au grand étonnement de son homologue établi à Madrid. Car, pour la France, il était impossible de savoir ce qui se tramait en Espagne du point de vue politique, de même que de connaître les informateurs de l'ambassade espagnole en France. Voir Ribera J.-M., *Les ambassadeurs du roi de France auprès de Philippe II, du traité du Cateau-Cambrésis (1559) à la mort de Henri III (1589)*, thèse de doctorat, Université de Toulouse II, 2004, p. 78, 169-171, 266, 470; Vázquez de Prada V., *Felipe II y Francia (1559-1598)*, Pamplona, Eunsa, 2004, p. 276.

signifia pas un affaiblissement durable du pouvoir royal. Les États-nations émergents comme la France étaient à la fois malmenés par la mondialisation et consolidés par ses effets différenciateurs dans le champ économique. Plus qu'une opposition entre des économies mondialisées et des États, il existait une articulation entre les deux. En effet, la réussite malouine permettait au gouvernement français de battre monnaie et d'augmenter ses droits de seigneuriage. Et les Malouins avaient besoin de se voir garantir leurs privilèges pour continuer à être une voie privilégiée d'exportation de toiles. Comme le gouvernement français avait une faible force en passant par ses institutions, il passait par le social et captait le capital marchand et la force armée de cette façon. En ce sens, l'État n'avait pas une politique soit coercitive, soit de négociation, vis-à-vis des villes et de leurs élites : il avait l'une et l'autre alternativement en fonction de la capacité de négociation des élites avec lesquelles il transigeait. Le roi n'était pas un obstacle au développement économique, mais il canalisait les gains de l'économie en polarisant les réseaux. Et il tirait aussi profit des faiblesses du champ économique.

La formation du royaume se fit donc par petites touches successives. Elle fut un processus très lent et un de ses éléments clef résidait dans le mode d'organisation des relations entre les élites locales et la monarchie [124]. S'il avait le monopole de la guerre, le roi n'avait pas celui des armes non plus que l'exclusivité du contrôle de la monnaie. Pour pouvoir livrer bataille, le monarque français était obligé de recourir aux services de certains de ses sujets, spécialisés dans le métier des armes et le maniement de l'argent.

Il fallait donc qu'il pût compter avec les hommes d'affaires contrôlant les circuits de l'argent et le maniement des armes, en particulier les marchands-guerriers et les marchands-banquiers. Pour cela, ils devaient s'entendre avec eux, individuellement et/ou collectivement, et octroyer, selon les cas, des privilèges aux villes dont ils assuraient le contrôle politique, ce qui hypothéquait certaines prérogatives royales et « déconstruisait » paradoxalement le territoire dans certaines zones.

124. Entre autres auteurs, Glete J., *War and the State in early modern Europe*, London and New York, Routledge, 2002, p. 1-9 et Dedieu J.-P., « Comment l'État forge la nation. L'Espagne du xvie au début du xixe siècle », http://halshs:ccsd:cnrs:fr/docs/00/03/64/98.

Annexe

Évolution de la structure sociale de la firme de Simón Ruiz et compagnie sur l'axe Nantes-Bilbao-Castille (1556-1593)

Date	Associé(s) de Castille	Facteurs de Bilbao	Facteurs de Nantes	Associés de Nantes
1556-1562	**Simón Ruiz**	Nicolas Fyot, 1559-1560	**André Ruiz I**	Yvon Rocaz Jean Le Lou
	Simón Ruiz	Guillaume Saligot, 1560-1561	**André Ruiz I**	Yvon Rocaz Jean Le Lou
1562-1565	**Simón Ruiz**	Mathurin Bizeul	**André Ruiz I**	Yvon Rocaz Jean Le Lou
1565-1568	**Simón Ruiz**	*Bartolomé del Barco*	**André Ruiz I**	Yvon Rocaz († 1569) Jean Le Lou († 1566)
1568-1570	**Simón Ruiz**	*Bartolomé del Barco*	**Julien Ruiz** **André Ruiz I** († 1580)	Michel Le Lou Yvon Rocaz († 1569) (fin de la compagnie 1569)
1571-1580	**Simón Ruiz**	*Bartolomé del Barco*	**Julien Ruiz** († 1583)	
1581-1583	**Simón Ruiz**	*Bartolomé del Barco*	**Julien Ruiz** († 1583) **André Ruiz II**	
1584-1590	**Simón Ruiz** À partir de 1585 **Cosme Ruiz** *Lope de Arciniega*	*Bartolomé del Barco* *Sancho del Barco*	**André Ruiz II** *Hortuño del Barco*	
1591-1593	**Simón Ruiz** **Cosme Ruiz** *Lope de Arciniega*	*Bartolomé del Barco* *Sancho del Barco*	*Hortuño del Barco* *Domingo del Barco*	
1594	**Simón Ruiz** **Cosme Ruiz** *Lope de Arciniega*	*Sancho del Barco* *Lope de Arciniega*	*Hortuño del Barco* *Domingo del Barco*	

Légende :
Origine géographique : **Simón Ruiz** : Castillan ; *Bartolomé del Barco* : Basque ; Mathurin Bizeul : Breton.
Parenté : **André Ruiz I** (Nantes) : frère de Simón ; **André Ruiz II** (Nantes) : fils d'André I et neveu de Simón ; **Julien Ruiz** (Nantes) : fils d'André I et neveu de Simón.

Les élites urbaines au Portugal et au Brésil (1640-1820)

Nuno Gonçalo Monteiro

Comme il a été souligné il y a plusieurs décennies par Charles Boxer et plus tard confirmé par une vaste production historiographique, les pouvoirs locaux au temps de la monarchie portugaise d'Ancien Régime se caractérisaient par une grande uniformité institutionnelle. À Porto, comme à Salvador da Bahia, à Luanda, à Goa ou à Macau, les mairies étaient dotées de compétences et attributions similaires. Leur était réservé le gouvernement de leurs territoires respectifs. Du reste, ces institutions locales, qui ont même été représentées (Salvador et Goa) aux États Généraux, se configuraient comme les principaux interlocuteurs périphériques du pouvoir central, avec lequel elles communiquaient régulièrement au moyen d'un flux constant de pétitions et requêtes [1].

Les études réalisées au Portugal sur l'histoire des municipalités de la période moderne ont pris un retard considérable par rapport à d'autres pays. En effet, seule une historiographie très récente a mis frontalement en cause les idées reçues et successivement reprises de la pensée du XIXe siècle sur le thème, notamment le paradigme de la centralisation continue et interminable. Si António Hespanha [2] dans ses travaux a systématiquement critiqué l'image de la centralisation précoce et de la projection rétrospective de la notion contemporaine d'État, c'est surtout dans les œuvres de Joaquim Romero Magalhães que se sont accentuées la vitalité et l'autonomie des corps politiques locaux, une autonomie directement associée à leur nature oligarchique [3].

1. Boxer C., *Portuguese Society in the Tropics. The Municipal Councils of Goa, Macao, Bahia and Luanda*, Madison, 1965.
2. Voir surtout Hespanha A. M., *As vésperas do Leviathan. Instituições e Poder Político. Portugal – séc. XVII*, 2 vols., Lisbonne, 1986.
3. Magalhães J. R., *O Algarve económico 1600-1773* (tese mimeo. 1984), Lisbonne, 1988 ; *idem*, « Reflexões sobre a estrutura municipal portuguesa e a sociedade colonial portuguesa », *Revista de História Económica e Social*, n° 16, 1986 ; *idem*, « A sociedade portuguesa, séculos XVII e XVIII », Ferreira M. E. C. (coor.), *Reflexões sobre a história e a cultura portuguesas*, Lisbonne, 1986 ; Coelho M. H. et Magalhães J. R., *O poder concelhio : das origens às cortes constituintes*, Coimbra,

Les tendances oligarchiques et l'importance de la tutelle des monarchies sur les villes ont caractérisé, d'une manière générale, l'Europe Moderne. Il ne faut toutefois pas oublier que la plupart des villes étaient gouvernées par des élites recrutées parmi les groupes corporatifs dont la base médiévale était marchande ou bureaucratique, tant lorsque l'éligibilité était maintenue au sein d'un univers corporatif, que lorsqu'il s'agissait de métiers patrimonialisés et héréditaires. Même dans les cas où l'exercice de ces charges anoblissait, les oligarchies urbaines ne coïncidaient pas en règle avec les élites aristocratiques terriennes, bien que ces différences aient eu tendance à s'atténuer.

C'est le cas de la plupart des villes anglaises[4], à commencer par Londres (gouvernée en partie par une oligarchie marchande), tout comme françaises[5]. Et, si les municipalités castillanes présentaient beaucoup de ressemblances avec les municipalités portugaises, malgré leur diversité et la règle majoritaire de la « moitié des charges » aux nobles[6], la fréquente vénalité de ces fonctions faisait en sorte que, dans bon nombre de centres urbains et notamment à Madrid, l'oligarchie urbaine des propriétaires de la charge de *regedor*[7] ne coïncidait pas avec le sommet de la pyramide nobiliaire[8].

Les questions exposées ci-dessus nous amènent donc à énoncer les principales caractéristiques propres de l'organisation municipale portugaise de l'Ancien Régime, par rapport aux monarchies voisines :

1. Une grande uniformité institutionnelle. Malgré les différences qui découlaient de l'existence ou non d'une présidence de juges externes et/ou d'une confirmation seigneuriale[9], toutes les mairies du territoire conti-

---

1986 ; et MAGALHÃES J. R., « As estruturas sociais de enquadramento da economia portuguesa de Antigo Regime : os concelhos », *Notas económicas*, n° 4, 1994.

4. Voir p. ex., CLARK P. et SLACK P., *English Towns in Transition 1500-1700*, Oxford, 1976, p. 111-140 ; HIPKIN S., « Closing ranks : oligarchy and government at Rye, 1570-1640 », *Urban History*, vol.22, 1995, p. 319-340.
5. MOUSNIER R., *Les institutions de la France sous la monarchie absolute 1598-1789*, tome I, Paris, 1974, p. 437-469.
6. DOMINGUEZ ORTIZ A., *Las clases privilegiadas en la España del Antiguo Régimen*, Madrid, 1973, p. 121 et suivantes ; *idem*, *Sociedad y Estado en el siglo XVIII*, Barcelona, 1976, p.454-475 ; LAMBERT-GORGES M. (éd.), *Les élites locales et l'État dans l'Espagne Moderne du XVe au XIXe siècle*, Paris, 1993.
7. Édile.
8. « El término oligarquía urbana se emplea habitualmente para denotar que el grupo que controla el gobierno local no coincide estrictamente con la nobleza titulada, aunque comparta rasgos marcadamente nobiliarios », HERNÁNDEZ M., *A la sombra de la corona. Poder y oligarquia urbana (Madrid, 1606-1808)*, Madrid, 1996, p. XVIII.
9. Bien que le nombre des communes présidées par un juge *de fora* (N. T. licencié en droit nommé pour les localités plus peuplées, par opposition au juge *leigo* issu de la population locale) un magistrat lettré (nommé par la couronne ou par les seigneurs), soit passé de 79 en 1640 à 168 en 1811, le fait est qu'à cette dernière date cela n'existait que dans un cinquième des 841 municipalités. Dans les autres, la présidence de la mairie et l'inhérent exercice de la juridiction en première instance incombait aux juges ordinaires, élus d'entre la gent de la « gouvernance » (Voir MONTEIRO N. G., « Os poderes locais no Antigo Regime», *História dos municípios e do poder local*, sous la direction de OLIVEIRA C., Lisbonne, 1996, p. 83-85). Quant aux mairies confirmées par des seigneurs laïcs et ecclésiastiques, elles représentaient 54,5 % de la totalité en 1527-1532, ayant augmenté en nombre jusqu'à 1640 (57,6 % du total) mais diminuant beaucoup ensuite, n'atteignant que 30,4 % du total en 1811(*idem*, p. 52).

nental ou insulaire portugais (à l'exception de celle de Lisbonne, nommée par la couronne) obéissaient, depuis le tournant du XVe au XVIe siècle, à des normes générales concernant leurs compétences et l'élection des édiles, une situation pratiquement sans parallèle dans un territoire de la dimension du royaume du Portugal et des Algarves [10].

2. L'existence de villages ayant un statut similaire à celui des villes. Bien que presque tous les principaux centres urbains contrôlassent de vastes territoires, avec parfois plus d'une centaine de paroisses, le fait est que, une fois élevée à la dignité municipale, n'importe quelle localité de quelques dizaines de foyers et habitants avait droit à une mairie, dont les compétences étaient identiques à celles d'un centre urbain. Plus de la moitié des mairies portugaises comptaient moins de 400 foyers.

3. L'absence de charges honorifiques (de juge ou édile) héréditaires ou corporatives. À l'inverse de la Castille, la vente des charges municipales au Portugal, qui fut quantitativement importante, n'a jamais inclus les charges majeures, mais uniquement un autre type d'officier municipal (surtout les greffiers et les juges des orphelins), outre quelques autres institutions locales non dépendantes des mairies, telles les douanes [11]. Du reste, en principe la seule charge contrôlée par des organismes corporatifs était celle de procureur des métiers dans certains centres urbains, comme Lisbonne [12] et autres, sans parler de la situation exceptionnelle de l'édile de l'Université à la mairie de Coimbra [13].

4. Partiellement par ce qui vient d'être exposé, il y avait au Portugal une plus grande tutelle de la Couronne sur la composition des mairies puisque, depuis le début du XVIIIe siècle, les corregidors et le *Desembargo do Paço* (tribunal central de grâce de justice) avaient la tutelle directe de l'élection de la plupart d'entre elles. Inversement, on peut parler d'une plus grande autonomie courante des mairies, notamment en matière de justice, car les édiles pouvaient remplacer les juges absents.

5. La coïncidence entre les plus nobles et les éligibles à l'édilité (et à la judicature) municipale. Elle découle du fait que la base de constitution des mairies était générale et élective, puisque le profil défini par l'ordre juridique prédominant exigeait que les personnes éligibles soient recrutées parmi les

10. En résultat de la publication des *Ordonnances* du royaume (impression de 1512-1514), de la réforme manuéline des privilèges fonciers, et de la multiplication des magistratures royales. Bien qu'une tendance à l'uniformité puisse y être détectée, les municipalités castillanes étaient régies par leurs ordonnances spécifiques constitutives de gouvernement. Voir DE CASTRO C., *La Revolución Liberal y los municipios españoles (1812-1868)*, Madrid, 1979, p. 22-56 et HIJANO A., *El pequeño poder. El municipio en la Corona de Castilla : siglos XV al XIX* (prólogo de Miguel ARTOLA), Madrid, 1992.

11. SILVA F. Ribeiro da, « Venalidade e hereditariedade dos ofícios públicos em Portugal nos séculos XVI e XVII », *Revista de História*, vol. VIII, 1988, p. 203-213.

12. Sur la municipalité de Lisbonne jusqu'à 1834, voir FERNANDES P. J. A., *As Faces de Proteu. Elites Urbanas e Poder Municipal em Lisboa de finais do século XVIII a 1851*(mimeo. 1997), Lisbonne, 1999, p. 19-84.

13. SOARES S. Cunha, « Os Vereadores da Universidade na câmara de Coimbra (1640-1777) », *Revista Portuguesa de História*, tome XXVI, 1991, p. 45-80.

plus nobles et les « principaux » des différentes terres. Par conséquent, on peut supposer que les « oligarchies municipales » ne se distinguaient pas des élites sociales locales. Une implication directe de ce fait, est la rareté de centres urbains importants administrés par des élites marchandes. Une autre implication peut se révéler majeure sur le plan empirique : comme il a été dit plus haut, les rapports des éligibles (les dits « *arrolados* ») nous permettent également, en principe, d'identifier les plus nobles de chaque terre.

6. Enfin, il y a lieu de souligner l'absence au Portugal de véritables capitales provinciales. Les mairies se limitaient à exercer une tutelle sur leurs territoires, et il n'y avait aucune institution corporative de niveau supra-municipal. Un chef-lieu de *comarca* ou de *provedoria* [14] était uniquement le lieu d'assistance d'un magistrat royal (le corregidor ou le médiateur), doté de compétences sur un territoire de différentes communes, mais nullement dépendant de quelque institution locale ou régionale [15].

Voilà un aspect relativement auquel la réalité portugaise divergeait de celle de ses colonies. En effet, et malgré une surface bien moins étendue, le royaume possédait en 1800 près de 841 mairies, dont trois quarts existaient déjà depuis le début du XVIe siècle, car depuis lors le nombre de mairies nouvellement créées est très faible.

14. Comarca et Provedoria correspondaient à des divisions judiciaires (N. T.).
15. MONTEIRO Nuno G., « O central, o local e o inexistente regional », *Os poderes locais...*, *op. cit.*, p. 79 et suivantes.

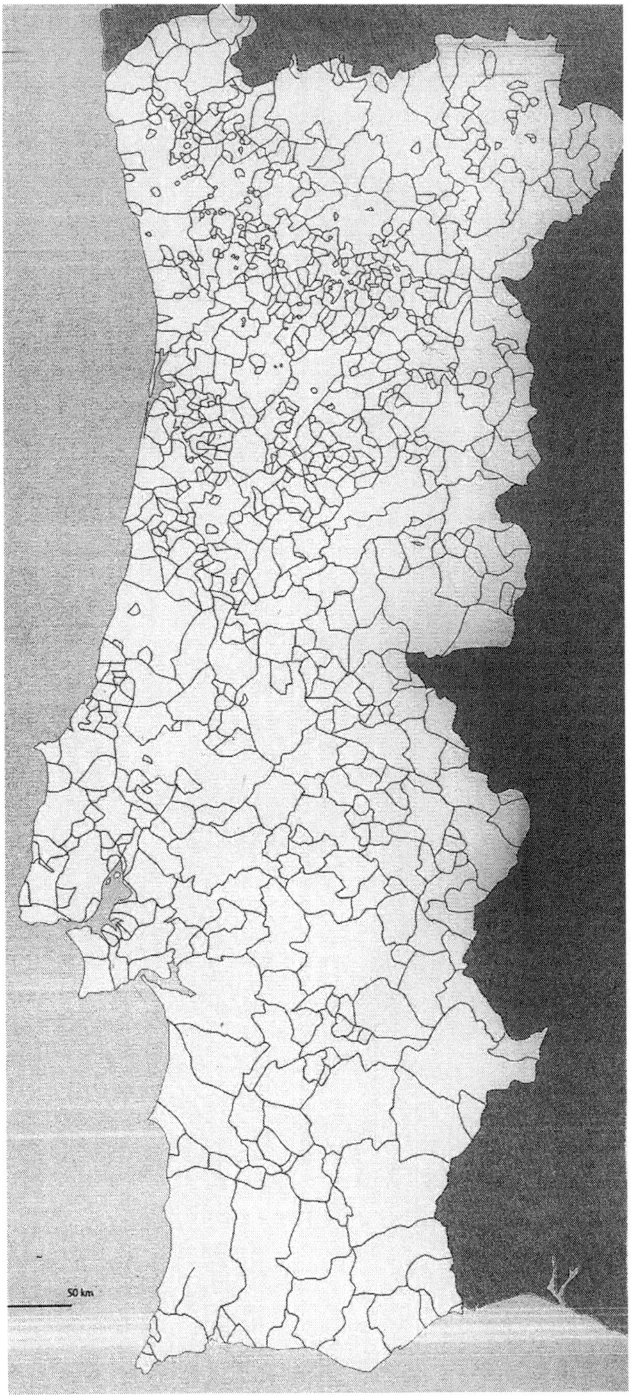

Découpage municipal du Portugal au début du XIXe siècle

Par contre, les municipalités étaient beaucoup moins nombreuses dans les territoires conquis et possédaient une vraie dimension régionale. À la fin du XVIIe siècle, il y en avait seulement environ 60 au Brésil. Et en 1800, lorsque le Brésil comptait environ 3 000 000 d'habitants, une population identique à celle du Portugal, ce nombre ne dépassait pas 200.

Les principales municipalités du Brésil

C'est la législation de la monarchie portugaise qui a reconnu que la direction locale incombait aux « personnes principales des terres » (1570), aux «meilleurs des lieux» (1603, *Ordenações*), aux « meilleurs de la terre » (1618), aux « personnes de la meilleure noblesse » (1709), leur réservant les « principales charges de la République » dans les différentes localités du royaume[16], c'est-à-dire, les charges honorifiques des mairies et les postes supérieurs des ordonnances. Le modèle d'élection triennale alors défini (compilé dans le Règlement du 8 janvier 1670) est effectivement resté en vigueur jusqu'à la fin de l'Ancien Régime, sans modifications substantielles. Il appartient aux corregidors de choisir deux ou trois informants, qui dressent la liste des éligibles. Les électeurs qui votent sont ensuite convoqués et, parmi les *arrolados*, ceux qui doivent exercer les charges municipales (juge ordinaire le cas échéant, édiles, procureurs et, éventuellement, trésoriers). Tous ces choix finissent par toujours retomber dans le même cercle, c'est-à-dire celui « des plus nobles et de la gouvernance de la terre », des fils et petit-fils de ceux qui ont déjà servi et, jusqu'aux lois du Marquis de Pombal, les individus « sans race ». Les listes des éligibles et le rapport des voix sont ensuite envoyés pour confirmation au *Desembargo do Paço* (tribunal central) dans les terres de la couronne, ou aux seigneurs dans les communes de donataire[17]. En somme, et conformément à la culture politique prédominante, le « gouvernement oligarchique » était le modèle officiel de l'organisation politique locale. On pensait que les membres des familles plus anciennes, nobles et riches étaient les mieux placés pour assurer exemption et indépendance dans l'exercice de leurs charges, et disposaient d'une autorité naturelle, parce que construite par le temps et, donc, plus facilement acceptée. Il faut souligner à ce propos, et dès à présent, que de tels attributs (ancienneté, degré de noblesse et de richesse) pouvaient ne pas coïncider, et que l'un des éléments définisseurs de cette administration de *honoratiores*[18] de l'Ancien Régime (la richesse) perdura dans l'État triomphant du libéralisme censitaire après 1834.

À la gouvernance des municipalités, s'applique la règle d'après laquelle « les charges nobles, et accoutumées, vont aux personnes de naissance éclairée, et si jamais le Prince les confère à d'autres de moindre condition [...] anoblissent quiconque le sert ». Or, la législation (1651) détermine explicitement « n'admettre à la gouvernance [...] ni mécaniques, ni nul plébéien [...] sinon des Nobles des quartiers, ayant des qualités à cela, et des fils de noble[19] », bien que les juristes discutassent si ces normes s'appliquaient aux

16. D'ALCOCHETE N. Daupias, Principalidade (sep. de *Armas e Troféus*, tom. VII, n° 1), Braga, 1966.
17. Sur la maison de Bragance, voir BORRALHEIRO R., *O município de Chaves entre o Absolutismo e o Liberalismo (1790-1834)*, Braga, 1997, p. 88 et suivantes.
18. WEBER M., *Economia y sociedad. Esbozo de una sociologia comprensiva* (1922), Mexico, 1984, p. 233 et suivantes et p. 755 et suivantes.
19. OLIVEIRA L. da Silva Pereira de, *Privilegios da nobreza, e fidalguia de Portugal*, Lisbonne, 1806, p. 53 et 63.

gens de la « gouvernance » (juges ordinaires, édiles, procureurs et *almotacés*[20]) de l'ensemble des huit centaines de mairies du pays, ou uniquement à celles des « villes et bourgs notables ». Les charges de la gouvernance des municipalités conféraient, donc, de la noblesse, ce qui était incompatible avec les métiers mécaniques, définis comme dépendant « davantage du travail du corps, que de l'esprit[21] ». La singularité portugaise réside, peut-être, dans le fait qu'il n'y havait pas de distinction entre être noble et vivre en tant que tel ; « vivre selon la loi de la noblesse » était juridiquement sanctionnée et pouvait être invoquée comme preuve de noblesse[22].

Un portrait des élites locales portugaises à la fin de l'Ancien Régime

L'une des virtualités de l'existence de critères relativement généraux pour le choix des éligibles aux mairies, est le fait que ces listes nous fournissent un portrait des élites sociales locales sur l'ensemble du territoire. Plus concrètement, l'analyse de ce type de sources permet non seulement de comparer quelques variables générales, mais encore de découvrir les différents vecteurs du classement social dans des contextes locaux et provinciaux distincts. Il ne faut en tout cas pas oublier que l'on traite ici des éligibles et non des effectivement élus.

Une première remarque concerne l'identification de ce qu'étaient les villes ou bourgs portuaires. En fait, Lisbonne jouait depuis longtemps déjà un rôle amplement majoritaire. Concentrant 6 à 8 % de la population du royaume, elle absorbait à la fin du XVIIe siècle plus de trois quarts du volume du commerce extérieur et colonial portugais. Si depuis le début du XVIIIe siècle Porto, grâce à l'expansion du commerce du vin qui prit le nom de la ville, a vu grandir sa position relative, le fait est que, à cette époque, le mouvement de l'embouchure de Lisbonne était toujours quatre à cinq fois supérieur à celui de Porto, et sept à huit fois supérieur à celui de Setúbal[23]. Tous les autres ports, tels Aveiro, Figueira da Foz (récemment élevé au rang de bourg) se trouvaient bien en dessous.

Dans ce texte, nous focaliserons notre attention sur les *arrolamentos* des municipalités chefs-lieux de *comarca* au tournant du XVIIIe au XIXe siècle (grosso modo, entre 1796 et 1806). Les données ici présentées concernent uniquement les édiles (et juges, dans les mairies sans juge lettré), car les

20. Fonctionnaires municipaux chargés de surveiller les poids et mesures, et de fixer le prix des denrées (N. T.).
21. Oliveira L. da Silva Pereira de, *op. cit.*, p. 182.
22. Monteiro Nuno G., « Notas sobre nobreza, fidalguia e titulares nos finais do Antigo Regime », *Ler História*, n° 10, 1987, p. 15-51, et aussi Hespanha A. M., « A Nobreza nos tratados Jurídicos dos séculos XVI a XVIII », *Penélope*, n° 12, 1993, p. 27-42.
23. Costa Leonor F., « Relações económicas com o exterior », dans Lains P. et Silva Á. F. da (org.), *História Económica de Portugal 1700-2000*, vol. I, Lisbonne, 2004, p. 270.

procureurs avaient toujours un statut social différent et inférieur. Nous avons obtenu des informations concernant 34 des 43 chefs-lieux de *comarca* existants en 1801 [24], ne manquant que 5 localités importantes (Barcelos, Braga [25], Bragança, Alenquer et Faro), outre celles où il y a omission d'informations sur la fortune ou sur le revenu.

Le premier facteur à pondérer concerne le nombre d'éligibles. Dans un univers restreint, il variait selon les terres (minimum de 12 et maximum de 55). En outre, il est manifeste que certaines catégories (notamment les « fils de famille », les détenteurs de charges publiques et les officiers de l'armée de 1re ligne) étaient exclues dans certains cas et inclues dans d'autres. Toutefois, il s'avère indubitable que tous les individus dotés de distinctions supérieures, à condition d'habiter leurs terres, étaient toujours inclus dans les listes, même si originaires d'une autre commune.

Mais la critique des sources se révèle plus compliquée pour ce qui est de la fortune en biens fonciers et du revenu, ces informations étant presque toujours fournies en alternative. Le premier problème est la fiabilité des données qui ne reposent ni sur des inventaires, ni sur des estimations détaillées, mais sur les « opinions » des informants. De souligner, enfin, que les *arrolamentos* sélectionnaient « les principaux » des terres du point de vue du statut nobiliaire. Et non nécessairement les plus riches.

24. Sources : Instituto dos Arquivos Nacionais, Torre do Tombo, Desembargo do Paço e Casa do Infantado. Reprit de Monteiro Nuno G., « Elites locais e mobilidade social em Portugal nos finais do Antigo Regime », *Análise Social*, nº141, 1997.
25. Voir Capela J. V., « A Câmara, a Nobreza e o Povo de Barcelos », sep. *Barcelos Revista.*, vol. III, nº 1, 1989, p. 92-113 ; et *idem*, *O Município de Braga de 1750 a 1834. O governo e a administração económica e financeira*, Braga, 1991, p.34-52.

Tableau n° 1. Revenu/fortune des éligibles à l'édilité dans les chefs-lieux de commune

			Hab:		A	B	C	D	E	F	G	H
P.	**Municipalité**	**An**	**Siége**	**Total**	**V.**	**T.**	**Rente**	**Fortune**	**R. Max**	**Min**	**F. Max.**	**Min.**
M	PORTO	1804	34495	44211	34	61	3743		8000	600		
B	LAMEGO	1798	6013	14127	19	25		82667			160000	40000
B	VISEU	1797	9059	32947	14	24	2771		5600	1200		
AO	PORTALEGRE	1801	6527	9723	25	35	2306		4800	600		
AO	ÉVORA	1798	11643	18520	12	19	2236		600	200		
E	SANTARÉM	1795	9063	36922	28	41	2153		12000	rien		
E	TOMAR	1804	4261	16527	15	21	1753		4000	300		
B	CASTELO BR.	1797	5161	11534	14	23		32229			60000	1200
E	SETÚBAL	1804	15348	15348	34	51	1281		7200	200		
B	COIMBRA	1802	15211	45915	37			29143			80000	6000
M	GUIMARÃES	1796	6577	46573	40	55	1102		7200	200		
B	GUARDA	1797	2381	17030	16	28		27067				
AO	ELVAS	1798	12874	16653	22	40	1074		2800	100		
T	VILA REAL	1806	3484	35812	55	85		26247			80000	1200
T	MONCORVO	1796	1591	6573	15	29		19231			40000	2000
M	PENAFIEL	1798	2873	18065	21	35	598		3200	200		
B	TRANCOSO	1796	1654	10349	23	37		12313			28000	4000
B	PINHEL	1800	2316	10084	32	41	424		1200	30		

Légende :
P – province : A – Algarve, AO – Alentejo, B – Beira, M – Minho, T – Trás-os-Montes ; **A** – Nombre des éligibles à l'édilité ; **B** – Nombre total des éligibles aux mairies ; **C** – Revenu moyen des éligibles à l'édilité (en milliers de *réis**) ; **D** – Fortune moyenne des éligibles à l'édilité ; **E** – Revenu maximum ; **F** – Revenu minimum ; **G** – Fortune maximum ; **H** - Fortune minimum ; **AE** – Algarve (province de) ; **AO** – Alentejo ; **B** – Beira ; **E** – Estremadura ; **M** – Minho ; **T** – Trás-os-Montes – Nombre de habitants, données pour relatives à l'an de 1801 ; n'ont été retenus, pour le calcul des moyennes, que les individus auxquels sont associés des montants de fortune ou de revenu.

* Mille *réis* équivalent à un *escudo* dans la monnaie de la République (N. T.).

E	TORRES VED.	1798	3356	17196	38	45	340		1000	30		
AE	TAVIRA	1798	6835	10548	23	31		6722			28000	200
E	VILA FRANCA	1807	3839	3839	13	13		6615			16000	1600
AO	AVIS	1798	1177	3009	17	22	228	2427	500	50	4800	700
E	LEIRIA	1801	2698	37890	19	29		5373			16000	nada
T	MIRANDA	1823	?	7382	21	38		3691			12000	700
AO	OURIQUE	1798	2190	6450	32	40		3075			24000	100
AE	LAGOS	1798	6628	9784	17	26		2907			10000	400
B	AVEIRO	1797	3868	13250	25	44		2520			20000	600
AO	BEJA	1806	6289	14967	20	30						
E	CHÃO DE CO.	1804	-	1279	18	24						
AO	CRATO	1806	-	2968	15	21						
B	FEIRA	1804	1364	28408	27	36						
B	LINHARES	1807	827	5074	30	36						
M	VALENÇA	1804	1486	8691	12	17						
M	VIANA	1808	7298	17415	33	43						

Le premier terme de comparaison de ces indicateurs est constitué par les informations concernant les élites centrales de la monarchie.

Une première constatation qui ressort de la confrontation entre ces indications et le tableau n° 1, est l'énorme contraste entre les élites de Cour et celles de province. Les recettes moyennes des 34 gentilshommes de la maison royale figurant sur la liste de la plus sélecte mairie élue du pays (celle de la ville Porto), sont cinq fois inférieures à celles des Grands du royaume. La macrocéphalie bien connue de Lisbonne-Cour en termes de configuration des marchés, n'en sort que plus renforcée. Il est vrai que certaines maisons de province jouissaient d'un revenu suffisant pour dépasser le seuil minimum d'entrée dans la « première noblesse de cour ». Aux valeurs de 1800, ce seuil se situerait aux environs de 6 milliers d'escudos, comme on l'a vu précédemment. Dans les chefs-lieux de commune où nous disposons d'informations, une dizaine des *arrolados* atteignent ou dépassent même cette somme. Dans le restant du continent et des îles adjacentes (dans celles-ci on enregistre, du reste, une concentration de richesse disproportionnée), on aurait certainement trouvé deux ou trois dizaines supplémentaires de maisons dans ces conditions, outre quelques fortunes récentes d'individus ne figurant guère sur la liste des *arrolados*. Ce qui, somme toute, était bien loin d'égaler la première noblesse de Cour[26].

L'information recueillie confirme, donc, une polarisation entre la Cour et les provinces. Toutefois, la dimension la plus surprenante du tableau n° 1 concerne la hiérarchie établie entre les différentes localités du royaume. En effet, cette hiérarchie était loin de correspondre au volume de la population de chaque territoire communal. Les autres variables seront certainement plus décisives. Si la situation particulière de Porto correspond aux attentes, on ne peut dire la même chose des positions suivantes : Lamego et Viseu, suivies de terres de l'arrière-pays comme Portalegre et Évora. Ensuite, au-dessus du seuil du millier d'escudos de rente moyenne, il y a des listes très étendues et révélant de grandes rentes/fortunes maximum, comme c'est le cas de Santarém, Setúbal, Coimbra, Guimarães et Vila Real. D'autres listes sont bien plus réduites, comme celles de Tomar, Castelo Branco, Guarda, Elvas et Moncorvo. Les valeurs de Miranda, Leiria, Torres Vedras, Lagos, Tavira et, surtout, Aveiro sont, contre toute attente, assez inférieures. Si l'on prend comme terme de comparaison le volume de la population, l'arrière-pays assume du poids, en l'occurrence, au détriment du littoral.

En fait, les indications du tableau n° 1 se révèlent bien plus claires si on les confronte avec le tableau n° 2, qui contient les indicateurs concernant le statut social des *arrolados*. Il importe cependant d'analyser, auparavant, les critères suivis pour l'élaboration des sources et leur utilisation, car dans la plupart des mairies on enregistre une certaine fluctuation dans ces critères.

26. Monteiro Nuno G., *O Crepúsculo dos Grandes. A Casa e o Património da Aristocracia em Portugal (1750-18342)*, 2e ed., Lisbonne, 2003.

D'après les indications qui figurent sur les listes, nous avons classé chaque individu en une seule catégorie, notamment la qualification utilisée pour le décrire, c'est-à-dire celle réputée la plus élevée du point de vue du statut nobiliaire. La hiérarchie est celle qui figure sur le tableau n° 2. Il s'agit d'une option certes contestable, comme toute autre d'ailleurs, étant données la complexité et la diversité de la stratification nobiliaire portugaise en dessous du statut de la Grandeur. Néanmoins, et hormis la localisation des négociants (destinée à souligner cette qualification, même s'il s'agit de chevaliers des ordres militaires), l'ordre suivi semble être conforme aux postulats précédemment énoncés.

Les critères à suivre pour la hiérarchisation des mairies se sont, eux, révélé plus compliqués. Nous avons fini par choisir d'en faire la liste par ordre décroissant, en suivant le pourcentage représenté par la somme des individus des colonnes A, B, C, E, F, et I dans les *arrolamentos* respectifs.

Tableau n° 2. Statut des arrolados pour l'édilité

Municipalité	**NA**	**Nº**	**A**	**B**	**C**	**D**	**E**	**F**	**G**	**H**	**I**	**J**	**K**	**L**	**M**	**N**
PORTO	1804	34	5	1	28											
VISEU	1797	14			1		1	1			11					
LAMEGO	1798	19			13		2		1	1	2					
VALENÇA	1804	12						1	1		10					
GUIMARÃES	1796	25			5	1	11			1	18	2				2
PORTALEGRE	1798	25		3	8		1	6	1	1	3	1				1
ÉVORA	1798	12		1	9											2
TRANCOSO	1796	23			4					1	15	2				1
TOMAR	1804	15			4						8		1			2
BEJA	1806	20									13	2	2			3
SETÚBAL	1804	34		2	3		3	6		1	8	4	3			4
MONCORVO	1796	15	1		6		1		1	1	1					4
SANTARÉM	1792	28	1		8		3	2			2	2	4			6
GUARDA	1797	16			5					1	3	6				1
ELVAS	1798	22			2		6	2	2	3		4				3
CASTELO BRA.	1797	14			2		4			2						6
TORRES VEDR.	1798	38			5	2	8				2	3	8			10
VIANA	1808	33			10	1	2		4	1	1	3	2			9

Municipalité	**NA**	**Nº**	**A**	**B**	**C**	**D**	**E**	**F**	**G**	**H**	**I**	**J**	**K**	**L**	**M**	**N**
COIMBRA	1802	37		2	7		3	2		4		3	1			15
AVEIRO	1797	25				1		2		3	7	8	1	1		2
PENAFIEL	1798	21			3		2	1				10				5
PINHEL	1800	32				2	3	5		3	1	3	2			13
VILA FRANCA	1807	13					1	2		1			3		4	2
CRATO	1806	15					1			4	1	1			8	
MIRANDA	1823	21					1	1		8		1	1			9
TAVIRA	1798	23					3			4		1	2			13
LAGOS	1798	17			1				3	5		1				7
AVIS	1798	17						1		3			1	1	1	10
LEIRIA	1801	19					1			7		7				4
OURIQUE	1798	32								8		1	1			22
FEIRA	1804	27								4		8			3	12
VILA REAL	1806	55										8				47
CHÃO DE COU.	1804	18										1	1			16
LINHARES	1807	30										2				28
	TOTAL		7	9	124	7	57	32	13	68	106	84	33	2	16	259

Légende : **A** – Seigneurs des terres et commandeurs des ordres militaires ; **B** – Usage du *Dom*, d'origine portugaise ; **C** – Gentilshommes de la maison royale ; **D** – Négociants ; **E** – Chevaliers des ordres militaires; **F** – Majorats ; **G** – Militaires des troupes de 1re ligne ; **H** – Officiers des milices et des ordonnances ; **I** – « Des principaux », « de la principale noblesse », « de noblesse distincte » (ceux qui se limitent à « vivre la loi de la noblesse » ne sont pas inclus) ; **J** – Docteurs, licenciés et bacheliers ; **K** – Fonctionnaires de l'administration centrale et locale ; **L** – Apothicaires ; **M** – Laboureur ; **N** – Non identifiés par quelque attribut.

La première remarque que nous impose le tableau n° 2 est celle de l'extrême rareté des donataires et commandeurs dans les provinces. C'est bien là une autre façon de confirmer que de telles rentes et distinctions se trouvaient concentrées dans la première noblesse de Cour. En fait, les trois premières catégories retenues sont relativement rares, n'étant majoritaires que chez les *arrolados* de Lamego, Évora et Porto, la plus aristocratique mairie élue du pays, où seuls les gentilshommes de la maison royale sont inscrits sur la liste des *arrolados*. Les listes des huit premières mairies retenues sont les plus homogènes, dans le sens d'un recrutement prédominant de gentilshommes. Suivent les municipalités où les *arrolados*, bien que majoritairement gentilshommes de naissance, sont recrutés d'une manière plus diversifiée, couvrant également quelques bacheliers (qui jouissaient de noblesse politique) et fonctionnaires, comme dans les cas de Viana, Vila Real, Coimbra, Santarém, Setúbal et Beja. Enfin, nettement stratifiées, les mairies moins élististes. En tête, celles où prédominent les officiers des ordonnances (l'une des principales formes périphériques d'obtention d'une noblesse personnelle), les bacheliers, licenciés, et les fonctionnaires, et où peuvent même entrer les négociants et les apothicaires (un métier mécanique qui a servi à identifier un *arrolado* d'Aveiro !). Mais également, en dernier lieu, les municipalités comptant beaucoup de fermiers, de richesse diverse. Dans la plupart de ces mairies, pratiquement personne n'est classé dans la catégorie de « noblesse connue ».

Bien que la correspondance ne soit guère parfaite, le résultat final indique une grande coïncidence entre la hiérarchie de la rente et celle de la noblesse. Les mairies où les *arrolados* étaient plus riches, étalaient également une noblesse plus qualifiée. Ce n'est qu'en partie que l'échelonnement des mairies correspondait à celui du Bras du Peuple aux Cortès [27].

Quant à l'explication de ces résultats, sont-ils le réflexe d'une plus grande quantité de maisons nobles, anciennes et riches dans certaines zones (notamment Beira Alta, Douro proche de la région délimitée du vin de Porto, une partie du Minho, l'axe central de l'Alentejo), ou s'agit-il seulement d'une plus grande concentration de ces maisons nobles dans certaines communes à l'intérieur des zones considérées ?

Faisons l'ébauche d'un bref exercice avec seulement une douzaine de mairies.

27. Cardim P., *Cortes e cultura política no Portugal do Antigo Regime* (mimeo. 1992) (préface de Hespanha A. M.), Lisbonne, 1998.

Tableau nº 3 : Revenu/fortune des éligibles à l'édilité

			Hab.		A	B	C	D	E	F	G	H
P.	**Municipalité**	**An**	**Siége**	**Total**	**V.**	**T.**	**Rente**	**Fortune**	**R. Max**	**Min**	**F. Max.**	**Min.**
B	BESTEIROS	1800	2465	9367	16	24	2175		4000	800		
B	MESÃO FRIO	1796	-	3298	23	32		49909			160000	2000
M	AMARANTE	1796	1345	1345	14	20	1783		3200	500		
AO	ESTREMOZ	1801	6989	10715	14	29	1579		4800	300		
AO	MONTE-MOR	1798	3409	8018	13	20	1417		4000	200		
T	SANTA MARTA	1799	?	10692	46	65		25557			80000	4800
M	ARCOS DE VALDEVEZ	1798	1182	20800	20	31						
B	COVILHÃ	1797	6619	20542	26	43		13843			40000	nada
B	FUNDÃO	1800	2028	14550	17	28		13035			32000	2400
AE	LOULÉ	1801	7146	13498	17	20		8913			40000	300
B	FIGUEIRA	1802	6407	10241	25	35		4095			10000	Nada
AO	ODEMIRA	1798	1800	6357	19	24		3541			16000	400
AO	MÉRTOLA	1798	1935	9600	22	26		2436			8000	300
AÇ	PONTA DELGADA	1779			34	46	*1486		#5400	nd		
MA	FUNCHAL	1787			56	56						

Légende : * – 2.786, Déflationné à des valeurs de 1800 ; # – 10.125, *idem.*

P – province : A – Algarve, AO – Alentejo, B – Beira, M- Minho, T – Trás-os-Montes ; **A** – Nombre des éligibles à l'édilité ; **B** – Nombre total des éligibles aux mairies ; **C** – Revenu moyen des éligibles à l'édilité (en milliers de *réis**) ; **D** – Fortune moyenne des éligibles à l'édilité; **E** – Revenu maximum; **F** – Revenu minimum ; **G** – Fortune maximum ; **H** – Fortune minimum ; **AE** – Algarve (province de) ; **AO** – Alentejo ; **B** – Beira ; **E** – Estremadura ; **M** – Minho ; **T** – Trás-os-Montes – Nombre de habitants, données pour relatives à l'an de 1801 ; n'ont été retenus, pour le calcul des moyennes, que les individus auxquels sont associés des montants de fortune ou de revenu.

* Mille *réis* équivalent à un *escudo* dans la monnaie de la République. (N. T.)

Tableau nº 4 : Statut des arrolados pour l'édilité

CONCELHO	AN	Nº	A	B	C	D	E	F	G	H	I	J	K	L	M	N
BESTEIROS	1800	16			2		2			2	10					
MESÃO FRIO	1796	20			7		6		1		9					
AMARANTE	1796	14			5					1						8
ESTREMOZ	1801	14			2		4				1					7
MONTEMOR	1798	13			4		1									8
SANTA MARTA	1799	46			5		11				30					
ARCOS DE VALDEVEZ	1798	20			6					1	10	1	1			
COVILHÃ	1797	26			1	8	2			5	5	1	1			3
FUNDÃO	1800	17				7				3	1	5				1
LOULÉ	1801	17			2		1			8		2				4
FIGUEIRA	1802	25				9	2			1	1	11	1			
ODEMIRA	1798	19								8		1			3	7
MÉRTOLA	1798	22								14		2				6
PONTA DELGADA	1779	34			5			17			12					
FUNCHAL	1787	56		2	21						11	1				21

Légende : **A** – Seigneurs des terres et commandeurs des ordres militaires ; **B** – Usage du *Dom*, d'origine portugaise ; **C** – Gentilshommes de la maison royale ; **D** – Négociants ; **E** – Chevaliers des ordres militaires ; **F** – Majorats ; **G** – Militaires des troupes de 1re ligne ; **H** – Officiers des milices et des ordonnances ; **I** – « Des principaux », « de la principale noblesse », « de noblesse distincte » (ceux qui se limitent à « vivre la loi de la noblesse » ne sont pas inclus) ; **J** – Docteurs, licenciés et bacheliers ; **K** – Fonctionnaires de l'administration centrale et locale ; **L** – Apothicaires ; **M** – Laboureur ; **N** – Non identifiés par quelque attribut.

Les informations collectées sont concluantes. Dans le Douro de la région délimitée du Vin de Porto et dans la *comarca* de Viseu, les chefs-lieux ne sont pas les seuls endroits de résidence des élites les plus distinguées. Besteiros/Tondela et le petit bourg de Mesão Frio sont deux mairies notoirement nobles, tout comme Penaguião. La même chose se passe dans le Minho, où les éligibles au petit bourg d'Amarante ou d'Arcos de Valdevez sont, presque tous, des gentilshommes au revenu considérable. Par contre, dans le sud, les nobles et riches listes de Montemor-o-Novo et Estremoz font exception. Le modèle dominant serait celui d'Odemira et Mértola, à l'image d'autres bourgs de l'Alentejo, déjà analysés auparavant. Tout comme l'Algarve, où les élites locales apparaissent avec une fortune limitée et peu de noblesse.

Et enfin, trois mairies comptant de nombreux négociants, mais des fortunes réduites : Covilhã, Fundão et Figueira. Les deux premières étaient des centres de production industrielle de lainages, et la dernière le principal port du centre littoral de la zone de Coimbra

Quant aux principaux centres urbains des îles atlantiques, ils constituent, comme il fallait s'y attendre, les réduits d'une noblesse qualifiée et riche, étroitement liée à l'institution du majorat. Le revenu moyen des *arrolados* à Ponta Delgada (île de São Miguel, Azores[28]) serait l'équivalent, par déflation, à celui des plus riches mairies du Continent. Funchal[29], à Madère, est la mairie qui présente le plus grand nombre de gentilshommes de la maison royale, après la ville de Porto.

Les indications recueillies révèlent une grande concordance avec l'image, apparemment superficielle, que l'on peut retirer d'un itinéraire couvrant les maisons armoriées du Continent, du reste déjà raisonnablement soumises à inventaire[30]. La plus grande densité de ces maisons de résidence se vérifie, en général, dans les zones où nous avons également détecté les *arrolamentos* les plus nobles et les plus riches. En termes globaux, du reste, l'arrière-pays l'emporte nettement sur le littoral en termes de statut des élites locales.

Mais, est-ce que ce même encadrement institutionnel donnerait les mêmes résultats au Brésil ?

Dans les principaux centres urbains du royaume et des îles atlantiques, voire ceux qui avaient une activité portuaire appréciable et où se trouvaient des groupes importants de négociants (comme c'était le cas, tout au moins, de Lisbonne et Porto), ces marchands étaient entièrement absents du gouvernement et de leurs municipalités urbaines respectives, dominées (dans le cas de Lisbonne) par des magistrats conseillers ou par des groupes de gentilshommes (dans le cas de Porto), dont la base matérielle découlait de rentes en grande mesure d'origine foncière. Sous ce point de vue, les municipalités auxquelles les marchands participaient grandement étaient une exception absolue, comme on l'a vu plus haut. C'est le cas de la ville portuaire de Figueira, ce qui s'explique par la très récente (1771) fondation de la municipalité, ainsi que de Covilhã et Fundão, deux localités de l'intérieur fortement liées à l'industrie du lainage.

28. Rodrigues J. D., *S. Miguel no século XVIII. Casa, elites e poder*, 2 vols., Ponta Delgada, 2003.
29. Branco J. de Freitas, *Camponeses da Madeira. As bases materiais do quotidiano no arquipélago (1750-1900)*, Lisbonne, 1987, p.153-186.
30. Voir en particulier Silva A. L. P. da, *Nobres casas de Portugal*, Porto, s.d.

Municipalités et noblesse terrienne dans le Brésil colonial

Comme suggéré ci-dessus, les mairies du Brésil colonial suivaient globalement le modèle du royaume, sous maints aspects défini dans les Ordonnances (1603) et autre législation ultérieure. À deux différences près, toutefois. Sur le plan institutionnel, alors que toutes les mairies non seigneuriales du royaume devaient être confirmées par le tribunal supérieur de justice de l'époque, au Brésil les élus aux offices municipaux étaient confirmés seulement au niveau local par le *Ouvidor* (juge auditeur) delà *ouvidoria*. Raison pour laquelle, à quelques exceptions près, il n'existe guère de listes d'éligibles, mais uniquement d'élus. Sur le plan spatial, les contextes brésiliens imposaient une différence flagrante, déjà signalée: alors que le royaume, dont la population s'élevait à 3 millions d'habitants au XIXe siècle, comptait près de 840 municipalités, le Brésil ne possédait qu'un peu plus d'une cinquantaine de Mairies au milieu du XVIIe siècle et 200 environ aux alentours de 1800, date à laquelle, avec une superficie des dizaines de fois supérieure, sa population dépassait déjà celle du royaume.

En fait, si dans le royaume les offices municipaux étaient fréquemment disputés suivant des logiques factionnelles ou même de clivages sociaux, au Brésil de la deuxième moitié du XVIIe siècle et première moitié du XVIIIe, un type de conflit récurrent y est aisément constatable: le conflit qui opposait les élites établies, généralement liées à la terre (et très souvent aux moulins à sucre), aux marchands, tous pour la plupart nés au royaume du Portugal. Le cas le plus paradigmatique fut certainement celui de Pernambuco au début du XVIIIe siècle. Il a donné lieu à une guerre civile locale, qui s'est terminée par la séparation de Recife (dominée par des négociants nés au Portugal) et Olinda (où dominait l'élite des propriétaires de moulins à canne qui y étaient établis depuis longtemps[31]). Des clivages semblables se sont entretemps produits dans d'autres parages vers la même époque, comme ce fut le cas à Rio de Janeiro[32].

Depuis au moins la fin du XVIIe siècle, les groupes de chrétiens nouveaux ont été remplacés, avec la protection de réseaux familiaux et locaux bien consolidés, par une immigration issue du Nord du Portugal qui a formé des groupes marchands dans différentes places commerciales du Brésil, ainsi qu'une grande partie des élites de la région de Minas[33]. Tout semble

31. MELLO E. Cabral de, *A Fronda dos Mazombos. Nobres contra mascates: Pernambuco 1666-1715*, São Paulo, 1995.

32. BICALHO M. Fernanda, « As Representações da Câmara do Rio de Janeiro ao Monarca e as Demonstrações de Lealdade dos Súbditos Coloniais. Séculos XVII-XVIII », *O Município no Mundo Português*, Funchal, 1998.

33. FURTADO Junia, *Homens de Negócio: a interiorização da metrópole e do comércio nas Minas setecentistas*, 2ª ed., São Paulo, 2006, p. 154; et ALMEIDA Carla, « Homens ricos em Minas Colonial », *Modos de Governar. Ideias e práticas políticas no Império português séculos XVI-XIX*, Fernanda Bicalho M. et Ferlini V. L. A., São Paulo, 2005, p. 370.

suggérer que les mots écrits il y a quelques années par Stuart Schwartz captent, pour l'essentiel, la singularité de la situation: « au XVIIIe siècle, les élites foncières étaient de plus en plus originaires de la colonie », alors que « la classe marchande demeurait essentiellement européenne » (de naissance[34]). Les négociants grossistes du Brésil, qui se renouvelaient à chaque génération puisqu'il était rare que l'office se transmette de père en fils, étaient majoritairement, tout comme ceux de Lisbonne, issus du Minho, fils d'agriculteurs aisés ou d'artisans, ayant émigré très jeunes mais déjà alphabétisés pour travailler dans le magasin d'un parent ou de quelque relation de la famille[35].

Il est important de constater que les négociants avaient une origine géographique et sociale semblable à Minas, Rio, Bahia, Recife, São Paulo ou Rio Grande do Sul (Porto Alegre[36]), bien que les modalités et la chronologie de leur affirmation en tant que groupe autonome, de leur rapprochement ou éloignement des élites foncières et, enfin, de leur plus ou moins facile accès à l'élite municipale, aient fait l'objet de multiples recherches[37]. Le fait que l'office de conseiller municipal (édile) n'était pas à vendre au temps de la monarchie portugaise, à l'inverse de ce qui se produisait avec les *regedores* (officiers civils) de la monarchie espagnole et de son empire, facilitait l'accès des individus nés dans le royaume aux sénats municipaux de l'Amérique portugaise, car ces offices n'étaient ni vendus, ni patrimonialisés par les familles pré-établies, comme on l'a vu.

Or, si la majorité des négociants du Brésil était originaire du Nord du Portugal et disputait avec les élites foncières l'accès aux mairies, le fait est que dans la deuxième moitié du XVIIIe siècle tous finissaient par entrer, en plus ou moins grande mesure, dans les principales municipalités brésiliennes. Le cas le plus emblématique est celui de Rio de Janeiro, le siège de la vice-royauté du Brésil depuis 1763 et, après 1808, lorsque sa population dépassait 45 000 habitants, de la monarchie portugaise. Là, des listes d'éligibles existent, avec quelques interruptions entre 1794 et 1822. Le premier élément assez impressionnant est le nombre d'éligibles aux « charges de la gouvernance » (édiles, procureurs et *almotacés*), puisqu'il varie entre 122 et 155 personnes (moyenne de 138), beaucoup plus que dans n'importe quelle

34. Schwartz S., *Da América portuguesa ao Brasil*, Lisbonne, 2003, p. 228-230.

35. Les travaux décisifs de Pedreira J., parmi lesquels « O Brasil, fronteira de Portugal. Negócio, emigração e mobilidade social (séculos XVIIe XVIII) », *Do Brasil à Metrópole efeitos sociais (séculos XVII-XVIII)*, Cunha M. S. (coord.), Évora, 2001, p. 47-72.

36. Osório H., *O império português no Sul da América. Estancieiros, lavradores e comerciantes. Rio Grande do Sul*, 2007, p. 277 à 283.

37. Pour Rio de Janeiro, voir Fragoso J., *Homens de grossa aventura. Acumulação e hierarquia na praça mercantil do Rio de Janeiro 1790-1830*, 2ª ed., Rio de Janeiro, 1998 ; *idem* et Florentino M., *O arcaísmo como projecto. Mercado atlântico, sociedade agrária e elite mercantil no Rio de Janeiro, c. 1790-c.1840*, 3ª éd., Rio de Janeiro, 1998 ; et *idem*, Almeida Carla et Sampaio A. C. J. (org.), *Conquistadores e negociantes. Histórias de elites no Antigo Regime nos trópicos. Amércia lusa, séculos XVI a XVIII*, Rio de Janeiro, 2007.

autre mairie de la monarchie! Les indications sur le statut professionnel ne figurent que sur certaines listes, à partir de 1800, et ne couvrent jamais tout le monde. Mais environ la moitié des enrôlés identifiés sont en règle qualifiés de négociants, un nombre toujours supérieur à celui des propriétaires de moulins à canne de sucre. La majorité était généralement identifiée par des postes de la milice locale (milices et ordonnances) et le nombre de ceux qualifiés comme chevaliers d'ordres militaires alla en augmentant, pour devenir majoritaire sur la dernière liste. En résumé, la nombreuse élite politique de Rio de Janeiro aurait des racines majoritairement marchandes, bien que ses membres se soient progressivement décorés de distinctions anoblissantes[38].

Pour les autres principales mairies du Brésil, nous ne disposons pas de listes d'éligibles, uniquement des listes d'élus. Mais les tendances dominantes sont claires. Pour S. Salvador da Bahia, siège de la vice-royauté jusqu'à 1763 et comptant 50 000 habitants en 1800, il y eut 181 nominations à la charge de édile au long du XVIIIe siècle; ici prédominaient les propriétaires terriens, de moulins, d'esclaves ou de bétail (50,3 %), mais le poids des négociants ne manque pas d'être significatif (19,3 %[39]). À Recife le poids des négociants était, à la même époque, plus écrasant : 55 % en considérant la principale occupation des « hommes bons » de la mairie entre 1710 et 1822, contre seulement 12 % de propriétaires de moulins à canne; dans ce cas, néanmoins, le nombre d'individus nés au Brésil (59 % des identifiés) a régulièrement dépassé celui de ceux nés au Portugal à partir de 1760 (40 %[40]). Tout comme dans la mairie siège de la capitainerie, S. Paulo (environ 25 000 habitants en 1800), le poids des négociants, dont l'écrasante majorité provenait du Portugal, s'est agrandi : entre 1711 et 1765 ils représentaient 11 % du personnel municipal en exercice mais, entre cette date et 1800, le taux est passé à 62 % de ceux dont on connaît les occupations[41]. Il n'est donc pas surprenant que, dans la municipalité nouvellement créée de Porto Alegre, dans le Rio Grande do Sul (environ 6 000 habitants en 1800), les marchands aient représenté la majorité des officiers municipaux dont on connaisse l'occupation entre 1761 et 1808[42].

38. Gouvêa M. Fátima, « Os homens da governança do Rio de Janeiro em fins do século XVIII e início do XIX », *O Município no Mundo Português*, *op. cit.*, p. 545-562.

39. Sousa A. Pereira, *Poder local, cidade e actividades económicas (Bahia, século XVIII)*, dis. mimeo., São Paulo, USP, 2003, p. 143-145; *idem*, « Poder local e autonomia camarária no Antigo Regime : o Senado da Câmara da Bahia (século XVIII) », *Modos de Governar, op. cit.*, Bicalho M. Fernanda et Ferlini V. L. A, p. 319.

40. Souza G. F. C. de, *Elite y ejercicio de poder en el Brasil colonial : la Cámara Municipal de Recife (1710-1822)*, dis. Mimeo., Salamanca, US, 2007.

41. Borrego M. A., *A teia mercantil. Negócios e poderes em São Paulo colonial 1711-1765*, São Paulo, diss. Mimeo., 2006, p. 141-142.

42. Comissoli A., *Os « homens bons » e a Câmara Municipal de Porto Alegre (1767-1808)*, Porto Alegre, 2008, p. 70.

De souligner encore la constatation, en règle générale, d'une importante rotation des offices municipaux.

En conclusion, à la fin de l'Ancien Régine et de la période coloniale, malgré la ressemblance de la matrice institutionnelle, les centres urbains du royaume du Portugal et ceux du Brésil (élevé à royaume en 1816) enregistraient une évolution nettement divergente en matière d'élites gouvernantes. Alors que dans le royaume du Portugal, avec de plus ou moins grandes oscillations, le gouvernement de ses municipalités était dominé par des élites agraires et des gentilshommes, avec la totale exclusion des négociants, y compris des gros commerçants, par contre dans l'Amérique portugaise ces derniers accédaient à toutes les principales municipalités, en dominant bon nombre d'entre elles, dont Rio de Janeiro. Bien qu'à l'encontre de la législation (qui réservait ces offices aux personnes issues de la terre), les négociants et les individus nés au Portugal (deux choses qui, en partie, se confondaient) avaient une présence décisive dans les mairies de l'Amérique portugaise à la veille de son indépendance.

Immigration et groupes de pouvoir dans le Levant espagnol

Vicente MONTOJO MONTOJO [1]

Depuis plusieurs décennies, dans l'historiographie européenne, l'analyse de l'organisation sociale est envisagée à partir de plusieurs perspectives : celle qui privilégie l'hétérogénéité [2], celle qui met en valeur la polarisation dans un processus de fermeture [3], ou bien celle, bien différente encore et résultant de certaines réflexions issues de la sociologie des élites et de l'anthropologie, de la consolidation et continuité de la noblesse et des oligarchies [4]. Par ailleurs, d'autres historiens pensent qu'au long des XVIe et XVIIe siècles se produisit une forme de contrôle social [5], par l'imposition du patronage royal sur la grande noblesse et sur les oligarchies urbaines au travers de la restauration de l'autorité du monarque [6], mais aussi grâce à son ascendant, à la négociation [7], au clientélisme [8] et par le fait que l'administration royale échappait à la domination des juristes de profession [9].

1. Ce texte s'inscrit dans le projet de recherches HUM2006-09559 : *Sociedad, familias y grupos sociales, Redes y estrategias de reproducción socio-cultural en Castilla durante el Antiguo Régimen ss. XV-XIX*, CHACÓN F. (dir.), investigadores de universidades de Murcia, Castilla La Mancha y País Vasco.
2. SAUPIN G., « Sociologie du gouvernement urbain des villes atlantiques anglaises et françaises aux XVIIe et XVIIIe siècles », COSTE L. (dir.), *Liens de sang, liens de pouvoir. Les élites dirigeantes urbaines en Europe occidentale et dans les colonies européennes (fin XVe-fin XIXe siècles)*, Rennes, PUR, 2010.
3. CHACÓN JIMÉNEZ F., « Población, familia y relaciones de poder. Notas y reflexiones sobre la organización social hispánica : circa siglo XV-circa siglo XVII », *Historia y perspectivas de investigación. Estudios en memoria del profesor Ángel Rodríguez Sánchez*, RODRÍGUEZ CANCHO M. (coord.), Mérida, Universidad de Extremadura, 2002, p. 85-95.
4. MOLINA PUCHE S., HERNÁNDEZ FRANCO J., « Mantener el status. Historiografía sobre las familias poderosas en la Castilla Moderna », *Revista de Historiografía*, Madrid, 2, 2005, p. 317-324.
5. SCHIERA P., « Legitimità, disciplina, istituzioni : tre presupposti per la nasita dello Stato moderno », *Origini dello Stato. Processi di formazione statale in Italia fra madioevo ed età moderna*, Bolonia, 1994, p. 17-48.
6. HERNÁNDEZ FRANCO J., JIMÉNEZ ALCÁZAR J. F., « Estado, aristocracia y oligarquías urbanas en el Reino de Murcia : Un punto de flexión en torno a las Comunidades de Castilla », *Chronica Nova*, Granada, 23, 1996, p. 171-187.
7. RUIZ IBÁÑEZ J. J., *Las dos caras de Jano. Monarquía, ciudad e individuo. Murcia, 1588-1648*, Murcia, Universidad de Murcia, 1995.
8. MOUSNIER R., « Les fidélités et les clientèles en France aux XVIe, XVIIe et XVIIIe siècles », *Histoire Sociale-Social History*, 29, 1982, p. 35-46.
9. THOMPSON I. I. A., « Administración y administradores en el reinado de Carlos V », *En torno a las Comunidades de Castilla : Actas del Congreso Internacional Poder, conflicto y revuelta en la España de*

Cette pratique du contrôle social fait partie d'un concept politique, celui de l'affirmation monarchique, qui a eu dans ces dernières décennies de nombreuses formulations, dont on peut tirer quelques enseignements. Ainsi, il est possible d'affirmer qu'à chaque début de règne il y eut une mise en scène de l'autorité monarchique, depuis l'affirmation de sa légitimité par les Rois Catholiques jusqu'aux argumentations de Charles Ier et de Philippe II en faveur d'une monarchie composite et catholique.

En 1516, la montée de Charles Ier sur le trône des royaumes de Castille et d'Aragon, montra une accumulation jusque là inédite d'héritages, qui se traduisit par la superposition des conseillers flamands dans la Cour caroline, avec les conséquences connues de malaise parmi les Castillans. Peu de temps après, en 1519, l'élection impériale de Charles Quint accentua la présence des Flamands à la Cour, tandis que le roi s'appuyait au même moment sur des financiers de la République de Gênes. Les banquiers génois se convertirent donc en alliés du monarque, et ainsi les communautés génoises, importantes en Andalousie et à Murcie, obtinrent la confirmation des privilèges qu'elles avaient reçu des rois précédents [10].

Philippe II monta sur le trône dans de meilleures conditions que ses prédécesseurs, puisqu'il avait déjà assumé la régence en Espagne en l'absence de son père. Aussi lorsqu'il reçut l'héritage de ce dernier, il plaça les membres de sa propre camarilla dans les postes clefs, tout en remodelant les conseils, ce qui provoqua une « castillanisation » qui laissa cependant de petits espaces pour certaines personnes originaires d'autres royaumes [11].

Concernant l'évolution de l'organisation sociale des villes espagnoles de l'époque moderne, beaucoup d'historiens mettent en relief – comme une de leurs principales caractéristiques – la promotion et la reproduction sociale à travers des mécanismes spécifiques. Parmi eux, il n'y aurait pas seulement le patronage et le clientélisme, mais également la vénalité et la transmission héréditaire. Si les sujets naturels de la Couronne furent les plus nombreux à bénéficier de tous ces moyens, en profitèrent aussi les étrangers au sens

Carlos I, Toledo, Universidad de Castilla la Mancha, 2002, p. 93-107. Ruiz Ibáñez J. J., « Tiempo de guerra, tiempo de cambio. Resistencias, realidades y representaciones en los comienzos de la transición al pleno absolutismo en el Reino de Murcia (1642-1669) », *Cuadernos del Seminario Floridablanca*, Murcia, 5, 2003, t. I, p. 633-695; Muñoz Rodríguez J. D., « Consenso e imposición en la conservación de la Monarquía. La práctica política en un territorio de la periferia castellana : el reino de Murcia (1682-1700) », *Hispania*, Madrid, 215, 2003, p. 969-994.

10. Molina Molina A. L., « Mercaderes genoveses en Murcia durante la época de los Reyes Católicos », *Miscelánea Medieval Murciana*, 2, 1976, p. 277-312. López de Coca Castañer J. E., Torres Beltrán M. T., « Mercaderes genoveses en Málaga (1487-1516) : Los hermanos Centurión e Ytalián », *Historia, Instituciones, Documentos*, Sevilla, 7, 1980, p. 93-126.

11. Fernández Conti S., *Los Consejos de Estado y Guerra de la Monarquía Hispana en tiempos de Felipe II, 1548-1598*; Valladolid, Junta de Castilla y León, 1998. Rivero Rodríguez M., « La fundación del Consejo de Italia : Corte, grupos de poder y periferia, 1536-1559 », *Instituciones y élites de poder en la Monarquía Hispana durante el siglo XVI*, Martínez Millán J. (ed.), Madrid, Universidad Autónoma de Madrid, 1992, p. 199-221.

large, qu'ils soient sujets émigrés, exilés, ressortissants d'une puissance alliée, ou des personnes extérieures dont on tolérait la présence.

Immigration et intégration : colonisation, exil ou attraction ?

Dans le dernier quart du XVIe siècle, dans les royaumes de Valence et de Murcie, la présence d'Italiens et de Français dans l'organisation sociale se consolida fortement. En effet, la société leur offrait des avantages intéressants, comme les privilèges d'ordre, ou la possibilité de reconnaissance sociale et d'enracinement (*via* les alliances matrimoniales, les ventes de biens fond, et l'accès aux honneurs). On pourrait opposer que ces étrangers rencontraient aussi des difficultés, comme l'animosité populaire ou la fermeture des oligarchies et de l'administration royale, ce qui serait justifié, mais en partie seulement, car les oligarchies dont il est question dans cette étude furent ouvertes à l'introduction et à la promotion d'étrangers. Il faut ajouter qu'elles le furent à certaines conditions, comme la naturalisation et le devoir de résidence effective, ainsi que l'acceptation de la culture sociale de l'époque puisque l'ouverture était une pratique qui s'exerçait seulement avec les personnes les plus proches, avec celles de la même religion, et qui s'inscrivaient dans certaines formes d'alliances tactiques [12].

L'intérêt propre du monarque intervint plus d'une fois dans cette acceptation des étrangers [13], soit en raison de son origine personnelle (tel Charles Quint, originaire des Flandres), soit en raison de nécessités financières (Allemands et Italiens, prêtant pour ce même Empereur) ou commerciales (c'est l'exemple des Génois de Séville), soit encore pour la mise en place d'une stratégie de politique hégémonique, à l'instar de celle pratiquée par Philippe II vis à vis de la Ligue, qui l'incita à accorder de grandes faveurs aux catholiques bretons et marseillais [14]. D'une certaine manière, cette situation affecta la détention sociale traditionnelle du pouvoir.

Néanmoins, dans toute analyse d'un objet d'étude tel que l'évolution sociale, rentre en compte l'observation d'éléments endogènes, comme ceux déjà mentionnés, mais aussi les éléments exogènes, comme l'immigration, l'exil, ou les influences extérieures (telles les modes de vie somptuaires, qui conféraient du prestige aux artistes étrangers, ou les mouvements religieux).

12. Dans cette alliance, on pourrait inculre des Bretons, des Flamands, des Génois et des Portugais : MONTOJO MONTOJO V., RUIZ IBÁÑEZ J. J., « Le comunità mercantili di Genova e Saint-Malo a Cartagine, porta della Castiglia (secc. XVI e XVII) », *Mercanti e viaggiatori per le vie del mondo*, MOTTA G. (ed.), Milán, Franco Angeli, 2000, « Temi di storia », p. 75-90.
13. DESCIMON R., « Les élites du pouvoir et le prince : l'État comme entreprise », *Les élites du pouvoir et la construction de l'État en Europe*, Reinhard W. (ed.), Paris, 1996, p. 133-162.
14. RUIZ IBÁÑEZ J. J., « Bellum omnium contra omnes. Las posibilidades y contradicciones de la guerra económica por parte de la monarquía hispánica en la década de 1590 », *Studia Historica* (Historia Moderna), Salamanca, 27, 2005, p. 85-109.

En cette époque moderne, cette immigration peut être interprétée comme la seconde vague d'immigration italienne et française; la première ayant eut lieu au Bas Moyen Âge. On a même pu parler, vu son ampleur économique et le nombre de personnes concernées, de colonisation. Comme le notent plusieurs études, il est nécessaire de signaler que cette dynamique démographique comporte un mouvement culturel (attirance d'artistes, comme les Bourguignons de la fin du XVe siècle, ou les Anglais et les Italiens au XVIe), ainsi que des caractères politiques et religieux (exils ou refuges[15]).

La confluence de ces éléments de différentes natures a suscité certains problèmes. Ainsi, les Cortès castillanes et les conseils municipaux se prononcèrent contre la dépendance vis à vis des Génois, ou protestèrent parfois contre l'introduction des marchands en leur sein, quand bien même il ne s'agissait que d'affaires mineures ou de personnes facilement assimilables.

Contexte institutionnel et sources

Au long du XVIIe siècle, le fait que les derniers Habsbourgs, à la différence de leurs ancêtres, s'appuyèrent sur des *validos* (Lerma, Uceda, Zúñiga, Olivares, Haro, Nithard, Medinaceli, Oropesa), amena un plus grand nombre d'intermédiaires non seulement à la Cour (*validos* et leurs créatures, composition des *juntas*, secrétaires d'États, etc.), mais encore dans tout le royaume (*oficiales del adelantamiento mayor, diputados de Millones*, surintendances de Milices); autrement dit les institutions et les sociétés qui les peuplaient furent plus nombreuses et plus complexes. Ceci amena des intérêts et des conflits de toutes natures et désormais plus importants, générant alors une abondante documentation, et par conséquent, la possibilité de nouvelles recherches pour les historiens. Les sources archivistiques reflètent ainsi l'évolution de l'activité des institutions et des personnes qui les ont générées[16].

Le nombre d'employés de bureau fut donc en augmentation, tout comme celui des agents de justice, ou encore celui des personnes en relation avec le maniement de l'argent (administrateurs, comptables, trésoriers,

15. RUIZ IBÁÑEZ J. J., « Entre Dios y los hombres : los refugios políticos en la Alta Edad Moderna europea », *Acogidos y rechazados en la Historia*, GONZÁLEZ JIMÉNEZ M. *et al.*, Valladolid, Universidad, 2005, p. 35-84.

16. Un exemple de cette situation est la documentation que généraient ces officiers. Les documents de quelques études de notaires d'Alicante passèrent aux mains des marquis del Bosch : ALBEROLA ROMÁ A., *Catalogación de los protocolos del notario Martí Moliner (1633-1650)*, Alicante, Instituto Alicantino de Cultura, 1983. Au milieu des papiers des Garre de Cáceres et des González de Sepúlveda nous retrouvons ceux ayant trait à leurs emplois de contrôleurs des Tours de la Côte du Royaume, ou afférent à l'escribanía mayor de Millones. En effet, les fonds documentaires sont un reflet de la pratique administrative et sociale : MONTOJO MONTOJO V., « Fondos documentales nobiliarios e investigación sobre familias », *Espacios sociales, universos familiares. La familia en la historiografía española*, CHACÓN JIMÉNEZ F., HERNÁNDEZ FRANCO J. (eds), Murcia, Universidad de Murcia, 2007, p. 293-314.

contrôleurs) permettant ainsi une nouvelle mobilité sociale, qui trouvait des limites, dans le patronage royal, et par le contrôle qu'exerçaient les puissants et la noblesse.

Cette évolution fut particulièrement visible pour les *escribanías* ordinaires, appelées « *numerarias* », mais également pour les *escribanías* spéciales, comme celle de la Sala del Consell (Alicante) ou celles d'*Ayuntamiento*, *Rentas Reales*, *Guerra y Armadas* (Cartagena [17]). Et contrairement à ce que l'on serait tenté de croire, les nouveaux emplois étaient convoités par les élites urbaines, comme l'étaient les emplois militaires, aussi bien ceux dépendants des gouverneurs et vice-roi (*sargentos mayores* et *visitadores* des Tours et des Côtes du Royaume), que ceux des officiers royaux (payeurs et inspecteurs des organismes de Guerre et de Marine, subordonnés des fournisseurs des *Armadas y Fronteras*), qui furent détenus par les membres les plus prééminents des oligarchies : à Alicante, les Martínez de Vera dans le cas du bailliage local [18], et, à Carthagène, les Giner dans la comptabilité militaire, ou les González de Sepúlveda dans l'inspection des tours [19].

Ces emplois de plume et de bourse ne furent pas les seuls à être mis sur le marché : ce fut le cas aussi pour quelques-uns qui avaient pour objet l'application de la justice ; non pas ceux de juges (*corregidores* ou lieutenants d'*adelantados*), mais ceux d'*alguacilazgos mayores* (ainsi à Carthagène à Vicente Imperial Jobardo, d'origine génoise [20]), les transformant alors en enjeux à se disputer [21]. Il en alla de même avec les postes d'*alféreces mayores* et de *sargentos mayores* de milices.

L'obtention des offices, tant ceux concédés par le roi, que ceux relevant de la nomination par le vice-roi ou par le gouverneur colonial, fut un constant motif de problèmes de cohabitation entre les puissants, pour des raisons extrêmement variées. Parmi celles-ci se trouvent les fréquents

17. Díez Sánchez M., « La escribanía de la sala del consell : un oficio controvertido », *Revista de Historia Moderna*, Alicante, 17, 1998, p. 311-320. Montojo Montojo V., « Escribanías y registros fiscales : Tratamiento archivístico », *Boletín de la Asociación Española de Archiveros, Bibliotecarios, Museólogos y Documentalistas*, Madrid, 2, 2001, p. 111-118.

18. Archivo del Reino de Valencia (ARV), Mestre Racional (MR), n. 10378 : cuenta de Juan Martínez de Vera. En 1635 Alfonso Martínez de Vera fut *depositario general*, en l'absence de Jaime Talayero comme *arrendador del dret de aduana* : ARV, MR, n. 10384. Les jugements les plus anciens de l'Audience de Valencia touchant à Alicantes sont ceux de Pedro Martínez de Vera contre Joan Morant (1589) et Melchor Fernández de Mesa (1610) : ARV, Audiencia, parte II, letra J, n. 1835 y parte I, letra P, n. 1091.

19. Montojo Montojo V., Hernández Franco J., « Patronazgo real y familias urbanas : comportamientos de poder (Cartagena, ss. XVII-XVIII) », *Familia, poderosos y oligarquías*, Chacón Jiménez F., Hernández Franco J. (eds), Murcia, Universidad de Murcia, 2001, p. 83-93.

20. Montojo Montojo V., « El comercio de Levante durante el valimiento del Conde duque de Olivares (1622-1643) », *Revista de Historia Moderna*, Alicante, 24, 2006, p. 459-486.

21. C'est ce qu'il s'est passé avec les *regidores fieles ejecutores*, un d'entre eux fut cédé à Cartagena par Pedro Bevengud au Génois Iácome Blanquete, sous la protestation d'autres regidores : Archivo Municipal de Cartagena (AMC), Actas Capitulares (Ac. Cap.) 9-1-1571, 7-2-1571, 26-6-1574, 10-7-1574 y 22-1-1575.

changements de *validos* et de factions, qui avaient pour effets de menacer la pérennité du pouvoir et de l'honneur.

Situations de refus et de conflits : les exemples d'Alicante et de Carthagène

En ce qui concerne le royaume de Valence, parmi les nombreuses sources dont il est fait mention dans les chapitres introductifs du *Nobiliario Alicantino de Arqués*, il nous faut signaler comme plus spécifique à la ville d'Alicante le « Privilegio militar concedido por el señor Carlos II a los ciudadanos de mano mayor de Alicante con otras prerrogativas » (1687) et les « Fragmentos nuevos de los linajes viejos y nuevos de la Ciudad de Alicante », de Jaime Bendicho Embite (1653[22]). L'obtention, par la ville d'Alicante, du privilège militaire qui accompagna la concession de son titre de Seigneurie moyennant un paiement de 5 000 doublons, fut l'objet d'une dure critique de la part de la ville de Valence, qui allégua que l'on avait bradé un privilège qu'elle était jusque-là la seule à détenir (face à d'autres villes comme Orihuela, pourtant siège administratif important, ou encore Jativa), alors que de surcroît Alicante était une « cité des plus nouvelles, et essentiellement composée d'étrangers, souvent de commerçants[23] ». On retrouve cette identification d'Alicante avec le commerce étranger dans une chronique de Juan Bautista Maltés vers 1710 : « Les grands marchands... soutiennent le commerce des particuliers, et par eux circulent d'une main à l'autre l'argent et les produits des provinces. Il y a plus de personnes employées à cette tache dans cette ville, que dans presque tout le reste du Royaume[24]. »

Par ailleurs, cette concession illustre un nouveau mode de relation entre le gouvernement de la ville et la Cour, caractéristique du XVIIe siècle : une relation plus directe, à travers le vice-roi de Valence et ses délégués, et moins dépendante des Cortes valenciennes, du reste peu souvent réunies dans la première moitié du siècle, et jamais convoquées pendant la seconde[25].

Alicante s'ennoblit avec le titre de Seigneurie, précisément lors d'un règne, celui de Charles II (1675-1700), pendant lequel se vendirent de nombreux titres nobiliaires, mais elle l'avait déjà fait antérieurement avec la concession

22. ARQUÉS A., *Nobiliario Alicantino*, Alicante, Ayuntamiento de Alicante, 1966 [1678/1794], p. 14-15.
23. Biblioteca Universitaria Valenciana, Manuscritos n. 802 (43), f. 452, citado por SALVADOR ESTEBAN E., « La frontera intrarregnícola valenciana y su impacto en las instituciones reales. El ejemplo de las dos bailías generales », dans *Pedralbes*, Barcelona, 13, 1993, p. 11-23, cfr. 14. Ver además : MARTÍNEZ RUIZ J. I., GAUCI P., *Mercaderes ingleses en Alicante en el siglo XVII*, Alicante, Universidad de Alicante, 2008.
24. MALTÉS P. J. B., LÓPEZ P. L., *Illice ilustrada*, 1710/1752, Década III, cap. VI, 86, p. 144. MONTOJO MONTOJO V., « El comercio de Alicante en los reinados de Felipe II y Felipe III. Una construcción desde la cooperación », dans *Cuadernos de Historia Moderna*, Madrid, 32, 2007, p. 81-105.
25. On cessa de les convoquer en 1645 : GARCÍA MARTÍNEZ S., *Valencia bajo Carlos II. Bandolerismo, reivindicaciones agrarias y servicios a la monarquía*, Villena, Ayuntamiento de Villena, 1991 [1re éd. 1974. Valencia, Universitat de Valencia], p. 283-308.

du titre de Ville (« Ciudad ») par Ferdinand le Catholique, en 1492. Son épouse, Isabelle la Catholique, fut justement celle qui magnifia Carthagène en la réincorporant à la Couronne, dépossédant pour cela en 1503 celui qui en était jusque là son seigneur, Pedro Fajardo Chacón, qui allait être élevé au rang de premier marquis de los Vélez à partir de 1507[26]. Les deux villes furent l'objet d'une considération et d'un traitement spécial, de la part des Rois catholiques, en raisons des grands bénéfices qu'ils attendaient d'elles.

Les villes portuaires du Levant, Alicante et Carthagène, se caractérisèrent par leurs relations entretenues avec l'Italie, les Flandres et la France, en fonction des liens prédominants que la Monarchie hispanique établit du XVIe au XVIIIe siècle. Par exemple, en 1530, Mafeo de Tasis approvisionna Sienne en céréales depuis Carthagène, et en 1567, c'est encore depuis Carthagène que le duc d'Albe embarqua pour prendre le commandement de l'armée de Flandres.

L'accueil et l'enracinement de personnes – et même de communautés – étrangères furent une chose commune aux villes du Levant espagnol, aussi bien pour les capitales politiques (Valence et Murcie qui, de plus, étaient productrices de soieries[27]) que pour les cités portuaires (Alicante et Carthagène). Ensuite, l'immigration se diffusait à l'intérieur des royaumes respectifs, et, en ce qui concerne les domaines artistiques et économiques, irradiait vers l'intérieur de la Péninsule.

La création de confréries nationales de Génois fut une marque de l'intégration de cette communauté, tout comme le furent pour les Français des fondations (telle l'hôpital Saint-Louis à Carthagène) et des bâtiments (à l'instar des palais Maisonnave et Marabeuf à Alicante). L'immobilier permet en effet de mettre particulièrement en relief l'empreinte atlantique de certaines de ces communautés, comme le cas des Bretons à Carthagène et Valence, des Anglais à Alicante ou des Béarnais dans chacune[28].

Il y a quelques années, en 1992, dans une étude sur les consulats extraterritoriaux étrangers dans le Sud-Est péninsulaire espagnol, on a mit en avant l'idée que les premières installations de ces consuls se firent d'abord dans l'intérieur, pour gagner ensuite la périphérie maritime. C'était probablement la direction de la mobilité de la population étrangère dans le royaume de Murcie : du centre vers la périphérie. C'est ce qu'il se passait

26. Torres Fontes J., « La reincorporación de Cartagena a la Corona de Castilla », *Anuario de Historia del Derecho Español*, Madrid, 50, 1980, p. 327-352.

27. Salvador Esteban E., « Mercaderes extranjeros en la Valencia de los siglos XVI y XVII. Entre la atracción y el rechazo », *Congreso Internacional La Burguesía española en el Antiguo Régimen* (Madrid, 1991), Valladolid, Universidad de Valladolid, 1996, p. 1138-1155.

28. Montojo Montojo V., Maestre de San Juan Pelegrín F., « Le Béarn et le Levant espagnol », *Revue de Pau et du Bearn*, Pau, 32, 2005, p. 215-228 ; « Relaciones sociales y actividades económicas de los comerciantes procedentes de los Pirineos franceses en Cartagena (España) a lo largo del siglo XVIII », *Circulation des marchandises et réseaux commerciaux dans les Pyrénées (XIIIe-XIXe siècles)*, Minovez J.-M., Poujade P. (eds), Toulouse, CNRS-Université de Toulouse le Mirail, 2005, p. 191-211.

pour d'autres mouvements, comme par exemple, la croissance démographique au début du XVIe siècle, et ce que confirme aussi l'orientation géographique générale, qui part depuis le centre de l'Europe, vers les territoires maritimes. Cela produisait une dérivation des opportunités de travail et de promotion sociale, de services et de grâces, qui confluait dans l'aliénation des offices.

En ce qui concerne les villes du Levant espagnol, la relation entre l'immigration et la rénovation des groupes de pouvoirs a été très étudiée[29].

Les groupes d'échevins d'Alicante et de Carthagène du début du XVIIIe siècle, après la Guerre de Succession, présentaient sans doute des traits de continuités avec ceux des siècles antérieurs, surtout depuis les années 1550, mais ils montraient aussi des changements et des renouveaux[30]. L'immigration étrangère dans certaines villes du Levant espagnol (Alicante, Murcie, Carthagène) s'était caractérisée non seulement par sa composition mercantile et artisanale, mais aussi par l'influence sociale et économique de ces immigrants.

Les villes d'Alicante et de Carthagène, de par leur condition portuaire et levantines, jouèrent un rôle majeur dans la revalorisation de leur position géostratégique à partir du début du XVIe siècle, repositionnement à mettre en relation avec l'alliance de Charles Quint avec Gênes, et avec son affrontement avec Alger. Une conséquence de ceci fut l'accueil d'immigrants étrangers, d'abord dans quelques villes de l'intérieur, et ensuite dans les villes maritimes, au long du XVIe et d'une partie du XVIIe siècle. Au même moment, l'encadrement social produit par la progression de l'absolutisme monarchique conduisit à l'évolution élitiste et « oligarchisante » des groupes dirigeants, mais sans exclure pour autant la promotion sociale de certains commerçants étrangers, comme des Bretons, des Génois, des Milanais, surtout au travers de mariages avec des filles de familles importantes, ainsi que par interventionnisme royal[31]. Ces deux tendances (« oligarchisation » et pénétration d'étrangers) se produisirent parfois de forme conflictuelle, et caractérisèrent ces villes maritimes qui n'étaient pas capitales de leurs territoires (comme l'étaient Orihuela et Murcie).

---

29. Montojo Montojo V., « Matrimonio y patrimonio en la oligarquía de Cartagena (siglos XVI-XVII) », *Familia, grupos sociales y mujer (ss. XV-XIX)*, Chacón Jiménez F., Hernández Franco J., Peñafiel Ramón A. (eds), Murcia, Universidad de Murcia, 1991, p. 49-93. Velasco Hernández F., « Lazo familiar, conexión económica e integración social : la burguesía cartagenera de origen extranjero en el siglo XVII », *Familia, casa y trabajo*, Chacón Jiménez F., Ferrer i Alós L. (eds), Murcia, Universidad, 1997, p. 297-312.
30. Concrètement parmi les nouveaux échevins pro Bourbon à Alicante il y eut le florentin Corsiniani : Pradells Nadal J., *Del foralismo al centralismo (Alicante, 1700-1725)*, Alicante, 1984. Montojo Montojo V., « Los comerciantes de Alicante y Cartagena en la Guerra de Sucesión », *Estudis. Revista de Historia Moderna*, Valencia, 34, 2008.
31. En Alicante il fut très notoire, sous le règne de Charles II : Díez Sánchez M., *La hacienda municipal de Alicante en la segunda mitad del siglo XVII*, Alicante, Generalitat Valenciana, 1999, p. 86, nota 115.

Les alliances de la monarchie hispanique avec divers pouvoirs moyens, comme certaines cités italiennes, ou avec les catholiques bretons et marseillais de la Ligue opposés à Henri IV, ou encore les Anglais et Irlandais rebelles à la Couronne d'Angleterre, favorisèrent la consolidation des petites communautés dans les villes de la Méditerranée espagnole, considérées parfois comme de véritables lieux d'exil. Mais ces alliances contribuèrent aussi à accroître les tensions avec les autorités locales, celles-ci s'opposant à l'accumulation d'exemptions dont jouissaient ces communautés, et parvenant difficilement à contrôler leurs mouvements de capitaux. Leur élévation sociale posait aussi des problèmes.

Selon une tradition historiographique, Alicante devint le grand port du royaume de Valence après la révolte des Germanías (1519-1523). La croissance du port de Carthagène quant à elle, est à mettre en relation d'une part avec la défense de la Barbarie et le littoral du royaume de Murcie, d'autre part avec son rôle dans la logistique militaire à destination de l'Italie. Par ailleurs, l'équilibre politique instauré après la révolte des Germanías et l'événement concomitant de la Guerre des Comunidades des Castilles (1520-1522), qui se fit par l'exclusion des personnes qui s'étaient placées du côté des soulevés, fut, en Castille à partir de 1543, fragilisé par la vente des offices, à laquelle il fallut avoir recours pour financer les guerres contre la France, Alger, et les protestants allemands. Mais c'est durant le règne de Philippe II (1556-1598) que se produisit la pénétration des commerçants étrangers dans les groupes oligarchiques d'Alicante et de Carthagène, pénétration qui allait s'intensifier durant le XVIIe siècle, malgré l'opposition des organes directeurs des municipalités et des finances royales. En effet, ces derniers accusaient les Italiens de frauder, et les Bretons d'êtres des collaborateurs anglais en période de guerres.

Durant les règnes de Philippe III et Philippe IV, les négociations de services économiques et militaires réclamés la Couronne aux conseils municipaux a pu donner à ces gouvernements urbains, à la composition majoritairement espagnole, une plus grande capacité de défense contre l'introduction d'étrangers. Mais dans les faits, ce fut une processus contraire qui se produisit, car la Couronne et ses tribunaux octroyèrent des reconnaissances de noblesse à des nouveaux venus, qui obtinrent ainsi davantage de pouvoir. Non seulement ils s'introduisirent parmi les autorités locales, mais en plus, ils poursuivirent leurs activités frauduleuses, continuant à commercer avec les ennemis de la Couronne d'Espagne. Lorsque cette dernière fut contrainte de reconnaître l'indépendance de la Hollande (1648) et du Portugal (1668), ainsi que la suprématie française (1659/1668), elle dut aussi admettre des consuls étrangers, alors que les communautés immigrées s'étaient rendues maîtres du trafic commercial, et nombre de ses membres consolidèrent alors leurs promotion sociale. Il est révélateur, à cet effet, que Juan-Bautista Paravicino, d'origine milanaise, plaide en 1661 contre Juan Agustín Ansaldo, d'origine génoise, pour être reconnu comme *jurat en cap de caballeros*, une des charges les plus prestigieuses du conseil d'Alicante[32].

Toujours à Alicante, après la Paix des Pyrénées, les commerçants reçurent d'importantes exemptions fiscales (1660-1664), qui aidèrent à leur développement, et deux décennies et demi plus tard, à leur promotion sociale, car la Real Audiencia de Valencia avait reconnu la noblesse de certains d'entre eux. De son côté Charles II accordait des privilèges militaires à des marchands et négociants huppés (1687) que l'on désigna alors par le terme de « citoyens militaires » (*ciudadanos militares*) et non plus « citoyens honorés » (*ciudadanos honrados*). À Carthagène, beaucoup de Génois et quelques Français accédèrent aux postes d'échevins vers le milieu du XVIIe siècle et, bien que la période du règne de Charles II n'y fut pas aussi faste qu'à Alicante, cette tendance se maintint encore au début du XVIIIe siècle.

Pour autant, la monopolisation de la concession des grâces par les rois de Castille et d'Aragon qui résulta de leur victoire militaire contre la grande noblesse soutenant Henri de Trastamare et contre les *Comunidades*, s'accompagna d'une plus grande intervention sur les conseils municipaux et, en conséquence, sur la composition des oligarchies et des élites. Un aspect clairement visible dans cette évolution est que ces monarques s'appuyèrent sur des personnes étrangères et que certaines d'entre elles s'introduisirent alors dans les oligarchies urbaines, provoquant des conflits de cohabitation avec les membres des vieux lignages qui fondaient leur légitimité dans leur fidélité aux rois, desquels ils avaient obtenu biens et privilèges.

Mais parfois, il était impossible à certains d'entre eux de maintenir leur position sociale, pour cause d'endettement par exemple, et d'autres les remplaçaient. Ainsi, des Italiens, comme les Fornier, Ansaldo, Berardo ou les Corsiniani d'Alicante prêtèrent des services financiers à Philippe IV et Charles II ou mirent à disposition leurs talents comme administrateurs des salines ou d'autres services, montrant ainsi leur capacité à s'intégrer aux rouages de la Cour. Il est vrai qu'ils furent parfois victimes de quolibets et de railleries à l'exemple du sang bleu affiché des Fornier que l'on appréciait ainsi : « cette famille, bien qu'elle résida quelques années dans cette ville

32. Ansaldo fut accusé par Paravecino de ne pas être originaire du royaume de Valence, mais de Carthagène (1614), en dépit de quoi il fut quand même tiré au sort par décision royale : Arch. Mun. de Alicante, armario 3, caja 7, n. 3. Juan Bautista Paravicino faisait partie de l'oligarchie d'Alicante : « En concreto y según esta fuente, los dirigentes municipales adjudicaban los arrendamientos de los derechos de la ciudad a su antojo, guiados exclusivamente por motivos de interés personal y obviando todos los estatutos al respecto. Así, dos autos de fecha 7 de agosto de 1661 demostraron que el arrendamiento del abastecimiento de carne fue adjudicado, con dispensa de depositar fianza, a un individuo no afincado en la ciudad a instancias de Juan Bautista Paravicino, uno de los jurados en ejercicio » [selon le jugement de résidence de don Braulio Esteve, en 1662]. « Juan Bautista Paravicino resultaría elegido de nuevo para el oficio de jurado en 1663 » (Arch. Mun. de Alicante., S. V., leg. 279, doc. 24 Enquête émanant du Conseil d'Aragón et adressée à don Braulio Esteve). En 1683 il y eut encore une intrigue d'un Paravicino contre les gens tirés au sort par le roi. Díez Sánchez M., *op. cit.*, 1999, p. 66 et 86 nota 115.

d'Alicante, ne parvint à accéder à la chevalerie que lorsque Jacinto Forner, *Familiar del Santo Oficio*, intégra la milice en 1651 et qu'il acheta dans les années 1660 à Marco Antonio Pujazons le lieu-dit "de Benasau". Et à Madrid, la reine, le 1er juin 1669, lui concéda le privilège de noblesse avec vote aux Cortes. Et en 1674, il acheta aux comtes de Ana, la baronnie de Finestrat. Ledit Jacinto, désormais don Jacinto, se maria avec Dª Jacinta Talayero, et a une nombreuse descendance ».

Jacinto Forner montre une trajectoire similaire à celle d'autres financiers italiens du XVIIe siècle, comme les Piquinoti : service au roi, concession de privilèges, et par conséquent, anoblissement[33]. Il faut souligner que les mariages de Jacinto Forner et de ses sœurs le lièrent à d'autres familles italiennes.

Les Italiens ne dominèrent pas seulement le commerce, mais également les finances. À l'époque moderne, une très importante partie de l'endettement des familles était pallié par des crédits contractés auprès de ces commerçants[34] ou par les dots. Le *Nobiliario Alicantino*, déjà cité, met en relief le grand nombre de mariages entre les familles originaires de cette ville d'Alicante et celles d'étrangers qui s'y étaient établis (les Canicia, Imperial, Escorcia, Nicolini, Paravezino) quand bien même il y eut des stratégies endogames au sein des deux groupes.

Parmi les familles les plus anciennes d'Alicante, on retrouve celles des chevaliers de la Reconquista (Bourgunyo et quelques autres), et d'autres procédant de Cocentaina (Bosch), Elche (Fernández de Mesa, Pérez de Sarrió) ou Orihuela (Ruiz de Vallebrera), qui possédaient parfois des seigneuries (Agost de Bourgunyo, Bussot de los Martínez de Vera, Ares y Cella de los Bosch, Formentera de los Pérez de Sarrió, Cox de los Ruiz de Vallebrera), et dont certains membres avaient été armés chevaliers par le comte de Concentaina en personne, ce qui indique un possible premier patronage de ce noble. Les Rois catholiques donnèrent des occasions de s'illustrer à ce groupe de notables (telles les guerres du marquisat de Villena et de Grenade), mais également à d'autres d'origine plus récente, et en 1493 les monarques régulèrent les tirages au sort des offices municipaux (les *insaculaciones*), en les plaçant sous le contrôle de l'Audience de Valencia. Charles Quint et Philippe II firent quelques concessions d'intégration dans les milices ou de privilèges nobiliaires, surtout à l'occasion des réunions des Cortès ; en revanche Philippe IV et Charles II multiplièrent ces grâces puisqu'ils distinguèrent 23 familles (16 le furent entre 1476 et 1620). Sous Philippe III, en 1600, on avait modifié le régime de tirage au sort des offices

33. Arqués A., *op. cit.*, p. 52. C. Sanz Ayán, *Los banqueros de Carlos II*, Valladolid, Universidad de Valladolid, 1988, p. 176-177.

34. Casado Alonso H., « Comercio textil, crédito al consumo y ventas al fiado en las ferias de Medina del Campo en la primera mitad del siglo XVI », *Historia de la Propiedad Crédito y Garantía*, De Dios S., Infante J., Robledo R., Torijano E., Madrid, Colegio de Registradores, 2007, p. 127-159.

municipaux, de telle manière que les bourses passèrent de deux à trois: chevaliers, citoyen de rang important (*ciudadanos de mano mayor*) et citoyens de rang inférieur (*ciudadanos de mano menor*). Dans le premier groupe parvinrent à s'intégrer quelques Italiens, comme les Canicia et les Escorcia, en dépit de l'opposition des familles originaires d'Alicante qui imposèrent des conditions à cette entrée[35].

À Alicante beaucoup de ces familles intégrèrent les statuts supérieurs de la société par le mariage, qu'il s'agisse d'Italiens avec des filles originaires de la ville, ou de Valenciens avec des descendants d'Italiens : tel est le cas de Buenaventura Ferrer avec Isabel Escorcia, ou celui de Ignacio Bojoni avec une autre Escorcia, encore de Juan Bautista Canicia de Franquís avec Jusepa Suqueto. Également, le Français Jaime Llop, se maria avec une descendante d'Italiens, Francisca Bojoni, fille de Pedro Bojoni et de Margarita Nicolín[36]. C'est pourquoi une des caractéristiques de l'oligarchie d'Alicante fut son mélange avec des Italiens et des Français, et donc une certaine forme de cosmopolitisme.

Sous le règne de Charles II, à Alicante les titres nobiliaires furent distribués entre les membres des anciennes familles de chevaliers, (tels les Martínez de Vera, seigneurs de Busot et baillis locaux, marquis del Bosch depuis 1689), comme entre les commerçants (Jacinto Forner y Talayero, baron de Finestrat, descendant de l'administrateur des douanes qui abandonna ce poste en 1635 en raison de dettes).

Les conflits portés devant les tribunaux royaux, sanctionnaient la tendance des groupes puissants et nobiliaires à organiser le gouvernement local selon leurs intérêts, se réservant différentes charges (*alcaldes* et *alféreces del estado de hidalgos* à Carthagène), et en même temps leur incapacité à résoudre les conflits par accord mutuel[37].

Des commerçants français furent également à l'origine de conflits à Carthagène, comme Julián Junge, Breton de Saint-Malo, dont l'acquisition d'un échevinage au conseil municipal coïncida avec un conflit qui l'opposa à d'autres membres[38]. Un autre exemple est fourni par le refus de la nomination comme consul de France par Louis XIII du Breton Lorenzo Grut,

35. Dans les statuts de 1625 s'imposa la nécessité d'être originaire pour le tirage au sort, mais le roi ou le vice-roi passaient parfois outre et l'Audience de Valencia déclara nulle en 1653 la dispense de cette condition par le vice-roi en faveur de Juan Bautista Canicia : Díez Sánchez M., *op. cit.*, 1999, p. 56 et 85 note 111.

36. ARV, Escribanías de Cámara (Audiencia borbónica), 1722, n. 163 : Fco. Marabeuf contra Jaime Llop.

37. Cette élection se fit à partir de 1619, année de la disparition des *caballeros cuantiosos* en Castille, mais avec une discontinuité jusqu'en 1657, comme l'on peut en déduire de Mesa Hernández N., « Los cargos de nobleza en el Ayuntamiento de Cartagena », *Hidalguía*, Madrid, 30, 1958, p. 841-856.

38. Julián Jonchée o Junge affronta Ginés Jorquera et Martín de Cifuentes, qui perdirent leur charge ou furent limogés, après une inspection : Arch. mun. de Alicante, Acta Cap. 1589 (4.7-4.12), Montojo Montojo V., *ouvr. cité*, 1991, notas 107 y 108. Junge se maria en 1579 avec Mª Ayllón, fille de Damián Bolea *jurado mercader* : Archivo Histórico Provincial de Murcia, Prot. 5163, fs. 153-157, 28-5-1590.

de la part de Philippe IV, qui préféra nommer un génois consul de toutes les nations étrangères... y compris de la nation française[39]. On peut donc deviner, que ces petits conflits se prolongèrent au sein du conseil municipal de Carthagène par l'introduction d'étrangers, tels les Portugais[40], ou par l'affrontement entre les Génois et l'oligarchie[41], et surtout la division interne des habitants au milieu du XVIIe siècle avec les Génois comme principaux protagonistes, alignés sur la politique de l'*alcalde mayor* et affrontant le marquis de los Vélez[42].

Certains de ces problèmes portaient sur des interprétations purement formelles, comme le découpage pour un scrutin, ou la justification d'une commission ou d'une dépense, puisque la gestion municipale, en vertu des ordonnances royales, se fit peu à peu plus bureaucratique.

À Alicante et Carthagène les charges administratives et celles de gouvernement municipal furent l'objet de disputes, de manière structurelle, peut-être parce qu'il y avait une grande fluidité entre elles, qui amenait fréquemment à des conflits de juridiction, caractéristiques de l'époque, et dans lesquels prenaient parti souvent les étrangers et leurs descendants[43].

Cette articulation d'offices et de charges était le chemin de la promotion sociale, possible à travers le mariage, le patronage royal ou la vénalité, ce qui donnait lieu à des stratégies de caractère social, mais aussi économique lorsqu'il s'agissait de survie individuelle ou de groupe.

Si au XVe siècle la prédominance de l'*adelantado* du royaume et des commandeurs des ordres militaires (surtout les Fajardo) leur permit de contrôler les offices royaux – en premier lieu le gouvernement des places fortes et les postes clefs des conseils – par la suite, sous les rois Catholiques et leur fille

39. La désignation de Lorenzo Grut donna lieu à des pétitions contre plusieurs regidors, à une enquête sur les Consuls étrangers dans les ports levantins et méridionaux (1623) et finalement à sa substitution par Lucas Maldonado, archer et arquebusier royal, et par son gendre le commerçant Juan Bta. Lamberto (1628/1630) : Archivo General de Simancas, Estado, legajo 2.867 : MONTOJO MONTOJO V., « Crecimiento mercantil y desarrollo corporativo en España : Los consulados extraterritoriales extranjeros », *Anuario de Historia del Derecho Español*, Madrid, 62, 1992, p. 47-66.

40. Pedro Báez Coronel, recouvreur des droits de laines de l'*escribanía de sacas* avec Manuel Baraza son neveu, parvint à être juré en 1616, ce qui provoqua les plaintes de regidors contre le fait qu'un juré soit aussi un commerçant : Arch. mun. de Alicante, Ac. Cap. 23-3-1616, ref. MONTOJO MONTOJO V., « La sociedad cartagenera bajo los Austrias », *Historia de Cartagena*, 7, Murcia, Ed. Mediterráneo, 1986, p. 239-326, cfr. 266.

41. MONTOJO MONTOJO V., *op. cit.*, 1991, p. 70-72.

42. Il y eut un conflit entre le marquis de los Vélez et les regidors Vicente Imperial et Ignacio Prebe, respectivement *visitador de las torres* et *capitán de caballos*, ainsi qu'avec l'alcalde mayor, pour des affaires de juridiction militaire et de contrebande (1656-1657) : « Relación de lo sucedido en Cartagena desde el año 1656 en tiempo del marqués de los Vélez », *Biblioteca Histórica de Cartagena*, VICENT Y PORTILLO G., Madrid, 1889, p. 327-346. Cette situation se prolongea avec la dispute pour la *sargentía mayor*, entre Nicolás Manuel Garro de Cáceres et Alonso de la Jara y Molina (1663) : MONTOJO MONTOJO V., *op. cit.*, 2001, p. 84, nota 11. Ce conflit se déroula à la même période que celui qu'il y eut à Alicante entre le *visitador* Braulio Esteve et *el consell* (1662-1664, avec des répercussions jusqu'en 1683) : DÍEZ SÁNCHEZ M., *op. cit.*, 1999, p. 65-80.

43. Ainsi, Alexandro de Marchi ou Marco, regidor génois, dans l'affaire de l'opposition de quelques uns au fait que Cristóbal de Heredia fut *proveedor de armadas* : Arch. mun. de Alicante, Ac. Cap. 1589-1593, 12-12-1592.

Jeanne la Folle, la consolidation du rôle du corregidor comme gouverneur et juge du territoire permit au monarque d'introduire de nouveaux offices royaux afin de faire triompher sa propre administration. Ainsi, la mainmise des corregidors sur les conseils au détriment des *adelantados*, donna lieu à un plus grand contrôle sur le gouvernement et les finances locales ou municipales. Et ce dernier se réalisa, entre autres moyens, à travers une formalisation des écritures (obligation de tenir des registres de cens, d'ordonnances, de délibérations et livres de votes). À ceci se joignit la centralisation des grâces et des cadeaux, de la part de la monarchie, ce qui favorisa un encadrement des puissants profitable à la Cour[44], d'abord lors des Cortes de Tolede de 1480, et ensuite lors de celles de Valladolid en 1518.

L'instabilité politique et sociale du début du règne de Charles Quint fut l'occasion de changements dans la conformation des gouvernements municipaux (à Alicante le contrôle du tirage au sort des offices passa à la Real Audiencia de Valencia, et à Carthagène on passa de la cooptation à l'office à vie), et, en dépit d'une faible introduction d'éléments lettrés, s'imposa une composition d'officiers non lettrés et laïcs, probablement sous l'influence de l'administration militaire et en raison de l'analphabétisme général des puissants[45]. Il en résulta une plus grande possibilité d'ascension sociale depuis les offices administratifs jusqu'à ceux de gouvernement[46].

44. La prédominance de Pierres de Peralta en Navarre est comparable à celle de Pedro Fajardo : Ostolaza Elizondo M. I., Panizo Santos I., *Cultura y élites de Navarra en la etapa de los Austrias*, Pamplona, 2007, p. 26.
45. García Díaz I., « Escritura y clases populares en Murcia en el tránsito de la Edad Media a la Moderna », *Cultura escrita y clases subalternas: una mirada española*, Castillo Gómez A. (ed.), Madrid, 2001, p. 57-85.
46. L'article de V. Montojo Montojo a été traduit de l'espagnol par Dominique Goncalvès.

Deuxième partie

VILLES PORTUAIRES, VILLES DE L'INTÉRIEUR, DES OPPOSITIONS À RELATIVISER ?

Offices, pouvoir et mobilité sociale dans les villes bretonnes au XVIIe siècle

Philippe Jarnoux

La Bretagne de la première moitié du XVIIe siècle est un monde où le réseau urbain s'appuie fondamentalement sur des petites villes fluvio-maritimes. À l'exception des deux grandes villes de Rennes et Nantes, de quelques rares villes de front de mer comme Saint-Malo ou Concarneau, et de quelques villes marchandes de l'intérieur comme Fougères ou surtout Vitré, la majorité des cités sont situées dans des fonds d'estuaires où la remontée de la marée permet des activités maritimes variables à l'endroit même où les premiers ponts assurent un relais des circulations marchandes vers l'intérieur des terres. Ces positions de premier pont et de fond d'estuaire ont fait de ces villes petites et moyennes des cités bien positionnées pour les échanges. Centres commerciaux, ces villes dont les populations dépassent rarement les 4 à 5 000 habitants sont aussi des relais administratifs fondamentaux. Dans nombre de cas, elles doivent également à leur organisation municipale la possibilité d'être représentées en tant que telles aux États de Bretagne[1].

Ces villes petites et moyennes ont été relativement peu étudiées mais elles représentent pourtant le modèle urbain le plus répandu dans la province et leur organisation sociale est assez significative des évolutions que connaît celle-ci au cours du siècle. Mon propos ne vise pas directement ici l'ensemble des élites sociales de ces villes littorales mais il s'arrête plus particulièrement au groupe des officiers royaux. L'objet de cette communication est de dresser le profil social, politique et économique de ce groupe restreint mais au pouvoir et au prestige local considérables et aux fonctions très larges. L'observation des origines, des carrières et des devenirs des individus dessine les contours d'un groupe stratégique dans la constitution des notabilités urbaines en pointant l'importance de la présence nobiliaire et l'impact de l'exercice de l'office sur le devenir des lignages et sur les

1. La liste des cités régulièrement convoquées aux États de Bretagne s'est allongée au cours du XVIe siècle. Elle sera fixée presque définitivement à 40 villes dans la seconde moitié du XVIIe siècle, avant de passer à 42 au XVIIIe siècle.

positionnements politiques. Dans ce contexte, la particularité des villes littorales tient sans doute à la rapidité des évolutions et du renouvellement des individus.

Derrière l'observation des officiers de justice dans les villes bretonnes, c'est à la fois la question de la délimitation des élites spécifiquement urbaines et celle de l'autonomie des pouvoirs municipaux qui est alors posée.

Un monde de l'office rare et convoité

Partons d'une première constatation simple : l'office dans nos villes bretonnes est une denrée rare. Nous pouvons en établir un tableau général – quoique pas tout à fait exhaustif – à partir des données établies à la fin des années 1660, par exemple dans le *Livre des cartes particulières de la province de Bretagne,* vaste compilation des diverses enquêtes menées à la demande de Colbert et de Louis XIV par le gouverneur et ses lieutenants généraux, des maîtres des requêtes en tournée dans la province ou envoyés comme commissaires aux sessions des États provinciaux ou des officiers eux-mêmes[2].

Cette compilation permet d'établir les données suivantes :

Tableau n° 1. Offices supérieurs et offices moyens en Bretagne vers 1660

Officiers de justice	320		Officiers de finances	140
Parlement 113			Chambre des Comptes	64
Chancellerie	29		Recettes des fouages	30
Présidiaux	70		Recettes du Domaine	27
Sénéchaussées	80		Trésor des guerres	19
Prévôtés		9		
Eaux et Forêts	19			
Monnaie	12		Maréchaussée/militaires	9
TOTAL : 481				

Au total, la Bretagne compterait alors un peu moins de 500 officiers gagés et relevant du bureau des parties casuelles. À ces hommes, on peut ajouter une cinquantaine de greffiers de juridictions (dont on sait la particularité du statut qui ne relève pas totalement de l'office) et nombre d'offices subalternes, d'huissiers ou de sergents. Le présidial de Rennes compte ainsi par exemple 4 huissiers, 10 arpenteurs, 12 sergents généraux et d'armes et 36 sergents ordinaires mais il est un peu plus étendu que les trois autres

2. Deux versions quelque peu différentes mais complémentaires de ces enquêtes existent aujourd'hui. L'une est conservée à la Bibliothèque municipale de Poitiers (MS 337), l'autre au Service Historique de la Défense, département marine, dépôt des cartes et plans, à Vincennes (manuscrit SH 202). Ces données résultent d'une succession d'enquêtes et de recherches menées dans la province entre 1663 et 1669.

présidiaux. Les sénéchaussées disposent en général de 2 huissiers et de 4 à 10 sergents.

Le nombre total d'officiers (même sans inclure ces charges subalternes) est modeste au regard de l'étendue de la province et de sa population (sans doute près de 2 millions d'habitants à la fin du siècle). Mais il faut, de plus, en faire une ventilation plus précise pour mieux cerner les réalités sociales du phénomène.

Sur les quelques 500 offices, les deux cours souveraines (parlement et chambre des comptes) et la chancellerie en rassemblent plus de deux cents (206). La répartition géographique en est encore plus remarquable puisque la seule ville de Rennes abrite plus de 180 charges, celle de Nantes environ 120. On a là deux indices remarquables de concentration : les cours souveraines représentent 40 % des offices ; les deux villes de Rennes et Nantes regroupent environ 60 % des officiers. En contrepartie, le poids des juridictions locales et le poids relatif des villes petites et moyennes apparaît bien modeste.

Outre les deux grandes villes de Rennes et Nantes, des présidiaux sont établis à Vannes et Quimper, petits centres administratifs et vieilles capitales au fort rayonnement local, et la Bretagne dispose de 22 juridictions royales ordinaires appelées sénéchaussées[3]. Ces tribunaux comptent seulement deux ou trois juges (un sénéchal, un alloué ou bailli et un lieutenant) et un procureur du roi. Parfois établis dans de minuscules villes comme Hédé, Bazouges-la-Pérouse ou Châteauneuf-du-Faou, ils animent tout une partie des strates inférieures et moyennes du réseau urbain jusqu'aux villes importantes à l'échelle de la province que sont Fougères, Dinan, Saint-Brieuc, Hennebont, Guérande, Brest, ou encore Morlaix. Mais il faut souligner aussi que toutes les villes ne sont pas dotées de ces tribunaux royaux ; des villes épiscopales comme Tréguier ou Dol, des petits ports dynamiques comme Landerneau ou Roscoff, et des cités importantes comme Vitré ou plus encore Saint-Malo n'abritent pas de juges royaux et se contentent de solides tribunaux seigneuriaux relevant du baron de la Trémoïlle (à Vitré), du duc de Rohan (Landerneau) ou des évêques (Tréguier, Dol ou Saint-Malo). L'appareil judiciaire de la monarchie met donc en évidence deux douzaines de villes où siègent des officiers royaux mais cela ne recouvre pas la totalité du réseau urbain provincial et un certain nombre de villes importantes sont dénuées de toute présence d'officiers royaux ; le rôle des seigneurs y reste fondamental et la monarchie n'y intervient qu'au travers d'envoyés ponctuels et plus souvent par l'intermédiaire des municipalités ou en discutant avec elles.

3. Il faut y ajouter les deux barres royales de Bazouges-la-Pérouse et Antrain pour établir la liste complète des juridictions ordinaires au XVIIe siècle.

La présence réelle des officiers de finances est encore plus fugitive dans les villes bretonnes. Le poids considérable et le rôle fondamental des États provinciaux dans la fiscalité bretonne réduisent au strict minimum les charges de finances[4] : une chambre des comptes à Nantes, ville qui accueille aussi une douzaine de trésoriers, receveurs et contrôleurs des finances et du taillon ainsi que quelques trésoriers des guerres, une vingtaine de receveurs diocésains des fouages – le seul impôt direct levé dans la province – qui sont établis dans les cités épiscopales, enfin une trentaine de receveurs du domaine royal installés en général dans les villes où siègent aussi une sénéchaussée royale[5].

Ainsi, au cours du XVIIe siècle, réseau urbain et répartition des officiers dans la province ne se superposent pas exactement. L'armature officière met en évidence les poids démesurés de Rennes et de Nantes, privilégie ensuite deux villes épiscopales, sièges de présidiaux, puis une quinzaine de villes moyennes où l'on retrouve un groupe fort modeste d'officiers royaux dans les sénéchaussées, les recettes des fouages et du domaine. Mais cette armature laisse de côté quelques villes importantes, foyers économiques moteurs comme Vitré ou Saint-Malo, villes sans officiers mais aux puissantes oligarchies marchandes, ou petits centres locaux comme Pontivy, Guingamp ou Landerneau[6].

Si la Bretagne est un monde de l'office rare, c'est aussi un monde où, depuis le milieu du XVIe siècle, l'office se développe fortement. Depuis le règne d'Henri II, plusieurs événements marquants doivent être signalés de ce point de vue. Il faut évoquer en 1552 la création des quatre présidiaux[7], en 1554 la mise en place du parlement[8], en 1565 la réorganisation des séné-

4. Sur le fonctionnement des États et de la fiscalité en Bretagne voir Rebillon A., *Les États de Bretagne de 1661 à 1789*, Rennes, Imprimeries réunies, 1932 et Collins J. B., *Classes, Estates and Order in early modern Brittany*, Cambridge University Press, 1994 (trad. française *La Bretagne dans l'État royal*, Rennes, Presses universitaires de Rennes, 2006).

5. C'est souvent, semble-t-il, l'existence d'une recette du domaine ducal qui a, au Moyen Âge, justifié la localisation d'une sénéchaussée. Mais la superposition n'est plus tout à fait exacte à l'époque moderne. Quelques recettes domaniales ont subsisté là où les tribunaux ont parfois été supprimés ou vice versa.

6. La géographie révèle une grande transversale de la Bretagne intérieure, depuis Nantes jusqu'à Saint-Brieuc et Carhaix où les quelques officiers royaux de Ploërmel ne peuvent masquer l'absence de présence réelle des agents du souverain. Cela traduit la faiblesse du réseau urbain dans l'intérieur de la province mais cela correspond aussi à la grande région d'implantation des seigneuries des Rohan qui ont réussi à limiter très fortement la présence d'officiers ducaux puis royaux dans leur zone d'influence habituelle.

7. La création des présidiaux bretons est le résultat d'un édit particulier à la Bretagne en mars 1552 et non pas de l'édit de Fontainebleau de janvier 1552 qui instaure les autres présidiaux du royaume. Cela tient à la situation particulière de la Bretagne qui n'avait pas encore de parlement. L'édit crée seulement de nouveaux offices dans les sénéchaussées les plus importantes et élargit leur compétence. L'édit prévoit initialement la mise en place de cinq présidiaux mais celui de Ploërmel ne sera jamais établi. Sur cette création, voir Giffard R., *Essai sur les présidiaux bretons*, Paris, Rousseau, 1904.

8. Voir Saulnier F., *Le parlement de Bretagne, 1554-1790*, Rennes, Plihon et Hommay, 1909, 2 vol.

chaussées[9], puis le quasi doublement du nombre des offices du parlement[10] et la forte augmentation du nombre de ceux de la chambre des comptes[11] ainsi que la création de la chancellerie[12] qui sont autant d'étapes de la multiplication des offices. En un demi-siècle, la monarchie a crée plus de 200 offices supérieurs et moyens dans la province, encourageant la montée en puissance du groupe sans épuiser pour autant la clientèle potentielle. L'office est encore rare mais il se répand, se multiplie et peut donc paraître accessible aux élites locales. L'instauration définitive de la paulette à partir de 1604, assurant une sécurité de la fonction et permettant comme partout ailleurs la vénalité et l'hérédité des charges, les rendent bien sûr encore plus attirantes.

Rareté relative, stabilisation et sécurité assurées par la paulette, accroissement récent et régulier du nombre des charges expliquent qu'en ce début de XVIIe siècle, offices et officiers jouissent d'un prestige et d'un pouvoir considérables dans les villes bretonnes.

Prestige et pouvoir de l'officier

Office et noblesse

Cette image particulière de l'office, et en particulier de l'office de justice, a deux effets. D'une part, elle explique l'attirance des nobles pour ces fonctions. D'autre part, elle justifie la domination que les juges, représentants directs et rares de la monarchie, exercent sur les villes et sur les corps municipaux.

En Bretagne, la noblesse, y compris la plus ancienne, n'a jamais dédaigné le service judiciaire du souverain. Les ducs avaient déjà attaché à eux de cette façon quelques familles et au XVe et début du XVIe siècle, les fonctions de notaires étaient très massivement occupées par des nobles[13], de même

9. Sur cette réorganisation initiée par un édit royal d'octobre 1565 et qui aboutit à la disparition de plusieurs petits sièges qui semblent ne plus guère fonctionner au XVIe siècle et au regroupement de certains autres, voir TREVEDY J., « Organisation judiciaire de la Bretagne avant 1790 », *Nouvelle revue historique de droit français et étranger*, t. 17, 1893, p. 192-257 et DESBORDES-LISSILOUR S., *Les sénéchaussées royales de Bretagne. La monarchie d'Ancien Régime et ses juridictions ordinaires (1532-1790)*, Rennes, Presses universitaires de Rennes, 2006, p. 12-18.
10. L'édit de création du parlement créait 39 offices. Mais entre 1556 et 1581, cinq autres édits successifs ajoutèrent 52 nouvelles charges. F. SAULNIER, *op. cit.*, p. XIX-XXI.
11. Entre 1554 et 1600, le personnel de la Chambre des comptes est accru de 40 nouveaux officiers. Voir JARNOUX P., LE PAGE D., « Du XVIe siècle à la Révolution. Quelques perspectives générales sur l'histoire de la Chambre des comptes de Bretagne », *Annales de Bretagne et des pays de l'Ouest*, 2001, T. 108/4, p.31-57.
12. Voir DE COURVILLE L., *La chancellerie près le parlement de Bretagne*, Thèse de l'École des Chartes, 1983, p. 282. Publié ensuite dans *Bulletins et Mémoire Société Archéologique d'Île-et-Vilaine*, 1997, t. C, p. 45-135 et 1998, t. CI, p. 119-243.
13. Voir JONES M., « Les origines et le développement du notariat dans la Bretagne de la fin du Moyen Âge », *Mémoires de la Société d'Histoire et d'archéologie de Bretagne*, t. 67, 1990, p. 5-27.

que la profession d'avocat était toujours ressentie avec un respect proche de celui qu'on portait aux nobles. Dans le même temps, nombre de nobles siégeaient à la chambre des comptes [14]. La création du parlement n'a pas contrarié cette réalité puisqu'environ la moitié des officiers qui l'ont intégré au milieu du siècle était noble ou se considérait comme tel.

On remarque le même phénomène lors de la création des présidiaux où – même si les données exactes ne sont pas encore bien établies – la proportion de nobles est loin d'être insignifiante. La forte participation de la noblesse dans les sénéchaussées est aussi une réalité évidente, en particulier pour les charges de sénéchaux. Si l'on observe la première moitié du XVIIe siècle, on constate que les trois quarts des sénéchaux et la moitié des autres magistrats et des procureurs du roi sont des nobles.

Tableau n° 2. Officiers des sénéchaussées bretonnes, 1600-1650

	Nombre total	**Dont nobles**	**% nobles**
Sénéchaux	94	67	71 %
Alloués/lieutenants	95	47	49 %
Procureurs du roi	74	38	51 %

Données établies sur 22 sénéchaussées pour les sénéchaux, 21 pour les alloués et lieutenants et 18 pour les procureurs du roi.

Ces officiers nobles proviennent de différents milieux. Certains sont des cadets de familles de la vieille noblesse militaire. Il n'est pas rare que les branches aînées se retrouvent au parlement tandis que les cadets, moins favorisés, se contentent des présidiaux ou des sénéchaussées (c'est le cas des du Fresnay à Quimper [15], des du Poulpry à Lesneven ou, un peu plus tard, des de Kergus à Gourin) ; d'autres sont de petits nobles locaux qui assurent ainsi leur position sociale et leur revenu (les Beschart à Hédé par exemple [16]).

L'exemple des Le Garo et Penfentenyo est caractéristique de cette moyenne noblesse souvent attirée par les offices. Au XVe siècle, Jean Le Garo est un petit seigneur de Plouzané auprès de Brest qui devient receveur de la grande seigneurie voisine du Châtel tandis qu'un de ses frères est chanoine de Léon. Son fils devient avocat dans les années 1520, puis sénéchal de la même seigneurie. Pendant une génération, les Le Garo semblent abandonner les charges mais en 1557 l'arrière petit-fils devient cette fois sénéchal

14. Voir KERHERVE J., *L'état breton aux XIVe et XVe siècles. Les ducs, l'argent et les hommes*, Paris, Maloine, 1987.

15. Leur cas est exemplaire. Guillaume du Fresnay de Barégan, baron du Faouët, peut faire remonter son lignage au XIIIe siècle ; il a épousé Hélène Allaneau, fille, petite-fille et belle-sœur de parlementaires. En toute logique, son fils aîné, Sébastien, entre lui-même au parlement en 1651, mais le cadet, Guillaume, « se contente » d'un office de lieutenant au présidial de Quimper.

16. NASSIET M., *Noblesse et pauvreté. La petite noblesse en Bretagne, XVe-XVIIIe siècle*, Rennes, Société d'histoire et d'archéologie de Bretagne, 1993.

royal de Brest et Saint-Renan [17] puis échange cet office pour celui de bailli de Léon à Lesneven. De ses deux fils, l'aîné reprend pourtant la carrière militaire et est un des hommes d'armes de la garnison royaliste de Rieux-Sourdéac qui tient Brest pendant toutes les guerres de la Ligue tandis que pendant ce temps, le cadet a repris la charge de sénéchal de la ville [18]. En 1598, il abandonne sa charge à son cousin germain, Tanguy de Penfentenyo qui l'occupe jusqu'en 1642. Chez les Penfentenyo on est dans une famille d'ancienne extraction rompue au métier des armes depuis 200 ans mais François de Penfentenyo, le père, était sénéchal des regaires du Léon et Tanguy est le troisième fils (et le neuvième enfant !) et il a étudié le droit à Paris. Il transmet sa charge à son fils cadet en 1628 après un conflit avec son cousin François d'Andigné, descendant des Le Garo par les femmes, mais fils de conseiller au parlement et qui souhaitait récupérer la fonction tandis qu'un autre de ses cousins germains, Jean Le Ny, est devenu en 1642 bailli de la même juridiction. Ce n'est qu'en 1682 puis en 1696 que les Le Ny et Penfentenyo se débarrassent de leurs offices de justice [19]. Pendant 150 ans, les mêmes lignages ont conservé, échangé, retrouvé des offices de justice qu'ils gèrent comme un élément patrimonial, en les réservant en général aux cadets mais en ne les dédaignant pas, même quand ils occupent par ailleurs des charges militaires ou des offices au parlement. L'exemple n'est pas exceptionnel pour la noblesse bretonne des XVIe et XVIIe siècles ; il témoigne de la considération qui s'attache à l'office (y compris à l'échelon des sénéchaussées) mais aussi de l'ambiguïté de la position de ces hommes qui, quoique juges urbains, restent apparemment aussi attachés à leurs résidences rurales et à leurs seigneuries qu'à leur logement urbain. La distance avec les élites municipales est sociale, politique et parfois aussi géographique. À tel point qu'on peut s'interroger pour savoir si on doit réellement les considérer comme habitant la ville [20].

17. La sénéchaussée de Brest et Saint-Renan (petite ville dans l'intérieur des terres à une quinzaine de kilomètres au nord-ouest de Brest) est partagée entre les deux villes jusqu'en 1681 mais siège en priorité à Saint-Renan. À partir de la fin du XVIIe siècle, elle est établie définitivement et uniquement à Brest au moment où la ville prend son essor comme port militaire.

18. Il y a là un exemple intéressant de contrôle de la ville par les milieux royalistes et de répartition des rôles au sein d'un même lignage. Brest est un ilot monarchiste dans une région massivement ligueuse et la noblesse locale est elle-même assez divisée. Chez les Le Garo, le choix monarchiste est on ne peut plus clair.

19. La reconstitution généalogique et familiale est possible grâce aux travaux de LULZAC Y., *Chroniques oubliées des manoirs bretons. Contribution à l'histoire des maisons nobles du bas Léon sous l'Ancien Régime,* Nantes, 5 volumes, 1994-2005. FLOURY J., *Catalogue généalogique de la noblesse bretonne d'après la Réformation de la noblesse de 1668-1672 et les arrêts de l'intendance, du conseil d'État et du parlement,* Rennes, Sajef, 2000, 3 volumes.

20. Tanguy de Penfentenyo continue à vivre très régulièrement sur sa terre de Kermorvan à Trebabu près du Conquet. Il y fait décorer la chapelle et s'y fera enterrer comme un seigneur campagnard bien plus que comme un juge urbain !

OFFICIERS NOBLES DE LA SÉNÉCHAUSSÉE DE BREST
(généalogies familiales et transmissions des charges)

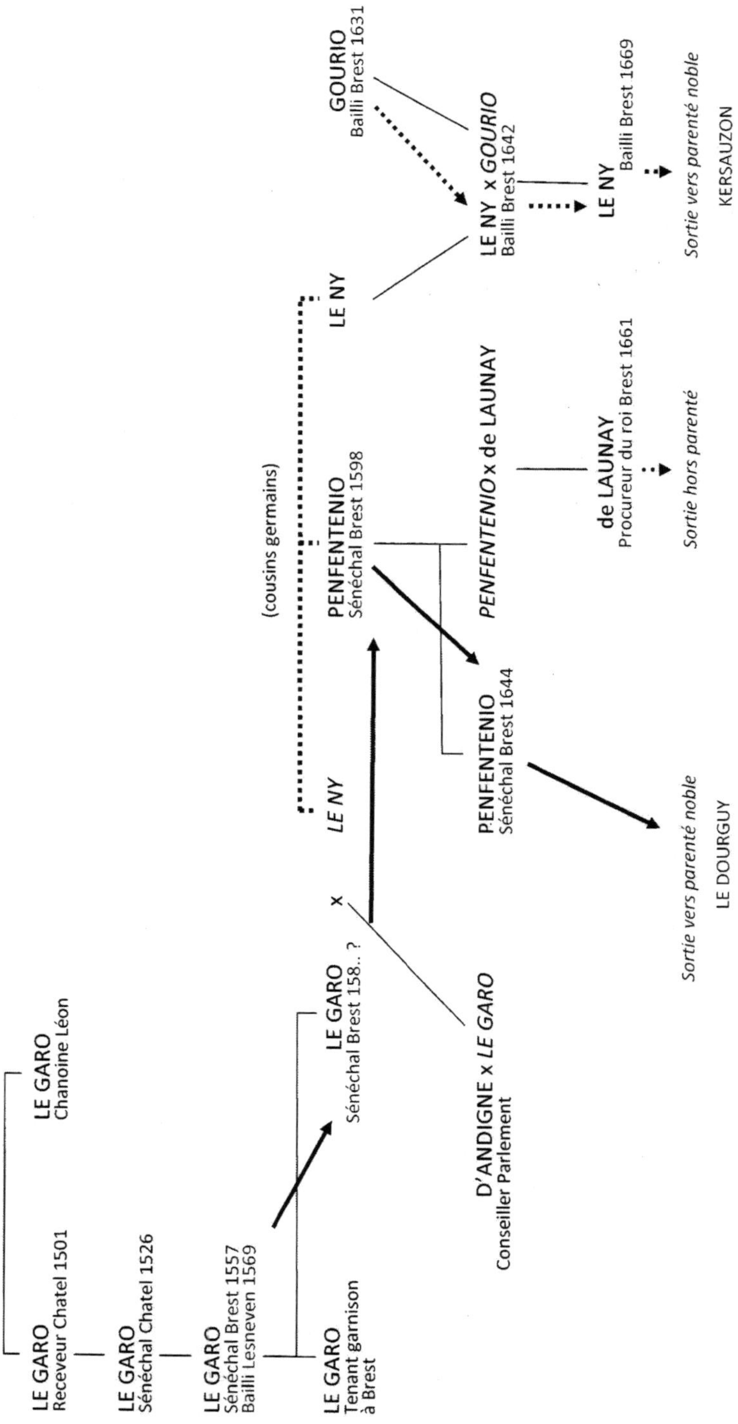

Pour ces hommes, il est clair que la fonction de juge s'inscrit dans une logique de la distinction nobiliaire, du commandement et de l'encadrement. Les juges nobles aspirent à la fois à servir le souverain et à encadrer les populations, à affirmer le pouvoir de commandement qu'ils considèrent comme naturellement dévolu à la noblesse, de la même façon qu'en tant que seigneurs ruraux, ils encadrent et règlementent la vie de leurs paysans. Leur présence est peut-être aussi une preuve de la fragilité des émancipations et des affirmations urbaines en Basse Bretagne.

Les juges et le contrôle des municipalités

Ces juges souvent nobles disposent en effet très fréquemment d'un pouvoir local considérable et, en tout cas, plus éminent et respecté que celui des municipalités. Il faut distinguer plusieurs cas selon la nature des villes où sont situés ces tribunaux.

Dans certains cas, ces villes ne disposent d'aucune organisation municipale propre (Gourin, Châteaulin, Châteauneuf, Jugon, Bazouges, Saint-Aubin du Cormier, Lanmeur soit 7 cas sur 24[21]) et les juges sont alors dans une position de contrôle total. Dans la plupart des cas, les municipalités urbaines se sont établies peu à peu à partir du XVe siècle et au cours du XVIe siècle[22]. C'est souvent au cours du XVIe siècle que les corps municipaux se structurent réellement, qu'ils se dotent (ou sont dotés par la monarchie) de règlements, qu'ils sont appelés de plus en plus régulièrement aux États de Bretagne, et qu'ils disposent de revenus d'octrois désormais bien assis et stabilisés. Cette mise en place, cette stabilisation et cette régularisation des corps municipaux au cours du XVIe siècle permet la participation au pouvoir local de groupes sociaux nouveaux parmi les citadins : quand on peut les connaître (ce qui n'est pas toujours évident en raison de la médiocrité des archives), les membres des municipalités sont issus en partie du monde du négoce, du commerce, de celui de la basoche (des notaires, des procureurs, des avocats) ou de quelques artisans spécialisés et enrichis. Il est très clair que les élites municipales des petites villes proviennent de groupes sociaux moins éminents et respectés que le monde des officiers royaux.

Or la hiérarchie des pouvoirs est dans la plupart des cas nettement favorable aux officiers royaux. Les juges président les séances de la municipalité, ils surveillent la régularité des procédures électorales ; ils ont préséance dans toutes les cérémonies publiques, ils disposent des pouvoirs de police urbaine ; ils reçoivent prioritairement les courriers du roi, du gouverneur

21. Elles sont simplement gérées par un général de paroisse qui n'a pas plus de pouvoir que celui d'une paroisse rurale.
22. Sur la naissance et la mise en place de ces corps municipaux à la fin du Moyen Âge, voir LEGUAY J.-P., *Un réseau urbain au Moyen Âge : les villes du duché de Bretagne aux XIVe et XVe siècles*, Paris, Maloine, 1981.

et des cours souveraines et en informent ensuite les municipalités. Ce n'est qu'avec l'instauration d'un intendant dans la province en 1689 que les municipalités eurent des contacts systématiques et directs avec le pouvoir royal. Mieux encore, dans bien des cas, ce sont les juges qui représentent les villes aux États provinciaux[23].

De fait, la distance entre le monde de l'office et les élites municipales est souvent forte[24]. Les officiers bénéficient du prestige de la fonction de « conseillers du roi » qui en fait des agents directs du pouvoir d'état. Ils bénéficient d'un pouvoir de contrainte ou de contrôle sur les municipalités et ils viennent souvent des groupes sociaux les plus éminents. L'office est un moyen pour la noblesse de prolonger sa supériorité sociale et politique et d'investir aussi la ville ; il est la concrétisation d'une ascension réussie pour les roturiers pouvant l'acquérir, tandis que la participation à la vie municipale est une affirmation – bien modeste encore – de réussite locale. Au-delà, ou en plus, des conflits qui opposent fréquemment les officiers aux municipalités, il y a incontestablement aussi l'affrontement de réalités et de groupes sociaux.

Un modèle en cours de transformation

Mais le modèle n'est pas figé et les réalités évoluent au XVIIe siècle.

Des conditions nouvelles

Les derniers temps du XVIe et les guerres de la Ligue ont montré les tensions et les possibilités de changements. D'une part, les nobles ont parfois été momentanément moins présents dans les tribunaux et l'on repère assez aisément une fréquence plus grande des officiers roturiers dès les années 1560-1580. D'autre part, le temps de la Ligue a parfois été l'occasion de l'affirmation de certains pouvoirs municipaux que l'on se situe dans des villes ligueuses comme Quimper ou Morlaix[25] ou dans des villes royalistes comme Brest. Les municipalités monarchistes gagnent des privilèges (à Brest en 1593 par exemple), les officiers roturiers aussi : certains d'entre

23. Même si les maires remplaceront souvent les sénéchaux aux États de Bretagne, cette suprématie du pouvoir des juges sur les municipalités se poursuit en bien des endroits jusqu'au cœur du XVIIIe siècle. Voir sur ce point LE GOFF S., *Élites et pouvoir municipal dans les petites villes bretonnes au XVIIIe siècle*, thèse dactyl., Université de Rennes II, 2004.

24. La distance sociale est moins sensible avec les officiers de finance mais le prestige de ces derniers est bien moins considérable et la noblesse est peu représentée parmi eux.

25. Voir WAQUET H., *Mémoires du chanoine Jean Moreau sur les guerres de la Ligue en Bretagne*, Quimper, Archives départementales, 1960 ; LECUREUX B., « Une ville bretonne sous la dictature d'un gouvernement ligueur : Morlaix en 1589-1590 », *Mémoires Société Archéologique de Bretagne*, 1989, p. 137-155.

eux seront anoblis dans les premières décennies du siècle pour les services qu'ils ont rendus à Henri IV[26].

À partir du milieu du siècle, on note toutefois un recul assez brutal de la noblesse parmi les officiers de justice. Cette dévalorisation progressive est peut-être liée à l'attitude du pouvoir vis-à-vis des offices, à la volonté d'en limiter les prix et le nombre[27] ; elle est en tout cas similaire à celle qu'on a déjà remarquée ailleurs dans les présidiaux[28]. En deux ou trois décennies, pendant le règne de Louis XIV, le nombre de magistrats nobles diminue pratiquement de moitié et le XVIIIe siècle voit leur quasi disparition. Le recul est brutal et définitif et il manifeste probablement une perception nouvelle des réalités de pouvoir et de la considération sociale de la part de la noblesse : il semble bien que ce soient les nobles qui abandonnent ces fonctions plutôt que les roturiers qui les leur auraient arrachées.

Le pouvoir municipal lui aussi évolue. Désormais la tendance générale est à une relative fermeture, à une concentration des pouvoirs autour d'un bureau servant restreint, à une régularité stricte des opérations financières et politiques (par exemple dans les participations aux sessions des États). De fait, le personnel municipal correspond sans doute mieux à des élites urbaines bien en place et socialement plus stables, ce qui facilite ou induit une proximité plus grande avec le monde des officiers[29].

Divers modèles d'évolution

C'est en observant des cas particuliers que l'on comprend le mieux les transformations. Dans le détail, trois modèles d'évolutions peuvent apparaître :

Le premier est celui d'une fusion lente des élites municipales issues du commerce dans les offices, puis la noblesse, par le mariage : c'est le cas dans les petites villes où les anciennes élites nobiliaires et officières accueillent les quelques réussites de la marchandise (par exemple à Hennebont ou Auray). Cette fusion et ce renouvellement passent par des stratégies ou des pratiques familiales larges qui incluent successivement ou parallèlement négoce, finance, office, et anoblissement final. Parfois, la faiblesse persistante des élites municipales ne suppose pas (ou ne permet pas) de changement avant le XVIIIe siècle comme c'est le cas à Brest[30].

26. C'est le cas à Ploërmel ou à Auray par exemple. Voir CARDOT C.-A., *Le parlement de la Ligue en Bretagne, 1590-1598,* thèse droit dactyl, Rennes, 1964.
27. DOYLE W., « Colbert et les offices », *Histoire, Économies, Sociétés,* 2000, t. 19/4, p. 469-480
28. BLANQUIE C., *Justice et finances sous l'Ancien Régime. La vénalité présidiale,* Paris, 2001.
29. Voir SAUPIN G., « Les assemblées d'habitants en Bretagne au XVIIe siècle. Quelle participation ? », ARIS D. (dir.), *La Bretagne au XVIIe siècle,* Société d'Histoire du XVIIe siècle, Vannes, 1991, p. 165-295.
30. Voir BERNARD M., *La municipalité de Brest de 1750 à 1790,* Paris, 1915.

L'exemple de la famille Geffroy à Hennebont et Quimperlé montre clairement ces évolutions, ces glissements lents et l'impact des fonctions officières sur les devenirs individuels[31]. Dans la deuxième moitié du XVIe siècle, les Geffroy font du commerce et sont de petits hommes de loi, notaires ou procureurs dans les cours royales ou seigneuriales et participent aux activités municipales à Hennebont comme à Quimperlé où ils sont établis. Dans les dernières décennies du siècle, trois filles Geffroy épousent ainsi des notaires et petits agents seigneuriaux locaux (Moutel et André) tandis que leur frère Jean réussit à acquérir en 1584 l'office de sénéchal de Quimperlé[32]. Jean Geffroy de Kerisper épouse une de ses cousines qui lui apporte de solides revenus commerciaux puis, en secondes noces, une demoiselle noble, Françoise de Neufville, nièce de l'évêque de Léon, venue dans la région avec un de ses frères qui travaille au service du seigneur de Quimperlé, l'abbé de l'abbaye de Sainte-Croix, Pierre de Gondi. À sa mort en 1615, ses deux fils cadets s'allieront dans le milieu de la basoche quimpéroise et du commerce maritime à Port-Louis. Restés dans une modeste aisance bourgeoise, ils participent régulièrement aux assemblées municipales de Quimperlé aux côtés de leurs cousins germains Geffroy, Moutel ou André. Le fils aîné s'est établi quant à lui à Hennebont où il a repris le commerce, épousé une fille de négociants puis en seconde noce, celle d'un financier brasseur d'argent originaire du sud-ouest de la France. Marchand riche, syndic de sa ville, très impliqué dans les finances locales et les fermes d'impôts, il est aussi commandant de la milice urbaine d'Hennebont et se signale par sa bravoure lors de la reprise de Port-Louis après 1622 et le coup de main protestant de Soubise. Cela lui vaut la protection de François de Cossé Brissac, puis surtout de Richelieu et du duc de La Meilleraye[33] et un anoblissement pour fait d'armes, le moins contestable de tous[34]. Retiré couvert d'honneur dans sa ville et au sommet de la considération locale, Yves Geffroy s'occupe de marier habilement ses quatre enfants. Sa fille épouse un lointain cousin quimpérois, petit-fils de marchand de Quimperlé, fils d'un magistrat au présidial de Quimper se prétendant noble et qui vient d'acquérir un office d'avocat général à la chambre des comptes[35]. Son fils aîné épouse une fille

31. Sur l'exemple de la famille Geffroy, voir Jarnoux P., *Famille et mobilité sociale dans les élites citadines en Bretagne, 1550-1720,* thèse d'habilitation, Université de Rennes II, 2002.

32. Il semble bien qu'il soit le premier roturier à occuper cette fonction.

33. François de Cossé Brissac est gouverneur de Port-Louis à partir de 1611, Charles de La Meilleraye lui succèdera en 1637 mais les deux hommes sont surtout des membres prépondérants du réseau de fidèles que Richelieu met en place dans la province quand il en devient gouverneur en 1631. Charles de La Meilleraye succèdera d'ailleurs au cardinal dans sa charge de gouverneur de Bretagne en 1643. Par leur intermédiaire, Yves Geffroy fait partie des clients locaux du cardinal ministre.

34. Ses lettres d'anoblissement sont très explicites sur ce point, détaillant à la fois sa bravoure au combat et les armements militaires et corsaires qu'il assurera ensuite. Les motivations militaires y sont présentées comme les causes fondamentales de son anoblissement. Arch. dép. de Loire-Atlantique, 2 E 1383.

35. Voir Jarnoux P., « Autour d'Yves Morice de Coetquelfen. Réflexions sur la notion de réseau dans le monde des officiers au XVIIe siècle », *Annales de Bretagne et des pays de l'Ouest,* t. 108/4, 2001,

de conseiller au parlement et, sans doute par l'intermédiaire du gendre devenu entre temps procureur général à la chambre des comptes, il acquerra une charge au parlement. Les deux autres fils s'allient aussi à des filles d'officiers de présidial et de sénéchaussée. À la génération suivante, les petits enfants de notre commerçant anobli sont presque tous magistrats de cour souveraine et d'une noblesse que personne ne conteste plus ouvertement.

Pendant ce temps, les cousins suivent des évolutions bien plus lentes et participent toujours de la vie de la municipalité de Quimperlé. L'un d'eux est encore marguillier en 1660, un autre greffier de la communauté de ville en 1704, un troisième encore en 1717, tandis que quelques cousines intègrent petit à petit, et avec deux générations de décalage, le monde des offices en épousant un sénéchal et un bailli de Châteauneuf-du-Faou ou encore un procureur du roi à Hennebont. Les liens entre les différentes branches de la famille ne sont pas totalement rompus, mais simplement distendus par des réalités sociales divergentes.

L'exemple montre à la fois les intégrations discrètes de nouveaux venus issus des bourgeoisies urbaines dans les élites provinciales et officières et le rôle conjoint de la détention des offices et de l'anoblissement dans les ascensions sociales urbaines. Il montre aussi qu'il ne faut pas exagérer la distance entre les origines sociales des élites urbaines. Il serait un peu simpliste de postuler une opposition ou une coupure complète initiale entre noblesse tournée vers les offices et bourgeoisie s'élevant par le négoce et les fonctions municipales. Une partie de la bourgeoisie urbaine s'élève directement par les métiers de la justice et les offices parallèlement aux fonctions municipales ; une partie de la noblesse urbaine bretonne sert aussi d'intermédiaire en pratiquant elle-même le commerce. À Auray, la famille Le Gouvello en est un remarquable exemple[36]. Certaines branches pendant plusieurs générations ont pratiqué le commerce, fondé des sociétés avec des négociants membres parfois de la municipalité et usé du droit de noblesse dormante tandis que leurs cousins proches se succédaient dans les offices de procureur du roi de la sénéchaussée de la ville mais aussi d'Hennebont et de Quimperlé[37]. On trouve des exemples identiques à Brest où certains des nobles magistrats du XVIIe siècle (Le Déauger[38], Le Dourguy) sont issus de parents ou

p. 195-226. Le parcours social des Morice et des Geffroy est assez similaire. Seuls manquent aux Morice les exploits militaire.

36. De L'Estourbeillon R., « Réformation de la noblesse de Bretagne, 1669-1671. Arrêt de maintenue pour MM. Le Gouvello », *Revue Historique de l'Ouest*, 1889, t. 15, p. 5-32.

37. Cette famille, dont l'ancienneté de la noblesse ne fait pas de doute, compte quatre représentants à la sénéchaussée d'Auray, six procureurs du roi à Hennebont et un bailli à Quimperlé mais aussi trois officiers à la chambre des comptes et deux autres au Parlement au cours du XVIIe siècle. Exemple d'une famille de vieille noblesse pratiquant aussi presque simultanément le commerce et les offices.

38. Le grand père (et peut-être le père) de François Le Déauguer, bailli de Brest en 1598, perdit par exemple l'un de ses navires au service de François I en ravitaillant les troupes royales à Fontarabie en 1530. Voir Lulzac Y., *op. cit.*, t. 2, p. 7.

ASCENSIONS FAMILIALES DIFFERENTIÉES

L'exemple des Geffroy à Hennebont et Quimperlé, vers 1560-vers 1700

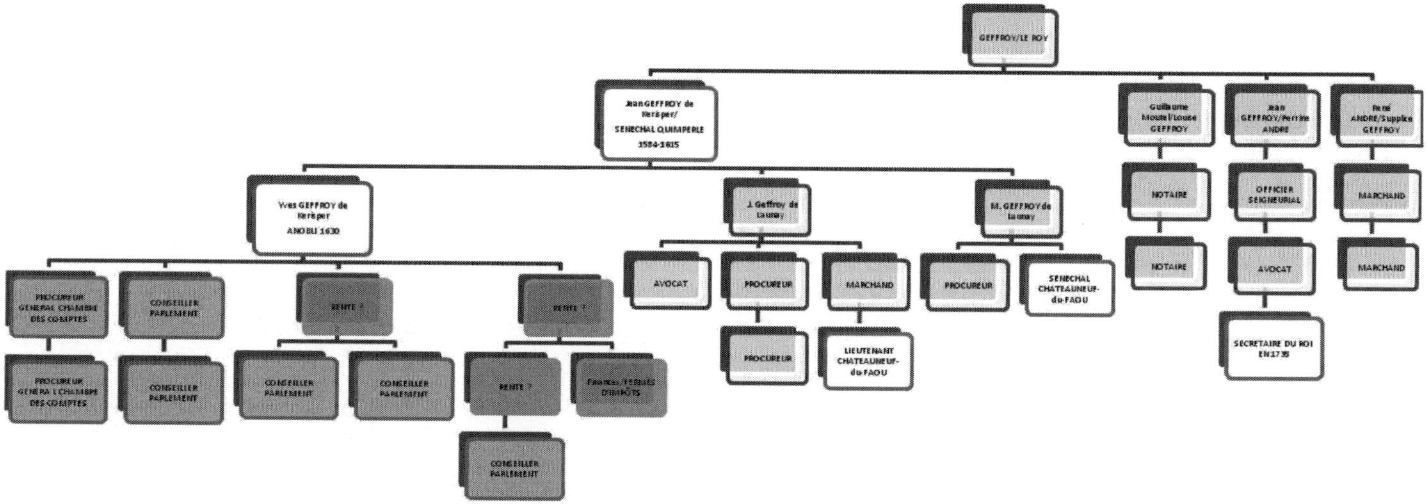

Bleu = roturiers
Encadrement orange = officiers
Rose = nobles

grands parents qui étaient à la fois nobles et commerçants. Sans doute en trouverait-on aussi dans des villes comme Morlaix ou Saint-Brieuc.

Un autre modèle d'évolution présente des situations conflictuelles quand les groupes commerçants de la municipalité affrontent ou combattent le monde des officiers royaux. C'est le cas de Morlaix. Ici il y a fréquemment opposition juridictionnelle et querelle de préséance entre communauté de ville dominée par une riche bourgeoisie de négoce et sénéchaussée royale. L'opposition tient entre autres aux termes de la lettre patente de Charles IX en 1561 qui organise le fonctionnement municipal en qualifiant le maire de « chef et premier de la ville ». Or la communauté de ville connaît une situation troublée pendant une vingtaine d'année entre 1640 et 1660 [39]. Manifestement, deux groupes s'y opposent et s'y neutralisent plus ou moins ; l'un des deux est lié aux familles qui occupent alors la sénéchaussée de la ville et qui, autrefois étaient aussi, pour certaines d'entre elles, des familles de négoce participant aux fonctions municipales locales. Les tensions sont à la fois la manifestation de la concurrence entre les corps pour le contrôle de la police urbaine mais aussi celles d'ambitions personnelles et familiales et elles révèlent enfin des transmissions délicates entre deux générations d'individus. Le conflit n'est résolu que dans les années soixante quand des hommes nouveaux occupent à la fois la sénéchaussée et la municipalité. Ils sont nouveaux parce que jeunes, parce que parfois venus de l'extérieur de Morlaix et parce qu'issus de familles jusqu'alors peu impliquées dans la gestion des affaires locales. La résolution des difficultés passe ici par un renouvellement assez large des protagonistes [40].

Le dernier type de situation est celui des villes sans officiers royaux où la concrétisation de l'ascension passe par des déplacements géographiques. À Vitré ou à Saint-Malo, de puissantes élites négociantes mènent les corps municipaux. Elles contrôlent aussi les tribunaux seigneuriaux en l'absence d'offices royaux et de sénéchaussées. Ici, l'ampleur des réussites marchandes permet l'accumulation de capitaux et de considération sociale mais si la richesse et la considération s'épanouissent localement, elles ne trouvent pas à s'exprimer ultérieurement dans le service du roi. Les élites municipales restent massivement issues du grand commerce puisque les officiers sont rares mais les plus riches ou les plus ambitieux des membres de ce milieu du commerce investissent progressivement les offices extérieurs à la ville [41]. La fermeture et l'exclusivisme nobiliaire croissant du parlement rend

39. Voir Daumesnil J., Allier A., *Histoire de Morlaix,* 1879, rééd. Morlaix, 1995. Cet ouvrage est en partie constitué d'annales de la ville et de listes d'officiers, de magistrats ou d'élus divers compilées par un maire de la ville du XVIIIe siècle, Joseph Daumesnil, qui s'était alors chargé d'en classer les archives. Sa compilation des archives l'amène à plusieurs reprises à constater, par les lacunes des archives, la crise qui agite alors la ville.

40. Le Gouareguer M., *Les procureurs-syndics et miseurs de Morlaix au XVIIe siècle,* mémoire maîtrise, dactyl, Université de Bretagne occidentale, Brest, 2001.

41. Voir Lespagnol A., *Messieurs de Saint-Malo. Une élite négociante au temps de Louis XIV,* Saint-Malo, 1990, rééd. Rennes 1997, p. 733-787.

leur entrée délicate et l'investissement du parlement par les commerçants malouins se fait surtout par le biais des mariages et des alliances familiales. Mais la chancellerie (à Rennes) et la chambre des comptes (à Nantes) sont massivement investies au XVIIe siècle par les Malouins et les Vitréens riches pour lesquels le cadre restreint de la cité ne suffit plus. Pour la seule chambre des comptes, on retrouve ainsi parmi les officiers, 14 malouins entre 1618 et 1706 (les familles Artur, Ballet, Frotet, Gravé, Grout, Locquet ou Séré) et 11 vitréens entre 1576 et 1679 (Billon, Geffrard, Le Moyne, Moucheron). De villes marchandes sans officiers royaux (ou presque), les plus ambitieux des lignages locaux passent ainsi directement dans les deux capitales de la province, quand leurs énormes richesses ne leur permettent pas, tout simplement, de se passer des offices pour intégrer directement la noblesse.

Que conclure ? La rareté relative des offices et le prestige social qui s'attache à eux en fait des fonctions très recherchées expliquant la forte proportion des officiers nobles. La présence nobiliaire réduit d'autant les possibilités d'ascensions roturières et ce sont bien les familles les plus solides qui achètent des offices, souvent perçus comme des étapes intermédiaires vers la noblesse. Le pourcentage important d'officiers déboutés lors de la réformation de la noblesse montre assez ces situations sociales instables ou intermédiaires. En parallèle, la relative jeunesse et la modestie du pouvoir des structures municipales fait que ces fonctions de contrôle politique urbain sont plutôt occupées par une bourgeoisie liée au négoce et à la prospérité commerciale de la Bretagne des XVIe et XVIIe siècles. L'association de ces deux réalités nous révèle un monde urbain où le pouvoir de l'office s'impose encore souvent à celui de la ville recouvrant en partie deux réalités sociales, celles de la noblesse et des bourgeoisies urbaines.

Mais cette lecture, schématique en terme de groupes sociaux, doit être croisée avec une lecture au cas par cas des réalités individuelles et familiales qui montre combien les glissements, les fusions, les alliances rendent ces réalités sociales impalpables et diffuses, réalités rendues d'autant plus complexes par la noblesse dormante de certains négociants.

S'il faut chercher dans tout ceci, une spécificité littorale, c'est sans doute dans l'origine et l'ampleur des renouvellements et de la fusion des élites qu'il faut se diriger. Les réalités maritimes et marchandes permettent des réussites économiques qui attirent aussi une partie des noblesses et qui expliquent des ascensions sociales rapides. Dans les petites villes littorales bretonnes jusqu'au milieu du XVIIe siècle, le pouvoir municipal n'est souvent qu'une étape vite franchie et vite dépassée avant le départ vers le monde des offices, vers la noblesse ou vers des cités plus importantes. C'est aussi de cela que se nourrit le renouvellement des élites.

Les élites municipales dans les villes du bas Languedoc au XVIIIe siècle : réflexions autour de l'exemple de Mèze

Stéphane DURAND

Le caractère presque universel de la structuration du bas Languedoc en consulats pose la question des élites municipales de manière singulière. En effet, si dans certaines provinces du royaume le fait d'être doté d'institutions municipales complexes est le propre des villes, il n'en est pas ainsi en bas Languedoc où presque toutes les communautés en bénéficient, hormis dans le Velay où les consulats sont exceptionnels. De reste, en Languedoc comme en Provence[1], la distinction entre villes et communautés n'a juridiquement aucun sens. On devine bien pourtant quel est l'enjeu méthodologique d'une telle distinction : jusqu'à quel niveau peut-on considérer que l'on a affaire à une ville, les caractères démographiques et la concentration des fonctions administratives ayant un impact considérable sur la composition des élites municipales ? Car cette question posée à la taxonomie des communautés a pour corollaire logique une juste interrogation de la composition sociale de ces élites[2].

Nous nous proposons ainsi, dans le cadre de ce texte, d'observer le cas d'une communauté se situant à un niveau charnière de la hiérarchie urbaine du bas Languedoc[3]. Mèze – puisqu'il s'agit d'elle – est en effet l'une des plus petites villes de la province, avec ses quelques 450 feux

1. Voir DERLANGE M., *Les communautés d'habitants en Provence au dernier siècle de l'Ancien Régime*, Toulouse, Association des publications de l'Université Toulouse-le-Mirail, 1987, 636 p.
2. Sur la taxonomie, on consultera par exemple LEPETIT B., *Les villes dans la France moderne (1740-1840)*, Paris, Albin Michel, 1988, 490 p. ; *Entre ville et village. Les bourgs de la France méridionale à l'époque moderne*, actes du colloque de 1988 recueillis par Anne BLANCHARD, Henri MICHEL et Elie PÉLAQUIER, Montpellier, Université Paul Valéry, 1993, 151 p. ; LAMARRE C., *Petites villes et fait urbain en France au XVIIIe siècle. Le cas bourguignon*, Dijon, EUD, 1993, 638 p.
3. Voir PÉLAQUIER E. et DURAND S., « Les villes du Languedoc au XVIIIe siècle. Essai de typologie », FOUILLERON J. et ANDRÉANI R. (dir.), *Mélanges en l'honneur du professeur Henri Michel*, Montpellier, PULM, à paraître.

installés sur les bords de l'étang de Thau [4]. À ce dernier titre, cette petite ville portuaire du diocèse d'Agde est maritime, compte tenu des caractéristiques géographiques et économiques de la province [5] ; elle est ainsi peuplée, entres autres, de pêcheurs, de patrons de barques, de négociants, de bourgeois et de nobles, dont la plupart sont propriétaires fonciers [6]. Elle fournit l'exemple d'une ville de façade maritime, dont les élites municipales pourraient être différentes de celles des villes de l'intérieur. Mais dans ce pays où les échelles consulaires sont le cas général, la pratique du pouvoir municipal est oligarchique [7].

Le consulat de Mèze et ses échelles

La configuration des institutions municipales

Les institutions municipales de Mèze ne sont pas d'une grande originalité [8]. On y distingue trois consuls et un conseil politique, ce dernier étant parfois élargi sous la forme d'un conseil général ou renforcé. Dans les villes du bas Languedoc, le nombre de consuls est grossièrement le reflet de l'importance démographique des communautés ; ainsi Montpellier a-t-elle six consuls, Agde quatre, Mèze trois et le village voisin de Bouzigues seulement deux.

Les consuls ont des fonctions différentes et hiérarchisées. Si un second consul peut être amené à remplacer un premier consul absent, le troisième – et plus encore les suivants lorsqu'ils existent – est en revanche confiné dans des fonctions peu reluisantes, comme par exemple – à Mèze – la distribution des billets de logement des troupes ou la surveillance des marchés.

Dans la petite ville de Mèze, dont l'évêque d'Agde est seigneur, la désignation des consuls se fait chaque année par tirage au sort, sans autre intervention formelle de l'autorité seigneuriale que l'autorisation de son juge, dûment appelé. Chacun des consuls sortants propose deux successeurs, que le sort départage par la main d'un enfant plongée dans un sac, procédure peut-être d'origine montpelliéraine. En suite de cela, les consuls « moder-

4. Sur le cas de Mèze, on consultera Durand S., *Pouvoir municipal et société locale dans les petites villes de l'Hérault aux XVIIIe et XIXe siècles : le cas de Mèze de 1675 à 1815*, Lille, Atelier National de Reproduction des Thèses, 2001, 4 tomes en 2 vol.

5. Voir Durand S., « Flotte et commerce des ports d'étang : le cas de l'étang de Thau (fin XVIIe-fin XVIIIe siècle) », *Les ports dans l'Europe méditerranéenne. Trafics et circulation. Images et représentations, XVIe-XXIe siècles*, Montpellier, PULM, 2008, p. 279-311.

6. Durand S., *Pouvoir municipal…*, *op. cit.*, t. II, p. 44.

7. Voir Saupin G., *Les villes en France à l'époque moderne (XVIe-XVIIIe siècles)*, Paris, Belin, 2002, p. 232-236.

8. Voir Bordes M., *L'administration provinciale et municipale en France au XVIIIe siècle*, Paris, SEDES, 1972, p. 224-226. L'idée de William Beik selon laquelle tous les consulats seraient « a multiplicity of variations on the two systems already described [i. e. Toulouse et Montpellier] » est quelque peu caricaturale (*Absolutism and Society in Seventeenth-century France. State Power and Provincial Aristocracy in Languedoc*, Cambridge, Cambridge University Press, 1985, p. 69).

nes » font nomination des membres du conseil politique qui est ainsi, lui aussi, renouvelé annuellement. Les élites mézoises ont donc une bien plus grande liberté que leurs voisines de Montagnac et d'Agde qui doivent composer avec la puissante intervention des seigneurs des lieux : à Agde, l'évêque choisit les quatre consuls parmi une liste de huit individus qui lui sont présentés ; à Montagnac, il faut déférer aux suggestions du prince de Conti, seigneur engagiste. Le jeu politique du microcosme mézois n'est ainsi pas trop perturbé par des interventions extérieures.

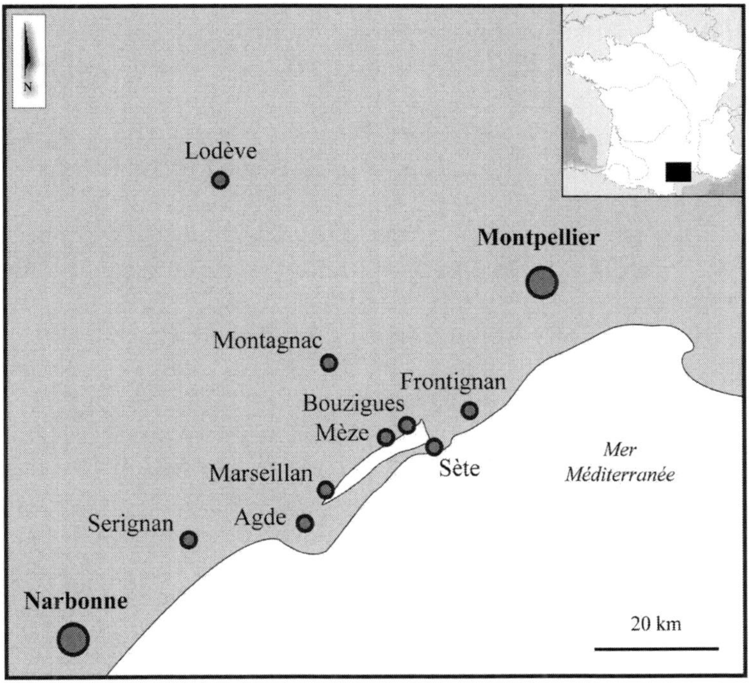

Localisation de quelques consulats du Bas-Languedoc au XVIIIe siècle

Le conseil politique – ou le conseil renforcé en certaines circonstances[9] – est l'instance délibérante. Les consuls ne peuvent prendre de décisions sans l'autorisation du conseil, quand ce n'est pas le conseil lui-même qui prend les décisions, cas à vrai dire le plus courant. Les consuls expédient les affaires courantes, s'occupent de la correspondance et mettent en œuvre les décisions du conseil politique.

La définition des échelles consulaires

Au nombre de consuls correspond un certain nombre d'échelles consulaires. L'accès à ces charges est ainsi soumis à des critères de profession et de

9. Circonstances nettement définies par la législation royale sous Louis XIV. Voir Bordes M., *op. cit.*

qualité. Plus il y a de consuls, plus les états sont différenciés, avec la possibilité de réserver peu ou prou le premier consulat à la noblesse et confiner artisans et laboureurs au dernier chaperon. Avec seulement trois consuls, les échelles consulaires de Mèze mêlent inévitablement des états très différents. En outre, tandis que dans des villes voisines plus importantes, telles Agde et Montpellier, les échelles consulaires sont assez précisément définies dans les textes [10], ce n'est pas le cas à Mèze, comme dans beaucoup d'autres lieux [11]. Là, aucun document ne fixe la composition des échelles et leur respect relève de la coutume. Nous avons dû les déterminer de manière empirique [12], sans grand risque cependant d'oublier des catégories sociales dans la mesure où les listes établies couvrent la majeure partie des catégories représentées à Mèze [13].

La première échelle regroupe les nobles et les talents : avocats et gradués, mais aussi notaires et médecins. De même, les bourgeois et les négociants ont accès au premier consulat.

La deuxième échelle est aussi accessible aux bourgeois et négociants, ainsi qu'aux apothicaires et aux chirurgiens, de même qu'aux mangoniers [14] et aux ménagers.

La troisième échelle, enfin, comprend les cordonniers, les tailleurs, les bastiers, les fourniers, les tonneliers, les charrons, les hôtes et les maréchaux ; elle est probablement ouverte à tous les artisans.

Ce type de partition est assez courant, ce dont on se convaincra en lisant les travaux de Laurent Coste et Pierre Bonin [15]. La petite taille de cette ville s'accompagne d'une faible concentration de noblesse tandis que l'indigence des fonctions administratives – une simple justice seigneuriale – explique le petit nombre de gens de loi et autres talents. Ces deux catégories sociales – noblesse et officiers de justice – étaient trop mal représentées pour bénéficier d'un monopole sur le premier chaperon ; elles doivent le partager avec des bourgeois et des négociants, beaucoup plus nombreux dans la place. En outre – et très logiquement –, les médecins et les chirurgiens sont nettement séparés ; les artisans sont confinés à la dernière échelle, à l'exclusion des autres ; les journaliers et ceux dont l'exploitation agricole ne suffit pas pour être qualifié de « ménager » sont exclus du consulat. Par ailleurs, quelques litiges politiques

10. Voir Coste L., *Les lys et le chaperon. Les oligarchies municipales en France de la Renaissance à la Révolution*, Bordeaux, Presses Universitaires de Bordeaux, 2007, p. 209-214.

11. Bonin P., *Bourgeois, bourgeoisie et habitanage dans les villes du Languedoc sous l'Ancien Régime*, Aix-en-Provence, Presses Universitaires d'Aix-Marseille, 2005, p. 362-363.

12. Voir Durand S., *Pouvoir municipal…*, *op. cit.*, tome II, p. 204.

13. En outre, en l'absence de texte normatif, la coutume prévaut et l'on peut estimer que l'absence de journalier en plus d'un siècle (1674-1789) exprime une règle d'exclusion.

14. Marcel Lachiver définit le terme ainsi : « en Languedoc, au XVIe siècle, petit détaillant, revendeur » (*Dictionnaire du monde rural. Les mots du passé*, Paris, Fayard, 1997, p. 1082). En fait, le terme est encore fréquent au XVIIIe siècle et désigne peut-être préférentiellement les revendeurs de subsistances.

15. Coste L., *Les lys et le chaperon…*, *ouvr. cité*; Bonin P., *Bourgeois, bourgeoisie…*, *ouvr. cité*.

exposés dans les sources permettent de confirmer les frontières : les individus dits « négociants » ne sauraient servir comme troisième consuls et la présence d'un « ménager » à la première échelle semble tout à fait anormale. Enfin, on peut supposer que l'absence régulière des patrons de canal, pour raison professionnelle, les rendait incapables d'exercer des fonctions consulaires.

Cette division en échelles consulaires rapportée à la composition sociale de la population capitée de Mèze en 1764 montre que tout au plus 5 à 10 % de cette population pouvait accéder au premier consulat, entre 15 et 20 % pouvait relever du second consulat et 13 % du troisième. En somme, 39 % de cette population pouvait légalement prétendre à un chaperon [16], ce qui suffit à prouver la nature oligarchique d'un pouvoir consulaire dont l'accès est défini par échelles.

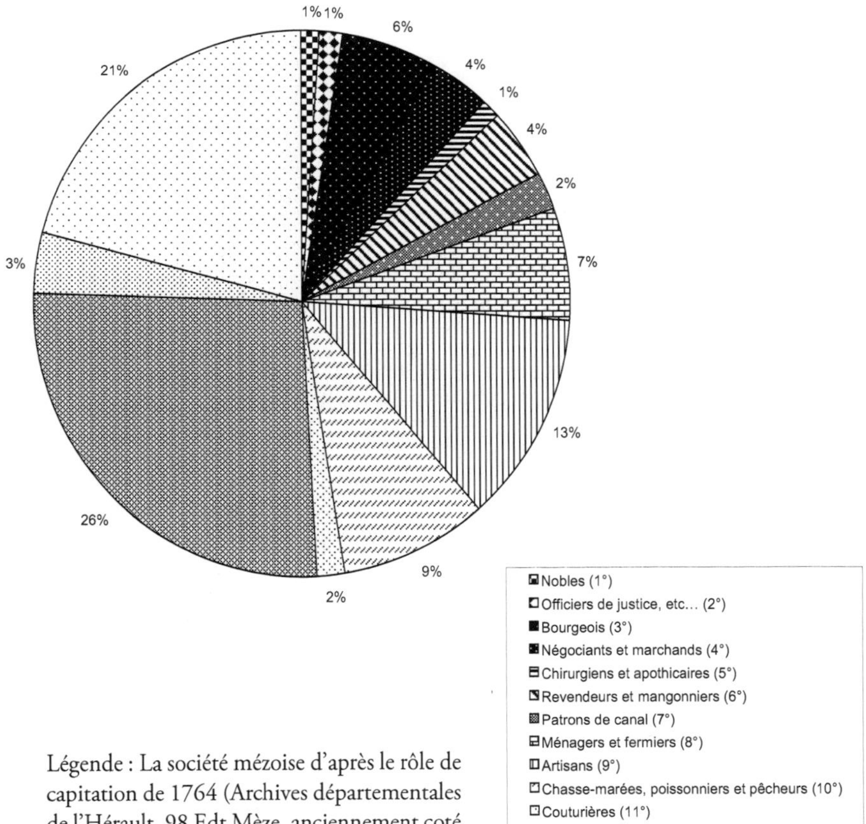

Légende : La société mézoise d'après le rôle de capitation de 1764 (Archives départementales de l'Hérault, 98 Edt Mèze, anciennement coté CC 3)

16. Les fourchettes de pourcentage proviennent du fait que bourgeois et négociants peuvent être de la première ou de la deuxième catégorie. En outre, le rôle de capitation de 1764 ne comporte aucune lacune sociale : il recense même les plus pauvres, qui apparaissent avec des cotes nulles. Ce rôle fonctionne comme un véritable dénombrement.

La présence de bourgeois et de négociants dans deux échelles différentes laisse d'abord supposer l'existence d'une finesse de classement dont les contemporains avaient le secret, pour trier dans « un groupe social [...] pléthorique » où « la qualification [est] un peu floue » selon P. Bonin [17]. L'analyse du rôle de capitation de 1764, que nous avons faite par ailleurs [18], montre la probable difficulté de ce classement.

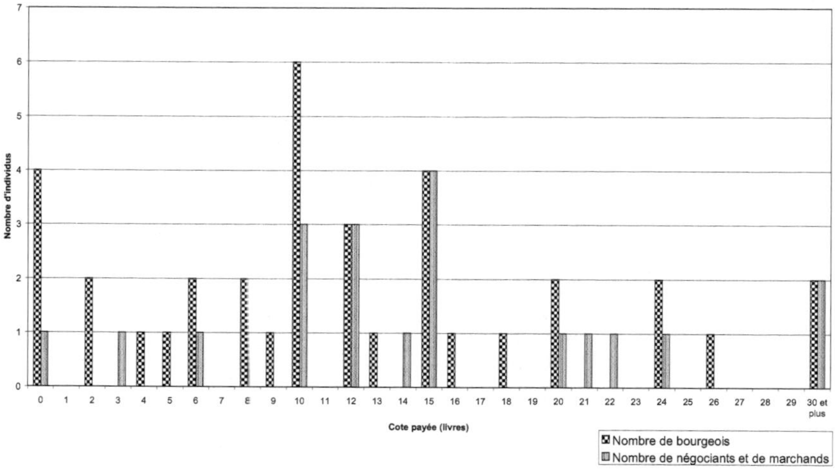

Légende : Répartition des bourgeois, négociants et marchands par cote de capitation en 1764 (Archives départementales de l'Hérault, Edt Mèze, anciennement coté CC 3)

Il apparaît que si négociants et marchands sont en moyenne capités à un niveau plus élevé que les bourgeois, en revanche on trouve des bourgeois, des négociants et des marchands à tous les niveaux de capitation, depuis l'exemption jusqu'aux plus fortes cotes. La qualité sociale consignée par le rôle fiscal n'est qu'une facette d'individus dont l'insertion dans la société est bien plus complexe qu'une simple étiquette. En particulier, la pluriactivité pose problème. Tel individu – Jean Vézin –, menuisier de son état, mais aussi ménager, voire fermier de la boucherie close, fermier du droit de courtage et commis du sous-fermier de l'équivalent des aides, persiste à être désigné « menuisier » alors qu'il n'est manifestement pas que cela, voire plus que cela. À l'inverse, tel autre individu – Jean Mathieu –, dit « bourgeois » mais plutôt négociant et fabricant d'eau-de-vie, reste invariablement qualifié de bourgeois, comme s'il n'était qu'un propriétaire vivant de sa rente foncière. Il faut bien pourtant trouver à ce type d'individus au profil socio-économique complexe une place dans le système des échelles consulaires.

17. Bonin P., *op. cit.*, p. 381.

18. Durand S., « La notabilité dans les petites villes du bas Languedoc au XVIIIe siècle. Essai de définition d'un concept opératoire », *La notabilité urbaine, Xe-XVIIIe siècles, Actes de la Table Ronde de Caen, 20-21 janvier 2006*, Caen, Université de Caen, 2007, p. 159-174.

Les échelles : cadre et système de production des élites

Notre incapacité à préciser la frontière entre première et seconde échelle dans les catégories des bourgeois et des négociants ainsi que la complexité introduite notamment par la pluriactivité suggèrent que nous touchons là à une limite de ce type de démarche taxonomique. Que l'on nous permette de revenir ici sur la thèse de P. Bonin.

Cet auteur affirme que « là où le système des échelles n'existe pas formellement, une équivalence implicite s'établit entre les rangs consulaires ou les conditions sociales », ceci après avoir écrit que les échelles n'étaient pas universelles, tout en invoquant au besoin un « esprit du système des échelles [19] ». À vrai dire, soit l'on définit le système des échelles comme une réglementation d'ordre juridique et alors, en un lieu donné, il existe ou n'existe pas; soit il s'agit d'une structure sociopolitique ayant parfois une traduction juridique, et alors ce système est presque universel en pays de consulat puisqu'il importe toujours de situer les catégories sociales les unes par rapport aux autres [20] pour correspondre à la hiérarchie des chaperons. Nous retiendrons cette deuxième définition, qui nous semble plus ouverte et plus conforme à la réalité.

Quoi qu'il en soit, la plasticité de la société d'Ancien Régime ne permet pas de faire correspondre mécaniquement une catégorie sociale à un rang consulaire, comme P. Bonin le montre avec l'exemple de Montpellier [21]. Il affirme qu'« en aucun cas [...] les échelles n'offrent une division systématique et rigoureuse de la population [22] ». *De facto*, c'est vrai; mais juridiquement, ce serait plutôt l'inverse. Car les actes de réglementation des échelles, lorsqu'ils existent, fixent des listes de qualités souvent incompatibles entre elles afin d'éviter les contestations, selon « une logique d'harmonie générale, un mode de raisonnement qui permet d'assigner à chacun une place [23] ». Là encore, il conviendrait de ne pas confondre les dispositions légales et leur capacité – imparfaite – à intégrer la complexité sociale. Le défi pour l'historien est d'expliquer la tension qui existe nécessairement entre l'idéal de classification et la réalité d'une société bien plus complexe qu'une simple grille quelque peu nominaliste. De plus, il serait abusif de dire que le système des échelles met de l'ordre là où il en manque, à savoir qu'il permettrait aux contemporains de préciser la hiérarchie sociale.

Si cette logique d' « harmonie générale » correspond bien à une conception organiciste de la société, il faut aussi convenir que les individus ne

19. Bonin P., *op. cit.*, p. 332, 361 et 363.
20. *Ibid.*, p. 332.
21. *Ibid.*, p. 399.
22. *Ibid.*, p. 332.
23. *Ibid.*, p. 332, s'appuyant sur Robert Descimon dans « Le corps de ville et les élections échevinales à Paris aux xvie et xviie siècle, codification coutumière et pratiques sociales », *Histoire, Économie & Société*, 1994, p. 520.

pouvaient être simplement des billes qu'on aurait placé dans une série de boites en ajustant au mieux, selon l'expression de B. Lepetit[24]. Pierre Bonin cite lui-même des exemples créant des difficultés dans les consulats de Jegun et de Montpellier[25]. Dans les deux cas, la contestation porte sur un décalage entre la qualité reconnue à un individu par les textes d'origine consulaire, celle excipée par le même individu et celle que lui assigne son – ou ses – adversaire(s) politique(s). Mais pourquoi postuler que la source officielle est plus vraie que les déclarations de contestation qui y sont rapportées ? Car les délibérations consulaires sont loin d'être parfaitement fiables[26] et l'on connaît la propension des adversaires politiques à utiliser leurs qualités sociales – véritables ou supposées – pour se dénigrer mutuellement. C'est un lieu commun dans toute crise politique locale.

Dans cette société, il est des situations où les dénominations, figées dans des procédures écrites, engagent juridiquement. Les emplois abusifs de la qualité de noblesse dans les actes notariés ont pu piéger certains individus au moment des enquêtes de noblesse du XVIIe siècle. Ainsi à Mèze le dénommé Joseph de Villaris, réputé noble et élu premier consul en 1694, est condamné pour usurpation de noblesse en novembre 1699 sur la base de ces actes[27]. De même, dans le cadre municipal, la qualité sociale consignée dans les registres engage les possibilités de carrière politique. Être appelé « menuisier » dans les registres de délibérations confine irrémédiablement à la troisième échelle et donne prise aux accusations sur la bassesse de ses origines. Ainsi, la maîtrise des registres de délibérations municipales et celle de l'établissement des rôles fiscaux permet d'avoir une action sur ses rivaux politiques : le pouvoir de consigner la qualité sociale des individus permet de contrôler leur accès aux échelles consulaires en l'instrumentalisant. Le système des échelles peut alors apparaître à cet égard comme producteur des élites plutôt que comme une sorte de tamis, un simple système de calibrage qui les trierait passivement[28]. Très concrètement, à Mèze, qu'est-ce qui détermine, pour des bourgeois et des négociants, la possibilité d'accéder au premier consulat plutôt qu'au second… sinon le fait d'être proposé par le premier consul pour lui succéder plutôt que par le second ?

Ainsi, en réalité, il faut moins s'intéresser aux étiquettes sociales collées aux acteurs pour leur permettre d'entrer dans le jeu politique (ce qui facilite bien la pratique statistique de l'historien) que d'envisager ces acteurs en amont et d'appréhender toute la richesse de leur profil social. Aucun

24. Lepetit B., « Histoire des pratiques, pratique de l'histoire », *Les formes de l'expérience. Une autre histoire sociale*, Paris, Albin Michel, 1995, p. 9-22.
25. Bonin P., *op. cit.*, p. 380-381.
26. Durand S., « Les délibérations municipales, entre politique et acculturation administrative (Bas Languedoc, XVIIe-XVIIIe siècles) », *Liame*, n° 19, janvier-juin 2007, p. 49-78.
27. Bibliothèque nationale de France, ms. fr 32609, art. 120.
28. Avec le cas de Narbonne dans les années 1626-1633, Pierre Bonin donne un exemple de crise politique issue de ce type de tension (*op. cit.*, p. 340-347).

système d'échelles ne permettra de rendre compte de la diversité sociale, d'autant moins que, lorsqu'il est figé dans une réglementation juridique, sa capacité à évoluer est très réduite.

Le système des échelles est une structure sociopolitique qui, en tant que « mécanique institutionnelle[29] », a pu être codifiée dans un certain nombre de lieux, voire homologuée par décision royale. Il correspond à une certaine conception de la société. Mais en tant que structure sociopolitique, il est sujet à des manipulations par ceux qui en sont à la fois les producteurs et les objets. Comme objets, les individus rentrent plus ou moins bien dans les cadres que fournit le système des échelles, car le système est très imparfait. Comme producteurs, les individus participent à la définition du système et à son fonctionnement, lui impulsant sa dynamique. Les acteurs du jeu politique jouent avec la tension qui existe entre le système des échelles et la complexité sociale, d'autant plus facilement lorsqu'il n'est pas codifié, dans un système de contraintes qui englobe en particulier le pouvoir royal dont l'intervention législative peut modifier les cadres[30]. Ainsi, considérer les élites municipales en examinant la seule qualité sociale des consuls est une approche inévitablement superficielle. Nous pensons qu'il en est de même lorsqu'il s'agit d'aborder la question des processus d'oligarchisation en observant seulement les patronymes dans les listes consulaires.

Oligarchie municipale et processus d'oligarchisation

Les apports de la statistique sur les patronymes

Le caractère oligarchique du pouvoir municipal peut être abordé simplement de manière statistique, en mesurant la récurrence des patronymes dans les listes de consuls. Cette première approche est d'un grand secours en l'absence d'étude prosopographique sur le terrain étudié. Voici les tableaux résultant du traitement de la liste des consuls de Mèze pour la période 1674-1789 :

29. Rigaudière A., *Gouverner la ville au Moyen Âge*, Paris, Anthropos, 1993, p. 501.

30. Durand S., « La vie politique arlésienne de la Fronde à la Révolution », Rouquette J.-M. (dir.), *Arles. Histoire, territoires et cultures*, Paris, Imprimerie nationale, 2008, p. 505-517. En revanche, pour William Beik, le consulat fait d'ores et déjà partie de ce qu'il appelle le « *royal system* » (*Absolutism and Society…*, *op. cit.*, p. 66).

Figure 3a. Comptage des consuls par chaperon à Mèze (1674-1789)

Chaperon	Nombre d'individus	Nombre d'individus ne figurant qu'une fois	%	Nombre d'individus figurant deux fois	%	Nombre d'individus figurant au moins trois fois	%
Premier	48	35	72,9	13	17,1	0	0
Second	57	50	87,7	7	12,3	0	0
Troisième	48	43	89,6	5	10,4	0	0

Pour établir ce tableau, nous n'avons pas considéré les itérations en sortie de charge comme un deuxième passage au consulat.

Figure 3b.
Comptage des patronymes par chaperon à Mèze (1674-1789)

Chaperon	Nombre de patronymes	Nombre de patronymes ne figurant qu'une fois	%	Nombre de patronymes figurant deux fois	%	Nombre de patronymes figurant au moins trois fois	%
Premier	28	18	64,3	5	17,9	5	17,9
Second	35	28	80	4	11,4	3	8,6
Troisième	37	29	78,4	6	16,2	2	5,4
Ensemble	78	50	64,1	14	17,9	14	17,9

Le traitement statistique de cette liste indique un fort taux de renouvellement des individus et des patronymes. En outre, le fait d'être issu d'une famille consulaire ne prédispose pas à accumuler les charges : la moyenne est de 1,2 consulat par individu (soit 1 chance sur 5 de revenir au consulat). Si le pourcentage global de patronymes ne figurant qu'une fois (64 %) est inférieur à ceux observés pour les second et troisième chaperons (entre 78 et 80 %), c'est que les ascensions et les déclassements amènent certaines familles à placer des consuls à des échelles différentes au cours du siècle étudié (1674-1789).

Il semblerait donc que le consulat de Mèze soit très ouvert. À chaque échelle consulaire, quatre patronymes sur cinq ne font que passer, les autres ne plaçant guère plus de trois ou quatre individus. Bien que Mèze soit une petite ville, ses élites municipales sont ainsi qualifiées de « patriciats ouverts » par Laurent Coste, sur la base de nos listes[31].

L'examen de la composition du conseil politique donne une image complémentaire de ce qui vient d'être observé.

31. Coste L., *Les lys et le chaperon... op. cit.*, p. 10, 105 et 287.

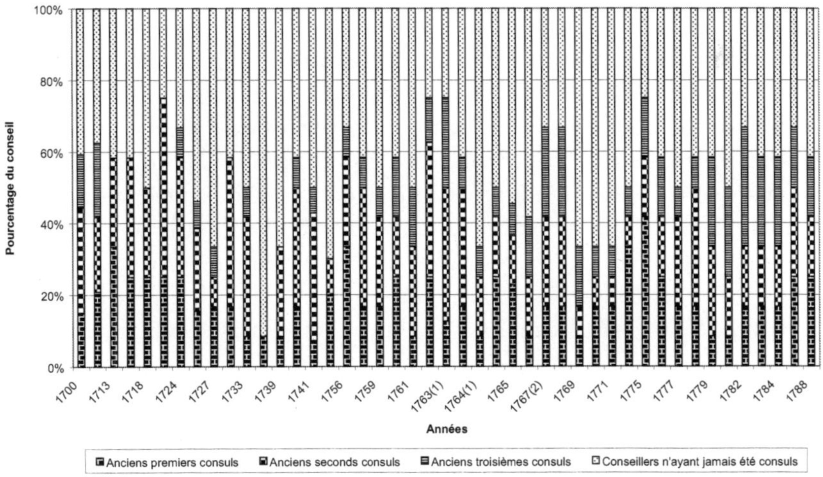

Légende : Composition du conseil politique de Mèze de 1700 à 1788 (source : Durand S., *Pouvoir municipal... op. cit.*, vol. II, p. 201-202).

Le conseil est grossièrement composé pour moitié d'hommes n'ayant pas été consuls, pour l'autre d'anciens consuls. Ainsi, le passage au consulat est très ouvert, mais la composition du conseil politique indique que l'organe délibérant, celui qui véritablement prend les décisions, est composé dans la plupart des cas de 50 à 60 % d'anciens consuls[32]. Eu égard au fait qu'il n'y a que trois consuls en même temps et que 50 à 60 % du conseil représentent 12 à 14 conseillers, un calcul simple permet d'estimer une longévité moyenne des anciens consuls au conseil de 4 à 5 ans. Nous sommes donc très éloignés de ces systèmes municipaux où l'appartenance au conseil est viagère. Mais c'est sans compter avec le fait que les consuls ont été pour beaucoup, auparavant, conseillers politiques. Ainsi, la durée du passage au conseil des individus ayant été un jour appelés au consulat est supérieure de quelques années. Ce temps de séance au conseil politique correspond à un laps légèrement supérieur à celui d'une mandature municipale sous la Ve République, ce qui peut apparaître donc finalement très court pour l'Ancien Régime. Mais il ne s'agit là que d'une moyenne, car il est fréquent que des conseillers nouvellement choisis côtoient des conseillers en place depuis plus de dix ou quinze ans.

32. Il est impossible de déterminer dans le conseil politique quelle est la répartition par échelle consulaire car : 1. il n'y a pas de règle écrite fixant ces échelles, 2. certaines catégories sociales fournissent des consuls à des échelles différentes, 3. certains individus sont difficiles à classer, comme nous l'avons expliqué ci-dessus.

Une autre réalité des processus?

Cette dynamique des pouvoirs est cependant perturbée par la vente des offices municipaux, qui modifie la dévolution des charges et « fausse tout l'équilibre sociopolitique[33] ». Tant que les offices de consuls ne sont pas rachetés et réunis aux corps de ville, rien ne se passe plus comme avant. Soit les offices sont achetés par des particuliers, et ceux-ci les endossent tant que bon leur semble. Soit les offices restent sans acquéreurs et le pouvoir royal peut opter entre la vacance de la charge, le pourvoi par commission ou la prorogation des consuls en suspendant les élections. À Mèze, le fonctionnement normal des institutions est perturbé au point que dans les premiers mois de 1753, il ne reste plus qu'un second consul survivant et un conseil politique privé de cinq conseillers morts en charge.

À plusieurs reprises, l'action de l'État royal se montre ainsi défavorable à une dévolution régulière du pouvoir. Peu à peu, aux États provinciaux, eux aussi engagés dans une logique de centralisation, certains pensent de même, comme le syndic général de Montferrier qui, en 1756, se demande bien quel intérêt il y a à racheter les offices municipaux pour permettre aux communautés d'élire des gens incapables, alors qu'il brigue lui-même une mairie pour son propre neveu. Quoi qu'il en soit des intentions de chacun, tout comptage de consuls devient bien difficile à interpréter dans un tel contexte règlementaire.

Par ailleurs, une étude fine du jeu politique local laisse entrevoir une configuration ô combien différente de celle de la succession des lignages au pouvoir : il convient alors de changer de paradigme. Comme dans bien d'autres villes – toutes les petites villes si l'on en croit La Bruyère[34] –, à Mèze deux partis s'affrontent et collaborent. Nous avons ainsi pu reconnaître un jeu de réciprocité permettant aux individus des deux partis de se succéder au consulat. À la même époque, à Agde, à l'inverse, le parti de l'évêque s'oppose résolument à un parti de « syndiqués[35] ». À Mèze, l'entente prévaut, au moins dans les années qui précèdent 1760. Car à ce moment-là éclate une crise politique qui sévit dans toute la première moitié des années 1760. Cette crise oppose deux partis. Le premier, mené par un noble mézois – dénommé Jean-Jacques Muret – qui a obtenu l'inféodation de la justice seigneuriale, s'appuie sur des représentants de lignages anciens, notables enracinés. Le second, mené par des individus plus fraîchement installés – dont un gentilhomme, Louis-François de Montguibert –, est soutenu par des lignages dont certains sont en pleine ascension sociale[36].

33. Derlange M., *Les communautés d'habitants... op. cit.*, p. 39.

34. La Bruyère J. de, *Les caractères ou les mœurs de ce siècle*, 1696; Paris, Dunod, 1995, p 168.

35. Pascal H., *Agde. L'enjeu du pouvoir urbain, 1766-1781*, mémoire de maîtrise, Montpellier, Université Paul Valéry, 1991, 2 vol.

36. Durand S., *Pouvoir municipal... op. cit.*, tome II, 239-253.

Ces groupes ont des effectifs réduits, des meneurs, et traversent toute la hiérarchie sociale. Ainsi, s'il n'y a pas de confiscation du pouvoir par quelques familles – comme tendrait à le montrer l'approche statistique mise en œuvre ci-dessus –, en revanche une confiscation du pouvoir s'opère autour des meneurs des deux partis, auxquels il faut joindre les hommes d'un lignage – les Mathieu – qui se situe à la charnière de ces deux partis. Le paradigme du pouvoir dévolu par le sang touche ici une limite essentielle.

De plus, ce caractère oligarchique du pouvoir passe par une certaine pratique concrète des institutions, dont l'usage des registres de délibérations municipales peut témoigner[37], loin de l'image qu'en a gardée W. Beik[38]. Les décisions semblent prises de plus en plus souvent hors du conseil, qui n'est plus qu'une instance d'enregistrement des solutions préconisées par les consuls. Cependant, ceci n'indique pas pour autant que le cercle de décision se réduise aux consuls, simplement que l'élaboration des décisions se fait ailleurs, dans une opacification de la vie politique qui en réduit probablement le nombre des acteurs. On peut imaginer – en l'absence de source permettant de trancher – que la réalité des décisions est prise au sein du « parti » et non plus au sein des instances. À ce titre, peut-être le caractère oligarchique du pouvoir s'accentue-t-il ?

En somme, on l'aura compris, la dynamique des pouvoirs est la résultante de la configuration des institutions et de la manière dont les acteurs politiques en usent[39]. Le résultat des nominations au consulat n'est ainsi qu'un phénomène plus ou moins important selon la dynamique à l'œuvre, voire – forçons le trait – éventuellement un épiphénomène.

Un problème de méthode

Ainsi, on le voit, l'examen de la question de l'oligarchisation du pouvoir municipal ne se réduit pas au comptage des consuls et à la réapparition plus ou moins régulière des individus et des lignages aux chaperons. Les calculs statistiques réalisés sur les listes consulaires rendent mal compte de la dynamique des pouvoirs ni de la réalité des rapports de force locaux.

Les comptages sont biaisés par les effets de la vente des offices municipaux, qui créent de fortes perturbations dans la transmission des fonctions, élément important de la mesure de l'oligarchisation. De plus, la statistique exige des séries longues pour être utilisables, comme en témoigne la méthode mise au point par Philippe Guignet, qui a travaillé sur des périodes de 25 ans[40]. Cette méthode permet effectivement de mesurer dans le temps

37. Durand S., « Les délibérations municipales... », *op. cit.*
38. Beik W., *Absolutism and Society... op. cit.*, p. 72.
39. Sur cette question, voir la synthèse formulée par Pélaquier E., dans « Société et pouvoir au village en Languedoc (xvie-xviiie siècles) », *Société, pouvoirs et politique dans les campagnes, Enquêtes rurales*, n° 11, Caen, Presses Universitaires de Caen, 2007, p. 25-43.
40. Guignet Ph., *Le pouvoir dans la ville au XVIIIe siècle*, Paris, EHESS, 1990, p. 330.

long le retour des individus d'un même lignage, ce que ne révèleraient pas des périodes plus courtes. Mais les variations de dynamiques opèrent parfois sur de courtes durées, au gré des crises politiques et des interventions du pouvoir royal ; elles ne peuvent donc apparaître dans toute leur finesse sur de telles périodes.

En outre, l'accession des individus au consulat ne résulte pas seulement d'une compétition individuelle ou familiale qui fournirait à une exploitation statistique de la réapparition des familles au consulat la matière d'une explication exhaustive. La dynamique de la transmission du pouvoir municipal passe par l'agrégation d'individus, souvent par sous-groupes familiaux, mais pas toujours : il est des cas où des parents se trouvent engagés dans des camps opposés. Ce sont donc ces agrégats d'individus qui doivent être eux-mêmes les objets de l'analyse. Évidemment, la première difficulté est de les délimiter. En outre, la répartition des pouvoirs peut-être l'objet de négociations tacites, ou tout simplement de pratiques, qui font que – sans faire de l'anthropologie structurale – l'occupation des charges municipales par des individus ou des lignages obéit à des règles du jeu – un peu à la manière bourdieusienne – qui biaisent les résultats.

Ainsi, il peut être dangereux de postuler que l'on comprendra la dynamique des pouvoirs juste en comptant les consuls. D'une part, il existe des personnalités politiquement très influentes mais extérieures aux charges consulaires. Pour reprendre notre exemple de Mèze, les greffiers y sont – la chose est très classique – des notaires ; ce ne sont formellement que des secrétaires, mais leur longévité dans ce poste en fait des hommes de l'élite municipale très au courant des affaires et capables d'influer sur leur cours. En outre, lorsque le principal hobereau local siège au conseil presque sans interruption à la fin du XVIIe siècle comme simple conseiller politique, il y exerce un poids politique peut-être supérieur à celui des consuls, y étant toujours signalé comme « premier opinant », mention par ailleurs souvent inusitée. D'autre part, il est commode de s'intéresser davantage aux consuls qu'aux conseillers politiques, parce que les premiers sont moins nombreux que ces derniers (de 6 à 24 selon les périodes à Mèze, 80 selon la matricule d'Agde) et plus facilement identifiables. Or, ils forment la seule instance délibérante, sans laquelle les consuls ne peuvent rien. Certes, il y a plus de dignité à être consul que conseiller, mais la dignité fait-elle le pouvoir ? Or, que désirons-nous mesurer ? Une faible réitération des passages au consulat révèle peut-être moins l'ouverture des instances municipales qu'une certaine pratique de la politique qui valorise le rôle du conseil et/ou de groupes aux meneurs interchangeables.

Des élites de ville maritime ?

Le Languedoc, comme d'autres provinces de France, offre une façade maritime où les villes portuaires ont été marquées par l'essor des flux commerciaux, et l'on peut légitimement se poser la question de l'impact de cette évolution économique sur la composition des élites municipales via les transformations sociales induites. Comme la plupart des autres villes du littoral languedocien – Narbonne, Sérignan, Agde, Marseillan, Frontignan – Mèze jouit d'un accès à la mer, ce qui en fait une ville maritime, même si elle est profondément ancrée dans un terroir rural. Dans cette partie littorale du bas Languedoc, l'économie locale est tournée vers la terre, tout en étant liée à la mer : les muscats de Frontignan, les eaux-de-vie de Mèze, les blés et les vins du Narbonnais sont débités par les ports de ces mêmes villes. Cette conjonction des intérêts entre la propriété foncière et le négoce maritime languedocien se retrouve dans bon nombre de communautés de la plaine, en particulier celle de l'Hérault, zone de concentration des brûleries d'eaux-de-vie située en amont d'Agde, port de réexpédition vers celui de Sète, lui-même port d'exportation.

Dans le cas de Mèze, les élites sociales sont composées de propriétaires fonciers qui peuvent être par ailleurs bourgeois, négociants, officiers ou gentilshommes. La petite taille de la ville et l'absence de fonction administrative de niveau micro-régional minorent l'importance de ces deux dernières catégories. Quoi qu'il en soit, toutes ces élites sont plus ou moins intéressées à la production de vins et d'eau-de-vie et à leur exportation, filière économique particulièrement lucrative au XVIIIe siècle. Plusieurs cas illustrent cet état de faits. Certains individus – tel Jean Mathieu évoqué ci-dessus – possèdent des vignes, une brûlerie de vins produisant des eaux-de-vie, et exercent une activité de négoce des vins, essentiellement par commission, seul négoce praticable lorsque l'on est ainsi attaché à la mise en valeur de sa terre. D'autres – tel Simon Muret – sont propriétaires de vignes et quirataires de bateaux ancrés à Sète, pratiquant en outre le négoce des vins de leur domaine. En revanche, la tonnellerie reste une activité artisanale à laquelle les élites locales ne participent pas, même comme propriétaire d'atelier. En outre, il n'existe pas d'individus spécifiquement qualifiés d'armateur, car c'est à Mèze une activité complémentaire pour des négociants et des propriétaires fonciers. Le développement économique de cette petite ville s'est ainsi réalisé par une osmose entre la propriété foncière et le négoce des vins et eaux-de-vie, sans que cela n'exclut l'éventuelle saisie d'opportunités extérieures à la filière, ce qu'illustrent bien les familles Ribes et Muret : les premiers s'intéressant à la fourniture aux armées, les seconds aux offices de la Cour des Comptes, Aides et Finances de Montpellier.

Les intérêts de ces élites sociales sont donc intimement liés à la prospérité générale de la cité, à l'exclusion de celle des journaliers dont les revenus ont peine à suivre l'essor des bénéfices de ce commerce. Ces élites se retrouvent à la tête des instances politiques, par une logique qu'évoque Jean-Pierre Poussou[41]. À la tête du consulat s'exprime cette communauté d'intérêt, qui se matérialise par une forme de consensus dans l'action politique, quel que soit le parti au pouvoir. Les deux camps œuvrent pour la limitation du salaire des journaliers et la réalisation de travaux portuaires, deux objectifs qui bénéficient au trafic des vins et eaux-de-vie et permettent une rémunération substantielle de la propriété foncière. Fidèle à la position que nous avons exprimée ci-dessus, devrions-nous dire que les élites municipales mézoises sont essentiellement composées de propriétaires fonciers ou de négociants ? L'alternative n'a pas de sens : la complexité sociale des élites locales interdit l'apposition d'étiquettes commodes mais simplistes tandis que le fonctionnement des « partis » nécessite l'implication d'individus d'horizons sociaux différents, y compris des membres de l'élite locale.

Ainsi, les élites sociales et politiques de Mèze ne s'insèrent pas dans un schéma d'opposition tranchée entre deux types d'élites, celles des villes continentales et celles des villes maritimes. Il est probable qu'il en soit de même dans les autres petites villes de la plaine, à la différence de celle de front de mer, Sète[42], ou des villes drapantes, comme Lodève, où l'articulation des intérêts économiques est différente. Mais la question mérite d'être approfondie pour l'ensemble de ces villes.

Le consulat de Mèze est le lieu d'une compétition pour le pouvoir qui met aux prises des individus aux profils sociaux différenciés et de lignages différents. Cette compétition est régulée par un ensemble d'usages et de règles qui procèdent certes d'un idéal d'harmonie sociale mais aussi de la structure profondément inégalitaire de la société d'Ancien Régime. En particulier, le système des échelles doit attribuer à chacun une place dans une structure politique qui est censée refléter l'organisation sociale. Sauf que ce système n'a rien d'extérieur à cette organisation : il en est le produit tout en servant lui-même de système normatif. Dans l'économie du partage du pouvoir, c'est un instrument dont les acteurs jouent et non une grille qui trierait passivement les individus.

Ces derniers peuvent être considérés comme les représentants de lignages qui se disputent le pouvoir consulaire. La chose n'est pas fausse, mais elle focalise la question de l'oligarchisation sur le comptage des patronymes

41. Dans sa préface au livre de Coste L. (*Les lys et le chaperon… op. cit.*, p. 6), J.-P. Poussou affirme les intérêts des notables tellement liés à la prospérité de la cité que ces mêmes notables se retrouvent au corps de ville. Toutefois, cette coïncidence ne nous semble pas donnée d'avance dans la mesure où cela présume d'une homogénéité des élites locales.

42. Le cas de Sète est évidemment atypique. Créée au XVIIe siècle sur un cap relativement isolé, la ville est presque sans terroir et grandit par une forte immigration ; ses élites sont – par leurs origines – évidemment étrangères au lieu (voir Dermigny L., *Sète de 1666 à 1880 : esquisse de l'histoire d'un port*, Sète, Institut d'études économiques maritimes et commerciales, 1955, 134 p.).

dans les listes de consuls, postulant implicitement que la dynamique des pouvoirs passe nécessairement par cet angle d'analyse. Or, cette dynamique peut emprunter d'autres voies : en l'occurrence celle des pratiques de délibérations et celle de la constitution de « partis » politiques qui s'affrontent sur des lignes de clivages bien connues en Languedoc[43]. La principale difficulté consiste alors à repérer ces dynamiques que seules des études monographiques fouillées peuvent donner.

Justement, les spécificités locales invitent le chercheur à multiplier les études de cas afin de mieux cerner la complexité des mécanismes à l'œuvre dans des situations différentes. Les travaux de microhistoire mettant en lumières toutes ces interactions entre société, économie et pouvoirs sont encore trop rares en Languedoc pour pouvoir en tirer des généralités.

43. Voir par exemple PÉLAQUIER E., *De la maison du père à la maison commune. Saint-Victor-de-la-Coste en Languedoc rhôdanien, 1661-1799*, Montpellier, Publications de l'Université Paul Valéry, 1996, 2 vol.

Élites municipales des Flandres : Dunkerque, Calais, Boulogne sur mer et Lille au XVIIIe siècle

Agathe Leyssens

Dans sa thèse [1], Philippe Guignet indique que rien n'est plus honorable à Lille que de devenir un des membres de la Loi. Consécration sociale, l'accès au Magistrat ne peut être assimilé à une simple distinction honorifique. L'entrée dans ce haut lieu du pouvoir municipal résulte de longues et patientes stratégies tissées et élaborées par des familles afin, non seulement, d'accéder à ces postes à responsabilité mais, aussi et surtout, de s'y maintenir notamment grâce à l'intégration des *homines novi.*

Capitale de la Flandre wallonne au passé prestigieux, Lille est la dernière des quatre villes étudiées à intégrer le royaume de France, en 1667. À cette date, elle rejoint Boulogne-sur-mer (réunie à la couronne dès 1550), Calais (située aux confins de la plaine littorale flamande et du Boulonnais, rattachée à la France en 1559) et Dunkerque (port flamingant définitivement français après son rachat aux Anglais en 1662). Ces quatre cités ont en commun le fait d'être à un moment ou à un autre de leur histoire, une ville frontière, ultime retranchement face à l'ennemi qu'il soit anglais, espagnol ou autrichien. Avant-postes politiques mais aussi citadelles de la Réforme catholique face aux dangers religionnaires en provenance d'Angleterre ou des Provinces-Unies toutes proches, ces villes sont l'objet de toutes les attentions de la monarchie française. Elles bénéficient donc d'exemptions fiscales, de franchises portuaires et du maintien de leurs privilèges, en particulier celui de s'administrer librement.

Ces espaces de liberté sont l'objet d'une sollicitude suspicieuse et intéressée de la part du roi. Il est indispensable pour ce dernier de conquérir les cœurs de ces nouveaux sujets de peur qu'ils ne rejoignent, au moindre signe de faiblesse, leurs anciens souverains. La consolidation de la frontière septentrionale du royaume des lys nécessite non seulement l'érection de nouvelles fortifications mais l'acceptation par la population de son rattachement

1. Guignet P., *Le pouvoir dans la ville au XVIIIe siècle. Pratiques politiques, notabilité et éthique sociale de part et d'autre de la frontière franco-belge,* Paris, Ehess, 1990.

à la France[2]. Aussi, pour séduire ces villes si fières de leur indépendance, le roi s'emploie-t-il à s'attacher en tout premier lieu les élites municipales en leur confiant la direction des cités. Qui sont les hommes, ou plutôt les familles, choisis par la monarchie pour consolider l'influence française sur des régions frontalières fragiles et toujours menacées ? Empruntent-ils le même chemin, que ce soit à Boulogne, Calais, Dunkerque ou Lille, pour accéder à l'Hôtel de ville ? La position géographique qui influe sur les activités économiques et donc sur l'accès aux richesses permet-elle de distinguer, voire d'opposer, des villes de l'intérieur comme Lille, aux villes du littoral ? Pour vérifier la validité de certains poncifs présentant les villes portuaires comme des lieux de liberté où l'ascension sociale serait plus aisée, il faut s'interroger sur la facilité supposée de la conquête du pouvoir municipal par les *homines novi* à Boulogne, Calais ou Dunkerque par opposition à Lille, ville aux fonctions administratives plus développées qui, selon ce préjugé, pourrait être davantage marquée par une reproduction des élites.

Un premier point nous permettra de nous pencher sur les similitudes ou oppositions entre les « diverses constitutions urbaines » et sur la façon dont la Loi était renouvelée. Nous tenterons ensuite de comparer le nombre de charges scabinales (moyen d'accès) réellement disponibles pour toute famille voulant atteindre les sommets de la notabilité urbaine. Puis nous nous intéresserons aux parcours empruntés par ces notables pour tenter de dresser un premier portrait du candidat idéal à l'échevinage.

Des chemins d'accès à l'hôtel de ville différents

Au milieu du XVIIe siècle, le conseiller lillois Hovyne écrit que le plus « haut desseing des bourgeois » est « d'aspirer aux Magistrats[3] ». Pour atteindre cet objectif, tout candidat sérieux se doit de connaître les « constitutions » urbaines des diverses cités. Il peut ainsi identifier quelles sont les voies institutionnelles à suivre pour pouvoir siéger sur les bancs scabinaux.

Élection à Boulogne et Calais

Boulogne et Calais présentent une procédure de création de la Loy assez proche. La confirmation des privilèges de Boulogne (1552) et de Calais (1559) indique que les cités doivent théoriquement renouveler annuellement le Magistrat au moyen d'un scrutin.

À Boulogne, l'échevinage doit être remplacé à partir du jour de la Sainte-Croix (14 septembre). Le samedi précédant l'élection :

2. Des témoignages d'hostilité à la souveraineté française sont relevés en 1652 lors de la remise de Dunkerque à la couronne espagnole (LEMAIRE L., *Histoire de Dunkerque des origines à 1900*, Dunkerque, Imprimerie du Nord maritime, 1927).
3. GUIGNET P., *Vivre à Lille sous l'Ancien Régime*, Paris, Perrin, 1999, p. 98.

« on arrête que samedy prochain on fera publier au son de la caisse de ville que le lendemain dimanche, il y aura renouvellement de la Loy et assemblé à cet effet au dit hôtel commun après la messe de paroisse en la ville haute et que le dit samedy quatre heures de relevée on donnera au dit hôtel de ville des billets aux bourgeois qui doivent procéder le lendemain à la ditte election[4] ».

Les bourgeois électeurs désignent ensuite les vingt élus (dix bourgeois de la haute ville puis dix de la basse ville) et le célèbre vingt-et-unième, leur président, incarnation en quelque sorte de l'unité de la ville. Puis cette assemblée, plus réduite, choisit par la voie du scrutin, le mayeur et les quatre échevins.

Calais connaît un mode d'accès à l'échevinage semblable à celui de Boulogne-sur-mer. Le renouvellement annuel de la Loy (dont la composition est identique à celle de Boulogne) s'y produit le premier janvier. Une première distinction importante avec Boulogne est à noter. Calais ne désigne pas son échevinage par ce qu'on appellerait, selon une terminologie contemporaine, le suffrage indirect à l'instar de son homologue boulonnaise. L'assemblée électorale désigne directement l'échevinage. L'un des quarteniers appelle les électeurs selon leur rang. Ces derniers se rendent à la table des élections où se trouvent trois pots en étain. Sur ces pots, utilisés comme urnes, sont inscrits les noms des prétendants aux diverses fonctions scabinales. À proximité se trouve un plat rempli de boules de liège qui servent de bulletins de vote. Le bourgeois dépose ensuite son bulletin dans l'urne de son candidat. Une seconde différence apparaît avec Boulogne-sur-mer. La composition du corps électoral et la présence de scrutateurs singularisent le scrutin calaisien. À Boulogne, la municipalité sortante est exclue du corps civique et elle n'assiste pas au déroulement des opérations électorales[5]. Or à Calais, les listes électorales arrêtées par le mayeur com-

4. Description du renouvellement de l'échevinage de 1749. Arch. mun. de Boulogne-sur-mer, B.B 5 folio 13. Le nombre et la qualité de ces électeurs ne sont guère connus. Le greffier a parfois conservé le nom des abstentionnistes car ces derniers sont frappés d'amende comme le démontre la description de l'élection de 1749. Le dimanche matin, après la harangue de l'avocat du roi se fait « l'appel des bourgeois. Le greffier a croisé les absents. L'avocat pour le procureur du Roy a requis acte de l'appel deffaut contre les absents qu'ils fussent condamnez en l'amende [...] ». Une liste de noms comportant le patronyme des absents suit cette notation car les défaillants sont « condamnés [...] en vingt sols parisis d'amende envers la ville quant à ceux contre lesquels il y a deffaut à la dernière élection attendu la récidive les condamnons en 3 Lt d'amende ». Selon les registres parvenus jusqu'à nous, on peut dénombrer quatorze abstentionnistes en 1748, onze en 1749, trente-deux en 1754, vingt-quatre en mars 1760.

5. Arch. mun. de Boulogne-sur-mer, B.B.5, folio 14. Dans cette cité, le vote de la deuxième instance se déroule en dehors de l'échevinage sortant ou des représentants royaux. Après l'appel des bourgeois et après avoir couché par écrit le nom des abstentionnistes, les membres de l'échevinage prennent « le serment des bourgeois présents de bien et fidellement se comporté au fait de l'élection et après avoir admonesté les bourgeois d'y procéder fidellement. Nous nous sommes retirés à l'hostel de l'avocat du Roy par emprunt faute de place à l'hotel de ville, afin de laisser aux bourgeois la liberté de procéder a la dite élection dans la salle du dict hotel de ville ». Les vingt bourgeois procèdent à l'élection du vingt-et-unième pendant que l'équipe municipale sortante dîne. Le vingt-et-unième élu est ensuite présenté à l'échevinage sortant et il prête serment. On le renvoie « pour procéder avec

prennent les noms des bourgeois inscrits par ordre d'ancienneté, ceux des échevins, des anciens mayeurs et vice-mayeurs, des marguilliers, des juges consuls. L'ancienne municipalité ici participe au vote et garantit la régularité de la consultation. L'électorat calaisien possède un point commun avec celui de Boulogne : l'importance de l'abstention. Le nombre d'électeurs calaisien est très variable[6] oscillant entre dix-neuf (élections des échevins en 1763) et deux cent cinquante personnes en 1695.

Dans ces deux villes, le scrutin permet à une *sanior pars* aux effectifs conséquents de choisir leurs élites municipales. Quel est le processus de sélection des élites municipales lilloise et dunkerquoise ?

Désignation à Lille et Dunkerque

Alors que Boulogne et Calais connaissent des consultations électorales où participent plusieurs dizaines, voire plusieurs centaines, d'électeurs, les scrutins lillois et dunkerquois paraissent beaucoup plus confidentiels.

La capitulation du 27 août 1667 accordée à la ville de Lille précise la création de la Loy. Cette dernière est confiée à quatre commissaires : le gouverneur (premier commissaire), l'intendant et deux personnalités nommées par le roi. Parmi celles-ci figure à maintes reprises le doyen du chapitre de Saint-Pierre, puis s'établit l'usage de maintenir en fonction, au cours des renouvellements successifs, deux gentilshommes de la province[7]. Le rôle de ces trois derniers personnages est purement honorifique. Seuls comptent le gouverneur et l'intendant. En général le choix du mayeur et du rewart revient au gouverneur tandis que l'intendant choisit les échevins. L'expression politique des bourgeois de Lille quant au choix des membres du Magistrat est on ne peut plus restreinte.

À Dunkerque, le corps électoral défini comme « une assemblée de bourgeois élisant leurs représentants », est réduit à sa plus simple expression. Seigneur foncier de la ville de Dunkerque, le roi délivre une commission à l'intendant ainsi rédigée :

---

les autres bourgeois qui y sont à l'élection des maires et échevins ». Quand l'élection est terminée, le vingt-et-unième vient quérir l'ancienne équipe municipale qui se rend alors à l'Hôtel de ville. « Le vingt-et-unième donne le mémoire de l'élection au greffier de la ville qui, après avoir fait le signe de la Croix, a fait lecture à haute voix du dit mémoire. » Les résultats sont proclamés. On va quérir les nouveaux échevins. Ces derniers prêtent serment à l'instant, le peuple crie « Vive le Roy et monsieur le maire de la ville. »

6. Arch. mun. de Calais, B.B 47 folio 21. L'année 1763 est un étiage puisqu'on ne recense que vingt-six électeurs pour le scrutin majoral. En 1747, le 4 décembre, le procureur se plaignait déjà que les abstentions d'électeurs fussent trop nombreuses. Aussi, l'échevinage fait une obligation à tous ceux qui, en vertu du règlement de 1662, ont le droit d'exprimer leur suffrage le premier jour de l'an aux élections, sous peine de 3 Lt d'amende applicables aux absents sans excuses valables. L'année suivante, le procès-verbal précise que les bourgeois sont venus en grand nombre. Cependant, 103 électeurs seulement sont recensés.

7. Guignet P., *Vivre à Lille sous l'Ancien Régime*, *op. cit.*, p. 100.

« commettons et ordonnons et deputons par ces presentes signez de notre main pour vous transportez au plutost es ville de Dunkercke [...] proceder en notre nom et en la forme ordinaire à l'élection nominale des mayeurs et echevins et autres officiers en corps commun... faisant choix pour vérifier les places de ceux qui sortiront que vous jugerez estre les plus capables et les mieux intentionnez pour le bien de notre service et celuy du public des villes et chatellenies[8] ».

L'historien de Dunkerque, le grand bailli Faulconnier[9] nous décrit cette formalité : « Depuis l'année 1662, Sa Majesté Très Chrétienne a donné cette commission [le renouvellement du Magistrat] à l'intendant de ce département qui l'exécute ainsi. La veille que le commissaire veut renouveler le Magistrat, il dit au grand bailli de le faire assembler le lendemain [...]. » En séance, l'intendant fait lire sa commission pour l'enregistrer :

« Le grand bailli, les pensionnaires et le greffier étant restés seuls, le commissaire leur montre un mémoire où sont les noms de ceux qui doivent composer le Magistrat : il leur demande s'ils trouvent quelque chose à dire contre la réputation, la vie et les mœurs des personnes qui y sont nommées [...]. Sur ces choses, chacun dit son sentiment et on le remercie du bon choix qu'il a fait ou on lui représente les raisons qu'on a de ne le pas approuver. »

Alors, on interroge le curé « pour sçavoir si parmi ceux qui doivent entrer dans le nouveau Magistrat, il y en a de suspects d'hérésie ». Puis, M. l'intendant ayant pris la première place sur le banc de Magistrat, remercie d'abord ces messieurs au nom de Sa Majesté du zèle et du soin qu'ils se sont donnés pour le bien de son service. Puis ayant ouvert la liste du Magistrat nouveau, il la donne au premier conseiller pensionnaire qui la lit. Après cela, « on sonne la cloche et lorsque le peuple est assemblé à l'entour de la maison de ville [...], le greffier accompagné du grand bailli, lui annonce le nouveau Magistrat ». Ensuite, l'intendant installe les nouveaux officiers et « leur recommande la fidélité au Roi et la prompte expédition » des affaires de la commune.

Dans les deux cités flamandes, il n'y a pas de scrutin pour désigner un échevinage aux effectifs bien plus importants que ceux de Boulogne ou de Calais.

Les membres du Magistrat lillois sont divisés en trois « bancs » ou catégories hiérarchisées. Le premier banc est composé du rewart et des douze éche-

8. Arch. mun. de Dunkerque, série ancienne n° 35, renouvellement du Magistrat.

9. Faulconnier P., *Description historique de Dunkerque. Ville maritime et port de mer très-fameux dans la Flandre occidentale. Contenant son origine et progrès, la conversion de ses habitants au christianisme, l'institution de ses premiers magistrats... les grands hommes qu'elle a produits, leurs métiers, et la fortune à laquelle ils se sont élevez. Avec une description exacte de ses principaux édifices, de ses premières murailles, de ses fortifications, et des augmentations d'icelles...*, Bruges, chez P. Vande Cappelle et A. Wydts, 1730, p. 19-21 et Carlier J. J., « Journal de M. Henri Verbeke, avocat et échevin de la ville et territoire de Dunkerque 1758-1764 », *Bulletin de l'Union Faulconnier, Société historique et archéologique de Dunkerque*, tomes 16 et 17, 1913-1919.

vins. Une des particularités de la constitution lilloise est l'existence d'une direction bicéphale avec le rewart et le premier échevin qui porte le nom de mayeur [10]. Le deuxième banc est formé par le conseil des douze jurés [11]. Le troisième et dernier banc est constitué par les huit hommes ou « prud'hommes » qui sont désignés par les curés des quatre paroisses les plus anciennes de la ville (Saint-Pierre, Saint-Étienne, Saint-Maurice et Saint-Sauveur [12]). Les membres temporaires de la Loi (rewart, mayeur, échevins, conseillers et huit hommes) forment une puissante équipe de trente-trois notables. Ils sont assistés par un groupe de sept officiers permanents : trois conseillers pensionnaires, un procureur syndic, un greffier civil, un greffier criminel et un trésorier [13].

Selon le registre du renouvellement du Magistrat dunkerquois et la description d'Expilly [14], le Magistrat dunkerquois offre une organisation moins complexe. Le corps de ville se compose d'un bourgmestre et de dix échevins. Aux côtés de ces membres « élus », on retrouve cinq membres permanents : trois conseillers pensionnaires, un greffier et un trésorier [15].

Lille et Dunkerque disposent donc d'un échevinage aux effectifs plus étoffés afin d'administrer au mieux leur importante population. Cela offre autant d'opportunités pour intégrer le monde des élites municipales. Si les occasions semblent plus nombreuses dans ces deux cités, l'accès y paraît plus délicat. L'entrée dans le Magistrat ne dépend finalement que des bonnes grâces d'un nombre très restreint de personnes.

10. Dans les ordonnances, le nom du rewart figure en tête; il a le pas dans les députations. Néanmoins dans les assemblées de la Loi, son autorité est loin d'être prépondérante. Au conclave, c'est le mayeur qui préside aux délibérations; le rewart recueille les voix et fait connaître les résultats du vote (Guignet P., *Vivre à Lille sous l'Ancien Régime, op. cit.*, p. 95).

11. Le rôle du deuxième banc est de suppléer les échevins dans les actes de juridiction volontaire (juridiction gracieuse) tels que l'enregistrement des contrats. Ils délibèrent avec les échevins dans les assemblées générales de la Loi.

12. Ces prud'hommes forment une véritable administration financière chargée de répartir l'impôt entre les contribuables, d'apprécier les charges de la ville et de contrôler les paiements.

13. En 1737, un règlement échevinal porte à trois le nombre de trésoriers.

14. Expilly J. J., *Dictionnaire géographique, historique et politique des Gaules et de France,* Paris et Amsterdam, chez Dessaint et Saillant, Bauche, Herissant, Despilly, Nyon, Leclerc, Pissot, MDCCLXVI (1766), réédité par Krauss, 1978.

15. Les trois conseillers pensionnaires apparaissent au sein de la Loy en 1666. Ce sont des avocats propriétaires de leur office. Ces hommes de dossiers expliquent la loi, éclaircissent les points de litige. Ils préparent les dossiers qui permettent aux échevins de prendre leurs décisions. Lors des débats, ils n'ont qu'une voix consultative mais étant considérés comme des spécialistes leurs avis l'emportent. Ce sont eux les véritables inspirateurs de la politique municipale. Leur influence est d'autant plus efficace que les offices se transmettent au sein de la même famille. Le poids des conseillers pensionnaires est également très important à Lille. Philippe Guignet se pose la question de savoir si l'on peut incriminer, comme le fait en 1730 le conseiller à la gouvernance de Courcelle, le pouvoir occulte et sans limites des pensionnaires qui « décident, parlent et disposent sans que [les échevins] n'en sachent rien ». L'ensemble des textes montre bien que les échevins, conseillers et huit hommes n'étaient pas de simples fantoches. Cependant, la façon de présenter le dossier influence très fortement la Loi.

Relativité des oppositions relevées

Au terme de l'étude de ce premier point, il semble que l'opposition entre villes de l'intérieur et villes du littoral soit à relativiser. Ces quatre cités ont en commun le maintien de leurs constitutions urbaines authentifiées par le pouvoir royal. Le respect de leurs privilèges et libertés urbaines est consacré par la monarchie. Le mode d'accès à l'échevinage (élection ou désignation par un commissaire royal) souligne plus une opposition « culturelle » qu'une opposition « géographique » (intérieur/littoral).Boulogne et Calais appartiennent au modèle picard (désignation de l'échevinage grâce au scrutin des bourgeois) et se distinguent de Lille et Dunkerque représentant le modèle flamand (échevinage important et fermé car renouvelé sur décision d'un commissaire royal).

Cependant, on ne peut croire que Boulogne et Calais disposent d'une liberté totale quant au choix des échevins. En effet, les représentants du pouvoir royal ont l'initiative des opérations électorales et valident les résultats du scrutin. À Boulogne, l'échevinage au grand complet :

> « après avoir entendu la messe de Paroisse à l'autel de Saint-Joseph [...] s'est transporté précédez des sergents de la ville en l'hostel de Monsieur le Chevalier de Gueny lieutenant de Roy en cette ville pour suivant l'usage recevoir les ordres du Roy au sujet de la Magistrature dont le jour ordinaire du renouvellement doit estre Dimanche prochain et Monsieur le chevalier de Gueny nous ayant dit que la place de Mayeur étant vacante, il convient d'assembler les bourgeois en la manière accoutumée et procéder à l'élection ».

ou pour authentifier le procès verbal de l'élection. Après l'élection, les anciens et nouveaux Magistrats retournent chez le commandant de la place : « de retour à l'hotel de ville nous avons dressez le procès verbal de l'élection en continuation de celuy de ce matin que nous avons tous signez avec les gens du Roy et notre greffier[16] ». À Calais, le gouverneur contrôle et valide le déroulement du scrutin. Il reçoit entre ses mains le serment de fidélité du nouveau maire. Le gouverneur grignote davantage la liberté de choix des bourgeois électeurs et l'indépendance de la ville en imposant, en 1665, l'exécution d'un règlement royal du 30 janvier 1662. Selon ce règlement, les mayeurs et échevins sortant de charge doivent désormais « remettre entre les mains du sieur gouverneur ou lui envoient un rôle des principaux habitants qu'ils croient capables d'exercer les dites charges ». Puis le gouverneur choisit sur cette liste les candidats proposés à l'assemblée des bourgeois. Les bour-

16. À Calais, les élections se déroulent sous le patronage du gouverneur de la ville. Le 1er janvier à huit heures, le maire dont le mandat expire se rend avec ses collaborateurs chez le commandant de la place, chez le commandant de la marine, le curé, le président de la justice royale, l'ingénieur en chef et enfin chez le commandant de l'artillerie, le commandant du Courgain, le major de la place, les colonels ou commandants de chaque corps militaire, les commissaires des guerres, le commissaire de la marine, le consul en charge. Le nouveau maire prête serment de fidélité devant le gouverneur ou son représentant.

geois perdent donc la prérogative de choisir leurs candidats. La composition du corps électoral est également modifiée par le même arrêt car, désormais, « les officiers et receveurs du domaine pourront être nommez dans le rôle des principaux habitants de la ville pour être élu mayeur et échevins [17] ».

L'opposition entre les deux systèmes est donc à relativiser, la liberté dont bénéficient Boulogne et Calais semblant bien amoindrie par les pratiques électorales. Les candidats doivent être d'abord agréés par le pouvoir royal avant d'être choisis par les électeurs. Qu'en est-il de Lille et de Dunkerque ? Peut-on les décrire comme des villes soumises au plus vil despotisme ? Peut-on réellement imaginer que l'intendant impose brutalement son choix, faisant fi du poids que représentent certaines familles de notables ? La description livrée par Faulconnier démontre que le commissaire royal prend avis des conseillers pensionnaires pour nommer un nouvel échevinage. Le réseau très étendu des alliances matrimoniales et la nécessité de placer à la tête du Magistrat des hommes capables de maintenir la paix « sociale » dans des villes frontières régulièrement menacées par les affres de la guerre réduisent singulièrement la liberté de choix des commissaires royaux [18]. Le renouvellement annuel de ces échevinages permet mécaniquement d'offrir de nombreuses opportunités si les constitutions urbaines sont respectées.

La mise en place des oligarchies municipales

Ces Magistrats aux pouvoirs étendus sont renouvelés annuellement mais à des dates variables selon les villes, la Sainte-Croix pour Boulogne, le 1er janvier pour Calais, la Saint-Jean-Baptiste pour Dunkerque, la Toussaint pour Lille. Le passage sous la tutelle française, tant redoutée par les Dunkerquois et les Lillois, s'est-il traduit par un abandon de cette pratique ?

Abandon progressif de l'annalité du renouvellement de la Loy

L'étude du nombre de places réellement disponibles dans chaque échevinage apporte un premier renseignement concernant la mise en place d'un processus d'oligarchisation. Pour déceler des tendances sur la longue durée, il est apparu opportun de remonter au milieu du XVIIe siècle, date du rattachement des deux villes flamandes à la Couronne de France. La comparaison

17. D'après la transcription dactylographiée de la série B.B des archives communales de Calais par Tison G., « Les élections municipales à Calais de 1560 à 1790 », *Bulletin de la société historique du Calaisis*, n° 77, 1931, p. 15-16.

18. Ainsi, la plupart des bourgmestres et des principaux échevins de Dunkerque sont-ils tous de très proches parents du trésorier. Ces alliances et parentés sont indispensables pour assurer au Magistrat les fonds nécessaires pour faire face aux ponctions imposées par le pouvoir royal (emprunts forcés, entretien des fortifications, etc). Le trésorier de la ville doit être capable de lever sur son propre crédit de l'argent frais.

entre le nombre de renouvellements du Magistrat par décennie, pour chacune des villes étudiées permet de saisir la réalité des places scabinales disponibles. Les données concernant Boulogne-sur-mer sont très lacunaires. En effet, les archives municipales boulonnaises furent victimes du vandalisme révolutionnaire et nombre de registres de renouvellement du Magistrat ont disparu. De plus, le greffier n'a pas toujours noté le nom des nouveaux élus. Certains renouvellements ont pu être devinés grâce à la comparaison des diverses signatures apposées au bas des procès-verbaux et autres règlements pris par les autorités municipales. Dans le tableau comparant les renouvellements des magistrats dans les quatre villes étudiées, nous avons utilisé l'abréviation inc(onnu) lorsque les données nous étaient inconnues.

Tableau n° 1.
Périodicité des renouvellements des magistrats dans les quatre villes étudiées (1650-1789)

Périodes décennales	**Lille**	**Dunkerque**	**Calais**	**Boulogne**
1650-1659	10	7	7 et 2 reconductions partielles	Inc
1660-1669	9	12 échevinages [1]	8	Inc
1670-1679	7	10	10	Inc
1680-1689	10	10	8	Inc
1690-1699	8	10	8 et 2 renouvellements partiels	Inc
1700-1709	9	10	6 et 1 reconduction partielle	Inc [2]
1710-1719	9	10	5 et 3 reconductions partielles	Quatre renouvellements qui correspondent à des échevinages qui durent deux ans environ. Il n'y a aucune mention de renouvellement ou de continuation pour 1718
1720-1729	5	5	5 et 4 reconductions partielles	Un renouvellement en 1721, 1723, 1728
1730-1739		5	4 et 2 reconductions partielles	1732 et 1736 : renouvellements partiels [3]
1740-1749	3	3	4 et 5 reconductions partielles	3
1750-1759	5	4	5 et 5 reconductions partielles	1 [4]
1760-1769	7	7	6 et 3 reconductions partielles	3

Périodes décennales	Lille	Dunkerque	Calais	Boulogne
1770-1779	5	5	3	9 mais renouvellements partiels[5]
1780-1789	2	3	2	Inc
2e moitié XVIIe siècle	44	49	41 et 4 reconductions partielles	
XVIIIe siècle	50	52	40 et 23 reconductions partielles	

Notes :

1. Les registres de l'échevinage portent des mentions de renouvellements les 28 décembre 1660, 13 septembre 1661, 16 novembre 1661, 19 août 1662, 19 décembre 1662, 31 août 1663, 23 juin 1665, 10 juillet 1666, février 1667, novembre 1667, 18 novembre 1667, 30 avril 1669. L'importance des renouvellements peut s'expliquer par les bouleversements politiques britanniques (Dunkerque était au début de cette décennie sous domination britannique) et internationaux (Dunkerque passe ensuite sous domination française).
2. Pour cette décennie, seuls les échevinages de 1707, 1708 et 1709 nous sont connus et encore de façon très partielle. En 1707, on évoque le renouvellement de deux échevins, de même le 16 septembre 1708, et le renouvellement du 28 avril 1709 donne les noms des vice-mayeurs et des premier et second échevins qui sont identiques à ceux de 1708; le seul nom qui a changé est celui du procureur fiscal.
3. En 1732, deux échevins sont remplacés. En 1736, M. Ducrocq qui a embrassé l'état ecclésiastique quitte l'échevinage.
4. De 1749 à 1754, il n'existe aucune trace de renouvellement ni de continuation. Par contre, du 22 septembre 1754 au 18 janvier 1760, les signatures des membres de l'échevinage sont les mêmes. On peut considérer qu'il y a eu reconduction de l'échevinage.
5. Pour cette période malgré les lacunes des registres, on relève un renouvellement partiel de l'échevinage puisque les Boulonnais renouvellent soit le mayeur mi-triennal et un échevin, soit deux échevins. De ce fait les mandats dépassent l'année.

Lille et Dunkerque semblent suivre le même cheminement. Le renouvellement annuel s'effectue avec la plus grande régularité dans la seconde moitié du XVIIe siècle en particulier pour Dunkerque. Le changement de souveraineté ne se traduit pas, dans un premier temps, par l'abandon du renouvellement annuel. La crainte des Lillois et des Dunkerquois devant une tutelle administrative française plus lourde que celle des Habsbourg ne semble pas être fondée. La règle de la création annuelle à date fixe de la Loi urbaine de Lille perd ensuite de sa force sans que l'espacement des créations prenne une ampleur excessive jusqu'à la fin du XVIIe siècle. Le nombre, par décennie, des renouvellements tombe ensuite à cinq dans les années 1720 et 1730; il n'est même plus que de trois dans les années 1740. Le second XVIIIe siècle prolonge la tendance à l'espacement des renouvellements[19].

Malgré un rattachement plus ancien à la couronne des lys, Calais semble présenter un profil semblable à celui des deux villes flamandes. Le nombre des renouvellements annuels est assez élevé durant les années 1650-1679, mais dès la décennie 1680, la périodicité des créations de la Loi diminue

19. Guignet P., *Vivre à Lille sous l'Ancien Régime*, *op. cit.*, p. 99.

bien plus rapidement que celles des deux homologues flamandes. On descend à cinq dès la décennie 1710-1719 alors que Lille et Dunkerque continuent au même moment sur le rythme d'un renouvellement annuel de leur équipe scabinale. De 1720 à 1759, Dunkerque et Lille prennent exemple sur Calais. L'annualité de la création de la Loy dans les deux cités flamandes n'est plus respectée. Après 1760, Calais se démarque de ses deux homologues flamandes par une faiblesse accrue des renouvellements scabinaux.

Les premières conclusions tirées de l'étude boulonnaise ne sont nullement définitives suite aux aléas de la conservation des archives. Les équipes scabinales les plus longues dans la durée semblent être celles du premier XVIIIe siècle. Le mayeur Mutinot reste en place du 21 septembre 1723 au 15 décembre 1748, Daniel Meignot est vice-mayeur du 21 septembre 1723 jusqu'en 1738 si l'on se réfère aux signatures, Bernard Cannet et Pierre Isaac Arnoult du 21 septembre 1723 au 11 janvier 1732. Le décès précoce des deux autres échevins François Latteux et son remplaçant M. Martin réduit la durée de leur présence sur les bancs de l'échevinage. L'étude de la longévité des mandats des mayeurs boulonnais confirme cette tendance. Avant 1667, aucun maire ne reste en place plus de dix ans (la moyenne est de six ans). Après cette date, la durée du mandat majoral s'accroît.

Ainsi, ces quatre villes connaissent une évolution identique mais décalée dans le temps. Le renouvellement annuel de la Loi n'est plus respecté. Il semble que l'espacement des renouvellements soit proportionnel à l'ancienneté du rattachement de la cité à la couronne des lys.

Pérennisation des équipes municipales

La reconduction des équipes municipales diminue mécaniquement le nombre de postes disponibles. Pour tenter de prendre une première mesure de cette fermeture, en fonction des sources disponibles, nous avons comparé Dunkerque et Calais particulièrement remarquables de par la présence de renouvellements partiels de l'échevinage. L'opération était impossible pour Boulogne-sur-mer, les sources étant trop lacunaires.

Tableau n° 2.
Nombre de postes réellement disponibles à Dunkerque et à Calais entre 1694 et 1789

	1694-1718	**1719-1743**	**1744-1768**	**1769-1789**
Nombre de municipalités théoriques :				
* Dunkerque :	24	26	22	21
*Calais :	24	26	24	21
Nombre de municipalités réelles :				
*Dunkerque	24	13	12	10
* Calais	19	19	22	6
Nombre de postes théoriques de bourgmestres et d'échevins :				
* Dunkerque	268	286	242	231
* Calais	120	130	120	108
Nombre réel de bourgmestres et d'échevins :				
* Dunkerque				
*Calais	268	147	135	113
	72	76	86	43
Différences en pourcentage entre les effectifs réels et les effectifs théoriques :				
*Dunkerque	* 0	* -48,6 %	* -44,21 %	* -51,08 %
*Calais	* -40 %	(139 places)	(107 places)	(118 places)
	(48 places)	* -41,53%	* -28,33 %	* -60,18 %
		(54 places)	(34 places)	(65 places)

On constate une diminution du nombre de postes plus forte pour Calais que pour Dunkerque dans le premier tiers du XVIIIe siècle. Une des explications de cette chute importante semble la disparition du poste de mayeur, tant à Calais qu'à Boulogne, entre 1695-1714. La réduction du nombre de postes réellement offerts dans la seconde moitié du XVIIIe siècle semble être liée à l'application de la réforme municipale de L'Averdy à Calais, à Dunkerque mais également à Boulogne-sur-mer. Cette réforme ne fut guère appliquée à Lille où le Magistrat de Lille fit obstinément obstruction.

Cette diminution des postes disponibles se confirme avec le nombre et la durée des mandats des maires :

Tableau n° 3. Nombre de mandats de maire
et durée moyenne des mandats au XVIIIe siècle

	Dunkerque	**Calais**	**Boulogne sur mer**
Nombre de maire	21	37	17
Durée moyenne des mandats	46,4 mois	32,7 mois	42,3 mois
Valeurs extrêmes des mandats	Minimum : 20 mois Maximum : 18 ans et 11 mois	Minimum : 12 mois Maximum : 10 ans et un mois	Minimum : 24 mois Maximum : 25 ans
Nombre de personnes ayant exercé deux mandats	4	2	1

Tableau n° 4.
Durée moyenne d'exercice des mandats des bourgmestres au XVIIIe siècle

Durée de l'exercice	Moins de 38 mois	Entre 38 et 46, 4 mois	Plus de 46,4 mois
Pourcentage de bourgmestres dunkerquois	42,85	23,80	33,33
Pourcentage de bourgmestres calaisiens	75,67	0	24,32
Pourcentage de bourgmestres boulonnais	52,94	11,76	29,41

On retrouve un profil identique pour les trois cités : une majorité de mandats très courts ou très longs ainsi qu'un écrasement des mandats à durée moyenne. Ces écarts extrêmes révèlent les perturbations dans le renouvellement annuel du Magistrat.

Délaissement des constitutions urbaines

On constate donc une réduction des postes offerts et un étranglement pour Boulogne et Calais. Cette situation recouvre une réalité complexe où l'on dénote soit une abondance de mandats très courts correspondant aux périodes où le renouvellement annuel était respecté, soit des mandats exceptionnellement longs. Il est donc utile de se pencher sur l'origine de ces perturbations.

L'une des premières causes de cette diminution de l'offre des postes disponibles est l'intervention du pouvoir royal. Le pouvoir central ne cesse de reconduire les équipes municipales déjà installées. Dès les premières décennies du XVIIIe siècle se manifeste un fort ralentissement du rythme des renouvellements. Les années de la guerre de la Succession d'Autriche s'accompagnent d'une sorte de pérennisation de la même équipe pendant de longues années[20]. Un tournant décisif est alors pris. Le second XVIIIe siècle, en dépit d'une conjoncture politico-militaire fort stable, prolonge l'espacement des renouvellements. Toutes les occasions furent bonnes pour justifier une « continuation » qu'il s'agisse du mariage du roi ou de la naissance d'un enfant royal. Un point de non-retour est dès lors franchi : les anciens usages

20. Arch. mun. de Dunkerque, série ancienne n° 35. À Dunkerque, l'équipe municipale de 1739 reste en charge jusqu'au 13 mars 1745. Le registre indique seulement à la date anniversaire du renouvellement : « Le Magistrat est reconduit par l'intendant. » Le bourgmestre Nicolas François Doncquer reste en place du 13 octobre 1738 au 19 septembre 1757, soit un mandat exceptionnel de dix-huit ans et onze mois dépassant très largement « la durée moyenne » de l'exercice majoral au XVIIIe siècle, à savoir quarante-six mois. Son successeur Louis Vernimmen demeure à la tête de la cité cinq années et le dernier bourgmestre de Dunkerque, Charles Thiery, reste en place cinq ans et quatre mois.

s'effacent de la mémoire administrative. C'est la continuation du Magistrat qui devient la règle et non plus la création.

L'abandon de l'annalité n'est pas une stratégie de dépérissement des institutions locales habilement menée par les représentants du pouvoir central. Les oligarchies municipales ont opposé une faible résistance à cette mise en sommeil des clauses coutumières. Au vrai, ce sont les Magistrats qui sont demandeurs. La prolongation pendant une longue période d'une équipe municipale est rapidement perçue par les bénéficiaires comme la juste récompense de leur zèle[21], mérite parfois reconnu par la population elle-même comme le démontre l'exemple du mayeur boulonnais Mutinot qui demeure vingt-trois années à la tête de sa cité. À son décès, la ville organise des funérailles solennelles en témoignage de reconnaissance pour l'œuvre accomplie : remplacement de l'ancienne Maison Commune par un Hôtel de Ville neuf, liaison entre la Haute et la Basse Ville, amélioration des communications avec l'extérieur, condition indispensable pour le développement des échanges et la prospérité de la ville.

La seconde raison expliquant ces distorsions dans le renouvellement annuel de la Loy est l'importance des besoins financiers de la monarchie française. La réduction du nombre des échevins et des conseillers de ville est un moyen de pression utilisé par le pouvoir royal afin d'obtenir le rachat des mandats restants transformés en offices. Poussé dans ses derniers retranchements par suite des dépenses entraînées par les divers conflits de la fin du XVIIe siècle, jouant sur l'attachement de ces cités à leurs libertés, le pouvoir royal utilise un moyen efficace pour obtenir de l'argent frais : la transformation des mandats électifs en offices. Les villes doivent racheter ces offices sous peine d'être dépossédées de leur souveraineté comme le démontre l'exemple calaisien. Les ordonnances de 1692 entrent en application. La ville de Calais, ne voulant pas souscrire à cet emprunt forcé, refuse de racheter l'office de maire qui est purement et simplement supprimé par le pouvoir royal. Le vice-mayeur fait office de maire de 1694 à 1714. La monarchie, toujours impécunieuse, utilise le même procédé en 1733. La ville n'ayant pas racheté les offices, l'intendant ordonne de cesser toute élection le 13 janvier 1734. Les finances de Calais sont dans un état désastreux. Aussi en 1772, lors de l'abandon de la réforme municipale de L'Averdy, elle est incapable de racheter les offices municipaux. La ville est alors administrée pendant dix ans par un corps nommé par lettre de cachet. Ce n'est qu'en 1783 que les offices sont rachetés par trois bourgeois enrichis

21. Arch. mun. de Boulogne-sur-mer B.B. 34, Pièce 2. En 1720 et en 1730 le Magistrat est confirmé par l'intendant « suite aux marques de sa satisfaction ». Le duc de Villequier justifie le choix de Grandsire comme maire de Boulogne, dans une lettre expédiée de Rouen datée du 27 octobre 1789, en indiquant « l'opinion que j'ay de ses talents et de son honnêteté me fait penser que cette nomination ne sera pas moins agréable à ses concitoyens qu'utile aux intérêts dont il est chargé ».

ayant acheté leur noblesse et par un négociant présent dans l'échevinage dès 1769.

L'abandon de la réforme L'Averdy a pour conséquence inattendue à Boulogne-sur-mer la réduction du nombre des électeurs du second scrutin. En 1764, lors de la mise en place de la réforme municipale, les élus disparaissent et sont remplacés par quatorze notables qui choisissent l'échevinage et administrent avec eux la cité. En 1771, la réforme est abandonnée. En 1772, l'ancien système est partiellement repris. En effet, les quatorze notables sont conservés au détriment du système des vingt-et-un. De ce fait, moins de notables boulonnais participent à l'exercice du pouvoir local.

L'application des réformes municipales motivées par des besoins financiers pressants, ainsi que la volonté de récompenser des hommes dévoués aux intérêts de la Couronne en prorogeant leurs mandats, expliquent ces perturbations dans le renouvellement de la Loy. Le déclin économique de Calais concurrencé par Dunkerque (port franc) et Boulogne-sur-mer (bénéficiaire d'exemptions fiscales pour favoriser son commerce) pourrait expliquer la gravité des perturbations observées dans le rythme de création du Magistrat de cette cité.

Le portrait des élites municipales septentrionales

Ces remous dans les méthodes employées pour renouveler les équipes scabinales entraînent de ce fait une ouverture ou une fermeture de l'échevinage aux nouveaux venus. Il est dès lors utile de tenter de mesurer ce phénomène et de retrouver l'origine sociale des hommes qui peuplent les bancs des hôtels de ville.

L'apparition des homines novi

Pour mesurer l'impact de ces mesures sur le recrutement des échevins, nous avons tenté de calculer le poids des familles nouvelles (apparues depuis moins de deux générations) au sein des différents échevinages. Pour ce faire, nous avons repris la méthode utilisée par Philippe Guignet[22] et avons comparé aux chiffres qu'il fournit pour Lille ceux obtenus par nos recherches à Dunkerque, Calais et Boulogne-sur-mer. L'étude de la parentèle féminine permet d'aborder cette question sous un nouvel angle. Laurent Coste insiste sur la nécessité d'affiner la méthode Guignet qui omet la parenté matrilinéaire et les alliances matrimoniales[23]. En étudiant ces dernières, on peut

22. Guignet P., *Le pouvoir dans la ville au XVIIIe siècle. Pratiques politiques, notabilité et éthique sociale de part et d'autre de la frontière franco-belge*, *op. cit.*, p. 330-334.

23. Coste L., *Messieurs de Bordeaux. Pouvoirs et hommes de pouvoirs à l'Hôtel de ville 1548-1789*, Bordeaux, Fédération historique du Sud-Ouest, Centre aquitain d'histoire moderne et contemporaine, 2006, p. 186.

s'apercevoir que nombre d'*homines novi* ne sont guère des nouveaux venus dans les allées du pouvoir municipal. Aussi, les données produites dans le tableau ci-dessous ne constituent-elles qu'une première étape dans l'identification des nouvelles familles accédant au Magistrat.

Tableau n° 5. Poids relatif des familles apparues
depuis moins de deux générations au sein des Magistrats entre 1650 et 1789

Période	**Lille**	**Dunkerque**	**Calais***	**Boulogne**
1650-1674	50,89	67	35,89	INC
1675-1699	48,87	55,55	45,09	INC
1700-1724	51,14	43,85	42	INC**
1725-1749	47,89	48,83	42,22	*60*
1750-1774	54,8	67,21	38,46	*44,4*
1775-1789	52,63	42,68	42,85	1775-1780 : *25*

Notes :

1. Les pourcentages de Calais pour l'extrême fin du XVIIIe doivent être nuancés par le fait que les offices municipaux ont été rachetés par des particuliers. Pour la dernière période citée, sept familles seulement sont présentes à l'échevinage.
2. Pour Boulogne-sur-mer, les registres étant incomplets et tous les noms des titulaires des différents postes n'étant pas parvenus jusqu'à nous, nous avons tenté une estimation en relevant le nom des personnes présentes entre 1707 et 1724 pour tenter de calculer le poids des nouvelles familles et vérifier si Boulogne suivait plutôt le modèle calaisien ou le modèle flamand. Pour la période 1707-1724, malgré les lacunes, nous relevons quatorze noms et pour la seconde période, où l'on peut suivre davantage le renouvellement de la Loy, nous ne comptabilisons que quinze patronymes.

Au XVIIe siècle, à Lille, on compte 214 familles scabinales et au XVIIIe siècle, 143 familles sont présentes dans l'échevinage. À Dunkerque, on dénombre, entre 1692 et 1792, 185 patronymes différents. On recense 123 patronymes à Calais au XVIIIe siècle. Le gouvernement municipal lillois a toujours bénéficié d'une politique d'ouverture aux nouveaux venus[24]. Les familles apparues depuis moins de deux générations fournissent encore 54 % des échevins, en 1750-1774, et 52 % d'entre eux, entre 1775 et 1789. La situation est semblable à Dunkerque où l'on constate cependant des taux supérieurs à ceux observés à Lille, excepté pour la période 1700-1724, conséquence directe de l'application du traité d'Utrecht et de l'ensablement du port de Dunkerque. En conséquence, à la veille de la Révolution, plus des trois quarts des lignées représentées dans l'échevinage n'ont fait leur entrée dans les allées du pouvoir municipal qu'au XVIIIe siècle.

À Lille, toutefois, les plus anciennes familles occupent une position significative. Si l'on scrute non pas le nombre des familles mais la durée des fonctions assumées par chacune d'entre elles, il apparaît qu'au cours des trois siècles, étudiés par Philippe Guignet, trois familles ont dépassé les quarante

24. Guignet P., *Le pouvoir dans la ville au XVIIIe siècle. Pratiques politiques, notabilité et éthique sociale de part et d'autre de la frontière franco-belge*, *op. cit.*, p. 336.

ans de gouvernement municipal : ce sont les Imbert (quarante-cinq ans), les Hespel (cinquante-deux ans) et les Cardon (soixante ans). À Dunkerque, sur la même période, le fait familial domine puisque 400 notables sur les 703 appartiennent au type de présence familiale (soit 57,89 % de l'effectif) alors que 296 notables sont seuls à illustrer une famille. À Calais, entre 1662 et 1789, on comptabilise 175 familles dont seize fournissent quatre à douze représentants ou candidats à l'échevinage[25] soit quatre-vingt-trois personnes ou 47,42 % de l'effectif. Ces influents lignages cohabitent avec une multitude de familles dont la seule ambition est d'accéder au Magistrat, même pour n'y faire qu'une courte apparition[26].

Cette concentration du pouvoir au sein d'un petit groupe de familles apparaît plus forte encore si l'on tient compte de la pratique de l'intermariage qui tisse un réseau de parentés et d'alliances recouvrant des secteurs entiers de la haute société.

Présence inégale des ordres privilégiés au sein du Magistrat

Après avoir évalué le poids des nouvelles familles au sein de ces quatre échevinages, il importe de connaître les ordres auxquels elles appartiennent. Le poids de la noblesse et du clergé dans ces assemblées municipales pourra être ainsi évalué. À Lille, Philippe Guignet note que, de 1560 à 1620, sur trente-cinq personnes ayant assumé la fonction de rewart et de mayeur, dix-neuf peuvent exciper de leur appartenance au second ordre. De 1621 à 1667, elles sont vingt-six sur vingt-huit. Cette affirmation croissante de la noblesse dans les emplois dirigeants a été encouragée par les archiducs Albert et Isabelle dans une lettre du 28 octobre 1614. Le souhait de voir préférer les « gentilshommes lettrez, rentiers et aultres bien qualifiez » est alors explicitement exprimé auprès des « commissaires au renouvellement ». Au XVIIIe siècle, la pénétration de l'ordre noble dans le gouvernement urbain s'amplifie. Dans les dix-sept promotions au Magistrat des deux dernières décennies du siècle, les échevins du second ordre forment 40,7 % de l'effectif total. Dans les équipes scabinales de 1771, 1772, 1774, 1779, 1782 et 1785, le pourcentage des nobles atteint 63,7 %. Bien sûr, il n'y a parmi eux aucun noble d'ancienne extraction mais tous sont authentiquement nobles.

25. À Calais, la répartition du nombre d'échevins ou de candidats échevins fournis par les familles se présente comme suit : 118 familles fournissent 1 personne; 27 familles fournissent 2 personnes; 14 familles : 3 personnes (Betefort, Blanquart, Caillette, Danjan, Faillant, Gaddebled, Isaac); 8 familles : 4 personnes (Bernard, Darras, Bridault, Grésy, Hache, Lebrun, Le Mahieu, Morel); 4 familles : 5 représentants (Mareschal, Mollien, Ponthon, Porquet); 2 familles : 6 représentants (Duflos, Hedde);1 famille fournit 7 représentants (Thellier); 1 famille fournit 12 représentants (Guillebert).

26. Il s'agit bien sûr des « météores » tels que les définit SAUPIN G., dans *Nantes au XVIIe siècle. Vie politique et société urbaine,* Rennes, Presses universitaires de Rennes, 1996, p.345-353.

Ce modèle de recrutement de forte coloration nobiliaire est d'autant plus digne de mention que le négociant n'est pas à Lille *persona non grata.*

À Dunkerque, ville proche de Lille par sa constitution et qui n'a pas subi le rachat des charges municipales, on constate également une coloration nobiliaire. Elle est cependant nettement moins affirmée qu'à Lille. Sur les neuf équipes scabinales, celles de 1771, 1772, 1774, 1776, 1778, 1780, 1781, 1786, 1789, on retrouve des seuils minimum oscillant entre 9 % en 1789 et 36,6 % en 1778 [27] soit une moyenne de 18,23 % de 1771 à 1789. À Boulogne, les nobles sont également présents dans l'échevinage de 1687 à 1789. Sur dix-huit mayeurs, douze sont des nobles qualifiés de seigneurs, soit 66 %. Dans les équipes scabinales de 1771, 1773,1774, 1775, 1776, 1777, 1778, 1779, les pourcentages de personnes dont la noblesse [28] ne fait aucun doute oscillent entre 16,6 % en 1775 et 50 % en 1779 [29]. Rappelons qu'il ne s'agit que d'un seuil minimum. À Calais, la situation est différente car les municipalités de 1772 et 1783 sont nommées par lettres de cachet du Roi. En 1783, les charges de maire et échevins sont rachetées par des particuliers. D'où des nuances à apporter quant à la couleur nobiliaire de la dernière décennie de l'Ancien Régime. En effet, l'état actuel de nos recherches ne nous permet pas de préciser l'origine sociale de l'équipe de 1772. Par contre, les deux listes de 1783 comportent des renseignements plus précis en ce qui concerne les acheteurs des charges municipales mises à l'encan. Des taux comparables à ceux relevés à Lille s'y retrouvent.

Tableau n° 6. origine sociale des équipes scabinales calaisiennes de 1772 à 1789

En pourcentage de l'effectif	**25/11/1772**	**mars 1783**	**fin 1783**
Personnes nobles	données inconnues	66,6	66,6
Origines inconnues	données inconnues	16,6	33,33
État ecclésiastique	données inconnues	16,6	0

27. Les pourcentages pour Dunkerque se répartissent de la façon suivante 1771 : 27,27 %, 1772 : 18,18 %, 1774 : 18,18 % (mais 36,36 % si deux des échevins ont acquis la noblesse), 1776 : 18,18 % (mais 45,45 % possible), 1778 : 36,36 % (mais 54,45 % possible), 1780 : 27,27 % (45,45 % possible), 1781 : 27,27 % (mais 36,36 % possible), 1786 : 18,18 % (mais 27,27 % possible) 1789 (9,09 %). Il est en effet difficile de connaître la date d'achat d'un office de secrétaire du roi, moyen le plus fréquent pour accéder à la noblesse. Cependant, la plupart des filles de ces « nouveaux nobles » convolent en justes noces avec des époux de noblesse plus ancienne. La présence d'officiers facilite ces rapprochements entre ces deux noblesses.
28. Seules les reconstitutions généalogiques permettront de distinguer les personnes qui ont acquis la noblesse, souvent par achat de charges anoblissantes (conseiller du roi), de celles qui s'en donnent l'apparence tel Claude Meignot de Malframbus qui est député du Tiers État du Boulonnais, négociant en cette ville. Le greffier n'a pas toujours indiqué écuyer ou conseiller du roi.
29. Les pourcentages se répartissent de la façon suivante : 1771 : 40 %, 1773 : 40 %, 1774 : 50 % , 1775 : 16,6 % 1776 : 50 %, 1777 : 33,33 %, 1778 : 33,33 %, 1779 : 50 %.

À Dunkerque[30] et à Lille, il n'y a pas de privilèges fiscaux attachés à l'état de noblesse. C'est au nom de la défense des «libertés urbaines » que le Magistrat de Lille écrit « La ville de Lille a pour elle des titres et des privilèges selon lesquels toutes personnes sans distinction doivent paier toutes les impositions sans aucune exception. » Ce ne sont pas des prétentions démocratiques qui motivent les échevins à refuser des exemptions fiscales réclamées par la noblesse, mais le sentiment très vif d'appartenir à une « commune », bref, une collectivité urbaine dont les membres sont nécessairement solidaires les uns des autres. Cependant des tensions existent à Boulogne-sur-mer, selon l'écrivain anglais Tobias Smolett qui fit un séjour de quelques mois dans la cité en 1763. Il écrit que les nobles qui habitent surtout dans la haute ville évitent d'« entretenir de rapports avec les marchands qu'ils appellent des plébéiens... mais l'on voit que cela n'est affecté que pour cacher leur pauvreté ». À Calais, des frictions importantes apparaissent entre négociants et nobles lors de l'application de la réforme municipale de L'Averdy. Le 13 mai 1766, le comte de Calonne est élu à la pluralité des voix mais il prend cet honneur pour un affront. Il utilise ses relations en Cour pour obtenir l'annulation de son élection. Le comte de Saint-Florentin et l'intendant écoutent ses doléances et lui donnent satisfaction par retour de courrier : « La noblesse n'est pas faite pour occuper ses sortes de place[31]. » La coexistence de membres issus d'ordres différents n'est pas toujours aisée. Il se peut que l'ancienneté de la noblesse soit un facteur aggravant les dissensions entre les échevins issus du Tiers et ceux du second ordre.

Dans ces villes qui sont au contact du monde « religionnaire » et qui vérifient systématiquement l'appartenance au catholicisme, trouve-t-on des Magistrats peuplés des représentants du premier ordre ? À Lille, tout comme à Dunkerque, le clergé est absent des rangs scabinaux. Il n'est pas question de voir dans ces deux échevinages une preuve de déchristianisation. On peut reprendre les conclusions de Philippe Guignet[32] également pour Dunkerque. Si nul gouvernement municipal n'est plus animé de ferveur catholique et plus soucieux du salut de l'âme de la population que le Magistrat, pour adopter une terminologie contemporaine, nul échevinage

30. En 1740, un mémoire du Magistrat de Bergues dirigé contre les abbés et religieux de l'abbaye de Saint Winoc, désireux de se soustraire à leurs obligations fiscales rappelle qu'« il est une maxime fondamentale en Flandre flamande que personne non plus le clergé que la noblesse [...] n'est exempt de tailles et impositions ». La noblesse n'est que récente et provient très souvent de l'achat de charges anoblissantes telles que celles de secrétaire du roi. Les De Brier, Coppens, De Bonte, les Taverne de Montd'hiver, de Nieppe, Faulconnier ont emprunté cette voie d'anoblissement.

31. Arch. mun. de Calais. B. B. 52.

32. GUIGNET P., *Le pouvoir dans la ville au XVIIIe siècle. Pratiques politiques, notabilité et éthique sociale de part et d'autre de la frontière franco-belge*, *op. cit.*, p. 87.

n'est moins « clérical » que lui, en ce sens qu'il veille à ce que les ecclésiastiques ne participent pas à l'administration temporelle[33].

Par contre, on les retrouve à Calais et à Boulogne, parmi l'échevinage, après la réforme municipale de L'Averdy. Ainsi à Calais, on compte parmi les quatre échevins « continués » par le pouvoir royal, entre 1772 et 1783, l'abbé Simon Garret, curé de la citadelle. Ceci représente l'ultime étape de la conquête du pouvoir municipal par le clergé, conquête entreprise sous la réforme L'Averdy avec l'entrée d'un clerc parmi les notables, et poursuivie par l'agrégation d'un membre du premier ordre parmi les conseillers dès 1767[34]. Le même phénomène est observable à Boulogne-sur-mer puisque nous pouvons noter l'entrée de Caffiery, chanoine notable du chapitre, dans l'échevinage boulonnais, le 10 janvier 1773. Il y demeure jusqu'au 15 septembre 1776. La réforme de L'Averdy a permis dès le 6 juillet 1765 l'entrée des ecclésiastiques dans la municipalité avec l'élection de Jean Ducrocq, doyen des chanoines, au rang de 3e conseiller. Cette introduction de membres du premier état est d'autant plus remarquable que cet état semblait être une condition incompatible avec les charges scabinales dans le premier tiers du XVIIIe siècle[35].

Calais, Boulogne, Dunkerque et Lille présentent des échevinages qui prennent une coloration nobiliaire plus marquée au fur et à mesure qu'avance le XVIIIe siècle. La recherche de l'obtention de cette qualité est à rattacher, semble-t-il, avec l'intégration croissante de ces cités au royaume de France. L'appartenance à la noblesse devient un instrument pour appartenir aux réseaux d'influence de la capitale. Par contre, une nette césure apparaît de nouveau entre Boulogne et Calais d'une part et les deux cités flamandes d'autre part. Dans ces deux dernières cités, malgré le soutien

33. Dans un mémoire publié à la veille de la Révolution Arch. mun. Lille 15751 « Mémoire pour le Magistrat de la ville de Lille en la Flandre wallonne contre les députés des ecclésiastiques et des nobles de la même province » (1786-1787). « En Flandre wallonne... les ecclésiastiques ne participent en rien à l'administration civile. De tout temps, la régie des hôpitaux, des fabriques et des autres établissements pieux leur a été interdite et conservée aux Magistrats et aux juges du pays... Les lois municipales leur interdisent d'une façon absolue toute participation à la régie du temporel des biens d'Église qui les touchent de si près. » À Dunkerque, aucun ecclésiastique ne siège à l'échevinage alors que le curé de l'unique église paroissiale est un personnage influent (tous les titulaires de la cure de Saint-Éloi furent membres du bureau d'administration de l'Hôpital Général). Les deux derniers curés d'Ancien Régime, Bertrand Thiery (1767-1786) et Joseph Macquet, (1786-1790) sont respectivement le frère et un fort proche ami du dernier bourgmestre, Charles Thiery (1784-1789).

34. Il s'agit de Henry Duteil qui devient conseiller calaisien dès 1767.

35. En décembre 1736, le 1er échevin de Boulogne-sur-mer doit abandonner sa charge « car il devient ecclésiastique ». Quelques années auparavant le registre des délibérations de Boulogne s'oppose à une modification du cursus honorum permettant d'accéder à l'échevinage. Le 9 avril 1729, « *l'assemblée extraordinairement convoquée en l'hôtel de ville* » proteste énergiquement contre un arrêt du conseil d'État du 6 juillet 1728. Cet arrêt veut imposer « que doresnavant nul bourgeois ne pourra être nommé maieur ou eschevins qu'il n'ait été administrateur du dit hôpital et qu'il n'en fait la recette gratuitement pendant deux années... ». Le corps scabinal refuse car si cette procédure était adoptée « le premier choix nécessitant du bureau se feroit sous la principale direction du clergé, qui de droit commun est exclu des élections des officiers municipaux ».

accordé aux œuvres ecclésiastiques, il est hors de question d'admettre un clerc sur les bancs de l'échevinage.

Domination du négoce et de la loi

Après avoir déterminé le poids des deux premiers ordres, il est nécessaire de d'identifier les professions exercées par les échevins originaires du Tiers. Au XVIIIe siècle, à Lille, si on considère comme base d'analyse les trente-sept familles nouvellement promues dans le second XVIIIe siècle, Philippe Guignet[36] relève trois composantes : des négociants, des hommes de loi et des nobles rentiers ou en garnison dans la capitale de la Flandre. Les hommes de Loi ne sont pas les plus nombreux. Leur place seconde s'explique par l'obstacle juridique s'opposant à Lille à l'entrée d'avocats dans le gouvernement municipal. Les hommes du négoce forment environ 40 % des *homines novi.* Ils accèdent au corps échevinal après une vie professionnelle leur ayant conféré l'expérience du négoce. C'est donc un Magistrat dont, contrairement aux poncifs, les rangs ne sont pas massivement peuplés de représentants de la bourgeoisie d'affaires qui assure la régulation globale de cette ville où le commerce occupe pourtant une grande place.

À Dunkerque, Calais, Boulogne, on retrouve des avocats dans les rangs de l'échevinage. Il n'y a pas d'obstacles à Dunkerque concernant les professions juridiques. Les compétences des avocats y sont prisées, du moins dans la première moitié du XVIIIe siècle. Le Magistrat dunkerquois a à sa disposition des hommes compétents pour remplir au mieux ses missions de police. À Calais, les officiers du Roi n'étaient autorisés ni à élire l'échevinage ni à y entrer.

À l'extrême fin du XVIIIe siècle, la reconstitution de la décennie de 1770 à 1779 à Boulogne-sur-mer on trouve la ventilation par profession présentée ci-dessous.

Tableau n° 7.
Activités professionnelles des échevins de Boulogne-sur-mer entre 1771 et 1779

Année/Profession (% de l'effectif)	**1771**	**1773**	**1774**	**1775**	**1776**	**1777**	**1778**	**1779**
Inconnue : (rentier ?)	40	40	16,6	33,33	50	50	3,33	INC
Homme de loi (avocat, notaire ou procureur à l'Amirauté)	40	40	50	33,33	33,33	16,6	16,6	INC
Négociant	20		16,6	16,6	16,6	33,33	50	16,6
Clergé		20	16,6	16,6	0		0	0

36. Guignet P., *Le pouvoir dans la ville au XVIIIe siècle. Pratiques politiques, notabilité et éthique sociale de part et d'autre de la frontière franco-belge*, *op. cit.*, p. 355.

Tableau n° 8. Activités professionnelles
des échevins de Calais entre 1772 et 1783

Professions en % de l'effectif scabinal	**25 novembre 1772**	**mars 1783**	**fin 1783**
Profession inconnue (rentier ?)		50	66,66
Négociant	50		16,6
Marchand	33,33		
Profession juridique (avocat)	16,6	33,33	6,6
État Ecclésiastique		16,6	

Tableau n° 9. Activités professionnelles des échevins de Dunkerque (à l'exclusion des trois conseillers pensionnaires qui sont obligatoirement des avocats) entre 1771 et 1789

Année/Professions (%)	**1771**	**1772**	**1774**	**1776**	**1778**	**1780**	**1781**	**1786**	**1789**
Trésorier de l'extraordinaire des guerres	9,09	9,09	9,09						
Profession inconnue (rentiers ?)	9,09	9,09	36,36	27,27	27,27	8,18	18,18	9,09	
Avocat	45,45	18,18	27,27	27,27	18,18	18,18	9,09	9,09	9,09
Procureur des traites			9,09	9,09		9,09	9,09	9,09	
Négociant	27,27	36,36	18,18	18,18	27,27	27,27	45,45	54,54	72,72
Constructeur									9,09
Entrepreneur des travaux du Roi		18,18	9,09	9,09	9,09	9,09	9,09	9,09	9,09
Inspecteur des fortifications				9,09	9,09				
Médecin Chirurgien		9,09			9,09	8,18	9,09	9,09	9,09

Tout comme à Lille nous retrouvons trois catégories « professionnelles » présentes à Calais, Boulogne et Dunkerque, à savoir les négociants, les avocats et les professions non précisées (sans doute s'agit-il de personnes qui vivent de leurs rentes, anciens militaires, bourgeois récemment anoblis). Ici transparaît le poids des facteurs géographiques et économiques. Ces quatre villes tirent leurs richesses du commerce : contrebande d'alcool en direction de l'Angleterre pour Boulogne, Calais et Dunkerque ainsi que la pêche pour Boulogne et Dunkerque, activités manufacturières (sayetterie et bourgetterie) et du négoce des toiles de direction méridienne[37] pour Lille. Une des

37. Guignet P., *Vivre à Lille sous l'Ancien Régime, op. cit.*, p. 131-141.

activités principales de Boulogne est la pêche et avant tout celle du hareng et du maquereau[38]. Celle-ci est en déclin; en 1729, il n'y a plus que 32 bateaux boulonnais de six à douze tonneaux auxquels on peut ajouter 12 bateaux portelois, alors qu' il y en aurait eu 80 à 100, cinquante ans plus tôt. À ce déclin, deux causes essentielles : d'une part les taxes, notamment le droit d'un sol par livre mis sur les exportations de poisson salé vers la Normandie; d'autre part « l'estat dangereux du port... presque bouché par un banc de sable ». Cette situation désastreuse gêne bien plus encore le commerce. Or en temps de paix, Boulogne pouvait être un centre intéressant de commerce avec une Angleterre en pleine expansion. Les marins boulonnais allaient à Brouage chercher du sel pour le poisson, et surtout à La Rochelle, Nantes et Bordeaux chercher du vin et des eaux-de-vie. Les Anglais avaient leurs propres entrepôts et leurs négociants (les Francia et les Ballantyne) installés à Boulogne. Le commerce de contrebande des eaux-de-vie et du thé dit de Flessingue était plus important que le commerce légal. Pour les eaux-de-vie le commerce interlope était assuré par les smogglers anglais qui les introduisaient en fraude dans leur pays. Comptait aussi le trafic du thé. Les Anglais venaient y chercher le bon thé fourni par la compagnie des Indes mais s'y ajoutait un commerce d'un thé de très mauvaise qualité dit de Flessingue. Il coûtait six fois moins cher que le précédent et certains négociants peu scrupuleux faisaient des mélanges et des bénéfices considérables. En 1789, sur 1 136 bateaux enregistrés à l'entrée, on relève 117 navires français (sans compter les caboteurs), 88 hollandais et 931 smogglers. Les activités de Lille diffèrent quelque peu. Selon Philippe Guignet, Lille ne fait pas partie de cette cohorte de villes, si nombreuses sous l'Ancien Régime qui trouvent principalement dans les fonctions administratives, politiques et judiciaires leur point fondamental d'équilibre. Le textile (sayetterie et bourgetterie) et le commerce font vivre Lille. Les directions du commerce malgré l'intégration au royaume de France ne varient guère. Les étoffes lilloises continuent à être exportées vers l'Italie, l'Allemagne et la France, et prennent de plus en plus la direction de l'Espagne et du Nouveau Monde. Le poids du marché espagnol est une donnée pérenne du négoce lillois jusqu'à la fin de l'Ancien Régime. Le négoce textile témoigne d'une santé florissante mais il serait néanmoins exagéré de présenter une analyse unilatéralement négociante des milieux dirigeants lillois. On n'a pas suffisamment souligné que le nombre de rentiers double à Lille en un quart de siècle et qu'il forme en 1785 un groupe social trois fois plus nombreux que l'ensemble des négociants, des banquiers et des manufacturiers. Quant aux milieux dirigeants que dominent les officiers de haut rang et les membres du Magistrat, ils sont largement investis par la marée montante des ramasseurs de rentes, de tous ceux qui vivent bourgeoisement de leurs biens. Mais à côté de ces oligarchies bien assises et caractéristiques de la société d'Ancien Régime,

38. Lottin A. (dir.), *Histoire de Boulogne-sur-mer*, Lille, Presses universitaires de Lille, 1983, p. 147.

se développe et s'enrichit une bourgeoisie dynamique de grands négociants et d'entrepreneurs appelée à devenir, dès la Révolution de 1789, le fer de lance des classes dirigeantes lilloises.

Les *homines novi* sont essentiellement des négociants ou des entrepreneurs et ils tentent de réaliser des alliances matrimoniales avec des familles déjà établies. Pour Dunkerque, nos conclusions rejoignent celles obtenues par Philippe Guignet pour Lille : 38,30 % des *homines novi* du XVIIIe siècle proviennent du négoce, 14,34 % du monde des avocats et 28,43 % ont épousé une fille appartenant à une famille scabinale. À Dunkerque, on constate une part croissante des négociants au sein de l'échevinage voire une domination sans conteste à l'extrême fin du XVIIIe siècle au détriment des avocats. Il semble que l'attention apportée par Calonne au port de Dunkerque lors de son intendance ou de son passage au Contrôle général explique cette montée en puissance des grands négociants[39]. Pour Boulogne et Calais, nos premières recherches semblent indiquer que les professions exercées et apportant l'honorabilité nécessaire pour entrer à l'échevinage sont identiques à celles pratiquées par les échevins des villes flamandes. Les membres du Tiers sont essentiellement des avocats, des négociants ou des marchands.

L'étude des *homines novi* permet de démontrer, lorsque les registres de catholicité en ont conservé les traces, que ces hommes étaient issus de familles tenant le haut du pavé. Ainsi, certains *homines novi* dunkerquois présentent-ils une ascendance scabinale extra dunkerquoise flatteuse[40]. Les liens inter cités et professionnels peuvent déterminer la conclusion de certaines alliances matrimoniales. En étudiant la généalogie des Gressier et des Campmajor à Boulogne, on constate également que certains de leurs membres originaires de Calais ont épousé des filles de familles scabinales de Boulogne[41]. Ces alliances permettent également de retracer le dynamisme de certaines cités et donc l'attractivité de leur Magistrat.

En effet, au XVIIIe siècle, Calais connaît un marasme économique profond. Certaines familles anciennes tels les Beteford, les Darras (présents dès 1625-1649), sont absentes de l'échevinage calaisien après 1724. Or un Beteford, Pierre Claude, est nommé administrateur de l'Hôpital de Dunkerque en 1734 tandis que Beteford Jean est conseiller à la chambre

39. Arch. mun. de Dunkerque, série ancienne n° 35. Le 29 août 1785, le Magistrat, composé essentiellement de négociants, est continué à la demande de Calonne, le contrôleur général se trouvant alors à Dunkerque.

40. La plupart des échevins qui ne sont pas nés à Dunkerque appartiennent à des familles scabinales de leur ville d'origine. Ainsi les Vernimmen et les De Hau sont-ils implantés à Bergues, les Thiery viennent de Givet, Meignot Joseph est le fils d'un échevin de Douai.

41. Dans l'ascendance de Charles Le Gressier de Belle Terre, on retrouve au début du XVIIe siècle un Christophe Le Gressier apparenté à Simon le Gressier marchand à Calais et dont la fille épouse un échevin de Calais. Quant à la famille Campmajor descendant de Pierre Campmajor mayeur de Calais en 1568, 1576, 1578, un de ses descendants devient mayeur de Boulogne dans le premier tiers du XVIIe siècle et a épousé la fille d'un échevin de Boulogne.

de commerce de Dunkerque de 1732 à 1739. Ce dernier est témoin au mariage de son cousin Jean François Marcadé (famille scabinale dunkerquoise) avec Marie Thiery, sœur de Joseph et Louis, entrepreneurs des travaux du roi (famille scabinale dunkerquoise). Leur neveu Jean Jacques De Cassel devient échevin à Dunkerque à partir de 1757. Quant aux Darras, on retrouve deux représentants à Dunkerque au début du XVIIIe siècle (le père et le fils présents dans l'échevinage dunkerquois entre 1705 et 1732 ; le second entre 1772 et 1776). Ils sont apparentés aux Omaer, procureurs à l'Amirauté, ces derniers étant alliés aux Duthoict-Taverne et Remy, autres familles scabinales dunkerquoises. Les Mollien (issus de l'échevinage de Calais où ils sont présents dès 1625-1649) se retrouvent à Dunkerque grâce à des alliances conclues avec Herreford Roger (bourgmestre de Dunkerque de 1702 à 1709 puis de 1716 à 1719). En 1732, Dominique Pierre Morel, dirigeant d'une maison de commerce de Calais, s'installe à Dunkerque. La fuite des élites municipales calaisiennes vers Dunkerque se poursuit donc au XVIIIe siècle. Pour maintenir leur statut, elles intègrent le Magistrat de Dunkerque en utilisant les alliances matrimoniales ou leurs parentèles déjà établies à Dunkerque.

Au travers de cette première étude des élites municipales de Calais, Boulogne, Dunkerque et Lille, les oppositions entre cités littorales et de l'intérieur doivent, semble-t-il, être relativisées. Un mode de renouvellement de la Loy plus ouvert grâce au scrutin n'est pas la garantie d'un accès plus facile à l'échevinage pour tout nouveau venu. Des points de concordance apparaissent entre ces villes : le poids de l'intervention du pouvoir royal motivé par des besoins financiers, la volonté de récompenser des équipes municipales fidèles dans des zones frontières expliquent les distorsions apparues dans les créations de la Loy. D'où une fermeture progressive des échevinages et le renforcement du poids de certaines familles. Ces dernières renforcent leur influence en gagnant la faveur du représentant du pouvoir royal, en tissant des alliances qui permettent d'intégrer des *homines novi,* issus le plus souvent du négoce.

Les différences ne doivent pas être recherchées dans une opposition géographique mais relèvent davantage d'un facteur historique. Le poids plus ou moins sensible de l'intervention royale dans la composition de la Loy, l'accroissement plus ou moins rapide de l'influence du commissaire royal dans la nomination des nouveaux membres du Magistrat, permettent d'opposer Calais et Boulogne d'une part à Dunkerque et Lille d'autre part. Les villes dont l'intégration au royaume des lys est la plus ancienne et où l'économie est la plus atone subissent davantage la férule du pouvoir royal et connaissent une fermeture plus marquée des rangs scabinaux aux nouveaux venus.

Les élites des villes maritimes et des villes de l'intérieur en Aquitaine au XIXe siècle

Jean-Paul JOURDAN

Il y a deux façons de définir les élites municipales : soit on considère, dans une acception large l'ensemble des notabilités d'une ville, soit on s'en tient aux seuls membres siégeant au sein des conseils municipaux. La question du « sang » est celle des liens familiaux pouvant exister entre ces derniers. Mais il s'agit là d'une question difficile. D'abord parce qu'il n'est pas aisé pour le chercheur de repérer ces liens, sauf à disposer ou à constituer des généalogies ; et ces généalogies sont nécessairement fermées : les parentés éloignées restent hors du champ de l'observation. Ensuite, lorsque le lien du sang est avéré, on n'est pas toujours en situation de déterminer quel en a été l'effet sur le destin ou la place des individus.

Ces points posés, nous avons pris le parti de ne pas choisir entre les deux acceptions des élites municipales, mais d'aller de l'une à l'autre, tout en nous en tenant au cadre géographique de l'Aquitaine actuelle qui, bien sûr, n'a aucune signification administrative au XIXe siècle. Les élites municipales de cette période ont fait l'objet de très nombreux travaux. S'agissant des maires, on ne peut que citer les deux synthèses de Maurice Agulhon et de Jocelyne George [1]. Les conseils municipaux sont moins connus. Les travaux consacrés aux élites municipales dans les villes du sud-ouest de la France – dans l'une ou l'autre des définitions données – sont à la fois nombreuses et disparates ; ils n'ont pas tous été publiés. Dans cette communication, nous les évoquerons en tant que de besoin. Il en est de même des sources d'archives sur lesquelles sont fondés ces travaux ; elles sont très éclatées entre

1. AGULHON M., GIRARD L., ROBERT J.-L., SERMAN W. et *allii, Les maires en France du Consulat à nos jours,* Paris, Publications de la Sorbonne, 1986 ; les villes du sud-ouest de la France sont absentes de cette enquête. GEORGE J., *Les maires dans le département du Var de 1800 à 1940,* Lille, ANRT, 1988 ; GEORGE J., *Histoire des maires, 1789-1939,* Paris, C. de Bartillat, 1989. Pour le cas girondin, voir : DROUIN J.-C., LACHAISE B., *Maires de la Gironde de la révolution à la restauration. Les maires des chefs- lieux de canton de 1790 à 1824,* Talence, CESURB, 1993.

archives nationales, départementales et municipales[2]. Si les négociants, les rentiers, les hommes de loi, les magistrats et autres fonctionnaires de haut rang constituent indéniablement l'élite des villes d'Aquitaine, l'analyse de la composition des municipalités montre, en dépit d'évolutions au cours du siècle, une nette distinction entre les élites dirigeantes des villes maritimes et des villes de l'intérieur.

Première approche : les élites municipales en tant qu'élites urbaines

Grands propriétaires fonciers (aristocrates ou bourgeois), négociants et marchands, entrepreneurs, fonctionnaires et magistrats constituent le groupe des notables du Consulat tel que les « listes d'éligibilité », dites aussi « listes de notabilité », permettent de l'établir. Ces listes étaient autant de pépinières dans lesquelles il devait être puisé pour les nominations aux charges publiques. Prévues par la constitution de l'An VIII, elles furent dressées en vertu de la loi du 13 ventôse An IX (4 mars 1801). Cette loi donnait de droit le rang de notable à un certain nombre de fonctionnaires en place[3]. La notion de « fonctionnaire » est d'ailleurs conçue de façon extensive : sur la liste des notables de l'arrondissement de Bordeaux, on trouve ainsi, à côté des magistrats des tribunaux bordelais, du secrétaire général et des conseillers de préfecture, du commissaire général de police, 153 maires, 120 adjoints au maire, 9 conseillers généraux, 12 conseillers d'arrondissement[4]...

Si l'on s'en tient seulement aux notables domiciliés dans les villes portés sur les listes des notabilités des arrondissements communaux[5], trois catégories sont dominantes : les fonctionnaires des administrations publiques et les magistrats d'une part (et pour la raison que l'on vient de dire), les hommes de loi d'autre part, les marchands et les négociants enfin. Mais, d'une ville à l'autre, la représentation de ces catégories est très variable. Elle permet d'opposer les villes maritimes aux villes de l'intérieur. De ce point de vue, la comparaison entre Bayonne et Pau est fort éclairante : importance

2. On pense ici en particulier à la sous série 3 M des archives départementales pour tout ce qui touche aux nominations et aux élections des conseils municipaux et à la sous série F^1bII (série départementale) des archives nationales.

3. L'article 14 de la constitution de l'An VIII précise en effet que « les citoyens qui seront nommées pour la première formation des autorités constituées feront partie nécessaire des premières listes d'éligibilité ».

4. Arch. Dép. Gironde, 3 M 3, État nominatif des fonctionnaires publics qui en vertu de l'article 14 de la constitution font partie necessaire de la liste de notabilité de l'arrondissement communal de Bordeaux.

5. Rappelons pour mémoire que les listes de notabilités du Consulat s'emboîtent en trois niveaux, par réduction au dixième d'une liste à l'autre : liste des notabilités des arrondissements communaux, liste des notabilités départementales, liste des notabilités nationales.

des marchands et des négociants à Bayonne, poids des hommes de loi à Pau (tableau 1[6]) :

Tableau 1. Place de quelques groupes sociaux dans les notabilités communales de Pau et de Bayonne en l'An IX

Villes	Fonctionnaires et magistrats	Hommes de loi	Marchands et négociants
Pau	31 %	24 %	12 %
Bayonne	15 %	5 %	35 %

L'élite ainsi dégagée n'est pas exclusivement celle de la fortune, le système électoral établi par le Consulat n'étant pas censitaire. Les notabilités doivent leur rang à leur fonction ou à leur influence ; elles participent de ces « masses de granit » sur lesquelles le régime napoléonien entendait fonder la société et l'État.

Le système de notabilités mis en place au début du Consulat n'a pas résisté à l'épreuve du temps. Dès l'An X, on lui substitue en matière électorale le système censitaire, les membres du collège électoral de chaque département devant être choisis parmi les six cents plus imposés du département[7]. On peut, bien sûr, à partir de ces listes isoler les élites municipales au sens de notabilités urbaines. Dans le cas Bordeaux, nous disposons d'un document original, la liste des cent plus forts contribuables de la ville, dressée en avril 1812[8] (tableau 2) :

Tableau 2. Les Cent plus forts contribuables bordelais en 1812

Catégories	Nombre de contribuables
Négociants, coutiers, marchands	37
Propriétaires	31
Fonctionnaires, magistrats	18
Professions libérales	11
Autres	3

Au sommet de la pyramide trône le comte d'Empire Amédée de Lur-Saluces avec 8 478 francs de contributions. Mais, sur ces cent plus imposés, ce sont les négociants qui dominent tant en nombre (37 cotes) que par le montant moyen de leur impôt (2 453 francs[9]). Nous trouvons ensuite les propriétaires (31 cotes, 2 196 francs), les membres des professions libérales

6. Arch. Dép. Pyrénées-Atlantiques, 1 M 1, listes d'éligibilité.

7. Les membres de ce collège électoral sont désignés à vie. Ce collège comprend également des membres nommés par le premier consul parmi les trente citoyens les plus imposés du département.

8. Arch. mun. de Bordeaux, 510 K 6.

9. Sur les 37 cotes des négociants, 24 dépassent 2 000 francs. Le plus imposé d'entre eux est Jean-Valère Cabarrus (6 200 francs). On trouve ensuite Jean-Baptiste Mareilhac (4 816 francs), Daniel Guestier (3 982 francs), Joseph Brun (3 703 francs), Pierre Merman et Jean-Pierre Baour (3 700 francs)... Sur les Cabarrus, voir, Cavignac J., « Les Cabarrus, négociants de Bordeaux, 1787-1871 », *Revue Historique de Bordeaux et du département de la Gironde,* 1970, p. 38-63.

(13 cotes, 1 577 francs), enfin, les fonctionnaires et les magistrats (18 cotes, 1 358 francs[10]).

Pareille liste a été conservée pour Agen mais celle-ci n'est guère exploitable car l'activité ou l'état des individus qu'elle mentionne fait défaut le plus souvent[11]. Pour les Landes, où les listes des plus imposés ne sont pas utilisables, par défaut d'indications professionnelles également, nous disposons d'un état des personnes « les plus marquantes du département », daté de 1809, sur lequel sont inscrits 50 noms. Dans ce département caractérisé par la faiblesse des activités économiques, les propriétaires viennent au premier rang : on en compte 32 dont le maire de Mont-de-Marsan, Marc Antoine du Lyon[12].

Les listes de la période impériale soulignent l'ambiguïté de la notion de notable ou plutôt révèlent une hésitation à définir la notabilité. Les listes électorales de la Restauration et de la Monarchie de Juillet, établies sur un critère exclusivement fiscal, enferment cette notabilité dans un cadre purement économique. Grâce à un « registre des électeurs de la commune de Bordeaux », il est possible pour 1820 de préciser la composition de la notabilité de cette ville (tableau 3[13]) :

Tableau 3. La notabilité bordelaise en 1820

Catégories	Nombre de cotes	%	Valeur moyenne des cotes (en francs)
Négociants	375	35,1 %	1063
Propriétaires	235	22 %	1105
Marchands	164	15,4 %	716
Fonctionnaires et magistrats	82	7,7 %	873
Artisans, manufacturiers	70	6,6 %	608
Professions libérales non juridiques	56	5,2 %	600
Professions libérales juridiques	36	3,4 %	888
Divers	49	4,6 %	834
Ensemble	1067	100 %	934

10. Parmi ces derniers, la moitié du groupe est représenté par des magistrats à la cour d'appel, le plus imposé étant le premier président, Nicolas-Antoine de Brézets avec 2 400 francs.
11. Arch. mun. d'Agen, 1 G 67.
12. Arch. Dép. des Landes, 3 M 6. Cette liste des personnalités les plus marquantes du département des Landes semble se rattacher à « l'enquête statistique et morale » entreprise en 1809 dans l'ensemble de l'Empire.
13. Arch. Dép. de la Gironde, 3 M 74.

Comme en 1812, négociants et propriétaires tiennent le haut du pavé; quatorze d'entre eux sont à plus de 4 000 francs [14]. Dans cette liste, la prééminence des négociants est d'autant plus remarquable que le système censitaire, largement basé sur l'impôt foncier, tend à sous-estimer l'importance des fortunes marchandes. Mais il est vrai que les négociants figurent sur ces listes parce qu'ils sont d'abord des propriétaires.

La supériorité des fortunes des négociants et des propriétaires s'observe à Bordeaux tout au long de la période de la monarchie constitutionnelle. Dans la liste des 32 contribuables bordelais payant plus de 3 000 francs d'impôts directs en 1831, nous trouvons 19 propriétaires (dont le marquis de Lamoignon avec 11 063 francs), 9 négociants, un marchand, un maître de forges, le receveur général (le baron de Carayon-Latour, au deuxième rang parmi les plus imposés de la ville avec 10 913 francs) et le président de la cour d'appel, Ravez [15]. Cette prépondérance de la terre et du négoce peut être observée dans les autres départements de la région même si l'échelle des fortunes n'est pas la même qu'en Gironde.

Dans les Basses-Pyrénées se retrouve à la fin de la Monarchie de Juillet la même opposition entre Bayonne et Pau que celle que l'on a pu noter à l'époque du Consulat :

Tableau 4. Les notables de Pau et de Bayonne en 1847

Catégories	Pau	Bayonne
Négociants	6	56
Marchands en gros	8	56
Marchands détaillants	20	37
Artisans, manufacturiers	11	32
Fonctionnaires et magistrats	35	19
Professions libérales	17	23
Propriétaires, propriétaires rentiers	23	33
Divers	6	14
Ensemble	126	270

Alors que dans la capitale du Béarn l'élite est formée de magistrats, de fonctionnaires de propriétaires qu'entourent quelques rares négociants, marchands en gros, entrepreneurs et manufacturiers, à Bayonne, la notabilité est issue pour l'essentiel du négoce et de ses associés de la banque, du courtage et des transports. À Pau, un peu plus du quart des électeurs censitaires appartient à l'administration et à la justice (soit 35 sur 126). Ainsi se trouve

14. On retrouve ici le négociant Cabarrus qui, avec 7 036 francs, reste le plus imposé des négociants.
15. Détail de cette liste dans FIGEAC M., *Destins de la noblesse bordelaise (1770-1830)*, Bordeaux, Fédération Historique du Sud-Ouest, 1996, tome 2, p. 545.

soulignée la fonction administrative de la ville préfecture du département, par ailleurs siège d'une cour d'appel, face à Bayonne où le personnel de l'administration et des tribunaux ne constitue qu'un noyau de notables fort peu étoffé (7 %). Par contraste également, sur les 270 électeurs que compte la ville de Bayonne en 1847, 149 (soit 55,1 %) appartiennent au monde du commerce et à ses associés; ceux qui figurent en qualité de négociant sont au total plus de cinquante, de même les marchands en gros [16].

Les données bordelaises comme celles concernant Pau et Bayonne montrent donc la domination au sein des élites urbaines dans les villes du sud-ouest de la première moitié du XIXe siècle de deux catégories, à savoir les propriétaires, une catégorie englobante, et le monde de la marchandise. Les chiffres concernant les principales villes du Lot-et-Garonne en 1847-1848 confirment ces données (tableau 5) :

Tableau 5. Les notables des principales villes du Lot-et-Garonne en 1847-1848

Villes	Agen	Marmande	Nérac	Villeneuve-sur-Lot
Négociants, marchands	19	9	18	43
Artisans, manufacturiers	21	8	3	18
Fonctionnaires et magistrats	36	14	7	11
Professions libérales	48	17	16	21
Propriétaires, propriétaires rentiers	31	49	40	57
Divers	11	6	4	4
Ensemble	166	103	92	154

À Villeneuve, Marmande et Nérac la catégorie des propriétaires rassemble le plus grand nombre de cotes et aussi les cens moyens les plus élevés [17]. À Agen, les professions libérales sont en tête, en nombre de cotes, devant les fonctionnaires et les magistrats : la ville est non seulement préfecture départementale mais aussi siège d'une cour d'appel comme Bordeaux et Pau [18]. Dans les quatre villes du département, les propriétaires, les fonction-

16. Sur tout cela voir notre contribution, « Les notables des Basses-Pyrénées sous la Monarchie de Juillet », *Revue de Pau et du Béarn*, n° 14, 1987, p. 95-118.

17. 538 francs à Marmande et à Villeneuve, 813 à Nérac. À Agen le cens moyen des propriétaires, 599 francs, est également le plus élevé de toutes les catégories.

18. Soula L., *La robe, la terre et le code. La cour d'appel d'Agen (An VIII-1851)*, thèse de doctorat de droit, Université des Sciences Sociales de Toulouse, 1996.

naires et les magistrats, les professions libérales viennent avant les artisans ou manufacturiers et les marchands négociants, sauf à Villeneuve.

Le tableau est identique à Mont-de-Marsan et à Dax en 1848 (tableau 6) :

Tableau 6. Les notables de Mont-de-Marsan et de Dax en 1848

Villes	Mont-de-Marsan	Dax
Négociants, marchands	33	29
Artisans, manufacturiers	11	16
Fonctionnaires et magistrats	23	9
Professions libérales	13	30
Propriétaires, propriétaires rentiers	29	28
Divers	5	5
Ensemble	114	117

Dans le canton de Périgueux, on observe en 1846-1847 une situation identique à celle-là [19].

Le tableau est donc clair. Il s'articule autour d'une domination urbaine de la classe dirigeante traditionnelle issue de la terre, du service de l'administration, du négoce et de la marchandise. Clair est également le contraste entre les villes maritimes et portuaires (Bordeaux, Bayonne) et celles de l'intérieur. Dans les premières dont le regard est tourné vers le large et les horizons lointains, les élites du commerce l'emportent ; dans les secondes, enracinées dans leur terroir, leur pays, et dont la vocation est d'abord administrative et politique, les propriétaires et les fonctionnaires ont une position dominante. Cette opposition entre deux types de villes a été soulignée de longue date par l'historiographie. Nous nous contentons ici de renvoyer aux travaux de Bernard Lepetit et de Marie-Vic Ozouf-Marignier [20]. Les transformations économiques du second XIXe siècle ont-elles profondément modifié cette situation ? On aimerait disposer de documents comparables aux listes censitaires des années antérieures à l'avènement du suffrage universel pour répondre à cette question. « L'enquête Daumard » montre cependant, dans le cas de Bordeaux, une assez grande stabilité de la stratification sociale. En 1911, les négociants et les marchands en gros, les fonctionnaires

19. Arch. Dép. de la Dordogne, 3 M 1. Le canton de Périgueux compte alors 221 électeurs dont 15 officiers (586 francs d'imposition moyenne), 70 propriétaires (529 francs), 36 fonctionnaires et magistrats (409 francs), 35 membres des professions libérales (389 francs), 28 fabricants et artisans (380 francs), 36 marchands et négociants (354 francs), un prêtre (593 francs).

20. Lepetit B., *Les villes dans la France moderne (1740-1840),* Paris, Albin Michel 1988 ; Ozouf-Marignier M.-V., *La représentation du territoire français à la fin du XVIIIe siècle d'après les travaux sur la formation des départements,* Thèse de troisième cycle, Université de Paris I (Panthéon-Sorbonne), dactylographiée, 1983.

supérieurs et les magistrats, les professions libérales supérieures et les propriétaires tiennent le haut du pavé comme ils le tenaient déjà en 1824[21].

Deuxième approche : les élites municipales comme corps de ville

Admettre l'hypothèse d'une stabilité de la configuration des élites dans les villes de la France du sud-ouest au XIXe siècle et en déduire leur pérennité au sein des conseils municipaux au cours de la même période serait aller vite en besogne et faire peu de cas des conséquences qu'a pu induire l'avènement du suffrage censitaire, puis du suffrage universel, sur la composition de ces conseils.

À l'époque des municipalités nommées, soit jusqu'à la loi municipale du 24 mars 1831, le recrutement des conseils municipaux est notabilaire. Quelques critères prévalent : la capacité, la notoriété familiale ou le rang social, la fortune, l'adhésion au régime en place. Laurent Coste l'a bien montré pour le Bordeaux du Premier Empire. En 1809, le préfet de la Gironde expliquait qu'il fallait présenter aux places vacantes dans le conseil municipal de cette ville « des citoyens propriétaires et négociants pris parmi les plus imposés de la ville[22] ». Aussi, sur les 82 édiles qui ont siégé au conseil municipal de Bordeaux entre septembre 1805 et septembre 1815, le négoce est très largement représenté avec 46,3 % de l'effectif; les propriétaires (21,9 %) et les hommes de loi (19,5 %) viennent ensuite[23]. Les mêmes négociants qui siégeaient au conseil municipal étaient membre du Conseil de commerce formé en 1807 ou à la Chambre de commerce : sur les huit présidents qui se succédèrent à la tête de cette institution, seuls deux ne firent pas partie de la municipalité[24]. Ces élites municipales appartenaient à la strate la plus aisée. Parmi les six premiers noms de la liste des 600 plus imposés du département de la Gironde, trois ont siégé au conseil municipal de la ville (Cabarrus, au troisième rang sur cette liste, Lynch au cinquième rang et Gourgues au sixième). On comptait également 18 édiles parmi les cent plus gros contribuables de la ville[25].

21. Daumard A., *Les fortunes françaises au XIXe siècle,* Paris, Mouton, 1973. L'enquête sur les successions bordelaises de 1824 est due à Georges Dupeux et celle des successsions de l'année 1911 à Jacqueline Herpin.

22. Arch. mun. de Bordeaux, 408 K 1, cité par Coste L., *Le maire et l'Empereur. Bordeaux sous le Premier Empire,* Bordeaux, SAHLC, 1993, p. 58-59.

23. Coste L., *op. cit.*, p. 57. En 1809, le conseil municipal de Bordeaux compte 13 négociants (ou anciens négociants) et armateurs, 11 propriétaires dont le maire Lynch, ancien conseiller au parlement. Les almanachs de la période révolutionnaire montrent la place prépondérante tenue par les négociants dans l'assemblée communale entre 1790 et septembre 1793 puis après Thermidor.

24. *Ibid.*, p. 57. Voir également Butel P., *Histoire de la chambre de commerce et d'industrie de Bordeaux,* Bordeaux, Chambre de commerce, 1988, p. 137-140.

25. *Ibid.*, p. 61.

À Bayonne, ville maritime comme Bordeaux, le négoce siège également en bonne place, au côté des propriétaires rentiers, au sein conseil municipal de la ville dans le premier tiers du XIXe siècle. Dans la municipalité bayonnaise nommée en mai 1815 – elle comprend 32 membres – nous trouvons 14 négociants, 4 marchands en gros, 6 représentants des professions libérales[26]. Mais cette prépondérance n'est pas exclusive d'instabilité. Entre 1800 et 1839, la ville a successivement neuf maires. Ici, le fait marquant est une certaine fuite devant l'exercice des fonctions municipales en général, la fonction de maire en particulier[27]. Le préfet des Basses-Pyrénées, Dessolle, note ainsi, en 1817, « un grand éloignement de la part des principaux négociants et propriétaires à se charger des fonctions municipales » ; quelques années plus tard, il écrit au ministre de l'Intérieur, sur un ton désabusé : « Ce n'est pas facile de trouver un maire à Bayonne[28]. » C'est que les négociants sont loin de fournir une classe disponible pour remplir avec assiduité les fonctions municipales. Au contraire même : l'impossibilité de délaisser leurs affaires privées les incite à se tenir dans une certaine réserve vis-à-vis des fonctions édilitaires. Sous le Consulat et l'Empire, Dechégaray (1806-1815), seul maire de Bayonne issu du négoce est un « négociant retiré[29] ».

Les conseils municipaux des villes de l'intérieur présentent un autre profil que la carte de l'Aquitaine met bien en évidence.

26. Hourmat P., *Histoire de Bayonne,* tome IV, *La Restauration 1814-1830,* Première partie « De la première Restauration à l'intervention militaire en Espagne (1814-1823), Bayonne, Société des Sciences Lettres et Arts, 1997, p. 97. Pour le reste nous avons : deux rentiers, un constructeur de navires, un aubergiste, un boulanger, un ancien capitaine du génie, le receveur principal des douanes et le receveur particulier des finances de l'arrondissement.

27. C'est un phénomène que l'on observe aussi à Bordeaux à la même époque. Ainsi, un an à peine après sa nomination comme maire de la ville en septembre 1805, Laurent Lafaurie de Monbadon envisageait de se démettre. Il écrivait en effet le 24 septembre 1806 que « les obligations qu'on [voulait] imposer au maire de Bordeaux ne [lui convenaient pas] » et qu'il croyait « au contraire rendre un grand service à [ses] concitoyens en abandonnant une place pour laquelle [il sentait son] insuffisance » (Arch. Dép. Gironde, 1 M 133, lettre au préfet, citée par Coste L., *op. cit.*, p. 34-35).

28. Jourdan J.-P., « Du libéralisme au radicalisme », Pontet J. (dir.), *Histoire de Bayonne,* Toulouse, Privat, 1991, p. 239. Cette remarque renvoie au constat fait par André-Jean Tudesq, lequel observe que dans les années 1840, « la mairie est une charge autant qu'un honneur ce qui peut expliquer qu'on se lasse et qu'elle change souvent de main », Tudesq A.-J., *Les grands notables en France en France (1840-1849) : étude historique d'une psychologie sociale*, Paris, PUF, 1964, vol. I p. 324.

29. Mais après lui, sous la Restauration, Chégaray (1815) et Fourcade (1815-1818) sont des négociants en activité.

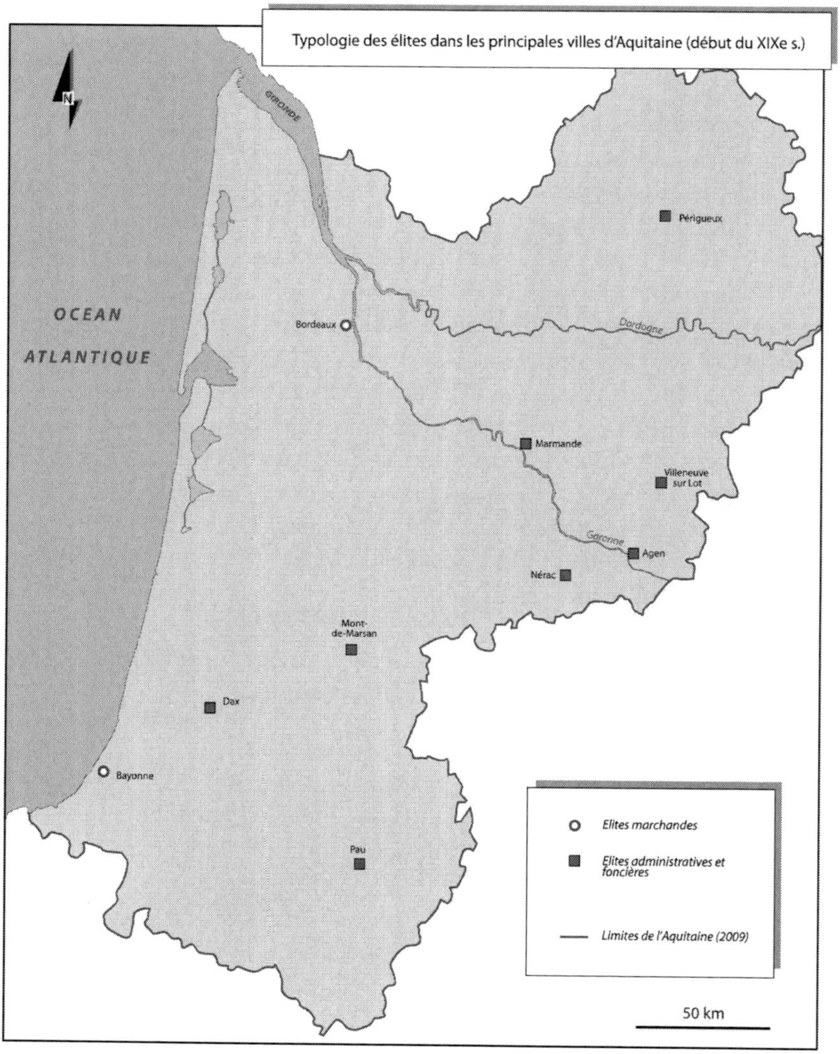

À Périgueux, en 1810, le quart du conseil municipal est composé de fonctionnaires, c'est-à-dire pour l'essentiel de magistrats[30]. Le cas d'Agen est différent avec, à côté des élites liées à la justice, une forte représentation des négociants et des marchands[31]. À Pau, 62 candidats ont été proposés à

30. Soit 8 fonctionnaires (dont 5 juges au tribunal civil) sur 30 conseillers. À côté des magistrats, nous trouvons le directeur de la poste aux lettres, le receveur général du département, un chef de bureau à la préfecture.

31. Cubelier de Beynac J., « Une municipalité au début de la Révolution, Agen de février 1790 à novembre 1791 », *Révolutions en Aquitaine,* Actes du 42e congrès d'études régionales de la Fédération Historique du Sud-Ouest (Bordeaux, 1988), Bordeaux, 1990, p. 209-221. Parmi les 38 élus de février 1790, il y a 13 membres du présidial, de l'élection ou du barreau, 11 négociants, 9 nobles ou « bourgeois », 5 divers.

une nomination au conseil municipal de la ville parmi lesquels 29 appartiennent à l'administration ou à la justice, dont 16 à la cour royale[32].

À partir de 1831, l'élection des conseils municipaux au suffrage restreint n'a pas fondamentalement modifié leur composition socio-professionnelle, de sorte que la distinction villes maritimes/villes de l'intérieur s'observe encore sous la Monarchie de Juillet. À Bordeaux, la prépondérance de « l'aristocratie commerciale » selon le mot d'Haussmann, alors sous préfet en Gironde, demeure intacte. Mais les professions libérales se sont substituées aux propriétaires. Le conseil municipal élu au lendemain de l'adoption de la loi de 1831 comprenait 39 membres. Les représentants des milieux d'affaires n'en forment plus de la moitié (22 dont 15 négociants). Les quatre plus riches conseillers sont des négociants : Guestier, Wustenberg, Promis et Fieffé[33]. Il y a 10 membres des professions libérales (6 avocats et notaires, 4 médecins et pharmaciens). En 1840, le conseil municipal comprend 18 négociants, 12 représentants des professions libérales (dont trois notaires), 5 propriétaires (dont un ancien négociant), un architecte et 3 fonctionnaires : les négociants représentent près de la moitié du conseil. Les maires de la période, nommés par ordonnance royale, Joseph Brun (1831-1838), David Johnston (1838-1842) et Lodi-Martin Duffour-Dubergier appartiennent au milieu des affaires et du négoce dont un certain nombre d'éléments se rangent parmi les grands notables à plus de 1 000 francs de cens[34].

Les négociants continuent également à dominer le conseil municipal de Bayonne durant le régime de Juillet. La loi de 1831 dotait la ville de 27 conseillers municipaux y compris le maire et les deux adjoints désignés parmi les conseillers élus pour une durée de six ans. Tous les trois ans, le renouvellement du conseil par moitié[35] rendait possible la stabilité du corps municipal. De fait, sous la Monarchie de Juillet, la ville n'a compté, au total, que 48 conseillers municipaux dont 12 ont été élus et réélus tout au long de la période. En décembre 1831, sur 27 élus, on dénombre 2 négociants, 7 marchands en gros, 2 commis négociants, un coutier de marine, 3 propriétaires rentiers dont la fortune provenait d'activité commerciale soit, ensemble, 15 élus issus directement ou indirectement du commerce. À l'issue du dernier renouvellement municipal, celui de 1843, les négociants sont au nombre de 14. Cette prépondérance des négociants n'a rien d'étonnante si l'on considère la composition du corps électoral municipal : sur les 723 électeurs de 1840, les négociants représentent le tiers des cent

32. Archives Nationales, F1 b II, Basses-Pyrénées 22 ; voir également, Bayaud P., « Notes sur l'administration municipale de Pau (1804-1882) », *Bulletin de la Société des Sciences, Lettres et Arts de Pau*, 1967, p. 163 et suivantes.

33. Higounet C. (dir.), *Histoire de Bordeaux*, tome VI, *Bordeaux au XIXe siècle*, (Desgraves L. et Dupeux G., dir.), Bordeaux, Fédération Historique du Sud-Ouest, 1969, p. 72.

34. Tudesq A.-J., *op. cit.*, p. 297-301. En 1840, David Johnston paie 7 563 francs de cens.

35. Ces renouvellements ont eu lieu en 1834, 1837, 1840, 1843 et 1846.

premiers imposés et les marchands en gros, un cinquième. C'est vers cette élite de la fortune que les « petits » électeurs, les moins imposés figurant en fin de la liste électorale ont porté leur suffrage[36]. C'est vers elle que les autorités politiques ont continué à se tourner quand il s'est agi de désigner un maire et des adjoints. En juin 1833, l'orléaniste François Balasque, présenté dans un rapport préfectoral comme « un négociant riche, homme d'esprit, de tête et de cœur » devient maire de la ville et il le reste jusqu'en 1848.

À Bayonne, comme dans les autres villes du département des Basses-Pyrénées, la composition sociale des conseils municipaux reflète alors leur fonction dominante, et donc la nature de leurs élites respectives[37]. Mais le fait nouveau, sous la Monarchie de Juillet, est la place nouvelle tenue dans ces villes par les représentants des professions libérales, les fameuses « capacités » : 38 conseillers sur cent dans les quatre principales villes de ce département. À Pau dominent les avocats (6 conseillers) ; à Orthez, les avoués (6 conseillers) ; ailleurs, toutes les professions libérales juridiques sont représentées presque également. À ces professions, il faudrait ajouter les magistrats des cours et des tribunaux : 5 à Oloron, 4 à Pau, 3 à Orthez, un à Bayonne. Au total, les hommes de loi occupent 42 des cent sièges dans les conseils municipaux urbains des Basses-Pyrénées (Bayonne, Pau, Oloron, Orthez) à la veille des événements de 1848[38]. Leur savoir juridique fait d'eux des titulaires désignés à l'exercice des fonctions municipales (tableau 7).

Tableau 7. Composition des conseils municipaux
des villes des Basses-Pyrénées en 1847

Villes	Pau	Bayonne	Oloron	Orthez
Négociants, marchands	5	15	4	4
Artisans, manufacturiers	2	-	-	-
Fonctionnaires et magistrats	7	2	6	5
Professions libérales	13	6	9	10
Propriétaires, propriétaires rentiers	-	4	2	4
Divers	-	-	2	-
Ensemble	27	27	23	23

36. Hourmat P., *Histoire de Bayonne*, tome V, *Bayonne au temps de la Monarchie de Juillet (1830-1848). Vie politique et municipale Restauration 1814-1830*, Bayonne, Société des Sciences Lettres et Arts, 2004, p. 32, 40, 89, 94, 110, 119, 120-123.

37. Cette adéquation se vérifie en bien des villes : Toulon a compté au xixe siècle un nombre important de maires retraités de l'armée, de la marine ou de l'administration maritime ; à Reims, nous avons une remarquable séquence de maires négociants en vin au xixe siècle également ; à Calais, Sète, Le Havre, on observe également une prépondérance de maires négociants ; à Limoges, Roubaix, Mulhouse, Lille à des industriels (au xixe siècle) ont pu succéder des maires ouvriers (au xxe siècle) ; sur ces villes, voir Agulhon M. et *alii*, *op. cit.*, p. 142-144.

38. Vignancour E., *Annuaire administratif, judiciaire et industriel des Basses-Pyrénées pour l'année 1847.*

À Périgueux, à la même époque, la moitié du conseil municipal est composée de représentants des professions libérales, les avocats et les médecins en particulier.

Au temps des monarchies censitaires, la distinction villes maritimes/villes de l'intérieur au plan de la composition des élites détentrices du pouvoir municipal reste donc fondée. À partir de 1848, l'adoption du suffrage universel pour la désignation des conseils municipaux n'a pas bouleversé l'ordre social des choses, au moins dans l'immédiat. Les négociants ont continué à dominer le conseil municipal de Bayonne : en 1862, sa composition diffère peu de ce qu'elle était dans les années 1820 [39] ; sous le Second Empire, à Pau, fonctionnaires et magistrats conservent, avec les carrières libérales, une place importante quoi qu'en recul [40]. Dans cette ville, la cour d'appel eut toujours d'assez nombreux représentants au sein du conseil municipal [41]. C'est là un élément que l'on retrouve moins marqué à Agen [42], autre siège de cour, et qui n'apparaît pas à Bordeaux en raison de la place dominante des élites négociantes. Mais à Agen également, la place des élites judiciaires n'a pas cessé de régresser, et cette régression apparaît avec une grande netteté quand on compare les données du XIXe siècle à celles de 1790. Le même mouvement de recul s'observe à Périgueux. Dans cette ville sous la Monarchie de Juillet, la part des fonctionnaires et des magistrats n'est plus que de 10 % au sein du conseil municipal contre un quart en 1810 [43]. À Mont-de-Marsan, les professions libérales l'emportent aussi au sein du conseil municipal de la ville, en 1850.

La républicanisation des conseils municipaux a-t-elle eu davantage d'effets ? Le cas d'Agen peut le laisser penser, au moins si l'on compare les données de 1884 à celles de 1855 : les artisans l'emportent sur les négociants (tableau 8).

39. Sur 25 membres, le conseil municipal de Bayonne comprend en 1862 : 12 négociants et banquiers, 5 propriétaires ou propriétaires rentiers, 6 membres des professions libérales, 2 artisans.

40. Fonctionnaires et magistrats rassemblent à Pau, 9 conseillers sur 24 en 1815, 10 sur 27 en 1835, 7 sur 27 en 1853, 4 sur 27 en 1862.

41. 6 en 1815, 7 en 1835, 4 en 1853 mais seulement 2 en 1862.

42. Sur 32 membres, la municipalité d'Agen nommée en l'An VIII comprend deux juges d'appel et un ex-magistrat ; en 1831, parmi les 27 conseillers municipaux élus, il y a 3 magistrats ; ils sont 2 en 1855 dans une municipalité fortement dominée par les négociants et il n'y en a plus aucun dans celle issue du scrutin de mai 1884 composée, il est vrai de républicains radicaux. Sur tout cela, voir SERRET F.-J., *Les sénéchaux, préfets et magistrats municipaux d'Agen depuis les temps anciens jusqu'à nos jours*, Agen, 1886.

43. Soit 8 fonctionnaires (dont 5 juges au tribunal civil) sur 30 conseillers contre 5 conseillers sur 46 des années 1831-1836.

Tableau 8. Composition du conseil municipal d'Agen en 1855 et en 1884

Catégories	1855	1884
Négociants*	10	7
Artisans, commerçants	-	10
Professions libérales	7	5
Fonctionnaires	-	2
Propriétaires	5	-
Divers	4	-
Ensemble	26	24

*dont un banquier

De même, dans le Bayonne des débuts de la IIIe république (1870-1914), 35 % des conseillers municipaux environ appartiennent au milieu du négoce et près de 30 % aux professions libérales, ce qui marque une évolution sensible par rapport à la période antérieure[44]. Mais, dans cette ville, selon les étiquettes, la distribution socioprofessionnelle des élus diffère. Les fonctionnaires, les employés, les artisans et les professions libérales sont sur représentés dans les rangs des élus radicaux ; les banquiers et les propriétaires rentiers dominent les rangs des conservateurs. Parmi les huit maires ou conseillers ayant fait fonction de maire durant cette période, on recense trois négociants et trois avocats[45].

Pour Bordeaux, l'étude menée en 1966 par Jacqueline Herpin sur les milieux dirigeants de la ville sous la IIIe République est particulièrement précieuse[46]. Elle a rangé en neuf catégories socio-professionnelles les 327 conseillers municipaux que la ville a comptés entre 1870 et 1940. Sur l'ensemble de la période, les négociants viennent au premier rang (27,9 %) devant les professions libérales (26,3 %[47]). On retrouve les deux catégories dominantes des époques antérieures. Cependant, le groupe des négociants n'est pas identique à lui-même : il existe une différence de statut social entre les négociants des Chartrons, les chefs des maisons faisant le commerce des vins, les armateurs, les exportateurs ou les commissionnaires, membres de la chambre et du tribunal de commerce qui peuplent les conseils municipaux des débuts de la IIIe République et les négociants en gros qu'on y rencontre assez souvent ensuite. Au demeurant, les négociants perdent leur

44. Crépin V., *Le pouvoir municipal à Bayonne (1870-1914),* Travail d'Études et de Recherches, Université de Pau, 1988.

45. Furtado, Haulon, Portes pour les premiers ; Châteauneuf, Pouzac, Garat pour les seconds.

46. Herpin J., « Les milieux dirigeants à Bordeaux sous la IIIe République », *Revue Historique de Bordeaux et du département de la Gironde,* octobre-décembre 1966, p. 145-165.

47. *Ibid.,* p. 154. Le détail des pourcentages (arrondis) est le suivant : négociants 27,9 %, professions libérales 26,3 %, commerçants et artisans 16,2 %, fonctionnaires et employés 10,8 %, propriétaires rentiers 6,5 %, industriels 5,6 %, ouvriers 2,5 %, commerçants en gros 1 %, militaires et marins 0,6 %, divers 2,6 %.

prépondérance relative à partir de l'élection de la municipalité socialiste d'Adrien Marquet en 1925. Par comparaison, la présence de représentants des professions libérales s'est avérée plus stable. *A contrario*, on observe une montée progressive des commerçants et des artisans d'une part, des fonctionnaires et des employés d'autre part. « Ainsi, progressivement, s'effectue un remplacement des catégories socio professionnelles dirigeantes, avec une transformation brutale et quasi totale en 1925. À cette date, propriétaires, industriels, commerçants en gros, ouvriers même ont disparu ; les négociants sont des nouveaux riches, tandis que les fonctionnaires, employés et commerçants dominent la vie municipale sous la direction des représentants des professions libérales » : on suit ici Jacqueline Herpin[48]. On la suit également dans son regroupement des professions par catégories sociales qui montre l'ascension politique de la petite bourgeoisie (tableau 9).

Tableau 9. Le conseil municipal de Bordeaux sous la IIIe République : les niveaux sociaux

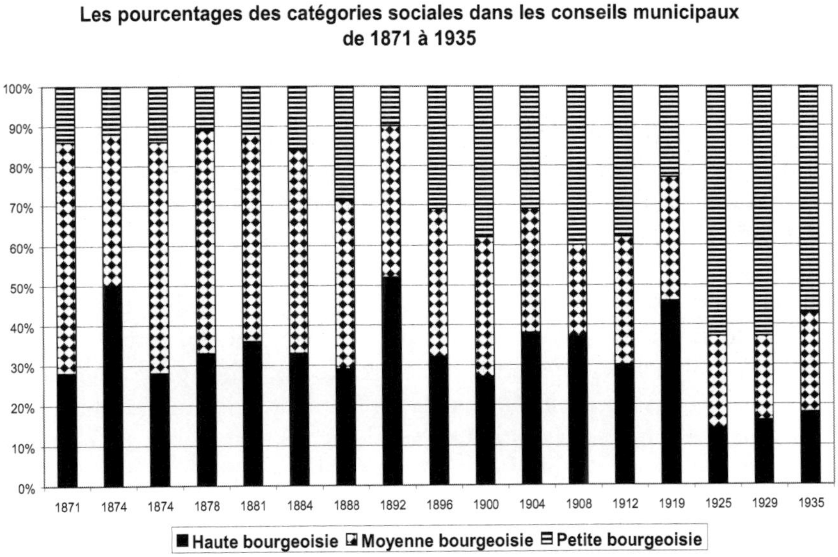

Ce renouvellement des élites municipales n'est pas propre à Bordeaux, et, à considérer les maires des cinquante villes étudiées dans le cadre de l'enquête Agulhon, il apparaît avec la même netteté, le tournant se situant entre 1880 et 1900[49]. Cela n'empêche pas que l'on puisse toujours distinguer les villes dont l'activité est fondée sur l'échange des autres cités[50]. En revanche, tout donne à croire qu'il n'a eu qu'une faible ampleur au village

48. *Ibid.*, p. 156.
49. AGULHON M. et *alii*, *Les maires en France…*, *op. cit.*, p. 144.
50. *Ibid.*, p. 146 : Bordeaux, Nantes, Rouen, Marseille, Strasbourg parmi les premières, Toulouse, Besançon, Caen, Nancy parmi les secondes : dans cette dernière série de villes, le maire, en 1866 comme en 1882, appartient aux professions non économiques.

ce qui permet de s'interroger sur l'exacte étendue de la « révolution des mairies » du début de la IIIe République[51].

Si la composition sociologique des élites urbaines est donc relativement bien cernée, la question des liens de parenté qui ont pu exister entre membres d'un même conseil municipal, entre membres de conseils municipaux successifs reste entière. La règle de droit édicte des incompatibilités qui interdisent à des proches parents de siéger dans la même assemblée. À l'époque des corps municipaux nommés, l'autorité a pu avoir tendance à sélectionner les candidats au sein d'un même vivier familial et à en écarter d'autres, pour des raisons diverses telles la notoriété de ces familles ou leur fidélité politique. Ainsi, à la mort d'Alexandre Betbeder, maire de Bayonne, en novembre 1823 le préfet des Basses-Pyrénées songe un moment à désigner comme successeur, à la nomination du roi, le neveu du défunt[52]. On pourrait simplifier cette question des liens de parenté au sein des élites municipales en s'attachant seulement au cas des maires. Mais le problème de la collecte du renseignement biographique reste entier, comme l'a souligné Maurice Agulhon : « La parenté d'un maire avec tel ou tel prédécesseur serait évidemment importante à connaître [...] À nouveau, le renseignement d'archive d'origine préfectorale risque d'être d'inégale valeur, imprécis [...] On repère aisément les maires fils d'un maire précédent (encore faut-il vérifier les homonymies trompeuses), mais les gendres ou neveux nous échappent facilement[53]. » Ceci étant, « l'enquête Agulhon » fournit à notre questionnement quelques éléments de réponses. Ainsi, le facteur de parenté est rare parmi les maires de la région parisienne au XIXe siècle comme au XXe siècle. Si on considère la taille des communes françaises, il est important dans les plus petites d'entre elles mais très rare en ville ; la parenté paraît davantage liée à certaines professions (avocats) qu'à d'autres (médecins[54]), et plus liée à la politisation qu'à son absence. Mais, comme l'observe Maurice Agulhon, les écarts sont faibles et il n'est pas sûr qu'ils se vérifient d'une région à une autre : les systèmes de parentés et les stratégies liées à la parenté ont pu varier, dans la France rurale traditionnelle, d'une région à sa voisine[55]. Pour le sud-ouest de la France, l'enquête de fond reste à faire.

51. *Ibid.* ; à cet égard le tableau de l'origine socio professionnelle des 1600 maires ruraux entre 1824 et 1882 repérés par les enquêteurs de l'équipe Agulhon (p.52) est de ce point de vue fort éclairant.

52. Hourmat P., *op. cit.*, p. 15-16.

53. Agulhon M. et *alii, op. cit.*, p. 36.

54. Il faudrait ici aussi considérer « l'état » des maires, nobles ou roturiers. On peut penser que là où la noblesse a conservé son pouvoir municipal, l'hérédité municipale a été plus forte qu'ailleurs.

55. Pour le cas alsacien entre 1800 et 1870, voir la contribution de Bernard Vogler dans l'ouvrage co-dirigé par Maurice Agulhon (p.188-189). Bernard Vogler montre que « la parenté tient une grande place mais l'état lacunaire des sources et les homonymies rendent l'étude parfois difficile ». Il observe que ces situations de parenté proche entre maires d'une même commune « sont davantage caractéristiques des villages que des villes et bourgs » ; Mulhouse où la mairie « est une affaire familiale » constitue ici une exception.

Troisième partie

LE POUVOIR DANS LES VILLES CONTINENTALES

Des vertus de l'oligarchie : la municipalité amiénoise au XVIe siècle

Olivia Carpi

De prime abord, une étude de la municipalité amiénoise ne semble pas avoir sa place dans un colloque consacré au gouvernement des villes maritimes et à leurs élites, sauf dans une perspective comparatiste, destinée à mettre en exergue une éventuelle spécificité de ces cités par rapport aux « villes de l'intérieur » dont Amiens fait effectivement partie. Au XVIe siècle, Amiens est non seulement la capitale de la Picardie, province située au Nord de Paris mais aussi une ville frontière, « une clef du royaume », séparant la France des anciens Pays-Bas méridionaux, ce qui influe sur de nombreux aspects de la vie citadine, surtout à une époque marquée par les guerres étrangères et intestines. Ce n'est d'ailleurs pas le seul intérêt de cette période, encore peu représentée dans l'historiographie urbaine, en grande partie du fait des sources, pas toujours exploitables, tant du point de vue quantitatif que qualitatif. Or, bien que, dans le cas d'Amiens, on ne dispose pas, pour le XVIe siècle, de sources notariales ou ecclésiastiques satisfaisantes, la richesse des archives communales compense largement ces lacunes, du moins en ce qui concerne le fonctionnement de l'ancien corps de ville, puisqu'elles comprennent chartes et titres constitutifs, ordonnances municipales, délibérations de l'échevinage, comptes, documents de police mais aussi un abondant fonds d'inventaires après décès.

Afin de déterminer la pertinence d'un rapprochement critique, du point de vue des pratiques politiques, entre une ville « continentale » et ses homologues portuaires ou littorales, nous établirons la structuration juridico-institutionnelle et la composition sociale de la municipalité amiénoise sous les derniers Valois et le premier Bourbon. Ce faisant, nous tâcherons surtout de tester la notion d'« oligarchie », à laquelle on recourt fréquemment pour qualifier le système de gouvernement des « bonnes villes » du temps, quelles que soient leur implantation géographique ou leurs activités économiques [1].

1. Coste L., *Les lys et le chaperon. Les oligarchies municipales en France de la Renaissance à la Révolution*, Bordeaux, 2007, p. 315 : l'auteur pose le postulat d'une nette différence de comportement entre les capitales provinciales, administratives et économiques et les autres villes, notamment en matière

Il ne s'agira pas seulement de faire de l'histoire sociale du politique, de reconstituer des familles dirigeantes et les réseaux relationnels dans lesquels elles étaient insérées mais de montrer qu'une oligarchie ne se réduit pas à la confiscation du pouvoir par une poignée de dynasties, en quête d'autorité et de dignité. Notre objectif sera donc de tâcher de cerner, à travers les sources communales et les trop rares écrits des contemporains, les linéaments de la culture politique, au sens étymologique du terme, que professaient les élites dirigeantes locales[2].

On verra alors que, si la communauté amiénoise a finalement triomphé des épreuves auxquelles elle a été confrontée et des forces de dissolution dont elle était la proie à cette époque, c'est grâce aux vertus, et nous employons ce mot à dessein, d'un système politique longtemps disqualifié, par ignorance ou préjugé mais dont il importe, sans pour autant tomber dans l'excès inverse, de mesurer l'efficacité voire de rétablir la légitimité, à l'aune de ses résultats concrets, certes, mais aussi de sa conformité avec les valeurs fondamentales et largement consensuelles de la société dont il émanait[3].

Une parfaite oligarchie?

Il n'est pas douteux que, dès le XVIe siècle, la municipalité amiénoise présente déjà tous les traits d'une oligarchie, tels qu'ont pu les mettre en évidence les historiens qui se sont penchés sur l'histoire sociale des municipalités françaises entre la Renaissance et la Révolution[4]. Il faut comprendre

---

de renouvellement des familles dirigeantes, qui serait plus important dans les cités de la première catégorie. Toutefois, à l'opposition classique entre les grandes villes, assez ouvertes et les petites, au patriciat oligarchique, il pense que nous pouvons ajouter celle entre les provinces de l'Est et du Nord, Artois, Flandres, Alsace, au patriciat fermé et celles du Languedoc méditerranéen, où l'ouverture est sensible, quelle que soit l'importance de la population.

2. SAUPIN G., « Vie politique et liens sociaux dans les villes françaises », POUSSOU J.-P. (dir.), *Les sociétés urbaines au XVIIe siècle (Angleterre, France, Espagne)*, Presses de l'Université Paris-Sorbonne, 2007, p. 159.
3. COSTE L., *op. cit.*, p. 13, 21, 27-31.
4. *Ibid.* et *Messieurs de Bordeaux. Pouvoir et hommes de pouvoir à l'hôtel de ville (1548-1789)*, Bordeaux, 2006; PONTET J., *Bayonne, un destin de ville moyenne à l'époque moderne. Étude de l'agglomération bayonnaise de la fin du XVIe au milieu du XIXe siècle*, thèse d'État sous la direction de POUSSOU J.-P., Université de Paris IV, 1978; MARQUE J.-P., *Institution municipale et groupes sociaux. Gray, petite ville de province (1690-1790)*, Paris, Les Belles-Lettres, 1979; GREISSLER P., *La classe politique dirigeante à Strasbourg (1650-1750)*, Strasbourg, Le quai, 1987; DESCIMON R., « L'échevinage parisien sous Henri IV (1594-1609). Autonomie urbaine, conflits politiques et exclusives sociales », *La ville, la bourgeoisie et la genèse de l'État moderne (XIIe-XVIIIe siècles)*, Paris, 1988, p. 113-150; GUIGNET P., *Le pouvoir dans la ville au XVIIIe siècle. Pratiques politiques, notabilité et éthique sociale de part et d'autre de la frontière franco-belge*, Paris, Éditions de l'EHESS, 1990; SAUPIN G., *Nantes au XVIIe siècle. Vie politique et société urbaine*, Rennes, Presses universitaires de Rennes, 1996; MOUYSSET S., *Le pouvoir dans la bonne ville. Les consuls de Rodez sous l'Ancien Régime*, Paris-Toulouse, SLSAA, CNRS, 2000; COMBET M., *Jeux de pouvoir et familles. Les élites municipales à Bergerac au XVIIe siècle*, Bordeaux, FHSO, 2002; ANDRAULT J.-P., *Poitiers à l'âge baroque. Une capitale provinciale et son corps de ville (1594-1652)*, Poitiers, Société des Antiquaires de l'Ouest, 2003; BARBUSSE G., *Le pouvoir et le sang. Les familles de capitouls de Toulouse au siècle des Lumières (1715-1790)*, thèse de doctorat d'histoire,

par là un gouvernement exercé par un petit groupe de personnes, issues des mêmes familles, appartenant elles-mêmes à l'élite citadine et désignées par des élections annuelles n'entraînant pas un profond renouvellement de l'équipe dirigeante mais un brassage tout juste suffisant pour éviter toute sclérose du corps municipal.

La concentration du pouvoir

Sachant que « l'oligarchie ne peut être appréhendée en dehors du cadre juridique municipal[5] » et même de l'histoire de la cité, il faut préciser que, dans le cas d'Amiens, ce régime politique, sous la forme qu'il présente au XVIe siècle, est le fruit d'un passé et d'une législation fort anciens[6]. Car la municipalité amiénoise peut se targuer de faire remonter ses origines au début du XIIe siècle, avec la création, en 1113, d'une commune qui, avec celles de Saint-Quentin, Beauvais, Noyon et Laon, compte parmi les toutes premières du royaume et qui fut confirmée, par le souverain, en 1117, au terme d'un combat acharné, largement soutenu par le roi Louis VI le Gros et l'évêque Saint Geoffroy, des bourgeois coalisés contre leur seigneur[7]. Or, déjà à l'époque médiévale, en tant que seigneurie collective, habilitée à rendre la justice, au civil comme au criminel, exception faite des cas royaux, la commune forme un corps politique dont le fonctionnement n'a rien de démocratique. Elle est composée d'un *maieur* (maire), qui en est le chef et de vingt-quatre *eskievins* (échevins), qui s'acquittent de mandats d'une durée de trois à quatre ans. À l'origine, assez nébuleuse de la commune, *maieur* et échevins étaient élus par le suffrage direct des habitants pourvus de bien-fonds mais, très vite, dans le courant du XIIIe siècle, la désignation du *maieur* et des douze premiers échevins, sur la base de listes de candidats établies par les sortants, fut confiée aux seuls *maieurs des bannières*. Eux-mêmes étaient élus, à raison de deux chacune, à la pluralité des suffrages, au sein de ces organisations, dont le nombre varie de seize à vingt-quatre, représentant les principaux métiers, artisans et commerçants, de la ville, à l'exception, toutefois, des *waidiers* et des taverniers dont les *maieurs* étaient nommés par l'échevinage, soucieux de conserver le contrôle sur le commerce de la guède et du vin, qui assuraient alors la prospérité d'Amiens. C'est d'ailleurs ce qui explique que ce sont ces deux corps qui fournissent plus de la moitié des échevins au XIVe siècle. Les douze autres échevins, dits

Université de Toulouse II-Le Mirail, 2004 ; BAUMIER B., *Tours entre Lumières et Révolution. Pouvoir municipal et métamorphoses d'une ville (1764-1792)*, Rennes, Presses universitaires de Rennes, 2007.

5. COSTE L., *op. cit.*, p. 125.
6. CARPI O., *Amiens et la Ligue (vers 1520-1597). Genèse, modalités et enjeux d'une révolution municipale*, thèse de doctorat d'histoire sous la direction de Nicole Lemaître, Paris I, 2000, volume I, p. 35 et suivantes.
7. DESPORTES P., *Aspects de la Picardie au Moyen Âge*, Amiens, 1995 et chapitre II de l'*Histoire d'Amiens*, HUBSCHER R. (dir.), Toulouse, Privat, 1986.

« du lendemain », étaient cooptés, le jour suivant les élections, par le *maieur* et les douze premiers, dits « du jour ».

Cette nouvelle procédure, censée remédier aux abus, n'a donc fait que renforcer le processus d'« oligarchisation » de la municipalité amiénoise dans la mesure où, dès le début, on constate une monopolisation du pouvoir par les familles les plus riches et les plus influentes de la ville, dont certaines, comme les de Saint Fuscien ou les du Gard, siègent encore à l'hôtel de ville quatre siècles plus tard. Ce processus n'a fait ensuite que s'amplifier avec la suppression, en 1383, par la royauté mais avec la bénédiction de l'oligarchie locale, des mairies des bannières, en réponse aux troubles dont la ville a été la proie, à l'instar de Paris ou de Rouen, au même moment (révolte des Maillotins et de la Harelle). À compter de cette date, *maieur* et échevins étaient élus tous les ans par les bourgeois chefs de famille, formant « la plus grande et saine partie de la commune », sous l'œil vigilant du bailli ou de son lieutenant, ce qui revenait à confier ce soin aux seuls bourgeois remplissant les conditions requises de fortune et de notabilité et à retirer du jeu électoral les artisans et les marchands les plus modestes qui, de toute façon, ne remplissaient déjà qu'un rôle secondaire. Cette évolution fut parachevée par la décision de François Ier, en 1520, de limiter le corps électoral aux seuls bourgeois affectés à la garde des remparts et par la confirmation, par ordonnance royale, en 1563, de l'inéligibilité des « mécaniques, artisans et vendant au détail autre marchandise que draps de soie et *saiterie* ».

Dès lors, on ne s'étonnera pas qu'au XVIe siècle, le corps de ville amiénois présente une configuration institutionnelle et des modalités de recrutement tout à fait symptomatiques. Il s'agit, en effet, d'une municipalité de type pyramidal et non polynucléaire (c'est-à-dire où le pouvoir municipal est partagé entre plusieurs organes qui se sont peu à peu spécialisés), ce qui est pourtant souvent le cas dans les villes du Nord (Flandres, Artois) et de l'Est de la France (Alsace[8]). Son cœur ou son cerveau, bref, son organe vital est constitué par l'échevinage, avec à sa tête un maire dont la prééminence est loin d'être purement honorifique, assisté de vingt-quatre échevins, ce qui est beaucoup. Car, en règle générale, le pouvoir municipal n'est exercé que par un nombre variable de personnes, ne tenant pas compte de la population réelle de la cité et allant d'une demi-douzaine à une douzaine d'individus[9]. Ce nombre élevé d'édiles à Amiens pourrait s'expliquer par les prérogatives étendues que le corps de ville s'est vu conférer par la royauté, au fil des confirmations et extensions de ses « droits franchises et privilèges », que ce soit lors de la confirmation de la charte communale, sous Philippe Auguste, en 1185-1190 ou du rattachement définitif de la ville au domaine de la couronne, sous Louis XI, en 1470-1471 ou bien encore sous François Ier et Henri II, pour prix de l'effort de guerre consenti par la ville pendant l'af-

8. COSTE L., *op. cit.*, p. 136-142.
9. *Ibid.*, p. 143-144.

frontement entre Valois et Habsbourg[10]. De fait, dans la deuxième moitié du XVIe siècle, Amiens possède rien moins que :

> « loy corps et commune, le gouvernement et totale charge de la garde et seureté de ladite ville et ce qui en dépend, semblablement la juridiction et superintendance sur la police d'icelle ville et banlieue avec le regard sur tous les mestiers d'icelle, avec pouvoir de pourveoir à tous offices concernant le gouvernement de la ville, ensemble la cognoissance juridiction et justice civile et criminelle sur tous les habitants d'icelle prevosté[11] et banlieue[12] ».

Il est possible aussi, et cela semble cohérent, que ce chiffre de vingt-cinq personnes soit étroitement lié au nombre de quartiers de la ville et au rôle que jouait la municipalité dans sa défense par le biais de l'entretien des murailles et de l'organisation de la milice bourgeoise. Dans ce cas de figure, les membres du corps de ville ont souvent une assise territoriale et représentent chacun un quartier de la ville[13].

Aux côtés de l'échevinage ou plutôt sous lui, siège un conseil de ville, peuplé de juristes (avocats ou procureurs), « pensionnaires de la ville » et qui n'a pas grand-chose à voir avec les cénacles d'anciens ou de futurs magistrats municipaux qui, dans d'autres villes comme Nantes, Rouen ou Toulouse, exercent une fonction délibérative, assistant échevinages et consulats dans la conduite des affaires citadines. Autrefois puissant, ce conseil amiénois s'est vu ravalé, depuis la fin du Moyen Âge, au rang de simple auxiliaire judiciaire de l'échevinage[14], comparable au conseil de ville de Bordeaux, « petite structure formée de 3 à 4 avocats-conseil[15] ». Enfin, le corps de ville amiénois comprend une assemblée d'habitants qui témoigne également de l'effacement des instances consultatives dans ce gouvernement. Peu fréquemment réunie (seulement en cas de grande difficulté ou à l'occasion de la mise en place de mesures risquant d'affecter l'ensemble de la communauté), pas très nombreuse ni très représentative, même quand elle est dite « générale » (on préfère convoquer une petite centaine de « bourgeois notables », chefs de portes ou *esgards* des métiers voire une trentaine de *gens d'estat*, pris parmi les anciens maieurs, les membres du conseil voire ceux du bailliage ou du clergé, le cas échéant), cette assemblée ne fait en aucun cas office de contre poids face à l'échevinage dont elle se borne, la plupart

10. Carpi O., *Une république imaginaire. Amiens pendant les troubles de religion (1559-1597)*, Paris, Berlin, 2005, p. 16-26.
11. La municipalité a pris à ferme perpétuelle la juridiction prévôtale et tous les revenus y afférant à partir de 1192, sur proposition de Philippe le Bel. Ainsi, en échange d'un cens annuel, la charge de prévôt royal est exercée par l'un des échevins, désigné annuellement par ses pairs, au terme du renouvellement de la loi.
12. Arch. mun. d'Amiens, AA 15, fol. 78 v° (mars 1575).
13. Coste L., *op. cit.*, p. 144-148 et « Les milices bourgeoises en France », *Les sociétés urbaines...*, *op. cit.*, p. 175-188.
14. Carpi O., *Une république...*, *op. cit.*, p. 40-42.
15. Coste L., *op. cit.*, p. 138.

du temps, à entériner donc à cautionner les décisions aux yeux du reste de la population citadine.

Le jeu des familles

La confiscation du pouvoir décisionnel et exécutif par l'échevinage est donc l'un des traits les plus significatifs du gouvernement municipal amiénois, dont le caractère oligarchique est également la conséquence, cependant, d'un système électoral très complexe, appelé « renouvellement de la loi » et dont nous avons déjà eu un aperçu. Rappelons seulement qu'il s'agit d'une procédure qui s'étale sur deux jours (les 28 et 29 octobre de chaque année, c'est-à-dire à la Saint Simon Saint Jude, conformément aux ordonnances de Saint Louis), en diverses étapes (six en tout) et qu'elle est censée déboucher sur un renouvellement intégral de l'échevinage, sous l'effet d'un savant mélange de tirage au sort (valable pour les six électeurs pris au sein de l'échevinage sortant et qui désignent les trois candidats à la mairie), de cooptation (pratiquée à la fois par ces magistrats sortants précédemment cités et par les douze échevins du jour à l'égard des douze du lendemain) et de suffrage indirect, peu spontané. Ce système de désignation offrant la possibilité d'un filtrage social des futurs édiles [16] était exercé par un collège de taille restreinte, n'ayant pas grand chose à voir avec les grandes assemblées électorales que l'on peut trouver à Nantes, Grenoble ou Lyon voire dans des villes plus modestes [17]. De fait, dans le cas amiénois, plus proche du modèle parisien [18], ce sont les seuls membres de la milice bourgeoise (« portiers », qui se recrutent parmi les officiers du roi, ceux de la ville et les marchands, « dizainiers », émanation du « commun populaire » et « privilégiés », membres des six compagnies d'archers, arbalétriers, couleuvriniers, arquebusiers et joueurs d'épée), soit 1 600 à 1 700 personnes pour une population totale estimée à au moins 20 000 habitants, donc moins de 10 % des bourgeois, qui ont l'insigne privilège de donner leur « ballotte » à l'un des trois candidats à la mairie et d'inscrire sur des « brevets » les noms des individus pressentis pour occuper la charge d'échevin du jour. On ne trouve pas trace dans les archives de listes de candidats présélectionnés pour ce poste mais cela n'implique pas nécessairement qu'elles n'aient pas existé, d'autant que cela se pratiquait déjà aux origines de la commune et qu'une grande discrétion entourait ces manœuvres électorales [19]. En outre, rien n'interdisait aux individus concernés de se faire connaître auprès de leurs concitoyens et même de tâcher de s'assurer de leur voix à travers la pratique notoire de la brigue, « nom péjoratif des campagnes électorales

16. Saupin G., *op. cit.*, p. 168.
17. Coste L., *op. cit.*, p. 177-178.
18. *Ibid.*, p. 181.
19. *Ibid.*, p. 245, 247, 266, 278.

dans un scrutin corporatif[20] ». De fait, « plus le corps électoral était fermé, se rapprochant ainsi de la quasi-cooptation, plus la mobilisation des liens sociaux pour faire pression sur les électeurs devenait contrôlable[21] ».

Toutefois, à Amiens, au XVIe siècle, la concentration du pouvoir municipal n'est pas uniquement institutionnelle, elle est aussi familiale et ce, depuis fort longtemps, on l'a dit et en dépit des incompatibilités familiales, édictées dans la constitution municipale, bornées aux seuls pères, fils, gendres et frères mais dont on justifiait pourtant le non respect, sur lequel le roi lui-même fermait les yeux, par la difficulté de « *trouver gens chacun an pour gouverner ladite ville du moins que les deux d'iceulx ne soient des parens*[22] ». C'est du moins ce que révèle une analyse patronymique[23] et, dans une moindre mesure, prosopographique, des fastes municipaux entre 1500 et 1596, même si, dans le cas de la métropole picarde, la méthode atteint rapidement ses limites, les lacunes des fonds notariés du XVIe siècle et l'absence d'écrits du for privé (que ne pallient pas complètement les informations glanées dans les inventaires après décès, les saisines et mains levées, dans quelques vestiges de registres paroissiaux et dans les épitaphiers ou nobiliaires) ne permettant pas de prendre efficacement en compte les liens matrimoniaux et les relations établies entres les lignages et, partant, de dégager des « constellations familiales », similaires à celles qui ont pu être reconstituées pour Douai ou Valenciennes, Nantes ou Rodez[24].

Quels que soient les limites et les défauts de la méthode utilisée[25], il apparaît, néanmoins, de manière irréfutable, qu'au XVIe siècle, bien que les

20. DESCIMON R., « Le corps de ville et les élections échevinales à Paris aux XVIe et XVIIe siècles. Codification coutumière et pratiques sociales », *Histoire, Économie et Société*, n° 13, 1994, p. 520.
21. G. SAUPIN, *op. cit.*, p. 169 et « Stratification sociale et désignation des corps de ville dans les grandes villes françaises (XVIe-XVIIIe siècles) », LAMBERT-GORGES M. (éd.), *Les élites locales et l'État dans l'Espagne moderne du XVIe au XIXe siècle,* Paris, CNR, 1993, p. 193-209.
22. Arch. mun. d'Amiens, BB 34, fol. 17 v° (29 octobre 1560) ; voir COSTE L., *op. cit.*, p. 233-250.
23. Le terme recouvre l'analyse statistique d'une liste nominative des maieurs et échevins d'Amiens sur près d'un siècle (1500-1596 : à partir de 1597 le règlement électoral est complètement bouleversé par les réformes d'Henri IV), établie à partir des fastes municipaux figurant dans la série AA des Archives communales d'Amiens (AA 7 : « renouvellement de la loy mairie prevosté et eschevinage de la ville et cité d'Amyens depuis le jour Saint Simon Saint Jude an 1482 jusqu'en 1720 »), publiés par Auguste Janvier mais non sans erreur (Livre d'or de la municipalité amiénoise, Amiens, 1893), ce qui nécessite de croiser ces listes avec les procès verbaux d'élections qui figurent dans les registres de délibérations de l'échevinage à la date des 28 et 29 octobre (série BB des Archives communales). La période considérée a été divisée en trois tranches chronologiques d'une trentaine d'années chacune, correspondant approximativement à une génération (Philippe Guignet et Sylvie Mouysset retiennent quant à eux des périodes de 25 ans) afin de prendre la mesure d'éventuelles évolutions (1500-1531, 1532-1563 et 1564-1596). Au sein de ces séquences, nous avons calculé le coefficient de concentration du nombre de mandats et d'échevins d'élections en fonction des patronymes qu'on peut assimiler, avec une faible marge d'erreur, à des familles. Au niveau des individus, trois paramètres ont été retenus : le nombre d'élection par tête, la durée de la carrière municipale et le taux d'assiduité aux séances de l'échevinage, établi par le biais de sondages quinquennaux dans les registres de délibérations de 1560 à 1585.
24. GENET J.-P. et LOTTES G. (éd.), *L'État moderne et les élites (XIIIe-XVIIIe siècles). Apports et limites de méthode prosopographique*, Paris, Publications de la Sorbonne, 1996.
25. COSTE L., *op. cit.*, p. 41, 55-56 et SAUPIN G., *op. cit.*

« météores », c'est-à-dire ceux qui ne font qu'un rapide passage à l'hôtel de ville s'avèrent nombreux et que leur part ait même tendance à augmenter au cours du siècle[26], la grande majorité des magistrats municipaux amiénois appartient à une forte minorité de familles, qui ont placé à l'hôtel de ville plusieurs de leurs membres.

Ainsi, sur 234 familles ayant accédé à l'échevinage entre 1500 et 1596, 59, soit le quart, ont donné la moitié des échevins (50 %) et raflé un peu plus de la moitié des mandats électifs (54,6 %). Si on lui adjoint un deuxième quart qui, lui, rassemble quasiment un quart des élections et des échevins (22,49 % et 23 %), on arrive à un groupe de 118 familles, donc légèrement plus de la moitié du corpus qui, à lui seul, s'arroge plus des trois quart des élections (71,5 %) et fournit, à peu de choses près, la même quantité d'échevins (73,4 %). Bien que la notion ne doive pas être galvaudée, on peut assurément conclure à l'existence dans le cas amiénois de « dynasties échevinales[27] », étant donné que certaines de ces familles, comme les de Louvencourt, les Aux Cousteaux, les de Louvel, les de Saisseval, les Judas et les Leclerc, apparues sur la scène municipale au XVe siècle, réussissent à s'y maintenir et même à la dominer jusqu'à la fin du siècle suivant, en plaçant respectivement 9, 8, 7 ou 6 de leurs membres à l'échevinage. Puis vient le contingent des familles (45 en tout) qui y ont placé 3 à 5 de leurs membres. Comme on aurait pu s'en douter, ce sont aussi ces familles qui affichent la plus belle longévité à l'hôtel de ville. Parmi les 22 lignages qui ont placé 4 de leurs membres ou plus à l'échevinage, 3 ont pu s'y maintenir de manière presque continue l'espace de 3 ou 4 décennies, presque 5 pour l'une d'entre elles (44 ans), la palme revenant aux Le Caron qui ont dépassé les 80 ans. Enfin, 100 % des familles (20 en tout), présentes dans chacune des trois phases qui scandent ces 97 années appartiennent à la cohorte des 59 familles accaparant plus de la moitié des mandats.

On peut encore affiner l'analyse en descendant au niveau des individus et en tenant compte de la durée d'exercice des fonctions municipales, ainsi que de leur taux de présence ou d'absentéisme aux séances de l'échevinage. Il en ressort qu'une proportion substantielle (60,88 %) de ceux qui ont été échevins ne font qu'un trop petit nombre de mandats (1 à 4 au maximum) pour s'imposer face à ceux qui atteignent les scores records de 11 à 15 voire

26. Le *turn over* est en effet intense vu que les lignages de passage, ne plaçant qu'un ou deux de leurs membres à l'échevinage (234) et totalisant 22,84 % des mandats et 26,84 % des échevins, constituent la moitié ou presque du total des familles ayant siégé à l'hôtel de ville pendant la période (116 familles sur 234), ce qui serait caractéristique des capitales provinciales selon Laurent Coste (*op. cit.*, p 125). Or, la part de ces familles qui échouent à s'incruster à l'échevinage tend à s'accroître puisque le nombre de familles que l'on ne retrouve qu'une phase sur trois est de 30 pour 1500-1531, 45 pour 1532-1563 et 77 pour 1564-1596. Parallèlement, l'indice de concentration d'élections par familles et par individus suivrait plutôt le mouvement inverse, passant de 9,25 en 1500-1531 à 5,52 en 1564-1596 et de 5,56 à 4,24.

27. SAUPIN G., *op. cit.*, p. 161 et COSTE L., *op. cit.*, p. 14, 32-35; PETITFRÈRE C. éd., *Construction, reproduction et représentation des patriciats urbains de l'Antiquité au XXe siècle*, Tours, 1999.

16 à 20 et plus et qui ne représentent que 11,38 % du total. Certes, on assiste à partir de 1532 à un phénomène de déconcentration des élections, se traduisant par la quasi disparition des cas cumulant 15 à 20 mandats et la baisse très marquée, après 1563, de ceux qui en faisaient 11 à 15. L'écart se creuse de toute évidence, au cours de la période, entre ces multirécidivistes et ceux qui doivent se contenter d'un passage éclair à l'hôtel de ville, la part des échevins effectuant 5 à 10 mandats restant stable (entre 27 et 28 % du total), tandis que celle de ceux qui n'en font que 2 à 4 s'élève à un peu plus de 45 % en 1564-1596. Logiquement, ces hommes qui se succèdent régulièrement à eux-mêmes sont aussi ceux qui font les carrières échevinales les plus longues. Si la durée moyenne d'une carrière est de 1 à 5 ans, ce qui vaut pour 50 % des échevins, 28,42 % siègent à ce poste pendant 6 à 15 ans et 20,9 %, qu'on pourrait qualifier de piliers d'échevinage, ne se résignent à céder la place qu'après 16, voire plus de 20 ans de service. Sachant que, de 1560 à 1585, le nombre de réunions plénières tourne autour de 30 par exercice, soit deux à trois réunions par mois, ce sont les mêmes hommes qui assistent avec une belle constance à au moins 70 % de celles-ci (ils sont 2 en 1560, 4 en 1565, une dizaine dans les années suivantes), ce qui fait d'eux les vrais décideurs de la municipalité amiénoise[28].

Un gouvernement de « bons bourgeois »

Chiffres à l'appui, celle-ci mérite donc bien son titre d'oligarchie, même si elle ne prend pas les traits figés d'une caste en voie d'ossification, grâce au sang neuf que lui apportent ces individus et ces familles qui tentent régulièrement leur chance le jour de la Saint Simon Saint Jude, dans l'espoir de réussir à s'arrimer au « noyau dur » de ceux qui tiennent solidement les rênes du gouvernement citadin. La question est alors de savoir si cette concentration du pouvoir est également sociale et si la municipalité amiénoise est la chasse gardée des gens de robe longue ou bien de ceux de robe courte. Ce qui apparaît d'emblée, quand on s'efforce de cerner, tant bien que mal, la coloration sociologique de ce corps de ville (il est possible de déterminer le statut social de 68,5 % des échevins), c'est que tous les *maieurs* et échevins de la période appartiennent au même milieu, dit des « *plus apparens* », donc de l'élite citadine, pas uniquement bourgeoise vu qu'elle comprend aussi des nobles de robe (14,13 % du total mais dont la part baisse tout au long du siècle, les nobles semblant préférer la charge de *maieur* à celle, moins gratifiante ou prestigieuse, d'échevin[29]). De ce point de vue, pour l'ensemble de la période 1500-1596, on observe une repré-

28. Carpi O., *Amiens et la Ligue…*, *op. cit.*, p. 226-233 et *Une république imaginaire…*, *op. cit.*, p. 53-55. Sur ce thème, voir Pontet J. (éd.), *Des hommes et des pouvoirs dans la ville (XIVe-XXe siècle)*, Bordeaux, 1999.
29. Sur les 47 maieurs de la période dont nous connaissons le statut social, 38,29 % sont des nobles.

sentation à part quasiment égale, avec un léger avantage, toutefois, pour les seconds, des officiers royaux (31,87 %) et des marchands (39,13 %), quoiqu'aux premiers, il faille rajouter les basochiens (procureurs et avocats), soit 14,13 %, afin de mesurer la part exacte des gens de robe longue dans ce corps de ville. Le cas amiénois serait donc à rapprocher du « type classique de réseau de parenté, adapté à la conscience de l'unité de l'élite de la bourgeoisie de statut, mêlant divers états sociaux supérieurs comme les officiers, les hommes de loi, les financiers et les marchands afin de valoriser les possibilités de patronage négocié », à l'inverse du « type en rupture, caractérisé par une endogamie professionnelle forte au niveau du grand commerce, obéissant à un esprit de conquête dans une logique de "lutte des états[30]" ». Il importe cependant de ne pas sous-estimer la portée des reclassements qui se sont opérés au cours de cette période et qui sont en partie le résultat du combat mené, durant toute la première moitié du XVIe siècle, par les marchands amiénois, afin d'empêcher la domination des légistes et surtout des officiers royaux de justice à l'hôtel de ville. Ce combat s'est d'ailleurs soldé par une victoire avec l'instauration, par le roi, en 1566, d'un *numerus clausus,* fixant à un maximum de deux le nombre d'échevins de robe longue, décision motivée à la fois par le désir royal de mettre un terme aux luttes de factions mais aussi de ne pas s'aliéner les marchands dont les capitaux lui étaient indispensables. Or, il semble bien que cette restriction ait été respectée puisque les officiers de judicature ne sont plus que 11,2 % des échevins en 1564-1596 (mais ils donnent en revanche 34,04 % des *maieurs* dont seulement 10,63 % sont des marchands) contre 32,05 % en 1500-1531, alors que la proportion des marchands dans la deuxième moitié du siècle s'élève à 51,72 %, auxquels s'adjoignent, dans les mêmes proportions (14,64 %), officiers subalternes de finances et basochiens qui se consolent de ne pouvoir s'acheter les prestigieuses charges royales de judicature en jouissant des honneurs du corps de ville et en exerçant, par ce biais, la justice royale au premier degré.

Au vu de tous ces éléments, Amiens ferait par conséquent partie de ces villes où le *turn over* des édiles était important mais où les destinées de la cité n'étaient confiées qu'à une centaine de lignages ayant déjà une longue tradition municipale, ce qui nous amènerait à diagnostiquer la nette tendance à la fermeture de ce corps de ville. Faut-il en déduire l'existence d'une sorte d'atavisme politique des villes septentrionales ou de l'intérieur, par contraste avec des villes comme Nantes ou Bordeaux, ports dynamiques, villes peuplées et attractives, à fort brassage de population et dotées d'institutions royales puissantes type cour souveraine et présidial[31] et qui se singularisent par des « pyramides patriciennes ouvertes », des effectifs édilitaires à peu près stables avec, à chaque génération, le renouvellement d'une fraction non

30. Saupin G., *op. cit.*, p. 169.
31. Coste L., *op. cit.*, p. 215.

négligeable du corps de ville (grâce aux nombreux « météores »), à l'inverse des villes petites et moyennes, disposant d'un faible arsenal administratif et ne bénéficiant pas d'un milieu marchand très étoffé, ce qui expliquerait que ce soient toujours les mêmes familles qui dominent la municipalité.

Cela reste à voir car, au XVIe siècle, Amiens est une ville bien placée dans la hiérarchie urbaine française (au même niveau que Nantes, Rennes, Reims, Troyes, Orléans, Tours, Angers et Montpellier) et, si elle ne possède pas de Parlement, elle est le siège d'un évêché et de nombreuses administrations royales, dont un bailliage-présidial. C'est aussi une ville de manufacture textile (*saieterie*) et de commerce prospère, bénéficiant d'une ouverture sur la Manche par la rivière de Somme. Enfin, si les marchands amiénois n'ont pas une envergure internationale comparable à celle de leurs homologues nantais ou bordelais, leur négoce dépasse largement les frontières de la province et même du royaume, trafiquant notamment avec les Pays-Bas et envoyant leurs pièces de draperie légère jusqu'en Barbarie[32]. En fait, il semblerait qu'Amiens ne relève d'aucune des deux catégories de villes précédemment citées mais de celle, intermédiaire et plus difficile à cerner, formée par les principales villes moyennes et quelques grandes villes, où les liens entre ces différents paramètres démographiques, administratifs et socioéconomiques et la physionomie des oligarchies se révèlent plus complexes que dans le cas des villes appartenant aux catégories extrêmes[33].

Pour terminer, précisons que, sous le coup de la refonte de la constitution municipale à laquelle Henri IV a procédé en 1597, témoignant, entre autres, d'un souci certain d'alignement sur le modèle parisien, comme à Lyon, un peu plus tôt, on assiste bien, au XVIIe siècle, à l'accentuation du caractère oligarchique de la municipalité amiénoise, ce qui se traduit par la réduction de la taille du corps de ville (qui passe de 25 à 7 membres), de ses attributions (cantonnées au domaine de la « police ») et de ses ressources, par le renforcement de la tutelle exercée sur la municipalité par le roi et ses agents locaux (que sont le gouverneur ou son lieutenant qui interviennent dans le choix des édiles avec la nomination du premier échevin notamment) mais aussi les officiers de justice, présents statutairement dans le corps de ville (comme conseillers de ville) et dont le poids sociologique s'accroît à l'échevinage dans le premier tiers du siècle[34]. C'est, par ailleurs, la conclu-

32. PELUS KAPLAN M.-L., « Entreprises amiénoises dans le grand commerce au XVIe siècle », *Le négoce international (XIIIe-XXe siècles)*, Paris, 1989, p. 95-113 et « Marchands et échevins d'Amiens dans la deuxième moitié du XVIe siècle : crise de subsistance, commerce et profits en 1586-1587 », *Revue du Nord*, tome XLIV, janvier-mars 1982, p. 51-71.
33. *Ibid.*, p. 231, 288-290, 301-310, 315.
34. DEYON P., *Amiens, capitale provinciale. Étude sur la société urbaine au XVIIe siècle*, Amiens, CRDP, 1986 (réédition), p. 302-302 et 201 ; JANVIER A., *op. cit.* ; DARSY F.-I., « Publication de la liste de ceux qui ont été premiers échevins de la ville d'Amiens de 1608 à 1649 rédigée par le greffier Bailly en décembre 1649 », *La Picardie, revue historique, archéologique et littéraire*, tome VI, p. 236-240.

sion à laquelle parvient également Laurent Coste qui place la municipalité amiénoise du XVIIe siècle parmi les « patriciats très fermés[35] ».

L'efficience du « républicanisme civique[36] »

Cela dit, le terme d'oligarchie ne désigne pas seulement « une pure mécanique sociale du pouvoir[37] » et, à ne vouloir l'appréhender que sous l'angle du fait dynastique ou familial, on risque de déboucher sur « une construction abstraite qui n'a jamais existé que dans la tête de l'historien[38] » et, par là même, de réduire à son acception la plus péjorative une notion qui recèle pourtant une dimension positive indéniable mais pas suffisamment mise en lumière par les études d'histoire sociale des corps de ville. À de rares exceptions près[39], en effet, celles-ci ne s'intéressent pas de façon prioritaire[40] à la manière dont ces édiles exerçaient le pouvoir, c'est-à-dire en fonction de quelles contraintes, de quelles attentes (qui ne sont pas seulement les leurs mais aussi celles du roi et des habitants dont ils étaient les serviteurs) mais également selon quel « imaginaire[41] ». C'est là une lacune à laquelle nous souhaiterions remédier, du moins en partie, en nous penchant sur le cas amiénois afin de déterminer si, déjà au XVIe siècle, on détecte, chez ces *maieurs* et échevins, les manifestations d'une culture politique au sens propre du terme, d'un « idéal de corporatisme bourgeois de nature quasi théologico-politique[42] », semblable au « modèle hispano-tridentin de la "république urbaine" » que Philippe Guignet a pu mettre en évidence à propos de leurs homologues flamands pour la période postérieure[43].

35. COSTE L., *op. cit.*, p. 98.
36. SCHILLING H., *Religion, Political Culture and the Emergence of Early Modern Society*, Leyde-New York-Cologne, 1992, p. 3-59.
37. SAUPIN G., *op. cit.*, p. 161 et 172.
38. *Ibid.*, p. 166.
39. MOUYSSET S., *op. cit.* ; GUIGNET P., *op. cit.* ; BAUMIER B., *op. cit.*
40. SAUPIN G., *op. cit.* et COSTE L., *op. cit.*
41. LIGNEREUX Y., « Les élites d'une grande ville provinciale », dans *Les sociétés urbaines…, op. cit.*, p. 63, et *Lyon et le Roi. De la « bonne ville » à l'absolutisme municipal (1594-1654)*, Paris, 2003. Le terme d'imaginaire peut également convenir dans le cas des édiles amiénois : à l'origine, l'expression de « république imaginaire » est utilisée, en 1589, de manière péjorative, par le duc de Longueville, gouverneur de Picardie pour stigmatiser le comportement ligueur d'Amiens mais on peut également jouer sur les mots et l'employer pour désigner l'idéal de gouvernement qui anime les membres de la municipalité amiénoise au XVIe siècle. Voir CARPI O., *Une république imaginaire, op. cit.*, p. 6-7.
42. LIGNEREUX Y., « Les élites… », *op. cit.*, p. 73.
43. GUIGNET P., *Le pouvoir…, op. cit.*, p. 243-257 et p. 427-498 et « Les élites dans la France du Nord (XVe-XXe siècles). Composition et éthique sociale », Études réunies par GUIGNET P., dans *Revue du Nord*, tome LXXXI, n° 332, octobre-décembre 1999.

Le souci du « bien public »

Il se trouve que cet imaginaire républicain amiénois[44], cette conception de la chose publique et de la manière de l'administrer, existent bel et bien, même s'il est malaisé d'en identifier les expressions[45] qui se laissent davantage apercevoir dans la législation municipale et les préambules des lettres patentes délivrées par le roi, en réponse aux requêtes et aux remontrances du corps de ville, que dans les textes littéraires ou autobiographiques de contemporains. On ne dispose pas, par exemple, du journal d'un *maieur* amiénois, comme celui de Jean Rohault pour Abbeville[46], ni de discours de même nature que les oraisons doctorales de la Saint Thomas, prononcées annuellement à l'occasion de la publication des nouveaux prévôts des marchands et échevins lyonnais[47]. Il est néanmoins possible de croiser ces données avec d'autres, plus qualitatives, telles que le contenu (dont l'authenticité reste sujette à caution car transmis par les érudits du XIXe siècle) du serment d'investiture des édiles amiénois, le langage symbolique qu'ils ont développé à travers la pierre et l'étoffe[48] (c'est-à-dire par le biais de la décoration intérieure et extérieure de l'hôtel de ville ou de leur costume[49] et de l'ordonnancement des cortèges publics auxquels ils participent[50]) et les discours rédigés, en 1579-1580, par l'un d'entre eux, à l'intention de ses collègues. Ces textes manuscrits (mémoires et pièce poétique) qui sont l'œuvre de Claude Lemattre[51], conseiller au bailliage et humaniste à ses heures, consistent effectivement en une vibrante leçon de civisme, à la fois lyrique et fonctionnelle, puisée dans les « *enseignements des sages non seulement de ceux renommez de la lumière évangélique mais aussi des païens*[52] ». Lui font écho une ode composée par un « poète citoyen » anonyme, en l'honneur de dynasties échevinales renommées (les Clabault et les Morvilliers et Claude Lemattre lui-même), ainsi que certains textes

44. Gojosso E., *Le concept de république en France (XVIe-XVIIIe siècles)*, Presses Universitaires d'Aix-Marseille, 1998.
45. D. Menjot D. et Pinol J.-L. (coord.), *Enjeux et expressions de la politique municipale (XIIe-XXe siècles)*, Paris, L'Harmattan, 1997.
46. Ledieu A. (éd.), *Livre de raison d'un maieur d'Abbeville, Antoine Rohault (1545-1613)*, Mémoires de la Société d'Émulation d'Abbeville, tome XIX, p. 133-236.
47. *Ibid.*, p. 71-72.
48. Carpi O., *Une république…*, *op. cit.*, p. 44-45 et p. 56-63.
49. Mouysset S., « Rouge et noire, la robe fait le consul. L'exemple de Rodez aux XVIe et XVIIe siècles », Turrel D. (dir.), *Regards sur les Sociétés modernes. Mélanges offerts à C. Petitfrère*, Tours, 1997.
50. Turrel D., « La livrée de distinction : les costumes des magistrats municipaux dans les entrées royales des XVIe et XVIIe siècles », Petitfrère C. (éd.), *Construction…*, *op. cit.*, p. 469-486.
51. Bibliothèque de la Société des Antiquaires de Picardie : *Manuscrits ou œuvres originaux de Claude Lemattre, sieur de Haidicourt, citoyen et échevin d'Amiens concernant la défense de cette ville pendant la Ligue, la manière de la fortifier contre les surprises et incursions des ennemis et la conservation de ses privilèges et de ses habitants.*
52. Labarre A., *Le livre dans la vie amiénoise du seizième siècle. L'enseignement des inventaires après décès (1503-1576)*, Paris-Louvain, 1971, p. 243-249.

poétiques et apologétiques du premier tiers du XVIIe siècle, comme ceux du chanoine Adrien de la Morlière[53].

De tout cela il ressort que, pour les contemporains, la charge de *maieur* ou d'échevin, « *nobles et prudens seigneurs*[54] », véritables « *patrons protecteurs et pères du peuple*[55] », loin d'être une sinécure, était conçue, exaltée et vécue comme une véritable vocation, une sorte de sacerdoce civil, que le titulaire devait remplir au service de Dieu, du roi et de la communauté citadine, dont il représentait la « *melior pars*[56] ». Car, si messieurs de la ville « *excèdent la condition des autres habitants leurs sujets et justiciables sur lesquels ils ont méritoirement la superintendance* », cela implique nécessairement de posséder et de mettre en œuvre certaines « *vertus* », au service de la « *défense splendeur et conservation de ceste respublicque* », à savoir « *piété, charité, intégrité, prudence et sapience* ». Il était d'autant plus important que les charges municipales fussent pourvues des

> « plus propres idoines et suffisans de la ville, signamment le maieur d'un homme rond, entier en probité, aymant et suyvant bon conseil et esprouvé au maniement des affaires publiques », de gens « servant au public de tout leur cœur et affection et en rien à leur particulier » que « pour ce que le peuple croit plustot à ses yeulx qu'à ses aureilles à savoir qu'il reçoit mieulx instruction par l'exemple, les sieurs du publicq qui sont l'objet du peuple et assiz comme un un theastre ouvert de tous costez, desquelz le peuple espie les actions pour souvent à leur exemple se conformer ».

Plus précisément, la mission des édiles amiénois était de préserver, coûte que coûte, l'« *honneur* » de la ville, de conserver à la fois ses « *droits franchises et privilèges* » et la « *fiance du roi en la fidélité des habitants* » (l'un n'allant pas sans l'autre) et, « *avec l'aide de Dieu, de rechercher le bien et repos de tous leurs concitoyens bourgeois et habitants* », de « *purger la cité de tous vices publics lesquels sont ordinairement cause de la ruine des villes* » (« *afin de ne troubler le front serein de la divine majesté afin qu'elle ne nous afflige de pestes et contagions ou nous visite d'une verge de fer* » et, enfin, d'« *entretenir la paix universelle* », en clair, d'assurer le « *salut* » aussi bien temporel que spirituel de la communauté, en lui procurant union et paix, sécurité et prospérité, nourriture de l'âme et du corps. D'ailleurs, pour Claude Lemattre, il était prioritairement du devoir des édiles amiénois, conformément aux « *saints décretz* » du concile de Trente, de veiller à l'instruction chrétienne de la jeu-

53. Abbé Daire L., *Histoire littéraire de la ville d'Amiens*, Paris, 1782, p. 81 ; *Manuscrits…, op. cit.*: « Ode sur deux discours présentez à messieurs par Claude Lemattre » ; Chanoine De la Morlière A., *Les Antiquitez de la ville d'Amyens*, Paris, 1642.
54. *Manuscrits…, op. cit.*
55. Lignereux Y., « Les élites… », *op. cit.*, p. 70 : « un corps de ville (celui de Lyon) qui n'a de cesse durant l'Ancien Régime de présenter ses membres comme les pères du peuple, héritiers directs des édiles et des *duumvirs* romains ».
56. Boehler J.-M., Lebeau C. et Vogler B. (éd.), *Les élites régionales (XVIIe-XXe siècles). Construction de soi-même et service de l'autre*, Strasbourg, 2002 ; Pithou F. (éd.), *Élites et notables de l'Ouest (XVIe-XXe siècles). Entre conservatisme et modernité*, Rennes, Presses universitaires de Rennes, 2003.

nesse par prédication et oraison, d'« *exciter l'évêque et autres ayans povoir* », de travailler à la réforme du clergé séculier, d'« *imprimer l'amour et la crainte de Dieu dans le cœur des habitants* », d'« *emploier fidellement tout ce qui est voué à Dieu serimonies de l'Église et substantiation des pauvres* [...] *signamment en ce temps qu'il plaist à Dieu nous visiter par orages et comme rebelles nous menasser par estoilles chevelues prodigieuses et tremblements de terre et effroyables nocturnes clartez des cieulz, signes de l'ire et indignation de Dieu, fourriers et advant coureurs de futures misères qui nous tirent à repentance* ».

Par le biais de ces différents *media*, textuels et symboliques, on assiste incontestablement à la mise en exergue d'un idéal du devoir civique, d'une « éthique du service public[57] », fondés sur une conception organiciste et sacrale du monde, volontiers teintée d'eschatologie, en vertu de laquelle la finalité du régime municipal était de faire de la cité une authentique *respublica christiana,* indemne de toute « pollution » (ce qui légitime à la fois les efforts de moralisation et la lutte contre l'hérésie), fidèle à Dieu et à son lieutenant sur terre[58]. Certes, tout cela n'a rien de très original, étant donné que l'on retrouve, éventuellement avec quelques inflexions, le même type de représentations et de discours, aussi bien dans les villes flamandes du XVIIIe siècle qu'à Rodez, Lyon, Toulouse ou Poitiers, à une époque antérieure[59].

Toutefois, cela n'enlève rien de la valeur performative d'un système de représentations qui sous-tend l'action de l'échevinage et justifie largement son caractère oligarchique. Car on aurait tort de n'y voir qu'une simple culture des apparences ou une rhétorique valorisante mais creuse car ces mots et ces attributs recouvrent bien une réalité. De fait, les prérogatives étendues du corps de ville d'Amiens sont également synonymes de lourdes responsabilités dont l'exercice suppose, de la part des édiles, un investissement personnel important, en temps, en énergie, en savoir et en moyens matériels. Ceux-ci doivent non seulement assister aux réunions, quasi quotidiennes, de l'échevinage, quitter régulièrement la ville et leurs affaires pour aller la représenter et défendre ses intérêts auprès du roi et de ses différentes cours mais aussi s'acquitter de toutes les tâches de police, ce qui est déjà très prenant, vu que cela recouvre à peu près tous les aspects de la vie citadine (approvisionnement, voirie, salubrité et assistance publiques, maintien de l'ordre, etc.). C'est la raison pour laquelle l'échevinage a très

57. LIGNEREUX Y., « Les élites... », *op. cit.*, p. 69.

58. CHRISTIN O., « Dévotion mariale, identité urbaine et providentialisme politique : les Puys amiénois de l'époque d'Henri IV », *Le Roi-Providence. Trois études sur l'iconographie gallicane*, Dijon, 2007, p. 9-44.

59. GUIGNET P., *op. cit.* ; MOUYSSET S., *op. cit.* ; LIGNEREUX Y., *op. cit.*et « Une notabilité périlleuse. La "grandeur" relative du consulat lyonnais (1610-1630) », JEAN-MARIE L. (éd.), *La notabilité urbaine (Xe-XVIIIe siècles)*, Caen, Centre de Recherche d'Histoire Quantitative, 2007, p. 176-186; SCHNEIDER R. A., *Public Life in Toulouse. From Municipal Republic to Cosmopolitan City*, Cornell University Press, Ithaca-Londres, 1989; BERNSTEIN H.-J., *Between Crown and Capitoulat. Politics and Civic Culture in Sixteenth Century Poitiers*, Cornell University Press, Ithaca-Londres, 2004.

tôt expérimenté les avantages de la division du travail, en mettant en place un système de commissions ou « *département par paroisses* » de ses membres, opérant par roulement et en déléguant une part importante de ces fonctions à une pléthore d'officiers municipaux, qui avaient un rôle fondamental à jouer dans cette république citadine à laquelle ils rendaient des services appréciables, tout en assurant la participation d'une large fraction de la bourgeoisie à son administration [60]. Enfin, *maieurs* et échevins doivent tenir des *plaids* pour rendre la justice civile et criminelle au premier degré, s'occuper également de la défense de la place, à savoir organisation du « *guet et garde* », commandement et surveillance de la milice bourgeoise et soin des « *ouvrages de tuition et fortification* ». Or, même en temps de paix (ce qui n'a pas été souvent le cas au XVIe siècle...), c'est là une tâche proprement écrasante, à tout point de vue, étant donné le statut de « *clef du royaume* » dont Amiens s'enorgueillissait alors [61].

Les charges municipales amiénoises s'avèrent donc très exigeantes et on ne peut pas dire que l'effort personnel qu'elles requièrent soit vraiment contrebalancé voire indemnisé par les avantages qu'elles procurent [62]. Non seulement elles ne confèrent pas la noblesse (à la différence de la mairie d'Abbeville, par exemple) mais elles ne sont pas non plus rémunérées (sauf les vacations judiciaires, soigneusement tarifées), alors qu'elles sont obligatoires (l'ancienne peine d'abattis de maison ayant été commuée en amende pour ceux qui refuseraient de remplir le mandat pour lequel ils ont été désignés), *maieurs* et échevins ayant seulement droit à quelques avantages honorifiques et à divers présents en nature, dont la valeur est avant tout symbolique pour ces gens qui jouissent d'une certaine aisance matérielle [63].

Aussi, même si ces considérations étaient certainement présentes à l'esprit des édiles amiénois, ce ne sont assurément pas uniquement l'appât du gain ou le désir d'honorabilité et d'influence qui poussaient ces individus à briguer un mandat municipal, année après année. Ce comportement suppose aussi de leur part, en dépit des différences d'état et de culture, un minimum d'adhésion à des valeurs communes, l'existence chez eux d'une « conscience sociale plus englobante [64] », d'un sens de l'honneur citadin ou de « l'élection politique [65] », « proprement providentielle, vouée au service du Bien commun et du public, soumettant les réalités de la domination à la vertu d'un ministère politique [66] », en un mot, une dévotion à des fins

60. Carpi O., *Une république...*, *op. cit.*, p. 45-48.
61. *Ibid.*, p. 26-34.
62. Coste L., *op. cit.*, p. 23.
63. Carpi O., *Une république...*, *op. cit.*, p. 59.
64. Saupin G., *op. cit.*, p. 173. À bien des égards, tout comme à Lyon, « le patriciat consulaire (ou échevinal) assume le rôle d'une transformation identitaire, transcendant les clivages originaux et les origines particulières ». Voir Lignereux Y., « Les élites... », *op. cit.*, p. 70.
65. Lignereux Y., « Une notabilité... », *op. cit.*, p. 176.
66. Lignereux Y., « Les élites... », *op. cit.*, p. 72.

supérieures qui ne se ramènent pas simplement à la satisfaction d'ambitions personnelles ou à la réalisation de stratégies familiales. D'ailleurs, comme le précise Yann Lignereux à propos de Lyon, « ce n'est pas tant la vertu personnelle, la considération dont jouit un individu qui le rend honorable mais bien sa conformité à un modèle et à une éthique discriminants », celui de l'honorabilité consulaire[67].

L'esprit civique à l'épreuve

On veut pour preuve de l'efficience de ce « républicanisme civique », dans lequel se reconnaissaient ses membres, l'attitude, tout à fait caractéristique, de l'échevinage amiénois pendant la deuxième moitié du siècle, placée sous le sceau de la division et des calamités de toute sorte (contagion, difficultés frumentaires, chômage, guerre civile puis guerre étrangère avec prise de la ville par les Espagnols le 11 mars 1597 et siège par Henri IV jusqu'au 25 septembre). À cette occasion, on constate très nettement qu'une oligarchie, c'est aussi et d'abord un système de gouvernement c'est-à-dire un complexe de pratiques et de valeurs qui démontre toute sa pertinence et son efficacité dans un contexte de crise aiguë et que les défauts qu'on impute traditionnellement à ce type de régime se révèlent alors de précieux atouts, autant pour les dirigeants que pour l'ensemble de la communauté citadine.

Le premier argument qu'il est possible d'avancer à l'appui de cette thèse concerne le traitement d'un paupérisme devenu galopant dans le courant du XVIe siècle par une municipalité qui, dans l'affaire à multiples rebondissements qu'a provoquée le problème de l'administration de l'hôtel-Dieu de la ville, brille par une propension avérée à vouloir tout contrôler, tout centraliser, face aux résistances, au demeurant payées de succès, du clergé. Cette attitude, sévèrement critiquée, n'a pourtant rien de surprenant : elle correspond à l'*habitus* municipal ordinaire. En outre, si elle peut être mise sur le compte d'un réflexe de peur sociale de la part des dirigeants amiénois, elle procède également du civisme chrétien que nous venons d'évoquer et débouche avec l'aide de la monarchie et parmi les premières villes du royaume comme Lyon ou Paris, sur l'établissement d'un système d'assistance publique moderne, mieux adapté à l'ampleur et à l'urgence des difficultés auxquelles il fallait remédier[68].

---

67. Lignereux Y., « Une notabilité… », *op. cit.*, p. 180.
68. Carpi O., « L'administration de l'Hôtel-Dieu d'Amiens dans la deuxième moitié du XVIe siècle : un simple enjeu de pouvoir ? », *Les Hôpitaux, enjeux de pouvoir. France du Nord et Belgique (IV-XX siècles)*, Dinet Lecomte M.-C. (éd.), *Revue du Nord,* Hors série, collection *Histoire,* n° 22, 2008.

L'oligarchie amiénoise révèle également toutes ses vertus à l'époque des « troubles de religion » et de la Ligue[69]. La solidité et la cohésion de cette dernière sont telles, en effet, que, contre toute attente, elle ne se fragmente pas au moment des engagements confessionnels ou partisans. Au début des années 1560, quand la fracture religieuse se fait jour dans la cité puis, à la fin des années 1580 et dans le courant des années 1590, quand celle-ci se range sous la bannière de la Sainte Union, certains individus, réformés et royalistes, avérés ou putatifs, sont écartés ou se retirent d'eux-mêmes du jeu politique, pour être remplacés par des catholiques bon teint. Cependant, ces reclassements internes s'opèrent, à de rares exceptions près, dans le plus parfait légalisme. Il n'y a qu'en 1562 que la composition de l'échevinage est arbitrairement modifiée par la royauté, quoiqu'à la demande de la « phalange catholique » du corps de ville et de manière tout à fait exceptionnelle, ne prêtant pas à conséquence pour l'avenir. La violence est également absente de ce processus de reclassement politique, du moins la violence de sang : tout au plus les brebis galeuses sont-elles tondues c'est-à-dire mises à rançon et écartées du reste du troupeau, par le biais de bannissements, toujours temporaires et motivés par une « tension d'agression », de l'assignation à résidence, de la privation de charges et de l'interdiction de communiquer avec les autres habitants. Enfin, les éléments un temps ostracisés de l'oligarchie amiénoise ne tardent pas à être réintégrés, ce qui vaut notamment pour les édiles réformés, qui sont réhabilités au début des années 1570, en vertu de la paix de Saint-Germain. Il est même possible, avec le changement de conjoncture politique, à certains échevins un temps ostracisés de reprendre les sièges qu'ils avaient dû abandonner, amenant avec eux des gens de leur parti, admis eux aussi, sans obstacle sérieux, au sein de l'aréopage municipal. C'est ainsi qu'en 1593, le renouvellement de la loi se solde par l'élection de plusieurs échevins royalistes, aux côtés de collègues ligueurs. C'est d'ailleurs cette équipe qui est à l'origine de la soumission de la ville à Henri IV, en août de l'année suivante.

Ainsi, que ce soit pendant les premières guerres de religion ou pendant l'épisode ligueur, l'intransigeance confessionnelle affichée par les autorités amiénoises qui sont rapidement parvenues à « purger » la communauté citadine de ses éléments protestants en les acculant à la conversion ou à l'exil, par le biais de la prohibition de leur culte, au mépris des édits de tolérance et par la mise en œuvre de toute une série de mesures discriminatoires, ainsi que leur engagement résolu dans un mouvement proprement insurrectionnel, n'entraînent ni subversion du régime municipal, ni déferlement de violence, à l'exception de quelques manifestations de colère populaire

69. Carpi O., « Une république catholique ? Amiens pendant les guerres de religion », communication aux journées d'étude *Les républiques calvinistes des Pays-Bas* (Bruxelles, 2 décembre 2006), à paraître dans les *Studies in European Urban History*.

qui ne dégénèrent qu'une seule fois en massacre, en 1568 et non lors de la Saint Barthélemy en 1572.

Plusieurs éléments peuvent expliquer cette modération amiénoise mais il n'est pas douteux que l'attitude de l'échevinage y soit pour beaucoup, tant a été grand son souci, tout au long de ces années difficiles, de sauvegarder par tous les moyens l'intégrité des institutions citadines et la « *paix publique* », en réponse aux pressions qu'il subissait, aussi bien de la part des éléments les plus radicaux de la Ligue (représentés dans un éphémère conseil de l'Union qui n'a jamais réussi à s'imposer face à l'échevinage), que des princes catholiques et de la noblesse. La ville soutenait bien la cause des premiers, tout en ayant besoin des seconds pour sa défense mais cela ne l'a nullement conduite à l'inféodation, ce qui fut la source de fréquentes tensions entre eux. De même, face à la population, travaillée par « les malheurs des temps » et l'angoisse des fins dernières, l'échevinage a fait preuve d'un sang-froid tout à fait remarquable, ne cédant pas, par exemple, à la tentation de lui fournir quelque bouc émissaire. En vue d'éviter toute « émotion », l'échevinage s'efforce de canaliser l'inquiétude, le mécontentement et les élans de piété des habitants, par un renforcement des mesures de sécurité intérieure, le développement de sa politique d'assistance mais aussi par la promotion de « rites d'unité », tels que les grandes processions expiatoires ou la célébration des funérailles des princes catholiques[70] en 1589.

Or, le système oligarchique amiénois n'a pas seulement évité que la ville ne sombre dans le chaos pendant les guerres civiles. Après la victoire du roi et de ses serviteurs, en 1594, mais aussi après la reprise de la ville par le Bourbon sur les Espagnols, le 25 septembre 1597, il a également facilité la « transition politique[71] », favorisé la réconciliation[72] entre les habitants et avec le monarque, ainsi que la reconstruction voire la refondation de la cité, après la terrible catastrophe que constitue sa chute aux mains de l'ennemi et la perte de ses libertés[73]. Après la défaite de la Sainte Union, en effet, la recomposition de la classe dirigeante amiénoise s'opère sans heurt, par la participation de certains ligueurs repentis à la « joyeuse entrée » du roi, le 18 août 1594, par le retour à l'hôtel de ville d'éléments un temps compromis avec l'Union et le remplacement par les fidèles du roi des ligueurs les

70. Carpi O., *Une république imaginaire…*, *op. cit.*, p. 149-161 et p. 190-193.

71. Carpi O., « Le poids du passé : la vie politique à Amiens au sortir des guerres de religion (1594-circa 1620) », communication au colloque *Transitional Politics. The Quest for Stability after War and Revolution in Modern European History* (Utrecht, 6-9 décembre 2007), à paraître.

72. Carpi O., « Une réconciliation ratée ? Amiens au sortir de la Ligue (1594-1610) », communication au colloque *Réconciliation et reconstruction en France aux lendemains des conflits religieux* (Québec, 22-23 septembre 2006, à paraître dans *Les collections de la République des Lettres* (Université de Laval).

73. Carpi O., « La quête de l'âge d'or. La vie municipale à Amiens dans le premier tiers du XVIIe siècle (1597-vers 1636 », communication au colloque *Les Trente Glorieuses dans les Pays-Bas méridionaux et la France septentrionale* (Lille, 22-23 mars 2007), à paraître dans les *Archives et Bibliothèques de Belgique*.

plus « zélés », éventuellement proscrits sur ordre d'Henri IV mais rapidement autorisés à revenir par l'échevinage, quitte à s'attirer les reproches de ce dernier. De même, en dépit de demandes en ce sens de la part de notables royalistes, victimes d'extorsions ou de diffamation, aucune mesure de représailles n'est prise contre les adversaires d'hier, l'échevinage s'employant au contraire à appliquer la politique d'« *oubliance* », préconisée par Henri IV et à apaiser les tensions résiduelles qui ne prennent pas la forme, cependant, d'une conflictualité rémanente, comme à Limoges ou à Lyon notamment [74]. Les individus surpris à « mal parler du roi » sont sévèrement sanctionnés, tandis que la vigilance des édiles permet, avec le concours des habitants, de déjouer les conspirations visant à livrer la ville aux Espagnols mais dont les auteurs ne sont qu'une poignée, guère représentative de l'état d'esprit qui prévaut au sein de la communauté amiénoise, avide de paix et d'unité. Enfin, bien que la démarche ait parfois été laborieuse et non exempte de malentendus, les liens étroits qui unissaient la ville à la couronne sont consciencieusement ravaudés, les deux parties ayant à cœur de renouer la relation d'essence contractuelle et mutuellement profitable qu'elles avaient développée depuis la fin du Moyen Âge.

Les fruits, encore fragiles, de ces efforts auraient pu être réduits à néant par la « surprise » espagnole réussie du 11 mars 1597. Car, de nouveau la communauté, ou plutôt l'élite citadine, se divise entre ceux, anciens ligueurs pour la plupart et surtout catholiques intransigeants, qui décident de collaborer avec les Espagnols [75] et ceux qui préfèrent quitter la ville pour ne pas avoir à les servir, le reste de la population n'ayant d'autre choix que de subir ce qui restait une occupation étrangère, en dépit des tentatives espagnoles en vue de faire d'Amiens une ville catholique, fidèle à Philippe II [76]. Surtout, la confiance qu'on avait eu tant de mal à restaurer entre le roi et les bourgeois est sérieusement ébranlée par la faillite indéniable, et non pas la trahison, dont ceux-ci se sont rendus coupables, ne parvenant pas, pour tout un ensemble de raisons, structurelles et conjoncturelles, à remplir leur devoir envers le roi et la ville [77]. Pourtant, il n'en est rien. Le premier mouvement de colère passé, Henri IV ne tarde pas à accorder son pardon aux Amiénois qui, eux-mêmes, admettent, même s'il leur en coûte, qu'une

74. Cassan M., *Le temps des guerres de religion. Le cas du Limousin (vers 1530-vers 1630)*, Paris, Publisud, 1996, p. 260-262, 273, 289-292 et Lignereux Y., *Lyon et le roi. De la « bonne ville » à l'absolutisme municipal (1594-1654)*, Seyssel, 2003, p. 170-213.

75. Descimon R.et Ruiz Ibáñez J.-J., *Les ligueurs de l'exil. Le refuge catholique français après 1594*, Seyssel, 2005.

76. Ruiz Ibáñez J.-J., « De la guerre civile à la guerre royale : les Espagnols à Amiens en 1597 », Carpi O. et Nivet P. (éd.), *La Picardie occupée du Moyen Âge au XXe siècle*, Amiens, Encrage, 2005, p. 27-50.

77. Carpi O. et Ruiz Ibáñez J.-J., « Les noix, les espions et les historiens. Réflexion sur la prise d'Amiens (11 mars 1597) », *Histoire, Économie et Société*, 23e année, n° 3, juillet-septembre 2004, p. 323-348.

« *alarme fortuite* » les a mis en « *défaut de bonne conduite*[78] ». C'est pourquoi les mesures politiques et militaires que le roi prend à l'automne 1597 et au début de l'année 1598 ne doivent pas être vues comme une punition et encore moins comme une vengeance de la part d'Henri IV. Il s'agit en fait pour le monarque de mettre cette ville si précieuse à l'abri d'une nouvelle défaillance, en renforçant sur elle son emprise et en réformant profondément un système de gouvernement, dont les récents événements ont révélé les limites voire les dysfonctionnements. Les dirigeants amiénois ne l'ont en l'occurrence pas compris autrement et, à aucun moment, par la suite, ils ne réclament la restitution des attributions qui leur ont été retirées parce qu'ils n'avaient pas été en mesure de les assumer. Il n'en demeure pas moins que l'amputation fut douloureuse et qu'il fallait s'adapter à un nouveau système de gouvernement unilatéralement imposé par Henri IV, faire définitivement le deuil de ces « *libertés* » si chèrement acquises et dont il ne restait aux Amiénois que la « *douce aigre souvenance*[79] ». L'opération a pris du temps mais si la communauté citadine est finalement parvenue à surmonter ce traumatisme au cours des premières décennies du XVIIe siècle, c'est en grande partie grâce au maintien en charge d'édiles qui avaient connu l'ancien système et qui ont contribué à faire le lien avec le nouveau mais aussi grâce à l'entretien et au réinvestissement de la part des dirigeants amiénois, aidés par certains « écrivains citoyens », d'une certaine « mythique communale[80] ». Il s'agissait, à travers la pérennisation méticuleuse voire obsessionnelle des anciens usages municipaux et les requêtes présentées aux successeurs d'Henri IV en vue de recouvrer certains signes extérieurs de grandeur de la ville, de sauver l'« *honneur* » bafoué de la cité, de conférer un surcroît de légitimité au nouveau régime municipal et, par conséquent, de ressouder ses habitants dans l'exaltation d'un imaginaire civique, capable de transcender les souvenirs douloureux du passé et les désagréments du présent (occasionnés notamment par la présence de la citadelle et d'une garnison permanente).

Dès lors, à la différence de Lyon au même moment, on ne saurait conclure, dans le cas amiénois, à l'échec du « modèle civique, renvoyé au néant de son impuissance et à l'illusion de sa valeur » ou à l'« impuissance d'un pouvoir juridico-politique à la rhétorique usée, excédée par l'évidence d'une force manifeste », celle de l'État royal[81]. Il est vrai que ce système de représentations a été rudement ébranlé par les évolutions politiques, religieuses et socio-économiques du second XVIe siècle, ainsi que par les

78. De la Morlière A., *op. cit.*, p. 77.
79. *Ibid.*, p. 74.
80. Crouzet D., « Écritures de l'histoire et idéologie urbaine. Lyon au Grand Siècle », Acerra M. *et alii* (éd.), *État, marine et société*, Paris, 1995, p. 135-161. Carpi O., « Entre institutions et représentations : la reconstruction politique à Amiens après 1597 », Duménil A. et Nivet P. (éd.), *Les reconstructions en Picardie*, Amiens, Encrage, 2003, p. 31-48.
81. Crouzet D., *op. cit.*, p. 151-155 et Lignereux Y., « Une notabilité... », *op. cit.*, p. 184 et 186.

évènements de 1597. Il est vrai aussi que sa préservation peut sembler artificielle puisque ces usages et ces valeurs apparaissent déconnectés de la réalité institutionnelle nouvelle du gouvernement amiénois. Mais ils ne sont pas devenus caducs pour autant, dans la mesure où l'édit du roi laissait une large place à l'interprétation pour tout ce qui touchait aux modalités cérémonielles et symboliques de l'exercice du pouvoir municipal, de même qu'il n'invalidait pas forcément l'idéal républicain dont les dirigeants amiénois se prévalaient, si ce n'est que, dorénavant, la défense de l'autonomie citadine n'en faisait plus partie. Enfin, si cet imaginaire civique restait signifiant et efficace parce que largement consensuel, c'est parce qu'à Amiens, la « recomposition idéologique » en faveur d'une « adhésion pleine et entière à l'ordre absolutiste, susceptible de compenser de redonner force et prestige à l'autorité municipale, unie avec le souverain dans la même perfection et la même gloire », s'amorçait seulement, alors qu'elle s'est opérée plus tôt à Lyon, dont la constitution municipale fut modifiée dès 1595 et qui fut placée d'emblée sous la domination des Villeroy[82].

Ainsi, à Amiens comme dans d'autres villes de la France de la première modernité, la notion d'oligarchie ne se réduit pas au jeu des parentés et des réseaux d'influence dans les gouvernements citadins. De même, échevinages et consulats ne sont pas que des instruments de domination sociale et d'« affirmation de la considération publique » pour la notabilité citadine. On ne saurait en effet ignorer « l'extrême importance » du problème de « l'acceptation de l'autorité des édiles et de la cohésion de la communauté[83] ». Comme nous espérons l'avoir montré en étudiant le fonctionnement de la municipalité amiénoise au XVIe siècle et au début du suivant, la notion d'oligarchie renvoie aussi à une pratique et à une conception spécifiques du pouvoir, validées par le roi et dans lesquelles gouvernants et gouvernés pouvaient aisément se reconnaître.

Car, bien qu'il relève de ces « constitutions corporatives » qui se sont mises en place en Europe occidentale depuis le Moyen Âge, excluant certaines catégories socioprofessionnelles de l'exercice du pouvoir, ce système de gouvernement ne fait pas l'objet de contestation ou d'altération de la part de ceux qui y sont assujettis et encore moins de ceux qui y sont promus. Au contraire, il est soigneusement et parfois artificiellement pérennisé, éventuellement instrumentalisé mais toujours largement plébiscité pour son efficacité, d'une part, dans la satisfaction des besoins élémentaires de la population citadine et, surtout, pour sa conformité à un ensemble de valeurs fondamentales, permettant d'« aligner les intérêts vitaux mais égocentriques des corporations urbaines sur ceux communs à cette commu-

82. *Ibid.*, p. 175-186.
83. SAUPIN G., *op. cit.*, p. 159-160.

nauté supérieure qu'était la ville[84] ». Quels que soient ses défauts ou ses faiblesses, ce régime oligarchique apparaît donc bien aux yeux des contemporains non pas comme le seul possible mais comme celui qui, pour l'heure, leur convient le mieux, parce qu'il participe indéniablement d'une sorte de *Gemeinschaft* citadine et garantit, bon an mal an, la cohésion d'une collectivité fragilisée par les divisions religieuses, une fragmentation sociale accrue et l'impact de la genèse de l'État moderne.

84. Blickle P. (dir.), *Résistance, représentation et Communauté*, Paris, 1998, p. 261, 182-283.

Les maires et échevins d'origine marchande : l'exemple de Tours à l'époque moderne (1589-1789)

Béatrice Baumier

Les institutions municipales de Tours, apparues de manière embryonnaire au XIVe siècle et officiellement mises en place en 1462 [1], sont remaniées à quatre reprises au cours des siècles suivants : en 1589 à la suite des guerres de la Ligue, en 1619 pour régler des discordes internes et en 1724 pour mettre un terme aux perturbations qui avaient suivi la création des offices engagée en 1690 [2]. Le quatrième remaniement a lieu en 1765, à l'initiative du contrôleur général L'Averdy [3]. En dépit de ces réformes, l'institution a toujours comporté une composition tripartite [4]. Au sommet, se trouve un corps de ville restreint, l'organe permanent de la municipalité, le pouvoir exécutif : il se compose du maire (nommé pour un an par le roi sur une liste de sujets choisis par l'assemblée générale [5]) et d'échevins élus [6]. Un second cercle, qui gravite autour du corps de ville, est formé de personnalités chargées d'apporter un conseil ou de seconder les efforts des maires et échevins : il s'agit pour Tours de « pairs » ou d'« élus ». Cette sorte de chambre de réflexion concourt à l'administration ordinaire. Encore plus loin, se trouve la municipalité élargie : ce sont les assemblées générales des habitants que remplaceront les réunions de députés des paroisses [7] ou

1. Chevalier B., *Les bonnes villes de France du XIVe au XVIe siècle*, Paris, Aubier Montaigne, 1982.
2. Contrairement à Angers qui a vécu deux grandes émeutes, en 1649 et 1652, Tours n'a pas connu de révolte contre le roi pendant la Fronde : ses institutions municipales ne furent donc pas réformées au milieu du XVIIe siècle comme ce fut le cas pour d'autres villes de l'Ouest du royaume.
3. Baumier B., *Tours entre Lumières et Révolution. Pouvoir municipal et métamorphoses d'une ville*, Rennes, Presses universitaires de Rennes, 2007.
4. Cette composition se retrouve dans bien d'autres villes, Guignet P., *Les sociétés urbaines dans la France moderne*, Paris, Ellipses, 2006, p. 56.
5. Petitfrère C., « Vox populi, vox regis ? L'élection des maires de Tours aux XVIIe et XVIIIe siècles », *Annales de Bretagne et des pays de l'Ouest*, t. 106, n° 4, 1999, p. 47-64.
6. À leurs côtés, se trouvent plusieurs officiers appointés parmi lesquels un procureur du roi de la ville chargé de requérir l'exécution des lois et règlements et d'assurer le ministère public à la justice municipale, un secrétaire-greffier et un receveur des deniers communs.
7. Ces paroisses, qui étaient « différentes en nombre et qualité d'habitans », disposaient d'une représentation inégale. Saint-Saturnin et Saint-Pierre-le-Puellier avaient droit à quatre députés, Notre-Dame-de-La-Riche et Saint-Pierre-du-Boile à trois, Saint-Symphorien, Notre-Dame-de-l'Ecrignole, Saint-

de notables. Leur fonction était double : élire le corps de ville et donner leur avis sur des questions importantes, fiscales notamment. À Tours, le nombre des membres composant chacun de ces trois cercles a varié selon les époques, notamment entre 1690 et 1724 lorsque la monarchie met en vente les offices municipaux, ainsi que le mode de désignation et la durée de leur mandat.

Au-delà de la description des réformes municipales, il était intéressant de se pencher sur les catégories sociales qui ont réellement exercé le pouvoir à Tours, une cité reliée par la Loire au Grand Ouest, une région qui connaît un développement commercial intense à l'époque moderne. Dans les villes de la façade atlantique, à Nantes notamment, le renouveau commercial a permis un enrichissement de catégories sociales nouvelles dont la position au sein des sociétés et des communautés urbaines a été changée. Tours a-t-elle connu un développement commercial identique ? Les élites qui la dirigeaient en ont-elles été modifiées ? Dans une ville restée attachée au pouvoir central, la question se pose également de savoir sur quelle(s) élite(s) le pouvoir royal s'appuyait concrètement pour relayer au local l'essentiel de sa politique. Les relations établies ou entretenues entre le pouvoir local et le pouvoir central sont un bon indicateur pour connaître la réalité de l'influence du pouvoir absolu, longtemps présentée comme incontestablement établie.

Paradoxalement, l'historien qui s'intéresse au cas tourangeau se heurte à une absence de données. Très peu d'études ont été menées sur l'ensemble des échevins de l'époque moderne, exception faite de celle de Claude Petitfrère, portant sur les officiers de justice membres de l'échevinage [8]. Dans son article, cet auteur fait la démonstration de la prééminence du monde officier aux commandes de la cité, notamment au XVIIe siècle. Faut-il conclure de cette suprématie numérique que la place des magistrats était si évidente qu'aucune autre catégorie sociale ne pouvait leur disputer leur place ? De fait, il n'y eut à Tours, contrairement à d'autres villes [9], que très

Vincent, Saint-Hilaire, Saint-Clément et Saint-Denis à deux, les autres, Saint-Venant, Saint-Étienne, Sainte-Croix, Saint-Simple, Saint-Pierre-des-Corps et Saint-Pierre-du-Chardonnet à un seul.

8. PETITFRÈRE C., « Les officiers dans le corps de ville de Tours aux XVIIe et XVIIIe siècles », CASSAN M. (dir.), *Les officiers « moyens » à l'époque moderne : pouvoir, culture, identité. France, Angleterre, Espagne*, Limoges, PULIM, 1998, p. 121-138.

9. À Verdun, il en est différemment car le règlement donné en 1634 par le roi établit que le corps de ville, composé de huit échevins, doit compter trois échevins marchands. Il en est de même à Saint-Quentin. Dans les villes de la moitié sud, se pratiquait un système d'échelles. Ce système excluait les autres habitants de ces fonctions politiques tout en réduisant la compétition entre les catégories sociales aptes à les disputer. À Marseille, le système en vigueur entre 1492 et 1652 était encore plus verrouillé et aboutissait à une cooptation discrète des membres du corps de ville (DURAND S., *Les villes en France (XVIe-XVIIIe siècle)*, Paris, Hachette, 2006, p. 115). Dans une société avide d'harmonie entre les états et où chacun doit être à sa place, on s'arrangeait pour éviter l'arrivée à l'échevinage de gens sans fortune qui ne pourraient pas assumer le coût financier de l'exercice de telles charges.

peu de conflits entre les grands groupes sociaux désireux de prendre les rênes de la cité, et l'intervention royale y a été quasi inexistante[10].

Pourtant, il existait d'autres catégories sociales qui pouvaient prétendre appartenir à l'élite de la ville, et à ce titre, espérer diriger son destin, à commencer par les marchands. Si les « gens mécaniques » ont très vite été exclus du pouvoir local[11], les marchands ont toujours été présents dans l'institution.

Ce sont ces échevins d'origine marchande qui font l'objet de notre présent travail, de 1619, lorsque Louis XIII remet en ordre une institution perturbée par une discorde interne au corps de ville tourangeau, à l'été 1789, lors de la « révolution municipale ». Quatre phases ont été distinguées, trois correspondant aux réformes évoquées plus haut (1619 ; 1724 ; 1765) et une à la mise en vente par Louis XIV des offices municipaux (1690). Nous avons choisi de concentrer notre étude sur les marchands qui ont pu accéder au premier des trois cercles du pouvoir local, celui de l'échevinage et du mairat : les « élus », les députés des paroisses, tout comme les officiers subalternes, procureurs, receveurs et greffiers, ont été laissés de côté, ainsi que les personnalités extérieures pourtant admises au corps de ville, ecclésiastiques présents depuis 1464[12] et lieutenants de police, autorisés à siéger à l'hôtel de ville à partir de 1699.

Les marchands dans le corps de ville : des chiffres éloquents

Une présence limitée au début du XVIIe siècle

Sur l'ensemble de la période étudiée, nous avons retrouvé un total de 252 maires et échevins, pour lesquels nous disposons de la quasi totalité (251) des fonctions ou des professions exprimées[13]. Ces données socioprofessionnelles ont été réparties dans six grandes catégories[14] : les magistrats

10. La seule que nous ayons notée date de 1619.

11. En 1473, Louis XI en avait fait entrer dans l'échevinage, mais cette pratique ne lui survécut pas (Chevalier B., *Tours ville royale (1356-1520). Origine et développement d'une capitale à la fin du Moyen Âge,* Louvain-Paris, Publications de la Sorbonne, 1975, p. 110-111) : appartenir à des métiers mécaniques était incompatible avec la noblesse, ordre dans lequel tout élu municipal pouvait entrer, au moins jusqu'en 1667. Cette exclusion des gens de métiers perdura jusqu'à la Révolution. En 1749, un bulletin de vote portant le nom d'un fabricant en soie fut ainsi invalidé en référence à la tradition constante. La limite sociale à ne pas franchir était encore incertaine à la fin du règne de Louis XIV et c'est en vertu de cette habitude que les échevins ont longtemps refusé l'entrée de l'hôtel de ville à des personnes qu'ils considéraient de rang inférieur, notaires ou procureurs.

12. Petitfrère C., « Les représentants de l'Église au corps de ville de Tours dans le dernier siècle de l'Ancien Régime », *Mélanges offerts à Michel Péronnet,* Montpellier, PUM, 2006, p. 531-541.

13. Seule nous échappe la fonction de René Jaudonnet, échevin de 1630 à 1634.

14. Établir une taxinomie précise est toujours compliqué, que ce soit pour une ville particulière ou pour une époque particulière. Chaque historien propose la sienne : voir le travail de Sylvie Mouysset pour la ville de Rodez (*Le Pouvoir dans la bonne ville. Les consuls de Rodez sous l'Ancien Régime,* Toulouse le mirail, 2000). Pour notre part, nous avons repris la liste établie pour notre travail portant sur le

(supérieurs et « moyens » d'un côté, « petits » et commis de l'autre), les marchands, les professions libérales (médecins, apothicaires, notaires, ingénieurs), les rentiers, les officiers militaires et les ecclésiastiques.

Tableau n° 1

Maires et échevins de Tours en fonction de 1589 à 1789	**Nombre**	**Pourcentage des statuts ou professions connus**	
Officiers supérieurs et « moyens »	137	54,6 %	61,4 %
« Petits officiers » et commis	17	6,8 %	
Marchands	73	29,1 %	
Professions libérales	12	4,8 %	
Rentiers ou présumés tels	10	4 %	
Ecclésiastiques	1	0,4 %	
Officiers militaires	1	0,4 %	
Total des statuts ou professions connus	251	100 %	

Sans surprise, les officiers, supérieurs, « moyens » ou « petits » sont largement majoritaires : les 137 représentants de cette catégorie forment 61,4 % du total des maires et échevins de l'époque considérée. De leur côté, avec 73 noms et 29,1 % du total, les marchands représentent le deuxième groupe en importance ; les quatre autres catégories sociales retenues viennent loin derrière, avec de faibles effectifs.

Signalons au passage combien il nous a été difficile d'établir la liste de ces marchands devenus maires ou échevins, une difficulté méthodologique qui illustre un trait caractéristique de l'élite urbaine de la période étudiée. Au premier abord, les listes reconstituées à partir de la documentation disponible[15] donnent un chiffre très inférieur à celui que nous présentons dans le tableau final. La distorsion tient au fait que la plupart des échevins qui se qualifiaient lors de leur élection se disaient « rentiers », « sieurs de[16] »

corps de ville de Tours au siècle des Lumières. BAUMIER B., *op. cit.*, Rennes, Presses universitaires de Rennes, 2007, chapitre 3. Ce choix a l'avantage de rendre compte de la réalité tourangelle et de permettre la comparaison au long court.

15. La liste des échevins a été établie pour les années 1600 à 1714. L'intendant Chauvelin avait demandé au corps de ville un mémoire de tous les noms des maires et échevins de 1600 « jusqu'à ce jour », qui serait enregistré sur le registre de remembrance de l'hôtel de ville (Arch. mun. de Tours, BB 62, séance du 18 juillet 1714). Les registres de remembrances ont disparu, mais pas la liste, conservée aux archives municipales de Tours, BB 5 : « Rolle des maires depuis l'establissement du corps de ville de l'an 1461 (*vieux style*) jusqu'en 1661 », liste qui a été continuée jusqu'au mairat de Nicolas Preuilly (1754-1762). Ces données ont été contrôlées et complétées par la lecture des registres de délibérations (Arch. mun. de Tours, BB 24 à 83) ainsi que par les informations récoltées pour notre thèse ou par d'autres auteurs (BRIZAY F., *Le corps de ville de Tours de 1720 à 1789*, Université de Tours, mémoire de maîtrise, 1981 ; et BINOIS A., *Le corps de ville de Tours de 1738 à 1756*, mém. maîtrise, Univ. Tours, 1997).

16. Foulques Delasalle se dit « sieur de Bourg Chevreau » (Rivarennes), Jean Tardif « sieur de Cheniers », Thomas Bonneau « sieur de la Goguerie et du Garcoy », Taschereau « sieur du Breuil », Maldant « sieur de Coulleur et de Candé » et Jean Gault « sieur de Boisdenier ».

ou « bourgeois ». Nous avons retrouvé 32 hommes, soit 8 % du total[17], qui ont préféré taire la nature véritable de leurs activités, comme cela était d'ailleurs courant à l'époque[18]. La consultation d'autres sources permet de rétablir la réalité et de compter ces rentiers au nombre des marchands. Cette pratique, autant sémantique que sociale, est surtout caractéristique de la première moitié du XVIIe siècle. Après 1634, date à laquelle Michel Chabert est élu échevin sans avoir camouflé la nature de son activité marchande, les édiles sont de moins en moins nombreux à afficher le nom d'une terre : Antoine Dalmas, René Villette, Michel Billard, François Taffu, Bertrand Ranvier s'intitulent tout simplement marchands lors de leur élection. Au siècle suivant, le terme de « sieur de » tend à disparaître, soit que les marchands n'hésitent plus à se présenter comme tel, soit que les hommes encore désireux de se distinguer le remplacent par celui de « bourgeois[19] ».

Toutefois, même si l'on compte ces rentiers au nombre des marchands, il reste évident que le corps de ville de Tours à l'époque moderne est dominé par le monde des grands officiers. Notre première approche du groupe des édiles d'origine marchande tend à confirmer ce qu'écrivait Claude Petitfrère dans son article consacré aux officiers de l'époque moderne : la fonction première de Tours – ville de justice et d'administration royale – apparaît ici avec évidence. Cette faiblesse numérique du nombre des marchands aux commandes de la cité est peut-être le signe que Tours était très en retrait dans le domaine économique[20]. En tout cas, sur le plan de la politique locale, elle ne fait pas partie, au XVIIe siècle du moins, de ces villes (Paris, Nantes, Auxerre, Troyes ou Sens) où les premières places du corps de ville

17. Parmi les quatre autres « rentiers ou présumés tels », nous comptons deux « avocats en parlement », titre purement honorifique sans véritable contenu (Pierre Ménard, élu en 1664, Guillaume Josse en 1707) et deux commensaux des maisons royales ou princières, Michel Gaillard, maire en 1682, maître d'hôtel ordinaire de Monsieur et Gilbert de Chastres (1723), premier valet de chambre du duc d'Orléans.

18. Dans son travail portant sur les trésoriers de France (*Une administration royale d'Ancien Régime : le bureau des finances de la généralité de Tours (1577-1790)*, Tours, PUFR, 2004) François CAILLOU a retrouvé les traces d'une pratique similaire : « Au XVIIe siècle [...] beaucoup de vieux commerçants enrichis [et qui achètent une charge de trésorier] préfèrent se montrer discrets sur la profession à laquelle ils doivent leur réussite. Ils prennent volontiers dans les actes officiels, la qualité de bourgeois, qui [...] désigne dans la majorité des cas des commerçants et des maîtres de métier de premier plan ayant ralenti ou cessé leurs activités. Ils peuvent aussi se présenter comme « sieurs » d'un lieu donné, généralement une seigneurie ou une métairie [...] qu'ils possèdent dans les environs de leur ville de résidence » (vol. 2, p. 31).

19. À l'inverse de ce qui se rencontre à Paris ou dans les cités du nord de la France, il n'existe pas de statut de bourgeois de Tours. Il s'agit, pour notre cité, d'individus qui se distinguent par leur style de vie dont le travail professionnel est banni la plupart du temps. Certains sont des marchands retirés des affaires. PIQUIOT L., *Les bourgeois de Tours 1773-1774*, Tours, mémoire de maîtrise, 1993 et PENIELLO P., *Les bourgeois de Tours au début du XVIIIe siècle (1716-1736)*, Tours, mémoire de maîtrise, 1994.

20. En l'absence d'étude d'ensemble relative au poids véritable des activités économiques à Tours, il nous est impossible de savoir la ville était ou non une grande place commerciale dans le royaume de l'époque moderne.

font l'enjeu d'une lutte serrée entre marchands et officiers [21]. Cette absence de rivalité entre grands officiers et marchands explique que le pouvoir royal soit rarement intervenu à Tours.

L'entrée massive des marchands au corps de ville à la fin du Grand Siècle

Toutefois, en examinant le tableau de plus près, on constate que la part des édiles d'origine marchande a très nettement progressé entre 1589 et 1789, passant en quelques années de 22 % au début du Grand Siècle, à 48 % à la fin du règne de Louis XIV, avant de retomber à une moyenne à 36 % au siècle des Lumières. Comment expliquer une telle augmentation ? Invités par le roi à participer à la vie municipale dans le deuxième cercle du pouvoir municipal, comme « élus » ou comme députés de paroisses à partir de 1619, rien n'indiquait qu'ils pouvaient intégrer les rangs de l'échevinage à proprement parler. Pourquoi la puissance royale – qui avait la haute main sur les nominations de maire – les a-t-elle progressivement tolérés au sein du corps de ville où les places de maires et d'échevins anoblissent jusqu'en 1667 ? Pourquoi les électeurs ont-ils fait le choix de marchands pour remplacer des échevins ? Comment expliquer qu'ils ont pu se maintenir au pouvoir par la suite ?

Pour répondre à ces questions, les 73 édiles d'origine marchande ont été répartis en fonction des quatre périodes que l'on relève habituellement lorsqu'on étudie l'institution municipale de Tours : 1619-1690, 1690-1724, 1724-1765 et 1765-1789.

Au cours de la première période, le nombre de marchands devenus échevins est assez faible (18 noms), même si l'on intègre à ce total neuf rentiers ou « sieurs de ». Tout change lors de la deuxième période : le groupe passe à 26 et représente alors 48 % du total des échevins de la période ! Après 1724, et la remise en ordre par le roi de l'institution municipale, la proportion d'échevins d'origine marchande diminue pour se maintenir à 36 %, une proportion qu'on retrouve à la veille de la Révolution. Cette entrée des marchands semble s'être faite au détriment des magistrats dont la part tombe, durant les mêmes périodes considérées, de 78 % entre 1619 et 1690, à 43 % entre 1690 et 1724. Au cours de la période suivante, avec notamment la réforme de 1724, les magistrats reviennent au corps de ville [22]. Toutefois,

21. À Paris, la présence des négociants au sein du corps de ville était acquise depuis le milieu du XVIe siècle et à Nantes la part des marchands progressa depuis la fin du XVIIe siècle jusqu'en 1789. Dans ces villes, au temps de Colbert, le pouvoir royal avait prit position en faveur des marchands. BORDES M., *L'administration provinciale et municipale en France au XVIIIe siècle*, Paris, CDU-SEDES, 1972, p. 378.

22. Le présidial fournit encore trois des cinq maires élus entre 1724 et 1765 - Jean-Jacques Rabasche (1724-1747), Julien Dubois (1747-1753) et Jacques Cormier de la Picardière (1764-1765). Le bureau des finances donne un maire durant la même période, Joseph Jean Aubry (1762-1763), mais

le temps de la puissance officière semble passé, car au cours de la dernière période, leur part retombe de nouveau, passant à 32 %[23].

Au final, étudier les édiles d'origine marchande en fonction des périodes institutionnelles propres à la ville de Tours donne un élément de réponse : c'est au moment de la mise en vente des charges, par le roi, à partir de 1690, que le nombre des marchands augmente nettement au sein du corps de ville. Qui étaient ces hommes ? Étaient-ils semblables ou radicalement différents des négociants membres du corps de ville au début du Grand Siècle ? Afin de mieux connaître ces édiles d'un nouveau genre, nous avons eu recours aux archives désormais bien connues des historiens, documents notariés, état civil et reconstitution des familles et des réseaux d'alliances.

Les édiles d'origine marchande au XVIIe siècle (1619-1690) : un groupe original formé d'hommes d'affaires liés aux finances royales

C'est au cours de cette période que les édiles d'origine marchande, on l'a vu, sont les moins nombreux, avec seulement 18 noms. Parmi ceux-ci, seuls deux deviennent maires : Nicolas Leroux en 1638 et Georges Péan en 1666. On l'a dit, Tours apparaît au XVIIe siècle comme assez peu représentative des villes voisines du Grand Ouest où le groupe des marchands est suffisamment puissant pour disputer aux grands officiers les places échevinales.

Qui sont ces hommes ? La plupart sont issus de familles marchandes assez modestes, mais se distinguent de leurs pères par la constitution de belles fortunes. Restons toutefois prudent sur le cas des pères car le nombre de cas retrouvés est assez faible : les cinq pères retrouvés (sur 18) sont des marchands, soit sans spécialité, soit de draps de soie ou retirés des affaires, tel le père de Georges Péan, Pierre, qui se déclare « marchand bourgeois ». Il a été encore plus difficile de retrouver les grands-parents, d'une part parce que les archives relatives à cette période assez reculée sont rares, mais aussi parce que cinq au moins de nos échevins ne sont pas nés en Touraine : les frères Sébastien et Michel Chabert viennent de Thouars, Antoine Dalmas du Rouergue, René Villette vraisemblablement du Loiret, François Taffu du Maine-et-Loire et Bertrand Ranvier du Sud. Ces installations d'étrangers seraient-elles malgré tout le signe de la vitalité économique de Tours, une vitalité qui serait liée par exemple à la proximité sinon géographique du moins relationnelle avec la Cour ?

aussi un autre au cours de la période suivante, entre 1765 et 1789 : l'avocat du roi au bureau des finances, Jean Decop de Pocé (1765-1768).

23. La perte de la suprématie numérique des magistrats s'accompagne d'une réticence de plus en plus grande à occuper des places publiques. Sans doute la perspective de siéger au corps de ville aux côtés de marchands, toujours plus nombreux, a-t-elle fait fuir les officiers.

Les unions contractées par nos édiles d'origine marchande de cette première période indiquent deux choses : l'ancrage en Touraine par le mariage avec une demoiselle de la cité, et une endogamie sociale assez forte : la plupart des beaux-pères retrouvés (7) sont des marchands ou des marchands bourgeois[24].

Pour terminer sur cette question des liens familiaux, remarquons deux choses. D'une part, les édiles d'origine marchande sont relativement proches des grands officiers qui dominent alors le corps de ville : François Taffu (échevin de 1669 à 1693) est le beau-frère de Pierre Ferregeau, avocat au présidial et échevin en 1662-1690. D'autre part, l'arrivée d'un marchand au corps de ville est rarement isolée : certains sont frères (Charles et Michel Collin), ou beaux-frères (Nicolas Leroux (1635-1655) et Georges Péan (1651-1672[25]) ; Michel Billard (1655-1658) et Bertrand Ranvier (1686-1694[26]).

La fortune de nos édiles d'origine marchande, sans être médiocre, n'avait rien d'exceptionnel, au moins au début de leur vie d'adulte. Lorsqu'il se marie, en 1623, le futur maire Georges Péan apporte 6000 L, autant que son épouse. Trente ans plus tard, Michel Collin apporte « ses droits » et sa future la coquette somme de 14000 L[27].

Tout semble avoir changé en quelques années, car lorsqu'ils marient leurs enfants, nos édiles d'origine marchande apparaissent comme de riches personnages. En reconstituant les fiches de familles pour 13 édiles (sur 18[28]), nous avons pu retrouver la destinée de la plupart de leurs enfants (34 sur 43 enfants supposés vivants[29]). Cinq sont entrés dans la vie religieuse, dont trois garçons qui ont intégré le prestigieux chapitre de Saint-Martin[30], bon indicateur du niveau social atteint par les parents. Les autres, soit 29 enfants (13 fils et 16 filles), se sont mariés et la profession ou le statut des fils et des gendres nous est connu pour tous. Un constat s'im-

24. Seul François Taffu se distingue en épousant Catherine Ferregeau, fille d'un procureur au présidial et sieur de la Pichardière. Certains, parmi les pères ou beaux-pères de ces officiers d'origine marchande étaient eux-mêmes membres du corps de ville (deux cas relevés).

25. Nicolas Leroux a épousé Élisabeth Péan (baptisée le 7 avril 1590 à Saint-Denis), fils de Pierre Péan et de Marie de la Gauldrye (ou Delagauldrye), sans doute la sœur de Georges Péan.

26. Le premier épousa le 13 octobre 1644 à Rochecorbon, Julienne Duvau, fille de Jean, bourgeois, et de Perrine Boyer (ou Bois). Le second épousa le 6 août 1663 à Saint-Pierre-le-Puellier, Perrine Duvau la sœur de Julienne.

27. Il faut être très prudent quant à ces résultats car les contrats de mariage retrouvés ont été très peu nombreux, quatre seulement ont été retrouvés, dont deux donnent des informations chiffrées.

28. Grâce au remarquable fichier de dépouillement des archives paroissiales, réalisé par le service des archives municipales de Tours.

29. Quelques hommes ont échappé à notre étude, faute d'avoir eu une descendance. Dans leur cas, nous avons tenté d'élargir leur famille aux neveux et aux nièces, tant de leur famille que de celle de leur épouse. L'entreprise a été difficile, mais elle permet de confirmer ce que nous avancions pour le groupe précédent. Le cas de Bertrand Ranvier peut servir d'exemple. Si aucun de ses quatre enfants n'est parvenu à l'âge adulte, nous savons qu'il était l'oncle par alliance de plusieurs trésoriers de France, les Duvau.

30. MAILLARD C., *Le chapitre et les chanoines de la « Noble et Insigne Église de Saint-Martin de Tours » au XVIII*e *siècle (1709-1790)*, Université de Tours, 2007, dactyl.

pose : ces mariages indiquent une réelle progression sociale entre le moment où les édiles d'origine marchande prennent femme et celui où ils marient leurs enfants. Ainsi, 13 des 16 jeunes filles épousent de grands officiers, huit trésoriers de France, trois officiers du présidial et deux seigneurs. Au final, seules trois jeunes filles, celles de René Billard et de René Villette, épousent des marchands. Du côté des garçons, le constat est le même : quatre deviennent officiers du présidial, trois du bureau des finances, trois brassent de l'argent pour le compte du roi, et autant deviennent écuyers ou grands seigneurs. Chez Nicolas Leroux, le premier maire de Tours d'origine marchande, Nicolas, le fils, devient trésorier de France et épouse Catherine Delucz, fille d'un trésorier de France, tandis que sa sœur, Élisabeth Leroux épouse François Nau, seigneur des Arpentis, commis général des gabelles en Touraine, secrétaire du roi en la grande Chancellerie et trésorier de France. La promotion, évidente pour ces quelques familles sur le plan financier, est confirmée par certains enfants dans les décennies suivantes. Quelques-uns, par exemple, voudront apparaître comme des nobles depuis des temps « immémorables » : Louis-François Chabert de Praille, petit-fils de l'échevin Sébastien Chabert, un marchand venu de Thouars s'installer à Tours dans les années 1620, s'intitule noble moins d'un siècle plus tard[31].

Le montant des dotes offertes à leurs enfants confirme le niveau de richesse auquel sont parvenus certains édiles d'origine marchande du XVIIe siècle[32]. Lorsque Nicolas Leroux marie son fils en 1654, il lui donne 45 000 L. – la demoiselle Delucz apporte de son côté plus de 30 000 L. Quinze ans plus tôt, en 1639 (soit l'année qui avait suivi son élection à la mairie), il avait offert 24 000 L. à sa fille Élisabeth qui épousait François Nau. De son côté, lorsqu'il marie en 1675 et 1682 ses deux filles aux trésoriers de France Charles Milon et Henri Paris, Michel Collin offre à chacune 80 000 L. !

Cet enrichissement permet à la plupart d'acquérir une terre et d'en porter le nom. Ainsi s'explique ce que nous indiquions au début de cette étude : la grande majorité se présente comme des marchands bourgeois ou des « sieurs de ». Les deux maires d'origine marchande, Nicolas Leroux et Georges Péan n'échappent pas à cette règle et se déclarent respectivement « sieur de la Rochefuret » et « sieur de la Malitourne ». Pourtant, l'activité marchande n'est pas loin. Le cas d'Antoine Dalmas peut servir d'exemple. Quinze ans avant son entrée au corps de ville, en 1651, cet édile faisait commerce de soie avec deux manufactures dispersées, l'une située dans le Poitou et l'autre dans le Languedoc, sa province d'origine. Décidé à prendre place dans la bonne société locale, Dalmas prend progressivement de la distance avec le métier de négociant. Les choix de carrière qu'il fit pour ses enfants le confirment : il marie sa fille Marie à Roger Du Guast, un

31. CAILLOU F., *op. cit.*, p. 25.
32. La partie de cette étude est redevable en quasi totalité au travail de CAILLOU F., *op. cit.*

noble d'Amboise, place son fils aîné chez les Jésuites (il mourut assassiné au Québec où il était parti évangéliser les Indiens) et un autre au présidial. Seul le dernier, François, est un temps associé aux activités de son père : très vite cependant ce dernier préfère se retirer sur ses terres de Bréhémont dont il porta le nom la plus grande partie de sa vie.

Comment ces édiles d'origine marchande ont-ils pu connaître un enrichissement aussi rapide que remarquable ? Le recours aux archives tourangelles est d'un piètre secours ici car les informations liées à la nature des activités marchandes sont extrêmement rares. On sait par exemple qu'Antoine Dalmas a bâti sa fortune sur le commerce de la soie, avec le Languedoc et le Poitou, mais on connaît peu de choses sur l'identité de ses clients. On aurait aimé savoir, par exemple, s'il fournissait la Cour royale.

Pour répondre à la question, nous avons déplacé notre point de vue vers la Cour et ses fournisseurs, étudiés par Daniel Dessert, Françoise Bayard et Charles Frostin [33]. La lecture de ces ouvrages a confirmé une de nos intuitions : la plupart des édiles étudiés sont à relier aux serviteurs de la Cour dont l'influence se fait encore sentir en Touraine malgré son départ pour Paris. Ainsi, on trouve encore, dans les années 1620, quelques grands officiers de l'entourage de la reine Marie de Médicis, qui siègent au corps de ville. Quelques années plus tard, au temps de la prééminence de Colbert, les édiles d'origine marchande entretiennent des liens assez étroits, familiaux ou financiers, avec les hommes d'affaires qui fournissent la monarchie en argent frais [34]. Si les Péan ou les Collin n'apparaissent pas au premier rang de ces réseaux, la lecture des arbres généalogiques patiemment reconstitués, montre l'existence de liens familiaux plus ou moins proches avec les Quentin de Richebourg, les Bonneau ou les Bedacier, des hommes qui s'enrichissent considérablement dans les affaires du roi. Ainsi, Nicolas Leroux, le fils du maire, épouse la nièce du célèbre Thomas Bonneau, fermier général des gabelles, mais surtout traitant membre du *lobby* Colbert. Un autre échevin, le marchand Charles Drouin est son beau-frère.

Les marchands devenus échevins au XVIIe ressemblent finalement davantage à des hommes d'affaires qu'à des négociants d'envergure locale ou régionale. Comment expliquer leur arrivée au corps de ville, dominé par les magistrats ? Rappelons que pour siéger à l'hôtel de ville, il faut ou bien être élu par le collège électoral de la ville, ou bien être choisi par le roi ou son représentant local. Cette désignation par le souverain d'un marchand

33. DESSERT D., *Argent, pouvoir et société au Grand Siècle*, Paris, Fayard, 1984 ; BAYARD F., *Le monde des financiers au XVIIe siècle*, Paris, Flammarion, 1988 ; FROSTIN C., *Les Pontchartrains, ministres de Louis XIV. Alliances et réseaux d'influence sous l'Ancien Régime*, Rennes, Presses universitaires de Rennes, 2006.

34. François Caillou fait la démonstration que la fortune des ascendants des trésoriers de France de Tours a été rapidement constituée, plus vite que celle des ascendants d'origine officière. Cette rapidité s'expliquerait par des placements judicieux, des investissements commerciaux efficaces. *Une administration royale d'Ancien Régime*, *op. cit.*

à la place de maire ou d'échevin peut être la récompense offerte pour des services rendus, financiers notamment. L'élection d'un marchand par les membres de l'échevinage lui-même peut avoir la même raison. À une époque où les exigences royales en matière financière sont énormes [35], les échevins de Tours ont sans doute pensé judicieux d'intégrer dans leurs rangs des hommes aptes à fournir de grosses sommes d'argent. Le rythme des entrées des marchands au corps de ville [36] – un seul avant 1619, quatre entre 1634-1641, cinq entre 1651-1655, quatre dans les années 1660, trois dans les années 1670 et deux dans les années 1680 – correspond *grosso modo* à la période des fortes exigences royales en matière de finances.

À partir de 1690, en mettant en vente, pour des raisons comptables, les fonctions municipales (moins de dix ans après la disparition de Colbert et de ses réseaux qui alimentaient la monarchie en argent frais), Louis XIV bouleverse fortement les institutions urbaines. Celles de Tours n'échappent pas à la règle : pendant près de trente ans, celles-ci souffrent de la vacance de certaines places, mais surtout de la rupture de l'équilibre établi jusque-là entre les différentes catégories sociales représentées à l'hôtel de ville. Vingt-cinq ans après la mise en vente des offices municipaux, le nombre des marchands présents au corps de ville a doublé. Qui étaient ces hommes? Étaient-ils semblables à leurs prédécesseurs?

Les édiles d'origine marchande entre 1690 et 1724 : entrée d'hommes médiocres ou arrivée de catégories sociales montantes?

Les premières ventes de charges municipales, décidées en 1690, n'entraînent pas immédiatement de rupture au sein du corps de ville. C'est la succession de ces mises en vente (entre 1690 et 1724, le pouvoir royal vend à quatre reprises les principales fonctions urbaines) et leur chevauchement qui bouleversent les habitudes.

L'édit d'août 1692 crée un office de maire perpétuel et douze de conseillers assesseurs. Cette mise en vente ne rencontre pas le succès escompté et seules deux charges d'assesseurs sont vendues, dont une en 1695 à Charles Thomas. Ce particulier qui se présente comme « sieur de L'Hôpitau » est en réalité un marchand fabricant enrichi [37]. En vertu du texte royal, il est élu échevin l'année suivante. Le texte de 1692 précisait par ailleurs que la moitié des échevins devait désormais être choisis parmi les officiers titulaires d'une charge d'assesseur. Or, en 1701, à l'occasion

35. PETITFRÈRE C., « Les embarras financiers d'un corps de ville : l'exemple de Tours au Grand Siècle (vers 1589-1714) », *Pourvoir les finances en province sous l'Ancien Régime*, Comité pour l'histoire économique et financière de la France, Paris, 2002, p. 51-83.

36. PETITFRÈRE C., « Vox populi, vox regis? L'élection des maires de Tours aux XVIIe et XVIIIe siècles », *op. cit.*, t. 106, n° 4, 1999, p. 47-64.

37. Le deuxième office est levé par Antoine Lhuillier, bailli du comté des Ponts.

d'un bilan demandé par le roi, le corps de ville constate que 13 des 24 places d'échevins sont vacantes. Le roi exige la tenue d'une assemblée électorale. Quatre des treize nouveaux échevins sont des marchands (Philippe Duchamp, François Verrier, Nicolas Patas et René Decop). Dix ans plus tard, l'édit de mai 1702 crée, pour les vendre, onze places municipales, dont dix d'assesseurs. Cette fois-ci, les charges sont acquises, toutes par des personnes issues du monde du négoce tourangeau : sept sont des marchands [38] et trois des marchands maîtres ouvriers en soie [39]. En vertu du texte officiel qui promet l'accès à l'échevinage à ces acquéreurs, quatre marchands deviennent échevins avant la fin de l'année (François Delacroix, Pierre Decop, Charles Châtelain et François Belgarde). Deux ans plus tard, l'édit de janvier 1704 érige en offices la moitié (douze) des places d'échevins. Onze nouveaux marchands entrent alors à l'hôtel de ville, deux par l'achat d'un office (Louis Taboureau, par ailleurs receveur du grenier à sel de Tours et un certain Jacques Martin [40]). Les neuf autres y font leur entrée d'une manière plus originale. En effet, afin de limiter le nombre de nouveaux venus, les quinze échevins en place, titulaires d'offices ou élus, obtiennent du roi de racheter collectivement les offices, pour un coût total de 26 000 livres [41]. Fort de ce texte, le corps de ville peut élire de nouveaux échevins. Entre juillet 1705 et mai 1706, il en désigne sept, tous des marchands (Vincent Jahan, Gilles I Douineau, Claude André Bourcier, Louis Bellanger, Louis Besnault, Robert René Verrier et Robert Duchamp). Sans doute soucieux de rétablir un équilibre en leur faveur, les magistrats s'arrangent pour trouver l'argent nécessaire à l'acquisition des charges municipales : sur les sept places devenues vacantes entre 1706 et 1717, ils en achètent cinq, laissant aux marchands Justin Moisant et Antoine Chaussé les deux autres. En 1717, le roi rétablit les élections : la période qui s'ouvre alors, pour se terminer en 1722, profite aux magistrats, qui enlèvent les six nouvelles places d'échevins à pourvoir de la période. Une nouvelle création d'offices municipaux a lieu en août 1722, pendant la liquidation du système de Law. Les marchands intègrent de nouveau en masse le corps de ville puisque neuf d'entre eux deviennent échevins (sur 14 places). Sur six charges acquises, cinq le sont par des marchands (Jacques Chapelot, Michel Bailly, Nicolas Preuilly, René Police [42] et Charles Charpentier). Cependant,

38. Il s'agit de François Delacroix, Pierre Decop, François Belgarde, Luc Baudichon, Etienne Seignoret, Michel Depronant (un marchand de religion protestante très lié aux marchands de soie de Lyon) et Félix Leblanc.

39. Ces marchands maîtres ouvriers en soie sont Nicolas Preuilly, Noël Girollet et Antoine Roze.

40. Arch. mun. de Tours, BB 61, 6 juillet 1704 (227 r°). Taboureau est reçu le 1er juillet 1705 en vertu de ses lettres patentes du 6 juillet 1704 et Jacques Martin est reçu le 19 novembre 1704.

41. Arch. mun. de Tours, BB 61, 1er juillet 1705 : lecture de l'arrêt du conseil et retranscription (f° 227 r°-228 v°).

42. Le cas de René Police pose problème : il se présente comme marchand alors qu'il est le directeur d'une petite entreprise de teinturerie située sur les quais de Loire, ce qui le place au nombre des maîtres de métiers. Il devra se retirer de la vie publique.

la mesure de 1722 est tellement perturbatrice qu'elle provoque une scission au sein du corps de ville : le roi doit intervenir. C'est l'objet du texte de juillet 1724 qui met par ailleurs fin à la pratique de la vénalité des offices municipaux.

Au total, 25 marchands sont entrés à l'échevinage entre 1690 et 1724, 21 par achat de charges et quatre par élection. Qui sont ces hommes ? Quels liens les rapprochent du groupe précédemment présenté ? En quoi diffèrent-ils d'eux ?

Lorsqu'ils se présentent à leurs collègues, ils annoncent sans hésitation leur appartenance au monde des marchands : 18 se disent tout simplement marchands, cinq s'intitulent marchands bourgeois, un marchand fabricant et un teinturier. Le désir de se distinguer n'a toutefois pas disparu car certains d'entre eux ont acquis, ou acquerront un office, et pas toujours des moindres : deux deviennent trésoriers de France, un secrétaire du roi tandis que les autres acquièrent des offices plus modestes (garde de la monnaie, directeur de la Poste, receveur du grenier à sel, receveur des amendes dans la juridiction des eaux et forêts). Trois enfin accolent volontiers à leur nom celui d'une terre et se présentent comme « sieurs de », tel Nicolas Patas qui se dit « sieur des Amardières » (nom d'une petite exploitation sise à Fondettes). Malgré leur entrée au corps de ville et l'acquisition de ces charges prestigieuses, la plupart conservent leurs activités commerciales. En cela, ils diffèrent grandement du groupe précédemment étudié : sans doute les temps ont-ils changé et la place des marchands mieux considérée au sein de l'élite politique locale.

La reconstitution des familles, plus facile que pour le groupe précédent, montre que tous étaient fils de marchands[43], à l'exception de Charles Charpentier, fils d'un trésorier de France, et de Michel Bailly, fils d'un notaire de la baronnie de Cinq Mars. Tous ont un père qui s'est élevé au-dessus de sa simple condition de marchand (le père de Gilles I Douineau, simple marchand à son mariage, devint plus tard fermier d'Ussé). Pour ce groupe, il a été plus facile de remonter aux grands-parents, paternels ou maternels (23 informations concernant 14 personnes, dont neuf pour lesquels nous avons la profession des deux grands-pères). Ils sont originaires essentiellement de Tours, mais quelques-uns sont d'implantation plus récente et viennent de Saumur, Bléré ou Beaulieu-Lès-Loches. Dans ce groupe des aïeux, hormis cinq cas[44], la majorité (16) sont des marchands[45] et deux même sont maîtres artisans (sellier et poêlier).

43. Trois étaient marchands, dix marchands bourgeois et deux marchands maîtres ouvriers en soie.

44. Le grand-père de Charles Thomas était huissier, deux étaient chefs fourrier chez la Reine et deux annonçaient être des « bourgeois ».

45. Sept se déclaraient marchands bourgeois, cinq maîtres ouvriers en soie et quatre des marchands.

L'endogamie est forte dans ce groupe puisque sur les 18 beaux-pères retrouvés, 15 sont des marchands (neuf sont des marchands bourgeois, quatre des maîtres ouvriers en soie, deux des marchands). Là encore, quelques indications permettent d'affirmer que certains beaux-pères ont eu la prétention de sortir du lot : ceux de Nicolas Patas et de Louis Bellanger achètent un petit office de garde de la monnaie, celui de François Delacroix se dit « sieur de Vauhardeau », une petite terre située à Saint-Cyr.

La nature exacte des activités de ces marchands nous échappe en grande partie. L'on sait toutefois que Pierre Decop était marchand de draps de laine, Charles Thomas, un marchand fabricant, et que les Moisant, Verrier et Douineau avaient investi dans le commerce, parfois à grands rayons d'action : l'un des fils Moisant avait été établi à Naples ; Verrier avait des correspondants à Cadix.... À la différence du groupe précédent, nous ne comptons dans ce groupe qu'un seul brasseur d'argent qu'on pourrait rapprocher des hommes d'affaires : Charles Châtelain, dont Daniel Dessert a reconstitué le parcours. Gros entrepreneur des vivres, enrichi au plus haut point et dans les temps les plus rapides, notre homme débute dans la grosse marchandise, laquelle l'enrichit beaucoup, au point d'avouer en 1709 500 à 600 000 L. de biens qui soutiennent son crédit. À cette date, il se lance dans les affaires du roi ; devenu trésorier du quatrième denier et secrétaire du roi, il participe aux avances faites pour le don gratuit, la taille et la capitation de la généralité de Tours. Dans le même temps, il s'intéresse à la fourniture de grains et de fourrages en Touraine et en Alsace, ainsi qu'aux armées en campagne. Ces entreprises lui permettent d'édifier une coquette fortune, dont l'actif en 1716 s'élève à 9 994 979 L., pour 6 999 078 L. de passif. Cette réussite, établie en quelques années, peut surprendre, mais elle repose sur un volumineux portefeuille dont la valeur réelle se trouve très éloignée de la valeur nominale, mais aussi sur des méthodes commerciales « très particulières » (qu'on qualifierait aujourd'hui d'abus de biens sociaux[46]). Le châtiment se trouve à la mesure de ses malversations. Il est taxé à 2 300 000 L., et sa fortune sombre aussi rapidement qu'elle s'était édifiée. Dès la fin de 1716, c'est la ruine totale, la prison et le déshonneur.

Si d'autres ne disposent pas d'une fortune aussi énorme, la plupart peuvent déclarer un niveau de vie très confortable, tel René Decop qui apporte 46 000 L. à son mariage. Tout porte à croire que ce groupe des négociants entré au corps de ville après 1690 a bâti sa fortune essentiellement par le

46. Daniel Dessert donne un exemple, celui d'une de ses fournitures, 34 000 sacs de grains pendant la campagne 1709-1710 : il compte au roi 31 L. 10 s la mesure de froment qu'il a achetée 25 L. 10 s, 24 L. 10 s celle de seigle qui ne lui revenait qu'à 7 L. 7 s. Il triche également sur chaque sac qu'il prétend valoir 220 livres, alors que la moyenne oscille entre 170 et 175 livres. Au total, pour une fourniture qu'il facture 859 000 L., il réalise un bénéfice de 300 000 L., sans compter ce qu'il a gagné sur le prix des sacs et le transport des grains, qu'il a surévalués par rapport à ce qu'il avait effectivement versé aux marchands et aux voituriers. Non content de cela, il a même réussi le tour de force de se faire accorder 100 000 L. par le Trésor, pour intérêts de prétendues avances qu'il aurait dû consentir pour l'exécution de son marché.

commerce de marchandises : l'enrichissement semble là encore parfois très rapide.

Que pouvait représenter, pour ces marchands en cours d'enrichissement l'entrée au corps de ville, soit par l'achat d'un office municipal, soit par élection ? Selon les magistrats, qui répugnaient à laisser les représentants du monde du négoce entrer au sein du corps de ville, ces hommes n'accèderaient à la fonction que pour disposer des privilèges qui y étaient associés. Le cas de Louis Taboureau semble confirmer l'hypothèse. Lorsque Taboureau épouse Philippe (sic) Masse le 12 novembre 1682 en l'église Saint-Pierre de Saumur, il n'est qu'un modeste marchand. Désireux de s'élever socialement, il achète un office de receveur au grenier à sel, puis devient receveur des tailles à Angoulême. L'achat d'un office d'échevin de Tours, en 1704, n'est que le prolongement d'une stratégie personnelle très décidée, basée sur un enrichissement aussi rapide que conséquent. En atteste la destinée assez remarquable de quatre de ses rejetons : les sommes versées pour l'achat des offices prestigieux offerts aux garçons ou pour doter les enfants sont importantes et les unions sont assez éloquentes. L'une de ses filles, Perrine, épouse le bourgeois Pierre Papion : elle sera la mère de Pierre Antoine Claude, directeur de la manufacture de soie de Tours (dont le petit-fils portera le titre de baron). L'autre fille, Philippe (sic), épouse le célèbre lieutenant général de police Taschereau de Baudry, qui avait commencé sa carrière à Tours comme lieutenant particulier du présidial. La destinée des deux garçons, Louis Mathurin et Alexandre n'est pas moins intéressante. Le premier fils, plus connu sous le nom de seigneur des Réaux (un petit château situé à proximité de Bourgueil) devient grand maître des eaux et forêts dans le Lyonnais (et son propre fils, Louis Gabriel, devient contrôleur général sous le nom de Taboureau des Réaux). Quant à Alexandre, le second fils de l'échevin Louis Taboureau, il devient trésorier de France à Poitiers.

L'étude menée pour les enfants de Taboureau l'a également été pour les 74 enfants parvenus à l'âge adulte des autres marchands devenus échevins [47]. En retranchant les 14 rejetons pour lesquels nous n'avons rien, il reste un corpus de 60 enfants, 34 fils et 26 filles. Parmi ceux-ci, six sont restés célibataires : deux demoiselles sont restées célibataires (on disait alors « filles majeures »), une est devenue religieuse tandis que trois garçons intégraient le toujours vénérable et très prestigieux chapitre de Saint-Martin. 56 mariages ont pu être retrouvés qui démontrent des attitudes bien différentes par rapport au groupe précédent. Si huit garçons intègrent les rangs du bureau des finances ou du présidial et six filles sont mariées à des grands magistrats, plus de la moitié (16 garçons et 7 filles) restent dans le monde marchand ou se marient à des négociants. Les grands nobles sont encore des

47. Deux de ces édiles d'origine marchande sont célibataires et nous ignorons beaucoup de la vie privée de trois autres. De ce fait, nous avons 20 personnes pour lesquelles le nombre d'enfants a été retrouvé.

partis intéressants, mais les enfants des négociants ne sont pas boudés. Au XVIIIe siècle, l'activité négociante semble décidément moins déshonorante qu'au siècle précédent.

Les alliances et les réseaux de famille montrent par ailleurs que c'est tout un groupe de personnes appartenant à la même strate sociale (sans doute en recherche de considération sociale) qui intègre les rangs du corps de ville. Présenter ces liens relève de la gageure tant les liens se coupent et se recoupent. Si les liens directs entre édiles sont assez rares (un seul cas de grand-père/petit-fils et autant de père/fils et de frère), conformément à la tradition qui interdisait à plusieurs personnes d'une même famille de faire partie du corps de ville, nombreux sont les échevins liés de manière plus ou moins lointaine. On trouve des cousins (Moisant/Chaussé), des oncles/neveux (Decop/Bellegarde), mais surtout des liens familiaux établis à la suite de mariages entre marchands : nombreux sont les beaux-frères parmi nos édiles (Pierre Decop, Jahan, Bourcier, Bellanger, Besnault[48]...). Au final, seuls deux édiles d'origine marchande (sur 25 !) semblent être des hommes isolés (il s'agit de Jacques Martin et de Michel Bailly). Faut-il y voir là une volonté sinon collective, du moins claire d'intégrer le corps de ville ?

Malgré la perte du privilège de l'anoblissement, les places échevinales apparaissent à ce groupe social montant comme un moyen de reconnaissance supplémentaire, au même titre que d'autres offices. En cela, les critiques des magistrats, jusque-là majoritaires au corps de ville semblent fondées. De son côté, la monarchie, toujours à court d'argent, a pu trouver d'autres sources d'argent frais, après notamment la disparition du *lobby* Colbert. La contrepartie a provoqué un bouleversement dans l'équilibre des catégories sociales présentes au corps de ville. La suppression, en 1724, de la vénalité des offices ouvre une nouvelle période qui permet de répondre à une autre question : les marchands ont-ils réussi à confirmer leur présence ?

Les édiles d'origine marchande au Siècle des Lumières : la confirmation d'une position nouvelle acquise par des catégories sociales montantes

De 1724 à 1789, la municipalité connaît deux grandes réformes, celle de 1724, qui met fin à une confusion institutionnelle malsaine, et celle voulue par le ministre L'Averdy en 1764-1765. La mise en vente des offices des années 1730 et 1740 ainsi que la dernière, en date de 1786, n'ont rien modifié en profondeur. Au cours de ces 75 années, 19 marchands entrent

48. Charles Thomas, le premier marchand devenu échevin en achetant un office d'assesseur est le beau-frère de Nicolas Patas élu en 1702, ce dernier est également le beau-frère de François Verrier. Quant à René Decop, qui remplace le trésorier de France Segoin, il est affilié à Philippe Duchamp, élu en 1701.

au corps de ville, par élection cette fois, 18 comme échevins et un comme maire, Michel Banchereau, élu en 1770. Après Nicolas Leroux et Georges Péan au XVIIe siècle, c'est seulement le troisième maire issu du monde marchand[49]. Élu en 1771, après avoir gravi un à un tous les échelons du *cursus honorum* instauré par L'Averdy, Michel Banchereau aurait dû siéger trois années. Mais l'abolition de la réforme de 1765 l'obligea à rester : le roi le maintient à son poste en 1774 où il mourut six ans plus tard.

Malgré la multiplication des critiques émises régulièrement par les magistrats[50], les marchands confirment leur présence au corps de ville en occupant 36 % du total des places échevinales.

L'enquête menée pour les deux groupes précédemment présentés a été également tentée pour cette vingtaine de marchands devenus échevins au XVIIIe siècle. Elle démontre que ces édiles sont assez peu différents de leurs homologues qui avaient accédé au corps de ville à partir de 1690. La plupart se présentent volontiers comme marchands, ou « négociants », un terme qui apparaît pour la première fois à cette époque. Comme leurs prédécesseurs, ils ne rejettent aucune occasion de se démarquer, soit en devenant juges consuls, soit en accolant à leur patronyme le nom d'une terre (Adrien Girollet se dit « sieur de Boisrenault »), soit encore en acquérant un petit office.

Très liés au groupe précédent, par des liens familiaux étroits, la grande majorité de ces hommes sont issus de familles dont le père était un marchand, à l'exception de Michel Ferregeau et d'Antoine Dousserin, fils d'un avocat au présidial et d'un maître barbier étuvier. Les grands-pères (neuf connus) sont également issus du monde marchand, même si l'on peut noter une petite nuance : les maîtres de métiers sont plus nombreux (trois boulangers, un teinturier). Comme pour le groupe précédent, la majorité vient de Tours, de la Touraine (Leblanc est de Saint-Épain) ou d'une région proche (Hallouin est né à Saint-Lambert-des-Levées) et l'endogamie est assez forte : toutes les femmes épousées sont filles de marchands ou de maîtres ouvrier en soie. L'élection de ces marchands au corps de ville confirme donc bien l'évolution en cours, celle qui avait commencé en 1690. Le niveau de fortune indique une situation fort confortable : la moyenne des contrats de mariage retrouvés s'élève autour de 17 000 L. À leur décès, les trois édiles marchands pour lesquels nous avons une information sûre déclarent entre 146 000 L. et 235 000L. !

L'étude de la destinée professionnelle et familiale des enfants (12 enfants vivants sur 25 baptêmes retrouvés) confirme que ces édiles d'origine marchande forment, comme leurs prédécesseurs, un groupe en voie d'enrichis-

49. On pourrait en compter cinq, avec Nicolas Patas et Charles Thomas qui avaient pu être maires en 1716 et 1717, en occupant la charge devenue vacante par l'absence d'un titulaire.
50. Notons que ces deux catégories, encore rivales au début du règne de Louis XV, s'associent pour refuser aux notaires l'entrée de l'hôtel commun.

sement et en quête de reconnaissance sociale. L'étude permet en revanche de montrer un point intéressant sur le plan des relations entre les deux grands groupes de l'élite locale, marchands et magistrats : aucun des fils des édiles d'origine marchande de cette période 1724-1789 ne devient membre du bailliage, aucun gendre n'appartient au monde des officiers. Tous deviennent négociants ou marchands et les gendres sont choisis dans le même groupe. Le monde des marchands apparaît désormais comme un groupe sûr de sa valeur sociale, un groupe mieux intégré au monde des élites de la ville.

Finalement, vouloir englober les édiles d'origine marchande de l'époque moderne dans un seul et même ensemble n'est pas pertinent. Il convient de distinguer deux groupes. Le premier, très lié aux argentiers de la couronne, est constitué de marchands enrichis à la fois dans leur commerce mais aussi dans les affaires financières de la monarchie. Ils doivent leur entrée à l'échevinage à la reconnaissance du roi, ou à celle des échevins tourangeaux, auxquels ils ont rendu de précieux services financiers. La mort de Colbert, qui désorganise les réseaux alimentant le trésor royal, pousse le roi à recourir à la vénalité des offices municipaux. Une autre catégorie de marchands fait alors son entrée au corps de ville. Ces marchands, très soucieux de reconnaissance sociale ont acquis des places municipales, ce qui leur vaut des critiques parfois virulentes de la part des magistrats jusque-là majoritaires au corps de ville. Le maintien, au XVIIIe siècle, des marchands dans le corps de ville, malgré la disparition de la vénalité des offices, confirme une évolution inéluctable – une évolution par ailleurs bien acceptée par le pouvoir royal qui sait en tirer profit : ils ont acquis une place nouvelle au sein de l'élite urbaine. Cette nouvelle position démontre que Tours a été touchée, avec un décalage de quelques décennies, par le développement commercial de la façade atlantique. L'enrichissement de catégories sociales nouvelles qui en a découlé a bouleversé, comme dans la plupart des villes du Grand Ouest, la hiérarchie des élites au sein de la communauté urbaine. À Tours, ces nouveaux venus ont été abondamment critiqués par les magistrats, leurs rivaux, qui les accusaient d'œuvrer à la seule consolidation de leurs seuls intérêts, individuels, familiaux ou catégoriels. Il semble au contraire, comme nous l'avons démontré dans notre ouvrage consacré à la ville de Tours à la fin de l'Ancien Régime, que les négociants ont mis leur dynamisme au service de leurs contemporains et contribué activement au réveil de leur cité.

Échevinage et échevins de Dijon au XVIIIe siècle

Christine Lamarre

Dans le vaste programme offert à la réflexion, l'examen des familles au pouvoir dans les villes de l'Ancien régime, j'ai choisi à la fois l'exemple d'une seule ville et d'une seule catégorie de pouvoir, celui, politique, des échevins parfois turbulents et avides de partager certaines prérogatives et certaines décisions avec les maires. En dépit de cette attitude, ils ont rarement fait l'objet d'études spécifiques ; leurs noms, en raison de leur quantité, ne sont pas retenus dans les histoires urbaines qui regorgent au contraire de listes de maires, cependant, par leur nombre même, ils instruisent sur le fonctionnement des oligarchies urbaines. Avant d'en venir au cœur de notre sujet : déterminer qui sont les hommes et les familles qui administrent la ville et mesurer l'ouverture ou la fermeture des places à des nouveaux venus, deux préalables s'imposent, une courte mise au point institutionnelle et l'indication des sources mises en œuvre.

Le choix des échevins : règles et circonstances

Le cas de Dijon est à la fois particulier et proche de celui de nombreuses autres villes du royaume. Comme les autres villes, Dijon a connu une mise en tutelle qui s'est accompagnée d'une sérieuse réduction du corps municipal au début du règne de Louis XIV au moment où l'intendant, au nom du roi, apurait les dettes des communautés : par arrêt du Conseil du 20 avril 1668, le nombre des échevins était réduit de vingt à six [1]. C'est peu, mais comparativement à d'autres villes de taille équivalente ou plus grandes proche de ce que l'on peut observer ailleurs [2]. Auparavant les échevins nommaient leurs successeurs par subrogation, désormais il y aurait élection tous les deux ans. La veille de la Saint-Jean d'été, le nouveau maire

1. Ligou D., « De Louis XIV à la Révolution », Gras P. (dir.), *Histoire de Dijon*, Toulouse, Privat, 1981, p. 166-169. De longs extraits de l'arrêt et la description des difficultés qui suivirent son application ont été publiés par Thomas A., *Une province sous Louis XIV*, Paris, Joubert, 1844, p. 287-288.
2. Arch. Mun. de Dijon, B 435. Voir Saupin G., *Les villes en France à l'époque moderne (XVIe-XVIIe siècles)*, Paris, Belin, 2002, p. 209, l'auteur définit un « type échevinal à six membres », dont il n'est, cependant, pas certain qu'il se soit imposé sans difficulté.

réunirait les échevins dans la Chambre de Ville, il en retiendrait deux pour continuer leurs fonctions, les quatre autres seraient élus à la pluralité des voix du corps. À cette occasion, la ville doit abandonner tout système de représentation par paroisse. Pour plus de garantie d'indépendance, nul ne pourrait rester en place plus de deux ans, ni accepter de nouvelle charge avant quatre années. Ces mesures ont été modifiées par l'arrêt du conseil du 6 juin 1703 qui prévoit le renouvellement des échevins trois par trois sans qu'ils puissent rester plus de trois années en place, ni revenir avant un délai de quatre ans. L'essentiel du changement était d'ordre technique et destiné à alléger le processus des élections et à le simplifier, mais le nouveau texte ne résolvait pas entièrement les difficultés concrètes : en effet les quatrième, cinquième et sixième échevins étaient destinés à prendre la place des trois premiers. Du coup, dans ce système d'élections bisannuelles, une équipe sur deux faisait deux ans dans la seconde moitié de l'échevinage et une année dans les trois premières fonctions, l'autre connaissant la situation inverse (deux ans aux premières places, un an aux secondes).

Le mot élection ne doit pas faire illusion, il s'agit, en réalité, d'un système de cooptation qui est très ancien, datant de l'époque ducale [3] et qui est loin d'être unique en France [4]. Les correspondances prouvent qu'on était plus éloigné encore d'une élection puisque les échevins proposaient, avant leur réunion, une liste de six à dix-huit noms, selon les moments, aux princes de Condé ou aux ministres en charge de la province qui indiquaient le nom de la personne « à laquelle ils me feront le plaisir de donner leurs suffrages [5] ». Ainsi, outre la cooptation, il y avait recommandation, ou autrement dit, candidature officielle.

Les nouveaux textes introduisaient, en outre, des obligations de recrutement en fonction des professions. Dès 1668, comme dans de nombreuses autres villes, les échevins devaient être des avocats, des procureurs et des notaires, des marchands ou négociants, les médecins et chirurgiens obtenant l'année suivante la possibilité d'accéder à l'échevinage [6].

Par contre, l'histoire de Dijon recèle deux particularités plus rares. D'abord la ville n'a connu que le système de 1668, amendé en 1703, durant tout le XVIIIe siècle : elle n'a pas subi les changements liés à une politique royale très instable à l'égard du gouvernement des villes, elle n'a pas même expérimenté la réforme Laverdy (comme les villes de Flandres,

3. CHEVRIER G., « Les villes du duché de Bourgogne du XIIIe siècle à la fin du XVe siècle. Organisation administrative et judiciaire », *Recueil de la Société Jean Bodin. La Ville*, t. VI, Bruxelles, 1954, p. 407-442.

4. COSTE L., *Les lys et le chaperon. Les oligarchies municipales en France de la Renaissance à la Révolution*, Bordeaux, Presses Universitaires de Bordeaux, 2007, p. 173-175 pour les cas provençaux et bordelais.

5. Arch. mun. de Dijon, B 469 lettre du 10 juin 1705 du Duc de Bourbon.

6. Arch. mun. de Dijon,B 435, par arrêt du Parlement du 20 février 1669.

par exemple[7]). En dehors de cet épisode, les États de Bourgogne ont toujours racheté les offices municipaux et laissé aux villes la possibilité de maintenir les élections. La situation dijonnaise diffère donc de celle qu'a analysée Guy Saupin pour Nantes, qui est beaucoup plus courante[8]. Cette fixité est particulièrement favorable pour examiner les évolutions et permanences dans le choix des échevins.

Autre particularité, la ville a connu deux autorités de tutelle successives : celle du gouverneur, Louis-Henri de Bourbon « Monsieur le Duc », qui a désigné les échevins sur les listes qui lui étaient soumises jusqu'à sa mort en 1740, celle des ministres en charge de la province ensuite. En effet, le prince ne laisse qu'un très jeune enfant, Louis-Joseph, pour lequel sera conservé le gouvernement de Bourgogne qui durant l'*interim* de sa minorité, entre 1740 et 1754, a été confié au duc de Saint-Aignan. Durant cette période de fragilité, le gouverneur a perdu bien des prérogatives qu'il n'a plus retrouvées ensuite, dont ce patronage sur les élections municipales[9].

Pour savoir si ces circonstances très particulières ont abouti à la formation d'échevinages fermés ou ouverts, il a fallu, en l'absence de listes d'échevins rédigées anciennement, les reconstituer. Deux sources ont été mises en œuvre : les almanachs qui indiquent au premier janvier de chaque année la composition de l'hôtel-de-ville, commode petits recueils qui permettent une rapide collecte de noms dont il convient de vérifier la justesse et qu'il faut compléter, des remplacements fortuits pouvant se faire dans le courant de l'année. Les délibérations municipales (heureusement dotées de sommaires par ordre chronologique) sont la source la plus complète et la plus fiable, mais elles ne donnent que de prudents résultats définitifs et ne permettent pas d'entrer dans le détail des arrangements ou des marchandages qui ont pu accompagner les premières phases de la désignation. Les correspondances de la mairie, classées par sujets, auraient du contenir les lettres de recommandation et éclairer ainsi une partie de la procédure, elles sont, malheureusement, rares[10]. Nous n'avons retrouvé à Dijon que quatre lettres datant de 1751, 1752, 1754 et 1785 : pour onze désignations le ministère a accepté le premier nommé quatre fois, le second deux fois, trois fois le quatrième et deux fois le cinquième. Si l'on suit les qualifications

7. Lamarre C., « La réforme Laverdy : introduction et pratiques dans les villes bourguignonnes », Plessix R. et Poussou J.-P. (dir.), *La vie politique dans les petites villes*, Actes du colloque de Mamers, 1994, Mamers, Société d'histoire des petites villes, 2002, p. 173-192. Les Élus, administration permanente des États, ont obtenu que les édits Laverdy ne soient pas envoyés au Parlement de Dijon, qui, pourtant, en réclamait l'expédition, ils ont été soutenus par l'intendant Amelot (Manevy A., « Les États de Bourgogne et les nominations des maires. Les édits municipaux de 1764-1765) », *Annales de Bourgogne*, t. 28, 1956, p. 118-124) Pour l'application en Flandres voir Guignet P., *Le pouvoir dans la ville au XVIIIe siècle*, Paris, EHESS, 1990, chapitre 4.

8. Saupin G., *Nantes au XVIIe siècle. Vie politique et société urbaine*, Rennes, Presses universitaires de Rennes, 1996, p. 105 *et sq.*

9. Pannekoucke S., *Les princes de Condé, gouverneurs de la Bourgogne au XVIIIe siècle (de 1710 à la Révolution)*, thèse présentée sous la direction de Michaud C., Université de Paris I, 2007.

10. Arch. mun. de Dijon, B 469, B 480.

données par Guy Saupin pour Nantes à Dijon, la politique fut la même qu'à Nantes[11] : celle d'une volonté de coopération et d'un respect partiel des choix des anciens échevins.

Un échevinage indéniablement ouvert

À l'aide de ces trois sources, j'ai reconstitué quatre-vingt-sept années de présence échevinale (1702-1788), soit vingt neuf cycles de trois années, qui auraient pu voir nommer, en l'absence de tout accident et de tout retour aux affaires d'anciens élus (ce qui est parfaitement autorisé et prévu), 174 personnes différentes. Les listes établies comportent 136 noms de familles différents. D'emblée on note que la différence est mince : plus de 78 % des possibilités de diversité ont été utilisées. La durée d'exercice dans les fonctions est l'observation complémentaire indispensable pour déterminer si l'écart entre le nombre maximum des présents possibles et le nombre réel n'est pas du à l'installation durable des quelques échevins dans leurs fonctions. Pour 48 d'entre eux (35 % environ) l'échevinat dure les trois années prévues, l'écart à la règle concerne donc les deux tiers des échevins mais un quart ne réussit pas à rester en place durant le laps de temps minimum de trois ans, les autres (40 %) dépassent souvent le temps prévu de peu (31 % sont là entre trois en six ans), seuls les derniers 9 % restent en fonction plus de six ans, soit plus de deux mandats.

Cette double observation autorise à conclure que Dijon appartient sans contredit à la catégorie des villes ouvertes, telle que l'a définie Laurent Coste[12], elle suit donc le cas des grandes villes ou plutôt des villes d'administration parmi lesquelles elle s'insère parfaitement. Plusieurs explications proposées par l'auteur trouvent ici une application : d'abord les viviers de candidats sont larges surtout dans les deux premières catégories d'échevins : les avocats, d'après les almanachs, sont entre soixante-quinze et cent-vingt au XVIIIe siècle, les procureurs et notaires sont aussi nombreux : aux alentours d'une centaine, en dépit de la réduction du nombre des notaires après 1733. Les marchands, au vu des enquêtes statistiques de la fin du XVIIIe siècle, ne forment pas une catégorie beaucoup plus étroite ; ils forment, selon les moments, un groupe de soixante-dix à quatre-vingt-dix personnes[13]. Leur position est cependant plus fragile : à partir de 1740 apparaissent, à leurs côtés, d'abord un apothicaire, Piron, puis des « marchands libraires » que l'on nomme aussi « imprimeurs » ce qui est leur

11. SAUPIN G., *op. cit.*, note 8, p. 106.
12. COSTE L., *op. cit.*, note 3, p. 284-285.
13. LIGOU D., « Population, citoyens actifs et électeurs à Dijon aux débuts de la Révolution française (1790-1791) », *Actes du 98e congrès national des sociétés savantes*, Clermont-Ferrand, 1963, Paris, CTHS, 1964, Section d'histoire moderne et contemporaine, p. 243-275. L'auteur utilise notamment le recensement ordonné par la maire Gauthier en 1784 pour les qualifications professionnelles : les avocats sont 122, les procureurs et notaires 103, les marchands et négociants 81.

activité principale (Hucherot, Frantin, Causse) et des chirurgiens (Amyot, Hoin, Enaux). Ces hommes, qui viennent s'agréger aux marchands et négociants, ont un profil particulier : ils sont proches des États qu'ils servent ou au nom desquels ils dispensent des cours dans le cas des chirurgiens. Ils font partie de la « république des lettres » : deux d'entre eux appartiennent à l'Académie. Les hommes ainsi désignés sont des notables dans la ville et jouissent d'une belle réputation intellectuelle. Doivent-ils leur entrée dans le corps de ville à l'un ou à l'autre élément ?

Une seconde explication, de nature toute différente, a pu jouer pour expliquer cette ouverture : le fardeau que représente le travail des échevins d'autant plus lourd que leur nombre a été fortement réduit. La ville de Dijon dispose de compétences étendues, notamment en matière de justice et de police – les délibérations hebdomadaires y sont presque entièrement consacrées – elles impliquent régularité et intensité du labeur. Les tâches des échevins leur sont clairement signifiées à chaque renouvellement d'équipe : ils sont responsables d'une paroisse chacun (la ville en compte sept, mais l'une d'entre elles, Saint-Médard, est très petite, elle est prise avec une seconde paroisse par l'un des échevins, les cinq autres en choisissent une), ils doivent superviser le logement des gens de guerre et veiller à la police des marchés deux mois chacun. En outre, ils ont des responsabilités permanentes spécifiques : l'un deux surveille le pavé, un second les plantations et promenades publiques, un troisième les prisons, un quatrième « l'illumination publique », et un dernier la filature de coton installée à proximité de l'hôpital, pour les pauvres. Était-ce trop, au point de voir refuser l'élection ? À la fin du siècle, en 1785, au sortir il est vrai d'une profonde crise municipale, deux échevins obtiennent de ne servir que deux ans au lieu des trois prévus, ce qui est présenté dans la lettre du baron de Breteuil comme une « grâce exceptionnelle[14] ». Puis, en 1788, un des échevins choisis, le sieur Belot, négociant, refuse de prêter serment au bout de la procédure de sa désignation, il est dispensé de la « charge d'échevinage » et remplacé par un autre négociant, Rameau[15]. Ce refus livré par les archives, parce qu'il est intervenu tout à fait à la fin de la procédure a-t-il été unique ? Est-il significatif d'une désaffection ?

Une troisième explication pourrait être également envisagée. Le poids des besognes des échevins n'est pas compensé par une reconnaissance officielle suffisante, et la question de la collégialité dans le corps municipal se pose durant tout le siècle. Les maires siègent aux États de la province, ils sont fréquemment subdélégués et ils ont tendance à exercer solitairement les prérogatives des corps de ville. D'où des frictions qui gagnent en

14. Arch. mun. de Dijon, B 419, à la date du 21 avril 1785, f° 56-57.
15. Arch. mun. de Dijon, B 422, à la date du 10 juillet 1788, lettre de Breteuil.

importance au point que les intendants doivent intervenir [16]. À Dijon, il faudrait lire entièrement les délibérations municipales pour trouver trace de tensions, mais il est significatif qu'en 1781, le ministre demande que les délibérations de la ville soient signées de tous les échevins et non du maire seul et qu'en 1785 le cérémonial des processions soit modifié pour que le premier échevin marche sur le même rang que le maire [17]. Un autre incident, un conflit d'étiquette, est également révélateur des rancœurs. En 1785, lorsque naît le premier fils de l'intendant Amelot de Chaillou, la ville obtient l'honneur d'en être la marraine et l'intendant, pour la remercier de sa générosité, offre un banquet. Malheureusement, il ne fait placer à la table d'honneur que le maire, alors que les échevins sont relégués à une table ordinaire. Que faire, comment réagir ? Ils envisagent de partir, ils ont de la rancune contre l'intendant qui propose de les placer à la table des dames, contre le maire qui a accepté de se séparer d'eux. Finalement les choses s'apaisent, mais cette anecdote traduit bien la distance ressentie entre le maire et les échevins et le mépris dans lequel ils se sentent tenus [18].

On peut enfin considérer l'échevinage comme la porte d'entrée à des fonctions plus techniques [19] : celles de prudhommes (il y en a deux), de secrétaire ou de receveur ou encore de procureur-syndic, d'avocats de la ville (six personnes), qui font tous partie de l'hôtel-de-ville, ainsi que les substituts du procureur-syndic (réduits à sept en 1732 [20]), moins importants puisque leurs noms n'apparaissent pas dans les almanachs. Tous ces emplois sont plus durables et, sans doute, plus appréciés car une fois entré dans ces fonctions on ne les quitte plus : en 1789 le plus ancien des avocats de la ville a été reçu en 1753, le second en 1756, le troisième en 1758, les autres à des dates plus récentes [21]. Seule la mort vient généralement mettre fin à ces activités qui donnent les mêmes exemptions que les autres fonctions municipales. La liaison est étroite avec l'échevinage : tous ceux qui les ont exercées y sont passés et, dans les lettres de nomination, la charge d'échevin apparaît comme le motif majeur de la proposition du candidat puis de

16. LAMARRE C., *Petites villes et fait urbain en France au XVIIIe siècle. Le cas bourguignon*, Dijon, EUD, 1993, p. 420-423.

17. Arch. mun. de Dijon, B 480, lettre du 27 juin 1781.

18. DUMAY G. (pub.), *Le Mercure dijonnais ou journal de ce qui s'est passé de 1742 à 1789 principalement en Bourgogne (Claude et Jean-Baptiste Micault), Mémoires de l'Académie des Sciences, Arts et Belles-Lettres de Dijon*, 3e série, t. 9, 1885, p. 320.

19. Un bel exemple d'analyse est donné dans l'article de COSTE L., « La jurade de Bordeaux au XVIIe siècle », *Des hommes et des pouvoirs dans la ville, XIVe-XXe siècles. France, Allemagne, Angleterre, Italie*, PONTET J. (pub.), Bordeaux, Cesurb Histoire, Université Michel de Montaigne, Bordeaux 3, 1999, p. 257-287.

20. Arch. mun. de Dijon, B 469, lettre du 9mai 1732. Le 22 avril 1737 l'un d'entre eux, Montchinet, est destitué. En 1759, une lettre du 27 février insiste encore sur le peu de rendement de ces places qui sont « fortement demandées et qui ne sont pas tenues » sauf une exception.

21. Ce sont Billard 1753, Vernisy 1756, Lacoste 1758, Durande 1767, Roche 1780, Morelet 1787. Les prudhommes sont choisis parmi les négociants, le seul exemple de départ précipité est celui de Muneret qui a fait faillite et qui doit être remplacé par Nubla (Arch. mun. de Dijon, B 401, f° 57 v°, 1767).

son choix, à Chantilly comme à Versailles. Ainsi peuvent se construire de véritables carrières municipales comme celle de Genot puîné, procureur, échevin qui doit sortir de charge alors qu'il a été vingt-huit ans durant substitut du procureur syndic, et à qui l'on promet, le 28 octobre 1760, la survivance de la première place de prud'homme qui se libérera ; par bienveillance, on lui accorde, dès réception de la lettre, les exemptions liées à l'emploi, mesure bienvenue puisqu'il ne deviendra prudhomme qu'en 1767 et il le restera jusqu'à sa mort en 1778 [22]. Cette habitude de demeurer dans les charges n'est pas, non plus, favorable à la formation de lignées, car les places convoitées sont peu nombreuses et elles sont trop longtemps occupées pour favoriser un passage de père en fils. On constate donc plutôt de longues liaisons entre, non pas des familles, mais des personnes et le corps municipal dijonnais.

Lorsque les règles sont oubliées

L'ouverture des places de l'échevinage est avérée, mais la différence entre le chiffre réel des hommes ayant accédé aux fonctions et le chiffre théorique de ceux qui auraient pu le faire dans un système tout à fait ouvert (136 au lieu de 174), conduit à examiner les écarts à la règle et ce notamment dans leur contexte chronologique. En première approche l'on notera que le système prévu dans l'arrêt de 1703 a fonctionné 39 années contre 46 où il n'a pas été suivi, et, ce qui est plus intéressant, que ces années de fidélité ou d'écarts aux règles ont une cohérence chronologique. On peut distinguer nettement quatre périodes : jusqu'en 1743 les remplacements ne se font pas selon les pratiques écrites dans les arrêts du conseil, cette époque est suivie d'une période de transition, entre 1744 et 1751, durant laquelle observance et écarts alternent, puis la régularité (sauf un remplacement anticipé lié à un décès en fonction) devient de règle jusqu'en 1783, le désordre reprend le dessus en 1783-1786 avant un ultime retour aux usages.

La première séquence se déroule sous le gouvernement de Monsieur le Duc. Elle se caractérise par une succession de très brèves présences d'une ou deux années pour certains hommes et, plus souvent, par des échevinages qui restent intégralement en place pendant un nombre d'années supérieur à trois sans aucun renouvellement partiel : dans la période considérée, la plus longue présence est celle d'un échevinage en place six années durant de 1706 à 1711, sans aucun changement. On ne sait pas exactement comment étaient choisis les candidats officiels du prince, mais nous est parvenu un document curieux qui a reçu le nom de « registre du diable » au XIXe siècle. C'est un livre qui contient les noms et les qualités de tous les candidats possibles aux échevinats de Bourgogne (mais Dijon manque) avec des com-

22. Arch. mun. de Dijon, B 480 à la date du 28 octobre 1760.

mentaires sur leurs capacités intellectuelles et sur leurs caractères. Ce livre appartenait au Trésorier des États de Bourgogne et homme de confiance du prince en Bourgogne, Chartraire de Montigny, il a été commencé en 1735 sur le désir du duc de Bourbon qui souhaitait avoir le plus grand choix possible et qui désirait être plus éclairé sur tous les candidats envisageables. Il demeure un document privé et n'a pas d'équivalent dans les archives de Chantilly comme l'a montré Stéphane Pannekoucke[23]. Son existence est cependant précieuse, elle éclaire un peu le fonctionnement des patronages et l'étroitesse ressentie des canaux d'information.

Ce livre a été également produit peu avant que les choses ne changent pour Dijon : en 1741-1746 pour la première fois le système prévu fonctionne comme il se doit, la reprise en main par le comte de Saint-Florentin ministre en charge de la province est immédiate[24]. Mais cette courte accalmie ne doit pas faire illusion : le désordre reprend dès 1747 et dure jusqu'en 1751 : année du changement brutal de maire et de quatre des échevins sans que nous puissions savoir précisément pourquoi[25]. Le passage sous la tutelle du ministre introduit, après ces quelques années de difficultés, un changement immédiat et durable, les élections se déroulant désormais avec régularité et selon les modalités prévues dans l'arrêt du Conseil de 1703. Cette crise de 1750 permet également de hiérarchiser clairement l'échevinage : une querelle s'élève pour savoir qui doit « prendre le pas » des échevins en place ou d'un avocat nouvellement nommé. Les premiers soutiennent qu'il convient d'observer l'ancienneté dans le poste pour établir les rangs protocolaires, le dernier que sa qualité d'avocat lui vaut le pas sur les procureurs et les marchands. Il eut gain de cause, désormais les avocats viendront avant les procureurs qui devanceront les médecins[26].

Suit la longue période d'observation rigoureuse des règles, 1751-1783. Les échevins restent en place trois années, quelques-uns, parmi les avocats et les marchands, siègent à deux voire trois reprises mais les délais entre deux passages sont respectés. Il est difficile de savoir à quoi est exactement dû ce changement, il faut peut-être évoquer les progrès de la monarchie administrative à une époque où l'intendance de Bourgogne prend un poids certain en relation étroite avec les bureaux de Versailles dans une province où la tutelle des communautés est une des tâches majeures[27].

23. Pannekoucke S., *op. cit.*, note 9 et « Un acteur de la modernisation administrative en Bourgogne au xviiie siècle : le secrétaire des commandements au service du gouverneur », dans *Annales de Bourgogne*, t. 79, 2007, p. 53-72. Dans cet article le rôle des Chartraire est clairement défini.

24. Arch. mun. de Dijon, B 375, en 1741 de nouvelles règles sont édictées pour le choix des échevins, il faut présenter désormais trois candidatures pour donner un libre choix au roi.

25. Arch. mun. de Dijon, B 383, f° 63, une lettre du 4 février annonce la destitution de Genot et de Navier, et la nomination sans élection de Finot et de Belot.

26. Arch. mun. de Dijon, B 435, f° 97, v° lettre du comte de Saint-Florentin du 19 mai 1750.

27. Evrard S., *L'intendant de Bourgogne et la contentieux administratif au xviiie siècle*, Paris, De Boccard, 2005.

Mais ces progrès ne sont pas complets, un dernier épisode illustrant de nouvelles tensions : une violente crise éclate entre 1783 et 1785, elle concerne les maires mais elle s'étend aux échevins par ricochet. Elle n'a pas été étudiée et elle demeure difficile à comprendre, les délibérations municipales et la correspondance de la mairie restant pratiquement muettes; les principaux épisodes en sont heureusement relatés dans un journal privé celui de l'avocat Micault, mais ses notes ne permettent pas de reconstituer les dessous des tensions. Plusieurs éléments ont joué : des frictions à propos d'enjeux précis comme la carrière du voyer Le Jolivet, protégé des Condé, et plus largement des affrontements indirects entre le Prince de Condé et l'intendant Feydeau de Brou[28]. Au total la ville a connu, en trois années, trois changements de maire (dont l'un a eu un mandat si bref qu'il ne figure pas toujours dans les listes de maires de la ville) et quatre renouvellements d'échevins. En juillet 1783, première dérogation aux règles, l'ensemble des échevins est changé parce que « il y avoit depuis quelque temps beaucoup de divisions dans l'Hôtel-de-Ville : les uns étoient du party du maire, les autres du party de l'intendant qui étoient opposés... on a nommé six échevins à la nomination du maire qui a eu le dessus dans cette affaire ». Mais le maire Raviot, soutenu par le Prince de Condé, est destitué en décembre 1783 : c'est une « vengeance de Mr de Brou » et quatre anciens échevins hostiles à l'ancien maire reviennent aux affaires. Un nouveau maire est nommé et installé en janvier 1784, Gauthier; le 10 juin suivant, à l'approche de la date des élections, un arrêt du Conseil modifie les règles du choix des échevins et suspend ceux qui sont en activité, le 20 juin, sans que nous puissions en connaître les raisons, de nouveaux échevins sont nommés, on prévoit des sorties de charges échelonnées pour revenir au système des élections, Micault accompagne la procédure du commentaire suivant : « on les changea tous six, contre la forme ordinaire; mais depuis quelque temps, les formes sont un peu négligées ». Le 10 juillet suivant, le Prince de Condé triomphe, un nouveau maire est choisi : Moussier, l'éviction de Gauthier est connue peu après le 14 juillet, Micault la commente en ces termes : « renvoi de Gauthier (très regretté) son règne a été de six mois et douze jours; sa destitution est un sacrifice fait au prince de Condé, dont l'autorité avait été blessée[29] ». Les échevins restent en place, mais des démissions interviennent dans leurs rangs en 1785. Les remous s'apaisent ensuite : « les officiers municipaux ont été avertis par le ministre que l'on ne recevrait plus de démission, et on a lieu de penser que voilà l'état de la magistrature fixé enfin pour quelque temps » écrit Micault à la date du 17

28. Voir Lamarre C. (prés.), « Lettres de Claude Armenault à François Devosge (1783-1787) », *Annales de Bourgogne*, t. 79, fasc 1&2, p. 167-176; L'intendant, déplacé à Caen, n'a pas été assagi par les orages dijonnais, peu de temps après sont arrivée en Normandie, il s'attaque aux financiers qui ont pris en adjudication les travaux de Cherbourg, voir Perrot J.-C., *Caen, genèse d'une ville moderne*, Paris, La Haye, Mouton, 1975, notamment t. 2, p. 905-916.

29. Dumay G. (pub.), *op. cit.*, note 18, 302-322.

avril 1785, en effet le rythme habituel des nominations est rétabli pour les quatre dernières années de l'Ancien Régime [30]. Témoin de cette crise, le premier échevin, l'avocat Lacoste, a laissé un curieux recueil des ses discours et compliments faits « pendant les huit mois qu'il a été premier Échevin de la Ville de Dijon [31] ». Sous le vernis mondain obligatoire, les courts textes de cet avocat partisan du maire Gauthier expriment le regret de vivre une époque aussi agitée, l'attachement au maire, parfois une certaine amertume ou des idées avancées en matière politique, ce qui élèverait la crise municipale au niveau d'un plus profond clivage politique [32].

Au terme de cette étude, il apparaît que Dijon, capitale de la Bourgogne et ville dont le maire (ou, en cas de défaillance, le premier échevin) siège aux États et dans leur commission permanente, les Élus, a vécu une histoire municipale particulière. Le contrôle de la municipalité a été un enjeu important pour le gouverneur, pour le ministre en charge de la province, pour l'intendant comme pour les Élus. En tant que ville bourguignonne, Dijon a gardé un statut particulier et pérenne dans lequel les apparences de l'élection du corps municipal ont toujours été sauvegardées alors qu'en réalité ces élections cachaient un double système de cooptation et de candidature officielle. Cet attachement à l'apparence peut expliquer l'existence de longues périodes d'observation des rythmes d'élection et de remplacement des échevins, notamment après 1740 lorsque les bureaux de Versailles prennent le contrôle de la province, à l'époque du développement de la monarchie administrative. Dans ce schéma, les crises n'interviennent que lorsqu'il y a concurrence de patronage notamment au moment où le prince

30. Arch. mun. de Dijon, B 418, ordonnance du 28 juin 1783 et arrêt du Conseil du 13 décembre 1783; B 419, B 420 et B 421 contiennent les copies de nombreuses lettres du ministre en charge de la province Monsieur de Breteuil (6 avril, 21 avril, 23 juin, 16 juillet 1785).

31. *Discours et compliments faits par l'Avocat Lacoste, pendant les huit mois et quelques jours qu'il a été premier Echevin de la Ville de Dijon*, s. l. n. d., Bibliothèque municipale de Dijon, Fonds Milsand, 12061. Les 21 discours et compliments sont conservés sous forme d'un recueil manuscrit de 16 pages et un imprimé de 20 pages. L'avocat Lacoste a été nommé le 20 juin 1784 pour une année, il est remplacé le 21 avril 1785.

32. *Ibid.*, comme dans le compliment d'adieu au Prince de Condé venu aux États de 1784 : « Votre Altesse Sérénissime [...] peignit avec force les obligations dont les Echevins sont tenus. A peine venions-nous d'être nommés à ces places. Son discours ne pouvait être une censure de notre conduite. Il nous parut une exhortation paternelle », p. 10. Quelques formules plus politiques apparaissent dans le compliment au premier président du Parlement prévu pour le 1er janvier 1785 : « dans vos mains le glaive de la Justice offre moins le symbole du pouvoir, qu'il n'est l'emblème de la vigilance, vous joignez la prudence au courage & la constance à la sagesse. Votre inflexibilité patriotique s'opposera toujours à l'oppression des Sujets de ce ressort. Nous vous devons trop, Monsieur, pour que vous ne puissiez douter de notre vive reconnaissance, ni combien sont ardents les vœux par lesquels nous demandons à l'Être Suprême votre conservation et votre prospérité », et dans le compliment à l'Intendant Amelot écrit pour les mêmes circonstances : « Tout pouvoir a ses limites, il n'est point d'empire absolu. Pénétré de cette maxime, vous usez avec modération de la puissance qui vous est confiée & pensez d'après Henri IV. Il disait dans l'Assemblée des Notables, tenue en 1596, que son amour pour ses sujets lui faisait trouver tout facile, tout honorable, quand il s'agissait de leur être utile », p. 17 et 18.

de Condé tente de retrouver une partie de son autorité, ce qui sous tend clairement les affrontements de 1783-1786. Un tel système qui repose sur le respect de règles formelles a favorisé l'existence et le renforcement d'un échevinage très ouvert. On n'y trouve pas de dynasties, tout au plus quelques carrières personnelles longues au service de la ville pour lesquelles le passage par l'échevinage n'est que l'étape préalable. Cette explication née de l'observation chronologique des phases de respect des règles vient conforter les autres interprétations (nombre des candidats potentiels, lourdeur des fonctions échevinales, déficit relatif d'honorabilité) de l'ouverture quasi complète de l'échevinat dijonnais au temps des Lumières.

Un exemple d'enracinement local : les élites lot-et-garonnaises à la fin du XIXe et au début du XXe siècle

Jean-Pierre POUSSOU

Même en l'absence d'études prosopographiques, dont l'inconvénient est – on le sait bien – la longueur de leur mise en œuvre, il est possible d'approcher les élites d'un département – en l'espèce le Lot-et-Garonne – à la fin du XIXe et au début du XXe siècle, et d'en tenter, sous certains aspects, une pesée globale. C'est ce que je voudrais montrer dans la présente communication en utilisant, d'une part, un *Dictionnaire biographique de Lot-et-Garonne*, publié en 1894 [1], et, d'autre part, les listes nominatives du recensement de 1906 [2]. Il s'agit d'une démarche purement statistique qui vise seulement à dénombrer ces élites, à en donner les caractères socioprofessionnels, et, surtout, à en préciser les origines, la conclusion majeure à laquelle j'aboutis étant leur enracinement local. Le chemin a déjà été ouvert par la thèse de Jean-Paul Jourdan sur le personnel de l'administration dans le Sud-Ouest de la France [3], et par son étude des députés et sénateurs de l'Aquitaine sous la IIIe République [4]. On verra que ma recherche corrobore et amplifie à la fois ses conclusions, tout en s'étendant à d'autres milieux, ce qui permet de nuancer les points de vue qu'il avait mis en valeur, dans la mesure même où la spécificité du personnel d'administration en ressort davantage.

Le *Dictionnaire biographique de Lot-et-Garonne* qui, malheureusement, n'est pas paginé, est un gros ouvrage proposant 1094 notices de personnalités lot-et-garonnaises encore vivantes en 1894, ou disparues récemment. On ne peut travailler que sur une partie de cet ensemble car 227 d'entre-elles n'habitent pas le département, soit 20,7 % du total. Nous ne pouvons les retenir dans la mesure même où rien ne nous indique qu'à cet égard le

1. *Dictionnaire biographique de Lot-et-Garonne,* Paris, Henry Jouve, 1894.
2. Elles sont conservées aux Archives départementales de Lot-et-Garonne.
3. JOURDAN J.-P., *Le personnel de l'administration dans le Sud-Ouest aquitain, de la fin de l'Ancien Régime aux années 1880,* Thèse multigr., Doctorat ès-lettres, Université de Paris-Sorbonne, 2000.
4. JOURDAN J.-P., « Des hommes du cru », GUILLAUME S. (dir.), *Députés et sénateurs de l'Aquitaine sous la IIIe République 1870-1940 : portrait de groupe,* Talence, Maison des Sciences de l'Homme d'Aquitaine, 1995, p. 123-132.

Dictionnaire biographique soit suffisamment exhaustif; au demeurant il est évident que des professeurs, des avocats, des ecclésiastiques,... qui seraient nés dans le département mais l'auraient quitté, ne figureraient pas pour autant, seules de grandes personnalités installées ailleurs étant répertoriées, ce qui introduirait un biais par rapport à ceux que nous allons étudier. Ajoutons qu'en outre ce serait créer une distorsion par rapport aux listes nominatives sur lesquelles ne figurent, évidemment, que ceux qui habitent dans le département. Retenons simplement, au passage, que parmi ces personnalités qui vivent dans d'autres départements, figurent un ambassadeur, trois secrétaires d'ambassade, plusieurs généraux, dix-huit professeurs de Faculté – dont huit de médecine [5]. Une grande partie d'entre-elles vivent à Paris ou à Bordeaux, ce qui ne saurait surprendre. Notons encore que sur les 1 094 notices, 14 concernent des femmes : 4 professeurs, 3 directrices d'école, 4 femmes de lettres [6].

Le caractère imparfait de la source est évident : si l'on voit bien ce qui a guidé les choix, à savoir la notoriété et parfois des relations directes avec le ou les auteurs – inconnus – de l'ouvrage, leur mécanisme précis n'est pas connu. Elles sont en outre très inégales par leur longueur et par les renseignements fournis. Par ailleurs, si les années et les lieux de naissance sont majoritairement donnés, ils ne le sont pas toujours : pour bien faire, il faudrait le reprendre à cet égard. Néanmoins, tel quel ce *Dictionnaire biographique* a l'immense avantage de fournir une liste considérable de noms, de notices, et de permettre d'arriver à des résultats utilisables.

L'idée fondamentale qui s'en dégage, est l'extrême localisme de ces élites. Déjà, Jean-Paul Jourdan avait souligné l'enracinement départemental du personnel administratif, les allogènes étant en outre majoritairement issus des départements voisins. Il avait également montré que, sur 43 députés et sénateurs lot-et-garonnais, 35 étaient nés dans le département, soit 81,4 %, un pourcentage nettement supérieur à celui de l'Aquitaine tout entière :

5. Parmi les groupes les plus représentés parmi ces « émigrés », il y a d'abord les militaires : 57, auxquels on peut ajouter 10 médecins-major, 4 médecins de la Marine, et des personnels d'intendance ou commissaires de la Marine : 5; le personnel judiciaire : 24; 17 médecins, plus 8 professeurs de médecine en Université, ce qui, avec les médecins militaires, amène à un total de 39 représentants de la médecine; 14 avocats... Notons encore deux Trésoriers Payeurs Généraux, un inspecteur général des Ponts-et-Chaussées, un inspecteur général des haras, un conservateur de la Mazarine, un sous-bibliothécaire de la Sorbonne, le secrétaire de la cour de Cassation, plusieurs journalistes, 3 préfets, 3 députés, un maire de Bordeaux...

6. Ces femmes de lettres sont Françoise Cassaigneau, native d'Agen; Cléontine Fitte, native de Tonneins; Elisabeth Gillis, native d'Agen; madame Manoël de Beaufort, née Marie Barsalou, native d'Agen. Notons encore Marie Delgay, dame Grenier, poète, native de Lavardac, mademoiselle Hélène Duchynska, dessinateur, native de Tonneins, et mademoiselle Ollier, native de Damazan, traductrice d'anglais. Il faut souligner que toutes vivent effectivement dans le département, ce qui n'est pas le cas, nous l'avons vu, pour les hommes, les notices qui les concernent comportant aussi un cinquième de personnalités vivant hors du département.

71,6 %[7]. Le *Dictionnaire biographique* confirme tout à fait ces conclusions pour un personnel politique de niveau inférieur :

– sur 27 maires, dont nous connaissons les origines, 30 % sont nés dans la commune qu'ils dirigent, et 51,8 % dans le département, soit 81,8 % de Lot-et-Garonnais. Un seul provient d'un département éloigné[8], et encore avait-il en Lot-et-Garonne des attaches familiales.

– sur 13 conseillers généraux, 8, soit 61,5 %, sont nés dans le canton et 3 autres dans le département; un seul vient de loin.

Ce localisme est en réalité un phénomène général. Considérons les mentions socioprofessionnelles susceptibles d'être étudiées : les résultats vont dans le même sens, et ils sont d'autant plus intéressants qu'ils concernent des catégories non étudiées par Jean-Paul Jourdan, puisqu'il ne s'agit plus du seul personnel administratif. Ainsi, 38,2 % des avocats et avoués sont nés là où ils habitent; 47 % dans le département; sur 34, un seul vient de loin : de Paris. Il en va de même pour les notaires : sur 58 tabellions, 6 viennent de loin – 10,3 % –, mais 20,7 % sont nés là où ils exercent, et 39,6 % dans le département, soit 60,3 % de Lot-et-Garonnais. Pour les médecins, 7 sur 55 viennent de loin – 12,7 % –, mais 40 % sont nés là où ils exercent et 40 autres % dans le département. Sur 40 ecclésiastiques, 6 sont nés hors du département – 15 % –, mais l'origine régionale est évidente : en dehors d'un natif de l'Aveyron, ils sont issus des départements limitrophes. Parmi eux, sur 26 curés, 2 seulement sont nés à l'extérieur : encore s'agit-il de la Gironde et du Tarn-et-Garonne.

Parmi les élites, les seuls milieux ouverts appartiennent au personnel judiciaire ou à celui de l'administration. Pour les premiers, en effet, 58,5 % sont nés hors du département – 31 sur 53 –; pour les seconds, 27 sur 49, soit 56,1 %. Ce sont des chiffres tout à fait proches de ceux que donne Jean-Paul Jourdan pour 1872 : 54 % pour Agen[9]. On peut en tirer la conclusion - qui rejoint celle que j'avais avancée il y a déjà longtemps pour le département des Landes[10] – que ce sont les emplois de l'État qui ont ouvert humainement nos départements aquitains en y faisant venir des gens nés ailleurs, parfois assez loin. Néanmoins, comme l'avait également noté Jean-Paul Jourdan, il ne s'agit que d'une ouverture relative, puisqu'elle est essentiellement régionale.

Mais, étant donné ses imperfections, peut-on se fier à cette source dont les imperfections sont apparues évidentes? J'ai donc décidé de dépouiller

7. Jourdan J.-P., « Des hommes du cru », *op. cit.*, p. 123. Dans cet article, J.P.Jourdan souligne la force de cet enracinement local pour la vie politique. Voir p. 130 : il y a « une relation étroite entre l'origine des élus et leurs circonscriptions en Lot-et-Garonne : ici les deux tiers des députés sont de l'arrondissement qui les élit ».

8. J'entends par département éloigné tous ceux qui ne sont pas limitrophes du Lot-et-Garonne.

9. Jourdan J.-P., *Le personnel de l'administration dans le Sud-Ouest aquitain…*, *op. cit.*, p. 399.

10. Voir mon article : Poussou J.-P., « Les migrations dans la Haute Lande aux xviiie et xixe siècles », Marquette J.-B. (dir.), *La grande lande : Histoire naturelle et géographie historique*, Paris, CNRS, 1985, p. 365-385.

les listes nominatives des villes du Lot-et-Garonne pour vérifier les résultats tirés du *Dictionnaire biographique*. J'ai été obligé de prendre celles de 1906 afin de disposer des lieux de naissance. Un autre intérêt des listes nominatives, c'est que les élites du commerce et de l'entreprise qui ne figurent qu'exceptionnellement dans le Dictionnaire biographique – ce qui est une importante indication sur l'esprit qui a présidé à sa réalisation – peuvent être largement repérées sur les listes nominatives. Or, les résultats sont exactement du même ordre: ainsi, 37 % des médecins sont nés dans la commune où ils exercent, 37 % dans le département, et seulement 26 % ailleurs; pour les curés, les chiffres respectifs sont de 5,3 %, 80,7 %, et 14 % ; pour les avocats : 60,6 %, 21,2 % et 18,2 %. Tout cela corrobore les données du *Dictionnaire biographique*, et c'est un résultat tout à fait important. Or, les listes nominatives permettent aussi d'atteindre les acteurs économiques : les négociants, entrepreneurs, industriels, banquiers et courtiers. En ce qui les concerne, l'ouverture est plus grande, comme nous allons le voir. Néanmoins, 34,4 % sont nés dans la commune de recensement, et 31,1 % dans le département. On est nettement au-dessous des chiffres du personnel judiciaire ou administratif, dont l'ouverture géographique est nettement plus grande. On voit également, dans les listes de 1906, que les professeurs sont très majoritairement nés à l'extérieur : 67,1 % pour les professeurs de lycée ou de collège, le pourcentage étant cependant nettement moins élevé pour ceux de musique, piano ou dessin : 51,2 %. Parfois, l'on a une forte mobilité à l'intérieur du département : ainsi, seulement 17 % des pharmaciens exercent dans leur commune de naissance, mais 58,5 % sont nés en Lot-et-Garonne, et les chiffres sont comparables pour les vétérinaires et pour les libraires.

Toujours sous l'angle de l'ouverture, il faut insister sur les très fortes différences entre les villes. Celles que Jean-Paul Jourdan avait soulignées entre Bordeaux et les autres villes de l'Aquitaine[11], se retrouvent ici entre Agen et les autres cités du département : il suffit de regarder le tableau n° 1 placé en annexe pour saisir l'importance de l'écart. L'effet-préfecture sur les villes françaises du XIXe siècle a souvent été discuté; en Lot-et-Garonne, il paraît tout à fait évident. En dessous du chef-lieu, où la mobilité est donc plus forte, viennent avec peu de différences les trois sous-préfectures, Villeneuve, Marmande et Nérac. L'écart avec Agen vient d'abord du groupe des négociants : 165 au chef-lieu, 40 à Villeneuve, 23 à Marmande et 33 à Nérac. Un troisième étage est constitué par Tonneins, Fumel et Casteljaloux.

11. JOURDAN J.-P., *Le personnel de l'administration dans le Sud-Ouest aquitain…*, *op. cit.*, p. 399-407.

LES PRINCIPALES VILLES DU LOT-ET-GARONNE

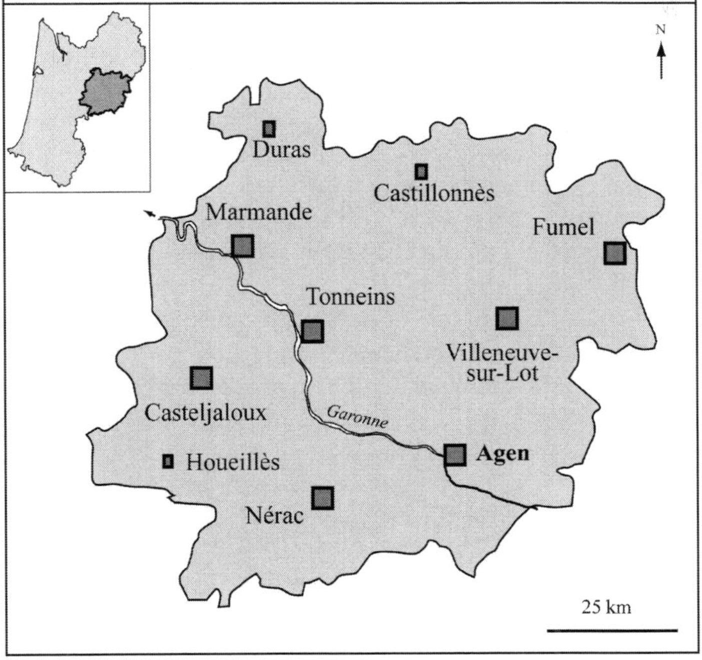

La surprise est ici que Tonneins, qui a pourtant 6 689 habitants – alors que Nérac n'en a que 6 218 –, n'a qu'un faible groupe d'élites. Casteljaloux, qui a seulement 3 668 habitants, paraît beaucoup plus dynamique grâce à un nombre très élevé de négociants, le chiffre étant un peu supérieur à celui de Villeneuve et représentant le double de celui de Marmande. Malgré l'usine métallurgique – peu florissante, il est vrai, à cette date [12] –, Fumel, forte de 4 140 habitants, n'a pas non plus beaucoup d'élites. Pourtant, entre ce troisième niveau urbain et celui des petites villes, il y a une différence très marquée, tout particulièrement avec Houeillès, Duras ou Castillonnès, que j'ai choisies de prendre pour exemple. Ce qui est intéressant, c'est que, dans ces toutes petites villes, on trouve une petite bourgeoisie locale : un ou plusieurs négociants ou entrepreneurs (5 à Castillonnès mais aucun à Houeillès), un pharmacien, un vétérinaire, un notaire, un percepteur, un ou plusieurs médecins (sauf à Duras), un ou plusieurs hôteliers, des gens de justice (un avocat à Houeillès, un juge de paix à Duras), plusieurs employés de l'administration fiscale à Castillonnès. Avec le curé et quelques propriétaires importants – dont certains appartenant à d'anciennes familles

12. En difficulté à la fin du XIXe et au début du XXe siècle, l'usine métallurgique de Fumel est relancée par la guerre. Voir MUNIER J., *Le Bassin de Fumel*, mém. de DES, dactyl., Faculté des Lettres de Bordeaux, 1946 ; POUSSOU J.-P., « La population du canton de Fumel, du Premier Empire à aujourd'hui », dans *Revue de l'Agenais*, 2006, 3, p. 597-629.

nobiliaires –, ils constituent l'élite locale. Bien sûr, la comparaison avec les élites que l'on trouve à Agen ou Villeneuve n'est pas possible, tant l'écart est grand, mais il ne faut pas oublier qu'il y a bien, au niveau des petites villes, une élite socioprofessionnelle dont le rôle social, économique et politique est ou peut être important [13].

Dans ces petites villes, nul ne saurait s'en étonner, l'enracinement des élites est encore plus fort que dans les autres cités du département. Du moins pour celles que nous y rencontrons car, comme l'indiquent les notices du *Dictionnaire biographique*, il y a aussi beaucoup de départs, en particulier vers Paris. Soulignons au passage le rôle capital de l'administration et de l'armée qui offrent des emplois, permettent de faire des carrières, mais entraînent aussi le départ hors du pays natal. Pour une étude globale de la mobilité, nos sources sont biaisées et ne fournissent qu'une partie de la réalité, très majoritaire toutefois. Il n'empêche que, par ce moyen, nous ne pouvons analyser que les populations vivant sur place à l'époque qui nous intéresse. Ceci étant, la conclusion globale n'en est pas moins essentielle : dans ce département de Lot-et-Garonne – mais on peut ajouter sans crainte de se tromper dans presque tous les départements français [14], en cette fin du XIXe siècle et ce début du XXe – les élites sont nées sur place ou dans un cadre régional très proche. Leur enracinement est manifeste. En réalité, il est général : les recherches que je mène actuellement à la fois sur les listes nominatives de recensement et sur les registres matricules de la conscription [15] l'indiquent indubitablement. Il est même surprenant de voir à quel point même la proximité d'une grande ville comme Bordeaux s'accompagne, dans les communes des cantons qui l'entourent, d'une profonde stabilité cantonale de la population [16]. Enracinement, micromobilité et mobilité régionale sont donc la règle [17]. Ils s'accompagnent évidemment d'importants phénomènes de reproduction sociale qu'il conviendra d'étudier en profondeur. Peut-on cependant parler de fermeture ? Je ne le pense pas. D'une part, en cette fin du XIXe siècle, le personnel administratif représente à coup sûr une réelle ouverture et il faut, à cet égard, songer que l'institution des préfets et leurs fréquents changements sont importants, d'autant plus

13. Sur les petites villes, voir POUSSOU J.-P. (dir.), *Les petites villes du Sud-Ouest, de l'Antiquité à nos jours*, *Revue de l'Agenais*, numéro spécial, 2004, 1.

14. Voir TUGAULT Y., *La mesure de la mobilité. Cinq études sur les migrations internes*, Cahiers de l'INED, Paris, PUF, 1973.

15. FARCY J.-C. et FAURE A. viennent d'attirer très fortement l'attention sur l'intérêt des registres matricules pour l'étude de la mobilité en France entre les guerres de 1870 et de 1914. Voir leur remarquable ouvrage : *La mobilité d'une génération de Français : Recherche sur les migrations et les déménagements vers et dans Paris à la fin du XIXe siècle*, dans Cahiers de l'INED, n° 151, Paris, 2003.

16. Aussi bien dans des cantons reculés, comme ceux du Médoc ou de la partie landaise du département de la Gironde, que dans des cantons tout proches de Bordeaux, comme celui de Villenave-d'Ornon, il est étonnant de voir à quel point la mobilité est réduite et l'enracinement à 18-20 ans important. Une publication que j'achève le montrera bientôt.

17. Voir mon article, POUSSOU J.-P., « L'enracinement est le caractère dominant de la société rurale française d'autrefois », *Histoire, Économie et Société*, 2002, 1, p. 97-108.

qu'ils s'accompagnent de la présence de cadres administratifs et militaires qui bougent eux aussi beaucoup, aussi bien en métropole qu'outre-mer. Parmi les groupes les plus mobiles, et donc les plus composites également, comment ne pas citer les professeurs de lycée ou de collège [18] ? Mais aussi le monde du négoce et de la banque. D'autre part, l'enracinement ne fait pas obstacle aux changements politiques : malgré son importance dans le domaine politique, déjà soulignée [19], le département a clairement viré à gauche à cette époque, et Fallières, dont on s'est occupé beaucoup à l'occasion du centenaire de son élection à la présidence de la République, en 1906, en est un excellent exemple [20].

18. Mais les juges de paix et les instituteurs sont essentiellement recrutés dans le département. Voir Jourdan J.-P., *Le personnel de l'administration dans le Sud-Ouest aquitain…*, *op. cit.*, p. 420 et 435.
19. Voir ci-dessus : note n° 7.
20. Armand Fallières a été l'objet de plusieurs biographies ou colloques : Beaumont S., *Fallières ou la République de la province*, Toulouse, Éché, 1988 ; Delpont H. et Dreano-Sestacq J., *Fallières : La République aux champs 1868-1881*, Nérac, Amis du Vieux Nérac, 1996 ; « Spécial Fallières », n° spécial, *Les Amis du Vieux Nérac*, n° 40, 2006 ; Salmon-Dalas M. (dir.), *Un Lot-et-Garonnais à l'Élysée : Fallières en son temps*, Agen, Conseil Général du Lot-et-Garonne, 2007. Voir aussi Weisberg P., « De la perte de dynamisme à l'émergence du radicalisme », Baumont S. (dir.), *Histoire d'Agen*, Toulouse, Privat, 1991, p. 227-254.

ANNEXES[21]

Éléments de l'élite dans les principales villes du Lot-et-Garonne en 1906 : chiffres bruts

	Agen	Villeneuve s/Lot	Marmande
Négociants	165	40	23
Entrepreneurs	26	02	03
Industriels	08	03	01
Banquiers	06	02	XXXX
Médecins et chirurgiens	11	08	05
Pharmaciens	14	06	08
Vétérinaires	06	02	02
Avocats, avoués	33	09	12
Architectes	09	01	02
Juges et magistrats	16	06	07

Villes « moyennes » : chiffres bruts

	Nérac	Tonneins	Casteljaloux	Funnel
Négociants	33	34	47	22
Entrepreneurs	XXXX	XXXX	02	03
Industriels	04	01	05	04
Médecins et chirurgiens	05	04	02	03
Pharmaciens	05	04	02	05
Vétérinaires	04	01	01	02
Avocats, avoués	06	XXXX	XXXX	01
Juges et magistrats	05	01	XXXX	01

21. N. P. Signifie « nés sur place »; N. D. : « natifs du département »; les chiffres qui figurent sur le tableau sous la rubrique « N. D. » sont obtenus en additionnant les pourcentages de ceux qui sont nés sur place et de ceux qui sont nés dans une commune du département. Le sigle XXXX indique qu'il n'y avait pas de données pour ce groupe socioprofessionnel ou qu'elles étaient trop peu nombreuses, et donc inutilisables

Origines des élites lot-et-garonnaises : comparaison entre les données du Dictionnaire biographique de 1894 et celles du recensement de 1906 (pourcentages)

	Dict. biogr. 1894	*Recensement 1906*
Maires	N. P. 30 % N. D. 81,8 %	XXXX XXXX
Conseillers Généraux	N. P. 61,5 % N. D. 84,6 %	XXXX XXXX
Curés	N.D. 92,3	N. D. 86 %
Médecins	N. P. 40 % N. D. 80 %	XXXX N. D. 74 %
Notaires	N. P. 20,7 % N. D. 60,3 %	N. P. 20,8 % N. D. 54,1 %
Juges et magistrats*	N. P. 17,4 % N. D. 41,5 %	XXXX N. D. 52 %
Fonctionnaires	XXXX N. D. 43,9 %	N. P. 5,1 % N. D. 16,7 %
Professeurs	XXXX	N. D. 33 %
Professeurs musique, dessin, piano	XXXX	N.D. 48,8 %
Libraires	XXXX XXXX	N.P. 36,4 % N.D. 63,7 %
Avocats	37,4 % N. D. 80,8 %	N.P. 60,6 % N.D. 81,8 %
Avoués	XXXX XXXX	N.P. 25,9 % N.D. 51,4 %
Négociants	XXXX XXXX	N. P. 37,3 % N. D. 65,1 %
Entrepreneurs, industriels, banquiers	XXXX XXXX	N. P. 34,4 % N. D. 65,5 %
Pharmaciens	XXXX N. D. 83,3 %	N. P. 17 % N. D. 58,5 %
Vétérinaires	XXXX XXXX	N. P. 33,3 % N. D. 80,9 %
Architectes	XXXX XXXX	N. P. 58,3 % N. D. 66,6 %

* Les chiffres lot-et-garonnais de 1906 nuancent, pour les juges et magistrats, ce qu'avançait Jourdan J.-P. lorsqu'il a écrit que, « même au niveau supérieur des tribunaux civils et des cours d'appel, les magistrats les plus nombreux étaient d'origine locale », *Le personnel d'administration…*, *op. cit.*, p. 437. Les pourcentages que j'ai trouvés sont en effet les suivants : nés sur place : 17,4%; dans le département : 34,6 %; hors du département : 48 %.

Population en 1906 des villes citées

AGEN, préfecture	22 894 habitants
Villeneuve, sous-préfecture	13 540 habitants
Marmande, sous-préfecture	9 175 habitants
Nérac, sous-préfecture	6 218 habitants
Tonneins	6 689 habitants
Fumel	4 141 habitants
Casteljaloux	3 668 habitants
Castillonnès	1 669 habitants
Duras	1 528 habitants
Houeillès	1 191 habitants

Quatrième partie

DESTINS INDIVIDUELS, DESTINS FAMILIAUX

Un apprentissage impérial : William Beckford et la cité de Londres

Perry Gauci

Ces dix dernières années ont vu un très grand regain d'intérêt pour l'Empire britannique du xviiie siècle, sans que l'on ait réussi à s'accorder sur son importance pour les villes britanniques, ou, plus précisément, pour ses élites urbaines. Bien que des historiens de l'économie reconnaissent depuis longtemps l'incroyable croissance des fortunes de villes comme Glasgow, Dublin et Liverpool grâce à l'Empire, d'autres discutent encore la mesure dans laquelle cette richesse a pu influencer le statut et les perspectives des dirigeants urbains. Les historiens du politique sont davantage certains de l'impact de l'Empire, comme les spécialistes Kathleen Wilson et Nicholas Rogers qui reconnaissent une force impériale distincte derrière le mécontentement urbain grandissant des villes britanniques du milieu du xviiie siècle [1]. Cependant, leur vision ne reste pas incontestée et des doutes demeurent quant au degré de l'intérêt populaire pour l'expansion territoriale outre-mer et quant à l'importance de l'Empire dans la formation des identités et comportements urbains [2]. En outre, des écrits récents sur le développement social et culturel des hiérarchies urbaines ont mis l'accent sur des influences internes, manifestement sous la forme d'une « renaissance urbaine » reflétant un échange important entre les élites terriennes et urbaines [3]. Cet article cherche à réaffirmer les influences de l'Empire à travers

1. Wilson K., *The Sense of the People: Politics, Culture and Imperialism in England, 1715-1785*, Cambridge University Press, Cambridge, 1995 ; Rogers N., *Whigs and Cities: Popular Politics in the Age of Walpole and Pitt*, Clarendon Press, Oxford, 1987.
2. Pour une critique majeure, voir Harris B., « American Idols : Empire, War and the Middling Ranks in Mid-Eighteenth Century Britain », *Past and Present*, 150, 1996, p. 111-41. Notez également les doutes de Jacob Price sur l'intérêt populaire pour les colonies : « Who Cared about the Colonies ? The Impact of the Thirteen Colonies on British Society and Politics, c. 1714-1775 », *Strangers Within the Realm*, Bailyn B. and Morgan P. D. (eds), University of North Carolina, Chapel Hill, 1991, p. 395-436.
3. Borsay P., *The English Urban Renaissance: Culture and Society in the Provincial Town, 1660-1770*, Oxford, 1989 ; Sweet R., *The English Town 1680-1840 : Government, Society and Culture*, Longman, Harlow, 1999. Le gouvernement urbain du dix-huitième siècle requiert plus de travaux, mais pour une vue d'ensemble, voir Clark P. ed., *The Cambridge Urban History of Britain*, volume 2, *1540-1840*, Cambridge University Press, Cambridge, 2002, notamment le chapitre 16.

l'étude d'une des carrières les plus spectaculaires du dix-huitième siècle, celle de William Beckford (1709-1770). Il fut l'un des seuls, parmi une poignée de politiques créoles, à se faire un nom des deux côtés de l'Atlantique, mais ses efforts pour progresser à Londres et à une échelle nationale mettent en lumière l'intégration sociale, politique et culturelle de l'Empire britannique au moment d'une des étapes-clé de son développement. En particulier, le fait qu'il se soit hissé très tôt au premier rang, ce qui pourrait correspondre à son apprentissage de la politique britannique, éclaire les façons dont les dirigeants urbains se sont adaptés à un rapide changement aussi bien chez eux qu'à l'étranger.

Cela fait longtemps que les historiens britanniques trouvent un grand intérêt à Beckford, principalement dans un contexte national, en tant que confident du Premier Pitt, l'ami auto-déclaré de l'Empire, et en tant que commanditaire du premier mouvement pour une réforme parlementaire. Lucy Sutherland en a fourni le meilleur portrait politique et a souligné la large portée de l'héritage politique de Beckford. Mary Peters a fait progresser notre compréhension de l'homme et de son temps en faisant référence aux façons dont l'alliance Pitt-Beckford s'est assurée la force naissante de l'opinion publique pour défendre les causes de la réforme et de l'Empire[4]. C'est dans ce contexte qu'il faut situer la carrière de Beckford, notamment en ce qui concerne son succès en tant que politicien, mais j'espère qu'une étude plus complète le placera plus largement encore au cœur des changements sociaux, culturels et politiques de l'époque qui furent inaugurés non seulement par les forces de l'Empire mais aussi par des influences sociétales nationales. J'espère, en particulier, comprendre à travers lui les multiples rapports et influences qui entrent en jeu dans l'État impérial britannique à cette époque.

Le récent déluge de travaux sur l'histoire transatlantique souligne seulement le besoin de réexaminer le rôle et l'importance des planteurs absentéistes pour le développement de la Grande-Bretagne. Les historiens antillais reconnaissent depuis longtemps l'importance des médiateurs impériaux dans la métropole, mais ce n'est que relativement récemment que leur rôle a été mis en valeur, et relativement peu de personnes ont questionné leur impact au-delà de leur succès à obtenir des faveurs politiques[5]. Une étude plus large de leurs stratégies sociales et politiques révèle l'importance des Antilles durant la période précédent 1756 et souligne leur prééminence

4. Pour des courts portraits de qualité, voir Sutherland L., « The City of London and the Opposition to Government, 1768-74 », *Politics and Finance in the Eighteenth Century*, Newman A. (ed.), Hambledon, London, 1984, p. 115-147; Peters M., *Pitt and Popularity : the Patriot Minister and London opinion during the Seven Years War,* Clarendon Press, Oxford, 1980, esp., p. 6-16; Sheridan R., « William Beckford », *New Dictionary of National Biography*, Oxford University Press, Oxford, 2004.

5. Pour un compte-rendu récent et conséquent de l'importance des absentéistes, voir Burnard T., « Passengers Only : the Extent and significance of Absenteeism in Eighteenth-Century Jamaica », *Atlantic Studies* 1, 2004, p. 178-195.

lorsque les colonies d'Amérique du Nord comme celles de la Caraïbe rivalisèrent pour obtenir le soutien du Parlement et de la Trésorerie[6]. À son tour, l'impact social et culturel plus large des Caraïbes peut éclairer le rythme et le caractère des développements au sein de la Grande-Bretagne, car les planteurs absentéistes méritent l'attention rigoureuse prêtée aux nababs des Indes orientales de la fin du XVIIe siècle. Comme Michael Craton l'a montré il y a quelques temps, « une étude générale des absentéistes antillais comme classe demeure une grande histoire sociale qu'il reste à écrire[7] ». La vie d'un seul homme, même celle d'une telle figure, riche et influente, comme celle de Beckford, ne peut révéler toutes les expériences de la politique impériale du dix-huitième siècle, mais ses succès et ses échecs peuvent éclairer la nature de l'échange transatlantique à une étape cruciale pour le centre comme pour la périphérie. En particulier, ses activités en Grande-Bretagne soulignent en outre les rôles importants joués par les absentéistes en intégrant la métropole et les périphéries, à une échelle à la fois personnelle et culturelle, et peuvent aider à expliquer pourquoi les Antilles sont restées fidèles pendant les grandes crises impériales postérieures à 1763[8].

En ayant ces priorités à l'esprit, cet article examinera sa carrière jusqu'à sa victoire aux élections de Londres de 1754. L'attention se focalisera sur ses stratégies politiques avant son amitié avec Pitt et avant qu'il ne devienne le favori de la populace londonienne. À cette fin, l'article se divisera en quatre grandes parties : sa formation et ses perspectives avant son arrivée en Grande-Bretagne ; ses stratégies politiques pour obtenir des contacts en Grande-Bretagne ; l'analyse de son message impérial au Parlement; et finalement, les élections de Londres en 1754 elles-mêmes. Une conclusion réfléchira à l'importance de ces premières années pour l'orientation de la fin de sa carrière et fera le bilan des causes de son succès en tant que politique colonial en métropole.

6. Beckford apparait brièvement dans la plupart des travaux clés sur l'émergence des intérêts antillais au dix-huitième siècle. O'Shaughnessy A. J., « The Formation of a Commercial Lobby : The West India Interest, British Colonial Policy and the American Revolution », *Historical Journal*, 40, 1997, p. 71-95 ; Penson L., « The London West India Interest in the Eighteenth Century », *English Historical Review* 36, 1921, p. 373-392 ; Sheridan R., « The British Sugar Planters and the Atlantic World, 1763-1775 », *Eighteenth-Century Florida and the Caribbean*, Proctor S. (ed.), University of Florida Press, Gainesville, 1976, p. 1-14 ; Metcalf G., *Royal Government and Political Conflict in Jamaica 1729-1783*, Longmans, London, 1965, esp. p. 21-22.

7. Craton M., « Reluctant Creoles : The Planters' World in the British West Indies », *Strangers Within the Realm*, Bailyn and Morgan, esp. 346-349. Pour l'échange culturel plus global entre la métropole et l'empire, voir O'Shaughnessy A. J., *An Empire Divided : The American Revolution and the British Caribbean*, University of Pennsylvania, Philadelphia, 2000, chapitre 1.

8. Pour une discussion enrichissante sur « La Politique de l'Esclavage », voir Brown C. L., *The British Atlantic World 1500-1800*, Armitage D. et Braddick M. J. (eds), Palgrave Macmillan, Basingstoke, 2002, p. 214-232.

Formation et perspectives

L'origine jamaïcaine de Beckford fut de toute évidence cruciale dans la détermination de son caractère et de ses opportunités, notamment à travers la fortune de sa famille, qui le plaça au sommet de la société insulaire. Cependant, de même que d'autres planteurs dominants, il mena le début de sa vie à la fois à la Jamaïque et en métropole, ce qui l'exposa à de nombreuses influences métropolitaines. Comme Trevor Burnard l'a démontré, de telles origines privilégiées l'ont rendu « authentiquement transatlantique » dans ses perspectives et son action ; et ses expériences l'ont promu comme dirigeant naturel de la Jamaïque du début du dix-huitième siècle, où des problèmes incessants causèrent de grandes protestations afin d'obtenir une aide de la métropole. De fait, la décision du père de Beckford de l'envoyer, lui et ses frères, à Westminster et à Oxford, peut être interprétée soit comme un pas vers un plus grand embourgeoisement, soit comme un contrat d'assurance coûteux au cas où la colonie ferait faillite[9].

L'éducation de Beckford laisse à penser qu'il n'était pas l'héritier favori des affaires familiales. À Westminster, il impressionnait par ses qualités intellectuelles, mais il s'y fit aussi des relations qui influencèrent probablement sa décision de rester en Europe. Son intérêt pour la médecine, qui le vit passer de longues périodes à Leiden et à Paris, était pour lui la passion de toute une vie et, bien qu'il ne fût jamais praticien, il fut de toute évidence attiré par la recherche. Le temps qu'il passa à l'Hôtel des Invalides ne le guérit pas de sa peur de colon de l'expansionnisme français, mais ses intérêts professionnels ont peut-être bien détourné son énergie d'une vie en politique impériale. Ce qui a fait basculer son destin fut manifestement la double perte de son père et de son frère aîné en 1735-1737. Les preuves sont nombreuses pour suggérer que l'attitude instable de son frère Peter était inquiétante bien avant la mort de son père, et il avait sûrement dû anticiper (ou avait planifié activement) sa succession à la grande propriété alors qu'il était encore à l'université. Ce qui est certain, c'est qu'il revendiqua rapidement le contrôle du domaine lorsque son père mourut[10]. À la fin de l'année 1736, il retourna à la Jamaïque pour diriger les plantations de sucre, laissant la fin des opérations de Londres aux soins de plusieurs de ses relations. À cette période, il semblait concerné par l'implantation des intérêts de sa famille sur l'île, n'ayant appris que très peu de choses sur la société insulaire depuis son neuvième anniversaire. Son admission à l'assemblée en février 1738 lui procura toute l'expérience en politique insulaire dont

9. Pour un résumé utile de la richesse et des plantations détenues par Beckford, voir SHERIDAN R., « Beckford », *New Dictionary of National Biography*; Burnard, *Atlantic Studies*, 1, p. 189.

10. Son frère a sûrement souffert d'une psychose maniaco-dépressive, ou du moins, c'est la version donnée par des témoins procurés par William-NA, C24/1541, témoignage de Francis Nicholls, 9 octobre 1739. On a même affirmé que Peter était possédé par « des peurs et des appréhensions étranges et excessives que les gens l'attaquaient et s'efforçaient de le détruire à l'aide de la magie ».

il avait besoin, mais en l'espace de quelques mois, ses affaires personnelles lui demandèrent une absence de douze mois, probablement liée au départ de sa mère pour Londres afin de garantir ses propres droits après la mort de Peter Beckford en août 1737. Son avenir personnel et politique étant en jeu, il revint en Angleterre et en février 1739, il affrontait sa mère au tribunal de Chancery[11].

Cette année-là fut capitale pour Beckford et pour les intérêts politiques des Antilles, puisqu'elle vit culminer l'agitation qui conduisit au début de la guerre contre l'Espagne. Bien que n'ayant encore qu'une vingtaine d'années, Beckford joua son rôle, en assistant à une séance à la Chambre des Lords le 27 février, au cours de laquelle des détails macabres des dépravations espagnoles furent racontées devant une audience métropolitaine. Beckford témoigna au nom des marchands, en accentuant « les grandes difficultés que les Espagnols leur avaient infligées ». Il revendiqua aussi, plus tard, être « un instrument très actif à l'intérieur et à l'extérieur des frontières », et qu'il était « soucieux d'amener le célèbre Jenkins à la barre de la Chambre des Communes ». Sur un ton moins belliqueux mais tout aussi efficace, il fit aussi une apparition à Westminster en juin pour fournir des informations sur la production du sucre à la Jamaïque comme faisant partie intégrante de la campagne pour permettre l'exportation directe du sucre à l'étranger. À cette occasion, il donna des comparaisons de mauvais augure dans un très bon français et vit ses souhaits traduits dans la législation à la fin de la session parlementaire[12].

Les remous de la guerre l'invitèrent évidemment à un retour rapide vers la Jamaïque et en février 1740, il était de retour à Spanish Town, d'où il écrivit une série de lettres très révélatrices à son ami James Knight. Ces lettres montrent que, lorsqu'il était à Londres, il s'était mélangé à la crème des planteurs absentéistes et avait participé à quelques-uns des débats les plus actifs sur le futur des Antilles et de la Jamaïque en particulier. Il considérait de toute évidence le club des planteurs à Londres comme essentiel aux perspectives de l'île, soutenant que « beaucoup de conseils pourraient être donnés, ce qui pourrait s'avérer être un grand avantage pour les colonies ». À la Jamaïque proprement dite, il fit preuve de qualités intrépides qui allaient marquer (et gâter) sa vie d'adulte en politique des deux côtés de l'Atlantique. Il avait déjà des positions claires sur la plupart des questions cruciales en ce qui concerne les colons, notamment en termes de colonisation, d'esclavage et de la relation de l'île avec la mère patrie. Ses expériences européennes sont clairement mentionnées dans ces lettres, mais les réponses passionnées aux problèmes auxquels les Jamaïcains devaient

11. NA, C11/1552/12, témoignage de Thomas Beckford, 22 juin 1739; *Journals of the Assembly of Jamaica* (Alexander Aikman, St. Iago, 1795-1829), iii, p. 426-446 *passim*.

12. Bodl. Microfilms, Shelburne mss 102, f. 12, fragments autobiographiques; *Lords Journals*, XXV. 305-306, 405.

faire face, laissent le lecteur certain de ses racines créoles. De plus, son engagement à l'assemblée entre mars 1740 et mai 1744 fut remarquable, et il devint une figure dominante, représentant l'assemblée devant le gouverneur et le conseil, et supervisant une législation importante ainsi que des commissions [13].

Aussi, lors de l'expédition avortée à Panama en 1742, il navigua également avec l'Amiral Vernon, apparemment comme « point d'honneur » envers le gouverneur. L'échec des capitaines britanniques valut au jeune représentant du mépris et nourrit une grande aversion envers lui de la part des affectations aristocratiques. À ses yeux, seul le gouverneur Trelawny avait agit « avec zèle pour devenir un Anglais ». Sur le plan personnel, les nouvelles étaient meilleures et les terres colonisées assurèrent William de profiter de la part du lion de l'immense fortune des Beckford. Cette sécurité financière a dû confirmer sa décision de retourner en Angleterre, car, comme il le dit plus tard à la Chambre des Communes :

> « Le climat de nos colonies de sucre est tellement inconfortable pour une constitution anglaise qu'aucun homme ne choisira d'y vivre, et encore moins, de s'y établir sans l'espoir d'au moins subvenir aux besoins de sa famille dans de meilleures conditions, ou d'économiser plus d'argent qu'il ne le peut grâce à n'importe quel commerce auquel il peut s'attendre en Angleterre ou dans nos plantations, sur le continent américain. »

Il avait suggéré un retour en Angleterre dès le printemps de 1743, mais ce ne fut pas avant décembre 1744 qu'il fut déclaré comme ayant quitté l'île, lorsqu'il fut exclu par l'assemblée pour s'être absenté sans autorisation. Personne ne pouvait douter qu'il avait le poids financier pour avoir un impact en Grande-Bretagne, mais il restait à voir comment il gagnerait de l'avancement en politique ou une acceptation sociale dans la mère patrie [14].

Trouver ses repères : le succès en métropole (1745-1754)

La vitesse rapide de l'ascension politique de Beckford en Grande-Bretagne a impressionné ses contemporains comme les historiens. Alors qu'il avait une connaissance limitée de la politique britannique, il gagna en 1747 un siège parlementaire (qu'il conserva jusqu'à la fin de sa vie), une robe d'échevin en 1742 et le succès considérable de devenir un membre de la Ville de Londres en 1754 [15]. Cette ascension refléta en partie l'impact

13. Add. Mss 12431, f. 120.

14. Bodl. Ms Clarendon deposit c. 376, bdle. 3, Jannet Hynes, to Henry Barham, 7th April 1742 ; Add. Mss 12431, f. 124 ; Cobbett W. ed. *Parliamentary History of England*, Londres, 1806-20, xiv, p. 190-191 ; *Journals of Jamaica Assembly*, iii, p. 672.

15. Une enquête des membres de la Chambre des Communes durant la période 1715-1754 ne comptait que 27 députés ayant d'importantes relations antillaises, dont les deux-tiers étaient soit nés aux

plus large des intérêts des Antilles à cette époque, mais Beckford fut à la fois plus ingénieux et plus efficace que ses compagnons absentéistes. Comme d'autres planteurs, il chercha à progresser en politique par des relations aristocratiques et par la corruption électorale mais aussi, et de manière plus significative, il épousa la politique populaire de Londres, un intérêt de plus en plus puissant à l'époque supposée de l'oligarchie des Whigs. Bien que ces influences motrices soient clairement importantes, elles n'expliquent pas de façon adéquate son rapide progrès et une analyse plus poussée peut éclairer l'importance d'agents majeurs et complémentaires entre les colonies et la métropole. Je soulignerai en particulier les efforts sous-estimés de Beckford à Londres avant 1752 et la portée de ses relations avec les intérêts écossais.

La réussite de Beckford à Londres fut indubitablement facilitée par sa capacité à faire en sorte que la populace londonienne s'identifie à lui, et il fut mis à juste titre dans la même catégorie que Sir John Barnard, le patriote autoproclamé de la Cité et critique de la cour, dont l'étoile politique brillait encore quand Beckford revint à Londres. Aux yeux de Mary Peters, Beckford finit par usurper le rôle de Barnard comme gardien contre la corruption gouvernementale et la tyrannie, en utilisant la sphère publique pour compenser le manque de références à Londres dans son *curriculum vitae*[16]. Cependant, cette image ne rend pas suffisamment compte de l'importance des relations de Beckford avec les dynasties londoniennes, ou ne reconnaît pas suffisamment sa compréhension du fait qu'il ne pouvait pas simplement éblouir la Cité avec des cadeaux et des promesses afin de soutenir son commerce impérial. En effet, pour comprendre son ascension à Londres, nous devons remonter dans l'histoire jusqu'aux années 1670 et comprendre comment les relations familiales de son grand-père dans la capitale avaient facilité la fortune coloniale de la famille. En outre, leur réussite depuis cette époque s'était maintenue par un intérêt continu de Beckford pour Londres.

Personne ne pouvait douter de l'importance du rôle que pouvaient jouer les institutions de la ville dans la croissance de la famille. Les Beckford s'étaient d'abord élevés à un certain rang dans la ville avec les frères échevins Sir Thomas et Richard, sous le règne de Charles II qui fournit le capital et les relations nécessaires à leurs parents aux Caraïbes. Leur adhésion à la « Clothworkers'Company » est, en fait, un excellent exemple, car c'est là qu'ils se lièrent avec le sous-secrétaire d'État (et confectionneur de vêtements, à titre honorifique), Sir Joseph Williamson, et qu'ils lui offrirent à

Caraïbes, soit y avaient vécu un certain temps, SEDGWICK R. ed. *The History of Parliament: The House of Commons 1715-1754*, Londres, 1970, i, p. 153.

16. Elle fait vaguement référence à un oncle échevin à Aldgate et suggère que « plus que tout » le succès d'étrangers comme Beckford était lié au Toryism de la City, qui était « d'une variété populaire stridente », *Pitt and Popularity*, p. 6-16.

dîner pour s'assurer une sympathie officielle, sinon une protection manifeste pour leurs intérêts en Jamaïque. En retour, Williamson écrit au gouverneur sortant, Lord Vaughan, en décembre 1674, lui pressant de lui accorder son soutien pour le secrétaire de l'île, Peter Beckford, « qui est en relation avec de très bons amis de Williamson en ville ». De fait, Williamson chercha à ouvrir « un petit commerce » avec le secrétaire Peter, selon la suggestion de « son bon ami », l'échevin Beckford. C'est à juste titre que la Compagnie détient toujours une paire de bonbonnes données peu après par Richard Beckford, comme pour symboliser l'importance que les frères avaient donnée à la convivialité de la culture de la Cité [17].

Après la mort de Sir Thomas en 1685, aucun membre de ma famille ne prit de haut poste municipal, mais une présence continue à Londres fut maintenue jusqu'à l'arrivée de Beckford en 1745. Le fils de Sir Thomas, William, conserva des liens importants avec le gouvernement en tant qu'entrepreneur naval et garda l'adresse des affaires de son père à Mincing Lane, une des adresses les plus désirées dans la ville mercantiliste, et populaire auprès des marchands des Caraïbes. William mourut en 1731, mais son neveu Thomas avait aussi pris une adresse à Mincing Lane en 1730 et dirigeait la partie londonienne de l'affaire jamaïcaine de la famille. Thomas Beckford précisa plus tard que William et ses frères étaient régulièrement invités à Mincing Lane quand ils étaient à l'école puis à l'université. Ils avaient « libre accès, à toute heure, et ils y venaient fréquemment et y résidaient pendant plusieurs jours et semaines ensemble [18] ». L'église paroissiale du quartier était St Mary-at-Hill, où le nom de Beckford ornait la sacristie, son ancêtre Sir Thomas ayant supervisé les étapes finales de la reconstruction de l'église après le Grand Incendie de Londres [19]. C'est pourquoi William fut exposé, dès son plus jeune âge, à la culture citadine et à l'importance de sa famille dans la ville. Une appréciation personnelle de son importance apparut avec l'un des premiers documents à porter le sceau de William, une obligation datant d'octobre 1739 et qui portait les armoiries de Beckford accordées en 1686 au William Beckford de Mincing Lane, mentionné plus haut. Selon les termes de la concession, seulement les descendants directs de la branche londonienne pouvaient porter ces armoiries, mais en accord avec son grand-père, le célèbre colonel de la Jamaïque, le jeune William tint

17. *Calendar of StatePapers, Colonial, 1669-1674*, p. 631.

18. National Archives, C11/1552/12, témoignage de Thomas Beckford, 22 Juin 1739. Thomas Beckford jouait clairement un rôle éminent à Londres, étant le directeur de la Royal Exchange Assurance Company pendant de longues années. En « Capitaine », Thomas Beckford agit en faveur de l'Assemblée jamaïcaine pour obtenir l'approbation pour une loi sur l'assemblée en décembre 1713, *Journals of the Jamaica Assembly*, vol. 2, p. 107.

19. Guildhall Lib. Mss 1240/1, f 92v-St. Mary at Hill fut la première église à faire honneur à Beckford avec « une épée en fer… agréable pour sa dignité » lorsqu'il devint maire en 1762, 1240/2, petite sacristie 15 décembre 1762.

absolument à revendiquer un lien qui lui donnerait, de manière simultanée, un statut à la fois dans la Cité et dans une noble sphère plus large[20].

L'importance personnelle de cette formation à Londres apparaît très clairement dans la forme de sa progression après son retour en Angleterre. Ainsi, bien que dans la plupart des cas il enregistrait son adresse comme étant celle de St George's Hanover Square, dans le quartier ouest à la mode, son premier rendez-vous important à son retour se fit bien en tant que figure de la ville, en tant que l'un des seize représentants marchands choisis pour faire des remontrances au ministre en ce qui concernait les pertes occasionnées par les Français et les autres corsaires pendant la Guerre de Succession d'Autriche. Son empressement à jouer ce rôle suggéra que dès le début de sa carrière politique en Grande-Bretagne, il tint à mettre l'accent sur ses racines londoniennes, surtout dans la mesure où elles lui permettraient de revendiquer une personnalité à la fois de planteur et de marchand et, dès lors, il espèrerait embrasser les factions dirigeantes des intérêts des Antilles dans la capitale. Un souvenir plus direct de son héritage familial apparut lorsqu'il décida finalement d'entamer une carrière municipale, car il choisit de représenter Billingsgate, la circonscription où se trouvait Mincing Lane. De fait, la presse le désigna comme « éminent marchand de Mincing Lane » lorsqu'il gagna les élections locales, en dépit du fait qu'il résidait plus à l'ouest[21].

Ses actions illustrent donc les racines profondes du succès antérieur de sa famille et du besoin d'être ouvert à des stratégies à la fois traditionnelles et nouvelles pour progresser dans la métropole. Pour compléter son progrès à Londres, il acheta des terres à Fonthill dans le Wiltshire peu après son arrivée en Angleterre. De même que les grands planteurs des colonies se sont auto-formés, Beckford voulut se faire bien voir auprès de l'élite terrienne anglaise, et sa propriété de Wiltshire fut un premier pas vers une acceptation sociale et politique plus large. Cependant, il ne faut pas ignorer l'utilité de cette propriété pour la préservation de ses intérêts coloniaux, puisque Londres n'était qu'à une nuit de route, et elle lui donnait même un accès plus facile à Bristol et aux ports de la côte sud comme Southampton, qui conservait d'importants liens commerciaux avec les Antilles[22]. Dès lors, bien que l'achat d'une propriété ait imité l'aristocratie, le choix de Wiltshire soulignait sa lecture intelligente des réseaux commerciaux régionaux, qui

20. Beinecke Library, GEN MSS 102, box 4, obligation de William à Thomas Beckford, 10 oct. 1739 ; College of Arms, Book of Grants, vol. 3, p. 282 ; William junior (l'écrivain) obtint un certificat pour utiliser les armoiries sur la tombe du Colonel Peter Beckford à St Catherine's en septembre 1790-College of Arms, Norfolk pedigrees, vol. 1, p. 105-110.

21. *The Gentleman's Magazine*, 1746, p. 106 ; 1752, p. 286. Curieusement, il n'a pas suivi ses ancêtres dans la Clothworkers' Company, mais dans celle des Ironmongers'. Cela fut mis au compte du fort sentiment des Whigs à la Clothworkers' Company, alors que les Ironmongers' étaient caractérisés par leurs divisions en ce qui concernait leur allégeance politique. ROGERS, *Whigs and Cities*, *op. cit.*, p. 150-153.

22. Dans les années 1760, Beckford employait deux marchands de Bristol pour être ses agents.

avaient un impact grandissant sur la représentation parlementaire dans la première partie du XVIIIe siècle (en termes d'économie à la fois impériale et nationale). L'importance stratégique de cet endroit par rapport aux intérêts des Antilles allait devenir plus évidente au cours de sa vie, car un certain nombre de propriétés de planteurs ont été trouvées dans ce comté et la région méridionale environnante. Beckford devrait être considéré comme un pionnier à cet égard, impatient de transformer des signes prometteurs de soutien populaire pour les colonies en un intérêt politique permanent[23].

Il utilisait aussi des réseaux d'influence plus innovants pour protéger ses intérêts à Westminster, et ses relations écossaises furent particulièrement importantes pour son ascension. L'importance incroyable des Écossais dans le développement de l'Empire du XVIIIe siècle est devenue un thème classique de l'historiographie récente, bien que ce ne soit que relativement récemment que l'attention se concentre sur l'opération métropolitaine des intérêts celtes. Le début de la carrière de Beckford souligne à quel point de telles relations furent importantes pour le développement des intérêts impériaux en Grande-Bretagne[24]. Avant même son retour en Grande-Bretagne, il avait fait connaître son admiration pour l'aptitude des Écossais en tant d'impérialistes aventureux et travailleurs. Il considérait « les Britanniques du Nord » comme des « hommes de forte, vigoureuse et bonne constitution et (si je suis bien renseigné) la luxure a peu de place dans leur éducation ». Quand il était à l'école, il s'était mélangé avec quelques uns des Écossais les plus compétents de sa génération, dont Lord Mansfield et, étant donné le rapide impact des Écossais sur les affaires impériales depuis l'Union de 1707, il fut tout à fait naturel pour Beckford d'intégrer des cercles celtiques lorsqu'il s'efforçait d'instaurer des intérêts politiques dans les années 1740[25].

L'importance plus globale de ces relations pour Beckford est soulignée par l'une de ses premières déclarations en public à son retour en Grande-Bretagne, lorsqu'il annonça lors d'une commission parlementaire, en mars 1745, le succès probable des manufactures britanniques de lin dans

23. L'indicateur utile de l'étalement géographique des intérêts des Caraïbes en Grande-Bretagne apparait avec l'agitation en faveur de l'Amiral Vernon en 1740-1742, comme le souligne Kathleen Wilson. On peut trouver de nombreux groupes dans le Sud-ouest et sur la côte Sud autour de Southampton, de même que dans le Nord-ouest, les Midlands et en Écosse. Londres était évidemment une autre zone clé. Voir Wilson K., *The Sense of the People*, *op. cit.*, p. 144.

24. Colley L., *Britons Forging the Nation*, Yale University Press, New Haven, 1992 ; Devine T., *Scotland's Empire 1600-1815*, Penguin, 2003, esp. chapter 10 ; Hancock D., *Citizens of the World : London Merchants and the British Atlantic Community, 1735-1785*, Cambridge University Press, Cambridge, 1995. Pour une approche britannique consciencieuse aux développements politiques dans les années 1740 et 1750, voir Harris B., *Politics and the Nation*, Oxford University Press, Oxford, 2002.

25. Add, 12431, f. 116. Pour une estimation de l'impact écossais à la Jamaïque, voir Karras A. J., *Sojourners in the Sun : Scottish Migrants in Jamaica and the Chesapeake, 1740-1800*, Cornell University Press, 1992, surtout les chapitres 2 et 4. Pour une analyse du succès de la famille Lascelles avec leurs partenaires écossais dans le commerce des Barbades, voir Smith S. D., *Slavery, Family and Gentry Capitalism in the British Atlantic*, Cambridge University Press, 2006, p. 79-86.

les colonies. Comme Lillian Penson l'a remarqué il y a plusieurs années, l'un des premiers grands triomphes des intérêts antillais – la défaite de la taxe sur le sucre de Pelham en 1744 – fut facilité par l'enrôlement des membres écossais et irlandais en retour de la défense de leurs intérêts dans le lin[26]. Beckford tenait clairement à exploiter cette alliance et à aller plus loin, car un témoin majeur de l'enquête était Sir William Dalrymple, un baronet écossais, pour qui Beckford jouait le rôle d'agent pour amasser des capitaux à Londres. Il y avait d'autres témoins comme John Yeamans et Samuel Martin, dont les intérêts considérables dans les îles de Leeward les recommandèrent comme intermédiaires pour Dalrymple. Ensemble, ils réunirent 3700 livres sterling pour lui, et les signataires du prêts formèrent une impressionnante liste d'appel de planteurs des Caraïbes de cette époque : Drax, Colleton, Pennant, Foster, Barham, Knight et March. Pas moins de cinq de ces familles étaient enregistrées comme voisines à St George's Hanover Square, et ce prêt donne une bonne idée de la force croissante des intérêts des planteurs à cette période. Les Écossais étaient aussi très nombreux à la paroisse à ce moment-là et une telle proximité n'était pas une simple coïncidence d'intérêts. Ainsi, en 1746, Beckford, était devenu l'un des cinq directeurs de la toute nouvelle Compagnie du Lin Britannique, dont les signataires londoniens comptaient Yeamans et Martin. Pour mener à bien ce projet, Beckford faisait ainsi appel à des amis plus âgés et même plus puissants, à travers un ancien camarade de classe (et écossais) Thomas Hay, vicomte Dupplin, membre du ministère du Commerce depuis cette année-là et jusqu'en 1754[27].

Ainsi, au cours de ses deux ou trois premières années après son retour en Angleterre, il avait instauré des réseaux d'intérêts fiables, et il était prévisible qu'il aspirerait à un siège parlementaire aux premières élections législatives qui auraient lieu après son retour, celles de 1747. Son premier essai, à cause d'un intermédiaire insensible de la ville parlementaire de Cornish de Penryn, se termina en un désastre et l'avertit des difficultés à gérer ne serait-ce que de petites villes. Ces électorats intéressés ont dû apparaître comme les voies les plus sûres menant aux faveurs politiques sous l'oligarchie des Whigs mais elles n'étaient pas sans risques pour les parvenus[28]. Il se concentra donc sur

26. Penson, p. 379-381 ; *Report from the Committee to Whom the petition of the merchants and others of Great Britain and Ireland, dealers in and manufacturers of linens, threads and tapes*, 1745, surtout p. 19. De plus amples preuves d'une alliance à long terme des intérêts sont ici suggérées par la demande d'une rencontre entre les commerçants de sucre et les marchands de lin britanniques et irlandais à Londres en janvier 1748, *London Evening Post*, 14-16 janvier 1748.

27. Campbell A., *State of the Process of Proving the Tenor, Archibald Campbell of Budgate… against Sir William Dalrymple of Cousland, baronet*, Londres, 1768, p. 14-33 ; *Charter of the British Linen Company*, Edinburgh, 1773, p. 4-5. Beckford avait investi £500 dans la Compagnie du Lin. Pour les relations jamaïcaines de Dupplin, voir Metcalf, *Royal Government and Political Conflict, op. cit.*, p. 101.

28. Notez l'outrage auquel a fait face le jamaïcain Henry Dawkins lorsqu'il tenta de prendre un siège à Salisbury en 1768, après avoir acheté une propriété dans les environs, Namier L. et Brook J. (eds), *The History of Parliament : House of Commons 1754-1790*, Londres, 1964, i, p. 419-420.

Shaftesbury, un petit village beaucoup plus près de sa propriété de Fonthill et il gagna un siège lors d'une élection partielle, grâce à des relations et à la corruption. Même avec l'engagement du soutien aristocratique à travers Lord Shaftesbury, il rencontrait toujours une importante opposition à sa candidature, et ses espoirs originels de gagner le siège sans dépense s'effondrèrent face à un manque de confiance en ce candidat clairement étranger à la circonscription. La nature de l'opposition est toujours aussi peu claire, bien que cela ne doive pas être vu automatiquement comme une peur de l'étranger colonial en soi. L'appui majeur de Beckford pour les intérêts du lin, par exemple, a dû sûrement aliéner l'industrie textile locale, qui avait fait rigoureusement campagne contre des initiatives parlementaires récentes pour favoriser les industriels du lin. Beckford a dû aussi être désavantagé une fois encore par l'inexpérience de certains de ses agents électoraux (dont Yeamans), car un compte-rendu souligne la médisance émanant de « l'indiscrétion de certains des amis de M. Beckford ». La proposition de Lord Shaftesbury d'instituer un club qui se rencontrerait une fois par mois en ville, où Beckford et son frère Julines adhèreraient, avait dû avoir pour but d'apaiser les différents locaux causés par tant d'insensibilité. En fait, les premières attaques évidentes sur les origines coloniales de Beckford n'apparaissent pas avant le début des années 1750, ce qui, encore une fois, souligne sa préférence pour l'intégration, plutôt que la confrontation aux intérêts politiques britanniques. Son argent et ses amis étaient ses meilleurs atouts pour gagner le siège, mais pour le dernier des patriotes ayant des principes, cette méthode était clairement hypocrite (sinon foncièrement de mauvais goût) et a dû sûrement le convaincre du besoin de conserver plusieurs voies d'intérêts concurrentes[29].

Une fois au Parlement, il fut associé aux figures hostiles à la cour, un processus émergeant de ses convictions politiques de base et de ses relations sociales à Wiltshire (Dorset), surtout de ses liens avec Lord Shaftesbury et George Bubb Doddington. Beaucoup de contemporains et d'historiens l'ont identifié, comme il se doit, comme un Tory ou comme un Whig indépendant et, alors que cette dernière supposition semble plus appropriée, il fut aisé pour ses opposants de l'associer à tous les ennemis des intérêts des Whigs Pelhamites. Beckford se rendit bien compte qu'il avançait dans des eaux politiques dangereuses, mais il gagna indubitablement un capital politique grâce à de telles associations, et en commun avec d'autres politiques coloniaux pleins de ressources, il était préparé pour jouer sur le terrain

29. NA, PRO 30/24/28, ff. 354, 357-358, 362-363 ; Sedgwick, *House of Commons 1715-1754*, i, p. 236-237 Notez la revendication intrépide et partiale de Beckford en mars 1769 que « je n'ai jamais donné un shilling pour être député : je veux dire en ce qui concerne la Cité de Londres », Wright J. (ed.), *Sir Henry Cavendish's Debates of the House of Commons*, Londres, 1840-43, i, p. 304.

politique de la métropole pour son avantage personnel et celui du groupe[30]. Il est certain que ses rivaux ne pensaient pas qu'il avait miné ses intérêts politiques coloniaux en soutenant l'opposition aux Pelhams, et il fut en effet défini à plusieurs reprises comme une figure clé dans les débats coloniaux. Un tract de 1753 prévoyant l'augmentation de la production de sucre rappelait, en effet, le témoignage d'un « digne planteur de la Jamaïque » à la barre de la Chambre des Communes en 1739, lorsque Beckford s'était vanté que la Jamaïque à elle seule pouvait satisfaire tous les besoins de la Grande-Bretagne si elle était cultivée jusque dans ses moindres recoins. De manière plus combative, durant cette même année, un ami des épiciers et des raffineurs de sucre de Londres attaqua l'intérêt personnel des planteurs pour la sous-production et pensa que leurs bénéfices extravagants encourageaient « encore plus certains d'entre eux à quitter leurs plantations pour les plaisirs de la capitale », distinguant la Jamaïque comme particulièrement vulnérable à cet égard[31].

Bien que Beckford ait gagné grâce à des relations chez ses opposants, il fit attention à développer ses intérêts des deux côtés de la métropole. Sa décision de se baser à Soho Square en 1751 souligna cette stratégie politique plus large, car même si c'était un endroit moins à la mode que certaines adresses plus à l'ouest, cela lui permettait d'aller des deux côtés de la ville. Ses ambitions à Londres menèrent à son admission officielle dans la communauté municipale lors d'un été mouvementé par de nombreuses inaugurations en 1752, admission qui avait été à juste titre interprétée comme une tentative délibérée de modeler son profil avec des éléments d'opposition dans Londres. Ses tentatives d'approfondir ses intérêts à Londres en soutenant des sociétés patriotiques comme la Société pour l'Industrie de la Pêche Britannique Libre furent moins appréciées car elles étaient à l'image de ses relations écossaises ainsi que de ses nouveaux alliés tels que Shaftesbury et Doddington. La société se rassembla pour la première fois en janvier 1749, menée par un mélange d'intérêts mercantilistes et écossais de Londres, et Beckford s'assura une place à son conseil en septembre 1752, prêtant serment aux côtés d'un des agents clés, Thomas Collet, capitaine de navire et marchand expérimenté des Caraïbes. Durant les mois suivants,

30. Voir en particulier, Sedgwick, *House of Commons 1715-1754*, i. 651-652. La proéminence de Beckford dans l'opposition fut marquée par la mort du Prince de Galles en 1751, lorsque Doddington et Shaftesbury le sondèrent sur le projet d'une union loyale entre Whigs indépendants et Tories, Carswell J. et Dralle L. A. (eds), *The Political Journal of George Bubb Doddington*, Oxford, 1965, p. 106-107. Cette revue fournit aussi des détails sur ses relations sociales dans le Wiltshire, p. 10, 80, 117, 129, 131, 167, 168, 233, 247, 249, 289.

31. *An Enquiry into the Causes of the Present High Price of Muscovada Sugars*, London, 1753, esp. p. 21 ; *An Account of the Late Application to Parliament from the Sugar Refiners, Grocers, etc of the Cities of London and Westminster*, Londres, 1753, surtout p. 45-46. Andrew O'Shaughnessy a mis l'accent sur les tactiques bi-partisanes des intérêts des Antilles plus tard dans le siècle, mais elles pouvaient être aussi bien appliquées au début du siècle, *Historical Journal*, 40, 1997, p. 71-95. En novembre 1750, Samuel Martin conseilla à son fils de consulter à la fois le ministère et l'opposition lorsqu'il poursuivrait des intérêts d'Antigua, Add. Mss 41346, f. 16.

une foule des autres contacts de Beckford les rejoint, dont Sir John Phillips en février 1753, George Doddington en août et Lord Shaftesbury lui-même lors du dernier mois de l'année. Beckford entama aussi une campagne de relations publiques à Londres, agissant comme l'organisateur d'associations philanthropiques telles que l'Hôpital des Couches (à la Maison de Shaftesbury) et les Fils du Clergé. La popularité récente à Londres de ces sociétés patriotiques fut une stimulation évidente à sa participation et il avait clairement l'intention d'imiter la popularité et le haut portrait de la City obtenu par des Londoniens comme Slingsby Bethel et Stephen Janssen (tous les deux membres de l'Industrie de la Pêche), aussi bien que des gentilshommes comme Sir John Phillips et George Cooke[32].

Ainsi, lorsque Beckford tenta vraiment de devenir député à Londres en 1754, il n'était pas une force connue et il ne s'appuya pas seulement sur les intérêts du sucre ou les bénéfices de l'esclavage comme il l'avait fait à ses débuts. Son ascension montre à quel point la richesse impériale devait toujours/encore agir comme médiateur au sein des canaux traditionnels d'influence et que même la super-fortune des Caraïbes devait avancer patiemment pour construire des intérêts qui aient une importance ou une permanence. De même, les relations de Beckford soulignent comment la politique changeante de la Grande-Bretagne fournissait des ouvertures de plus en plus nombreuses aux opportunistes impériaux, et qu'il avait bien choisi le moment de son retour. Ces affirmations prudentes de l'impact des colonies seront plus claires lors d'une analyse se concentrant sur la façon dont Beckford représenta l'Empire dans ses discours au Parlement de 1747-1754.

Trouver sa voix : vendre l'Empire ?

Étonnamment, il y a eu peu d'études sur la contribution de Beckford au débat public sur l'Empire, probablement en raison de sa réputation de médiocre orateur à cette époque. Cependant, il fit probablement plus de discours au Parlement impérial que n'importe quel autre politique créole du dix-huitième siècle et, sans aucun doute, avec sa connivence, plusieurs de ses premières allocutions furent rapportées *in extenso*[33]. Sa position politique de base, à l'époque, était celle de l'anti-courtisan, et il était assez prévisible en ce qui concernait ses visions partisanes. Néanmoins, les arguments, et surtout les identités, empruntés par Beckford sont d'un bien plus

32. BL, Add. Mss 15154, ff. 146, 168v ; 15155, ff. 53v-54. Pour l'impact de ces sociétés, voir Harris, *Politics and the Nation, op. cit.*, surtout chapitre 6.

33. Pour un bref bilan de ses interventions parlementaires, voir Sedgwick, *House of Commons 1715-1754, op. cit.*, p. 651-652. Le critique le plus cinglant des performances de Beckford reste Horace Walpole, dont la première remarque sur Beckford, le 20 mai 1751, est celle d'un « long et mauvais discours » sur le projet de loi sur la régence. Ses comptes-rendus sont de pire en pire par la suite, Brooke J. ed. *Horace Walpole : Memoirs of King George II*, Yale University Press, 1985, i. 101.

grand intérêt, puisqu'il s'était battu pour s'adapter à cette arène politique métropolitaine[34]. Ses tactiques suggèrent qu'il ne pouvait pas uniquement s'appuyer sur ses relations ou sur la présumée « ascension de l'Empire » pour atteindre ses buts, mais qu'il devait travailler dur pour profiter au maximum de l'intérêt métropolitain protégé par des politiciens des Caraïbes jusque là. Comme il l'avait confié à James Knight avant son retour en Grande-Bretagne, la Jamaïque avait « été grossièrement abusée et mal représentée par un tas d'écrivains de bas étage, qui ne connaissent rien ni de notre situation ni de notre constitution ». Il reconnut alors les difficultés auxquelles étaient affrontés les politiques impériaux et adapta ses stratégies rhétoriques par rapport à cela[35].

Les sessions du Parlement de 1747, qui virent la Grande-Bretagne subir la difficile transition de la guerre à la paix, donnèrent d'amples opportunités pour discuter des affaires impériales. Beckford s'engagea presque aussitôt et quand il parlait d'affaires impériales de manière plus directe (politique étrangère, guerre, taxes, etc.), il convainquait ses collègues députés de l'importance des Caraïbes pour l'avenir de la Grande-Bretagne et de son empire. Cependant, il est important de voir qu'il appréciait le besoin de dresser une image intégrative/intégrante de l'Empire, et de ne pas sermonner son audience métropolitaine trop durement. Il présentait toujours les colonies comme parties inséparables de la mère patrie, et accentuait continuellement les liens culturels et matériels communs entre elles. De plus, il ne cachait absolument rien en ce qui concernait ses relations impériales, reconnaissant que s'identifier à un intérêt personnel n'aurait pas inquiété un Parlement qui était devenu de plus en plus familier des relations avec des rassemblements économiques rivaux depuis l'époque de la Révolution Glorieuse.

Son premier discours publié, celui du 8 février 1748 sur la proposition d'un impôt de 5 % sur tous les biens et marchandises, peut être lu, à un certain niveau, comme une défense très prévisible des intérêts du sucre. Il commença son discours de manière quelque peu combative, en faisant allusion à l'ignorance des députés de la Chambre des Communes sur le commerce et en observant qu'il « n'y a pas beaucoup de gentilshommes dans cette Chambre qui soient bien au courant des faits relevant du commerce du sucre ». Cependant, il continua à aligner les intérêts des planteurs sur l'élite nationale en comparant la situation à la façon dont une augmentation des taxes frapperait les producteurs de blé. Beckford peint un tableau obscur montrant à quel point de petits fermiers seraient incapables de répercuter

34. Add. Mss 12431, f. 125. La plupart des députés antillais contribuèrent peu au débat à la Chambre des Communes, sauf sur les questions impériales. Pour une préoccupation contemporaine à ce sujet, notez la remontrance de Samuel Martin à son fils : « tu dois parler souvent et ne pas être trop sympathique afin d'éviter le style déclamatoire », Add. Mss 41346, f. 18.

35. Pour une insistance sur le caractère controversé de l'idéologie de l'empire britannique dans les années 1730 et 1740, voir Armitage D., *The Ideological Origins of the British Empire*, Cambridge University Press, Cambridge, 2000, surtout chapitre 7.

les coûts sur les consommateurs à court terme, ce qui les forcerait à abandonner leur récolte, voire leur métier, et de ce fait, assurant qu'« une moitié des terres arables de l'Angleterre ont été désertées ou converties à un autre usage ». Il montra même une certaine conscience de la possible insensibilité du lobby du sucre, faisant remarquer que l'importance du commerce du sucre « a tellement été rappelée en plusieurs occasions précédemment, et est tellement connue, que je n'ai pas à vous ennuyer sur ce sujet ». Ceci montra une certaine appréhension de possibles troubles au sein de son groupe parlementaire, mais lui permit aussi de donner raison à une hypothèse non argumentée en faveur de ses intérêts. Sa véhémente ligne de conduite anti-française était également sûre de gagner une audience britannique, bien que l'urgence et la franchise de ses attaques laissent apparaître une peur et une impatience propres aux Créoles. Son argumentation pour une stratégie de « l'eau bleue » prévoyait des conséquences particulièrement effroyables pour les Français, car avec la maîtrise navale « nous pourrions conquérir ce qui appartient à nos ennemis, ils ne peuvent rien conquérir qui soit à nous, et notre commerce augmentera grâce à une extinction totale du leur ». Au lieu de la taxe proposée, il préconisa une taxe sur les pensionnaires de la cour, montrant ainsi ses références dans l'opposition, mais il avait clairement servi ses intérêts coloniaux par une série de figures rhétoriques[36].

Des sentiments et tactiques similaires apparaissent dans son discours du 22 janvier 1752 qui portait sur une subvention proposée à l'Électeur de la Saxe. Il commença avec un jugement provocateur d'un intérêt comme avertissement à tous ceux qui promouvraient des rivaux étrangers : « Je suis ici en tant que gentilhomme anglais. » Il fit aussi une autre déclaration audacieuse pour soutenir la lutte pour l'eau bleue, au cours de laquelle il affirma que c'était uniquement la vulnérabilité des colonies françaises vis-à-vis de la puissance navale britannique lors de la dernière guerre qui donna au pays toute influence sur son rival gaélique. Deux mois auparavant, il profita d'un discours fait à la milice britannique afin de parler fièrement de l'importance de la milice de la Nouvelle Angleterre lors de la récente guerre contre les Français, célébrant leur rôle dans la prise de Cap Breton. S'enthousiasmant pour son thème, il s'embarqua alors dans une fière défense de la capacité des peuples commerçants à acquérir la discipline militaire, montrant du doigt les Hollandais et les Suisses comme étant la preuve de leur résistance contre le despotisme. D'ailleurs, comme dans beaucoup de ses discours, il convainquit l'assistance de sa totale compréhension de l'histoire britannique et européenne et afficha son éducation approfondie en lettres classiques[37].

Ce discours sur la milice souligne également une autre des techniques de présentation favorites de Beckford, car il a toujours saisi des opportunités pour faire avancer les problèmes/questions et les perspectives impériales à la

36. Cobbett, *Parliamentary History*, xiv, *op. cit.*, p. 188-202.
37. *Ibid.*, p. 1098-1108, 1156-1161.

lumière de développements récents en Grande-Bretagne, et il adopta délibérément des discours métropolitains afin d'accentuer la cause commune de la métropole et de la périphérie. Ainsi, il fit preuve d'une prudence naturelle concernant la réceptivité potentielle de l'élite terrienne aux demandes impériales, reconnaissant que les intérêts des Caraïbes devaient être présentés comme un souci commun. Par exemple, afin de combattre un projet de loi qui interdirait l'assurance de navires étrangers le 25 février 1752, il adoptait déjà un autre personnage politique: « Je suis l'un des ces marchands particuliers » qui mettent en cause la Compagnie des Indes Orientales, posant la question rhétorique de savoir si « une nation commerciale et avisée » doit laisser une des aires les plus riches du monde du commerce à « quelques directeurs intéressés et apathiques de Leadenhall Street ». Ceci pourrait être interprété comme l'écho d'une opposition de longue date à l'intervention de compagnies dans l'Atlantique, mais cela devrait aussi être vu comme l'endiguement des attaques nationales récentes contre les monopoles restants, qui avaient renvoyé les politiciens de la City durant les deux ou trois années précédentes. De manière significative, l'intervenant suivant, l'échevin Baker, un des Londoniens de la Chambre ayant les meilleures relations, endossa sa posture et fit l'éloge de Beckford comme député dont « le savoir et l'intégrité sont si connus ». Plus tard lors de la même année, Beckford intervint dans un débat sur l'importation des batistes françaises afin de se donner une image de magistrat soucieux, sans défense contre la vague montante des contrebandiers. Sous cette apparence, il fit écho de craintes plus larges émanant de son parti en ce qui concernait les échecs du Bloody Code, observant que « lorsqu'on inflige, par une loi, un châtiment trop sévère pour un petit crime, on n'arrive jamais à obtenir d'un jury qu'il condamne un coupable ». Un désir mercantiliste sapant les rivaux français pourrait souligner sa position sur ce problème, mais il l'adapta habilement pour englober des questions concernant la métropole[38].

Prises ensemble, ces stratégies montrent comment les orateurs impériaux devaient adapter leurs moyens de séduction devant un public parlementaire difficile. Toutes ses allocutions montrent qu'il devait se conformer à des modèles rhétoriques et aux intérêts de la métropole s'il voulait obtenir gain de cause, même s'il était convaincu que les Caraïbes étaient suffisamment importantes pour retenir la grande attention du Parlement métropolitain. Ces leçons majeures sont aussi illustrées par sa réaction à l'un des défis politiques les plus ambitieux de sa carrière, l'assaut de la capitale en 1754.

38. Cobbett, *Parliamentary History*, xiv, *op. cit.*, p. 1212-1221 ; xv, p. 175.

Les élections législatives de 1754

Beckford s'est avéré être un formidable politicien depuis son retour en Angleterre, et ses deuxièmes élections législatives révélèrent justement à quel point il était ambitieux pour lui-même et les intérêts de sa famille. Maintenant qu'il avait derrière lui une expérience en politique nationale, et un profil politique métropolitain plus assuré en tant que porte-parole de l'anti-courtisanerie, Beckford fit campagne dans pas moins de quatre communes électorales – Londres et la ville de Petersfield dans le Hampshire pour lui-même (avec la réversion de Petersfield pour son frère Francis) ; le second port de la nation, Bristol, pour son frère Richard; et la ville de Salisbury dans le Wiltshire pour son frère Julines. Il remporta un siège dans les quatre circonscriptions, bien que cédant finalement Petersfield à son allié Sir John Phillips[39]. Ce fut un grand triomphe personnel, surtout pour son succès à la capitale, puisque les élections de Londres agissaient toujours comme un test révélateur pour n'importe quel politicien, et étaient largement considérées comme une girouette indiquant l'opinion populaire, à cause de son large électorat, de ses fières traditions d'indépendance et de son importance centrale pour l'économie nationale. Comme Beckford évaluait ses chances électorales là-bas, au printemps 1754, il ne pouvait pas ne pas voir que cela attiserait la révision la plus complète de son personnage politique, et que ses revendications (et celles des intérêts qu'il représentait) seraient minutieusement examinées. Il avait travaillé sans relâche pour assurer ses relations durant les années depuis son retour en Grande-Bretagne, mais son apparence lors de la campagne électorale marquerait le progrès réel qu'il avait fait.

Comme lors de toutes les élections à Londres de cette période, la campagne occupait largement les couvertures des journaux, surtout à partir du moment où les candidats faisaient leurs allocutions, soit une dizaine de semaines avant le scrutin de la Saint-Valentin. Beckford se désigna prudemment et de façon prévisible comme le patriote londonien, déterminé à s'opposer à « toute mesure qui affecterait soit la religion ou les libertés de son royaume en général, soit les droits et les privilèges de la City en particulier » et à s'aligner sur des patriotes au pedigree plus assuré comme Sir John Barnard. L'importance d'avoir un tel soutien est illustré dans le tout premier dessin humoristique le représentant sur la scène politique britannique, aux côtés de Barnard et Slingsby Bethel. Beckford y était décrit disant : « conserver de bonnes connaissances forge l'honnête homme ». Ceci est sans aucun doute une satire du caractère novateur de sa candidature ainsi que de

39. Beckford prévoyait clairement un assaut multiple lors de l'été 1753, et il était prêt à faire la cour aux intérêts formidables du Duc de Bedford, *Correspondence of John, Fourth Duke of Bedford*, Londres, 1846, ii, p. 128, 145, 146, 150. Avec l'aide de Bedford, il s'embarqua aussi dans sa première aventure journalistique avec l'éphémère *Protestor – Doddington Journal*, p. 218-219.

son relatif manque d'assise politique naturelle à Londres. Il allait aussi sur le terrain dans sa circonscription, se présentant comme l'un des organisateurs du dîner commémoratif du London Hospital au Merchant Taylors'Hall. Ce n'était pas non plus une simple coïncidence qu'un bulletin sur sa clémence envers un petit criminel réussisse à atteindre les journaux. De plus, il prit une part importante dans le débat à la Société de la Pêche Britannique Libre (aux côtés de Lord Shaftsbury) à une période où les dessinateurs diffusaient activement ses bénéfices, surtout à travers son Président actuel et le colistier de Beckford, Slingsby Bethel, qui était souvent représenté avec des caques de harengs[40].

Alors que le scrutin arrivait, les premières attaques majeures contre lui apparurent, ses ennemis prenant délibérément son nouveau statut pour cible et comme vulnérabilité devant toute la compagnie. Le 12 avril, une attaque cinglante remit en cause le personnage idéal de ce député londonien, et conclut que des officiers engagés à long terme convenaient mieux et, que grâce à leurs efforts, ils avaient acquis la réputation d'être « de bons citoyens de Londres ». Plus tard dans la même semaine, Beckford était l'organisateur d'un autre dîner de la City (cette fois-ci, au nom du Lying-in Hospital de Londres pour les femmes mariées), mais la pression qu'il subissait augmenta, il recevait des attaques sur ses principes politiques, notamment son engagement de Whig à soutenir la candidature de son frère à Bristol, tandis qu'il agissait comme « un Tory symbolique » à Londres. La seule conclusion que l'on peut tirer de cela est qu'il était une « personne aux principes intéressés » dont les valeurs « semblent être alors commodément en accord avec les intérêts de différents endroits ». De récents ennemis dans les débats coloniaux refirent surface pour remettre en cause son patriotisme, avec un tract le critiquant sévèrement comme « le Grand Planteur Jamaïcain » qui avait travaillé sans relâche, dans son propre intérêt, pour faire échouer la réforme de l'économie insulaire. Ses partisans répliquèrent rapidement et déclarèrent que ses discours en tant que député avaient montré que « ses capacités, son esprit public, son importance comme marchand avisé des forces commerciales de l'Angleterre étaient très renommés ». L'accent mis sur le bénéfice de l'Angleterre fut ici clairement délibéré, car alors que le scrutin commençait, ses rivaux renouvelèrent leurs efforts pour faire de lui le portrait d'un étranger intéressé, allant jusqu'à publier son registre de présence à la cour des échevins depuis son élection (un chiffre décevant de 24 %, pour 54 sessions). Il fut aussi attaqué pour sa démagogie dans d'autres circonscriptions[41].

40. Stephens F. G. et Hawkins E. (eds), *Catalogue of the Prints and Drawings in the British Museum*, Londres, 1877, p. 909, 910, 913, 915; toutes les références de journaux viennent du *Public Advertiser*, 14 février-25 mai 1754.

41. *A Short Account of the Interest and Conduct of the Jamaica Planters* (Londres, 1754), surtout p. 3, 12, 15, pour les accusations personnelles à l'encontre Beckford

Cependant, Beckford en avait suffisamment fait et il arriva en quatrième position. Il s'assura un siège devant deux autres échevins de longue date. Il remercia ses partisans pour lui avoir fait « le plus grand honneur » et, tandis qu'il admettait qu'ils ne le connaissaient que depuis « peu de temps », il condamna farouchement « les préjudices qui m'avaient été injurieusement infligés ». Le 31 mai, il se rendit en défilant avec ses trois collègues représentants de la City à la Chambre des Communes et prit l'une des places les plus privilégiées sur la droite du président de la Chambre, sans aucun doute satisfait du fait qu'il était d'aplomb sur une plate-forme riche de possibilités pour la progression de ses intérêts personnels et impériaux. Ainsi, ses partisans ne cherchèrent pas à mettre en avant son caractère colonial pour dynamiser sa campagne dans les écrits ou dessins imprimés, ce qui fait penser que ni eux ni Beckford ne pensaient que c'était un atout pour gagner les élections. À la place, ils se concentrèrent sur des questions « locales » clés, telles que l'affaire de la naturalisation des Juifs et la construction du pont de Blackfriars, car l'attrait électoral de l'Empire était encore incertain. De larges appels à la défense du commerce étaient suffisants pour apaiser l'opinion londonienne sans l'attirer dans des batailles inutiles et gênantes entre des intérêts de groupes rivaux. D'un autre côté, c'est peut-être d'autant plus surprenant qu'aucun de ses rivaux n'ait cherché à exploiter son passé impérial comme preuve de son statut de non-londonien, surtout étant donné les dernières attaques. Ses détracteurs pensèrent probablement qu'il était suffisant de fournir des preuves des caractéristiques d'un « étranger », notamment son manque d'engagement civique et ses intérêts politiques provinciaux, sans développer des critiques spécifiques de l'ingérence coloniale. Tout cela viendrait plus tard, lorsque sa carrière politique aurait atteint l'étape suivante en tant que critique majeur de la politique coloniale et qu'allié de Pitt[42].

En 1800, une série de biographies célèbres s'est battue pour donner du sens à la carrière de William Beckford, observant que :

> « Il y avait, dans toute la vie de cet homme, une singularité qui justifierait d'amples spéculations. Les différents personnages qu'il affectait d'incarner, de réconcilier les uns avec les autres, et parfois qu'il mélangeait en un tout hétéroclite, fourniraient un des sujets les plus curieux pour le biographe[43]. »

Je serais volontiers d'accord avec ce verdict, car le combat pour réconcilier métropole et périphérie fut le défi déterminant de sa vie, un combat

42. Sa première référence en tant qu'Echevin Sugarcane, le propriétaire d'esclave despotique et mercenaire, apparait en 1757, *The City Farce*, une édition moderne qui peut être trouvée dans *The New Foundling Hospital for Wit* (ed.), NICHOL D. W., Londres, 2006, i, p. 231-238. Andrew O'SHAUGHNESSY remarque une familiarité métropolitaine grandissante avec les stéréotypes antillais dans les années 1760, *An Empire Divided*, p. 12-14.
43. *City Biography*, *op. cit.*, Londres, 1800, p. 68-69.

partagé par beaucoup de personnes de sa génération. Tout au long de sa carrière après 1754, il fut appelé de nombreuses fois à définir sa position dans l'Empire, et il est révélateur qu'il fit recours de manière constante aux associations qu'il avait développées lors de son ascension au premier rang politique. Par exemple, il dû faire face aux critiques lors de l'élection du maire de Londres en 1762 en déclarant de manière provocatrice qu'il avait « la plus haute vénération pour le nom de citoyen; que les membres sa famille étaient citoyens; [et] que certains d'entre eux avaient assumé les plus hautes fonctions durant le siècle précédent ». Ces relations à la City l'encouragèrent aussi à défendre « le peuple moyen de l'Angleterre... qui porte tout le poids du jour et qui paye toutes les taxes afin de subvenir à toutes les dépenses de la cour et du gouvernement ». N'oubliant pas ses racines de planteur, il élargit sa définition de la classe moyenne pour inclure le gentilhomme campagnard, et dépensa à la fois son temps et son argent à se transformer en propriétaire terrien indépendant anglais. Même le réaménagement extravagant de la propriété de Fonthill fut loué en tant qu'acte praticien, « grâce auquel les pauvres laboureurs des plusieurs paroisses environnantes avaient été régulièrement employés et leur familles joyeusement soutenues ». Ce qu'il y a de plus révélateur, c'est qu'il mettait souvent les triomphes et les vicissitudes de l'Empire à la lumière de la métropole et se contentait de pousser le public national à voir les besoins et les droits des colonies comme inséparables des leurs. Son dernier discours parlementaire à avoir été rapporté incarna cette approche, avec son avertissement que le recours à la force en Amérique mènerait à de terribles conséquences aussi bien à l'étranger que dans le pays. Comme il le faisait remarquer, « en ce qui concerne tout cela, je m'appuie sur de bonnes bases britanniques ». Il avait besoin d'énormément d'énergie et d'argent pour préserver ces multiples identités et rôles, et la pression, à la fois sur sa santé et sa richesse, a eu raison de lui bien avant sa mort. Ce fut donc à l'image de son personnage qu'il décéda à Londres, fut enterré à Wiltshire, et qu'il fit envoyer son cœur à la Jamaïque[44].

Beckford était un homme complexe, et toutes ces contradictions encouragèrent inévitablement des conclusions largement divergentes sur son personnage et sur son efficacité en tant que leader de ses causes favorites. Cependant, cette complexité est révélatrice pour les historiens, puisqu'elle dévoile les difficultés qu'il a rencontrées en tant que figure transatlantique. À cet égard, j'ai insisté sur l'importance de l'Empire comme thème

44. *London Chronicle*, 28-30 septembre 1762; Add. 38334, f. 29, discours, 1761; *Public Advertiser*, 20 fév. 1755; *Cavendish Debates*, ii, p. 8-9, discours du 8 mai 1770. Il prit même l'opportunité pour rappeler aux Communes, le 15 février 1769, qu'il était un ancien élève d'Oxford, « bien que je ne sois pas un homme respectable, je fais partie du corps très respectable d'Oxford », *Cavendish Debates*, i, p. 338.

conducteur de sa vie, mais cela doit être vu aux côtés d'une foule d'autres influences politiques, sociales et culturelles, qu'il chercha à maitriser avec un succès aléatoire. En particulier, ses relations avec les intérêts écossais, sa revendication à un intérêt légitime à la City et sa capacité à tirer profit des politiques commerciales de son époque furent toutes des ingrédients essentiels de sa réussite politique, et peuvent expliquer les réalisations plus larges des intérêts des planteurs à cette époque. L'environnement social et politique indéterminé de la métropole fut la toile de fond éprouvante de toutes ces campagnes pour l'intérêt personnel et impérial, et fut le lieu de vie naturel pour les hommes de la classe moyenne de l'empire dont le statut et l'ambition étaient semblables à ceux de Beckford, tandis qu'ils s'efforçaient de transcender les divisions sociales et politiques de la société britannique et de son empire. De manière assez simple, on peut douter qu'il eût pu se servir soit lui-même, soit son île, soit la mère patrie sans les nombreuses relations qu'il avait acquises dans la capitale, et il était crucial pour l'équilibre global de l'empire d'avoir des courtiers si bien placés dans un période de croissance et d'incertitude.

Les affaires, le sang et le pouvoir : les Ybarra de Bilbao de la fin du XVIIIe siècle au début du XXe siècle

Alexandre FERNANDEZ

Aujourd'hui encore, en Espagne, la famille Ybarra symbolise richesse et pouvoir. Sans doute celui-ci n'est-il plus exercé directement, mais, si la structure de celle-là s'est modifiée au cours des décennies, rien n'a été perdu quant au niveau de fortune, bien au contraire. Le propos n'est pas ici de retracer l'histoire entrepreneuriale de la famille sur plus de deux siècles, magistralement analysée il y a quelques années par Pablo Díaz Morlan [1], ni de prétendre à une étude sur les « élites biscayennes » au XIXe siècle [2].

Notre point d'observation chronologique se tiendra vers 1914, quand, de part et d'autres de la ría de Bilbao, deux dizaines de milliers de mineurs et d'ouvriers extrayaient le fer ou le travaillaient dans l'une de leurs mines ou de leurs usines, des centaines de fermiers louaient une de leurs parcelles, plusieurs centaines de campagnardes servaient comme domestiques dans l'une ou l'autre des somptueuses résidences édifiées sur la rive droite et appartenant à l'un ou l'autre membre de la famille ou à un parent [3]. Quand, par ailleurs, après avoir, tardivement au demeurant, occupé certaines positions de pouvoir régionales, les chefs de la famille se lançaient dans l'aventure politique nationale.

En s'inscrivant dans la problématique de notre colloque la démarche rétrospective de notre réflexion tentera de préciser les « conditions de formation de la famille », à partir de la figure « fondatrice » de José Antonio Ybarra. Nous essaierons ensuite de montrer comment les deux générations suivantes de Ybarra ont su s'adosser à la double tradition – celle de l'environnement biscayen, celle de la famille – pour consolider et amplifier et leur fortune et leur pouvoir social et politique et incarner, jusqu'à l'arché-

1. DÍAZ MORLAN P., *Los Ybarra. Una dinastía de empresarios (1801-2001)*, Madrid, Marcial Pons, 2002.
2. Il existe sur le sujet une très importante bibliographie, parfois apologétique; pour une mise au point récente, mais sur la deuxième partie du siècle : ERDOZIA MARTÍNEZ X., *Empresarios y cultura empresarial en el Bilbao metropolitano, 1876-1914*, Bilbao, Universidad del País Vasco, 2006.
3. Évocation imagée dans DÍAZ MORLAN, *op. cit.*, p. 15-16.

type, l'oligarchie nouvelle, bien au-delà des horizons d'attente habituels du capitalisme familial[4].

Les conditions de formation d'une dynastie économique de la fin du XVIIIe siècle au milieu du XIXe

Si l'on essaie d'analyser les conditions de formation de la famille Ybarra, il convient sans doute de considérer ensemble deux traits profondément articulés. D'une part, l'environnement régional, historiquement favorable au développement des affaires économiques[5] ; d'autre part, la stratégie de réussite du « fondateur » de la dynastie.

Inscrire la réussite individuelle de plusieurs membres appartenant à des générations successives de la famille Ybarra et celle de la famille en son ensemble dans le contexte basque en général et dans celui de la Biscaye occidentale en particulier, n'est en aucun cas souscrire aux délices et aux pièges de quelque culturalisme. C'est simplement engager un bout de chemin dans la voie tracée il y a maintenant quelques décennies par l'historien et anthropologue Julio Caro Baroja. Dans l'un de ses ouvrages, il montrait que la « *tradición técnica del pueblo vasco* », ce caractère particulièrement industrieux des Basques, et de ceux du littoral tout spécialement, loin de s'opposer à un supposé « être basque » (*ser vasco*) traditionnel et rural, s'inscrivait dans une histoire de longue durée, bien antérieure à la révolution industrielle du XIXe siècle[6]. Plus récemment, des chercheurs de l'Université de Bilbao se sont attachés à mettre en lumière les facteurs qui entre la fin du Moyen Âge et la fin du XVIIIe siècle avaient contribué à la consolidation de cet « esprit entrepreneurial » qui semble ici mieux partagé qu'ailleurs[7]. On ne saurait ici entreprendre l'analyse circonstanciée de la question, qui, au demeurant, et malgré l'ampleur du travail cité, est loin d'être close. Signalons simplement que les auteurs insistent, à nouveaux frais, sur l'importance de la *hidalguía universal* obtenue en Guipuzcoa, puis en Biscaye : une fiction peut-être, instituée comme une sorte de compensation à la surpopulation relative, mais qui aux yeux des auteurs, s'avéra décisive dans la mesure où ici ne pouvait s'appliquer aucune menace de dérogeance pour l'hidalgo qui exerçait un métier, chez lui ou, comme beaucoup, au service de la couronne. Un deuxième point attire l'attention des auteurs, c'est au XVIIIe siècle une sorte de coexistence, plus ou moins pacifique, mais remar-

4. Pour une tentative de comparaison avec des exemples français, on peut voir Hau M., « Famille et entreprise. Y-a-t-il un modèle rhénan ? », Marseille J. (dir.), *L'industrialisation de l'Europe occidentale*, Paris, ADHE, 1998.
5. Sur l'histoire économique et sociale du Pays basque jusqu'à la révolution industrielle l'ouvrage de Fernández de Pinedo E., *Crecimiento económico y cambio social en el País Vasco, 1100-1850*, Madrid, Siglo XXI, 1974, est toujours indispensable.
6. Caro Baroja J., *Vasconiana*, III, rééd. Saint-Sébastien, Txertoa, 1976.
7. de Otazu A. et Ramón Díaz de Durana J., *El espíritu emprendedor de los vascos*, Madrid, Sílex, 2008.

quable, entre l'esprit des Lumières (Ilustración), incarnée par exemple par la présence et la vigueur de la Real Sociedad Bascongada de Amigos del País et le courant « rigoriste » des Jésuites (jusqu'à l'expulsion du royaume de ces derniers).

Le point de départ de la saga des Ybarra peut être fixé en 1774, année de la naissance de José Antonio Ybarra à San Julian de Musques dans la partie occidentale de la Biscaye (les *Encartaciones*). Près de vingt ans auparavant, son grand-père, alors âgé de 17 ans, s'y était installé après avait quitté le *caserio* familial situé sur le territoire de Guecho, sur la rive droite de la Ría de Bilbao et y avoir épousé une femme de 25 ans mais appartenant aux élites locales: en même temps qu'il y avait appris (assez mal) le castillan, il fit ses premières armes dans le transport et le commerce du fer extrait des mines proches de Somorrostro et parvint même à obtenir une charge de *regidor* dans l'administration locale de Musques [8]. Le père de José Antonio poursuivit dans cette voie en devenant le représentant de la vallée du Somorrostro aux juntes générales de Biscaye qui se réunissaient à Guernica, tandis que sa mère, provenant d'une famille de la gentry rurale de la province de Santander « hispanisait » résolument le jeune José Antonio [9].

En 1800, celui-ci s'installait à Bilbao où, en tant que membre du « lobby des Encartaciones [10] », il se trouva mêlé au projet avorté de déplacement du port vers l'aval et à l'agitation politique qui s'en suivit. S'il parvint à se tirer sans trop de dommage de l'aventure, José Antonio en conserva désormais une méfiance certaine à l'égard de l'engagement politique. Délaissant désormais les charges politiques et administratives, ce fut, en revanche, avec une grande détermination qu'il déploya tout son génie d'homme d'affaires. D'une part, il consacra une part importante de son activité au transport et à la vente de fer, approvisionnant en minerai de Somorrostro les nombreuses *ferrerías* de l'Espagne septentrionale. D'autre part, il installait pour son épouse (originaire de la vallée de Potes, dans la partie santanderine du massif des Picos de Europa, où à l'instar de la Biscaye prévalait l'*hidalguía universal*) Jerónima Gutiérez de Cabiedes, une boutique sur la rue longeant le port de Bilbao qui, important de Bayonne les articles français – grâce à la franchise douanière dont jouissaient les territoires basques – approvisionnait tout l'arrière-pays, cependant que José Antonio y pratiquait le crédit et l'escompte, notamment en direction des mineurs et forgerons fragilisés par la crise structurelle de l'économie minéro-sidérurgique basque

8. Sur les institutions basques voir Martínez Rueda F., *Los poderes locales en Vizcaya del Antiguo Régimen a la Revolución liberal, 1700-1853*, Bilbao, Servicio Editorial de la Universidad del País Vasco, 1994.

9. Alors que jusque vers 1750, les Ybarra s'étaient exprimés en biscayen, et de 1750 jusqu'en 1773 dans un idiome qui était celui du castillan des *Encartaciones* mêlé du dialecte basque de Guecho, désormais la famille s'exprimerait en castillan, conservant une connaissance indirecte du basque, utile notamment dans les relations politiques et commerciales avec l'est de la province : voir de Ybarra y Ybarra J., *Nosotros los Ybarra*, Barcelone, Tusquets, 2002, notamment p. 46.

10. *Ibid.*, p. 56-57.

traditionnelle[11]. Grâce aux hypothèques, José Antonio Ybarra se constitua un important actif patrimonial et en 1827 il s'associait avec deux autres négociants en minerais dans la commandite Ybarra, Mier y Compañía. Il s'agissait clairement de cartelliser l'économie minéro-sidérurgique dans toute la zone cantabro-navarraise et de tenter de monopoliser l'exportation de fer : en 1843 la compagnie contrôlait plus de 70 % des exportations de minerais par terre et par mer. Le déclenchement de la première guerre carliste en 1833 avait paru un temps contrarier la bonne marche des affaires (au point que José Antonio, sur les conseils de l'un de ses amis, engagea des capitaux dans un armement pour la traite[12]), mais l'approvisionnement de l'armée libérale (en vêtements et produits divers via la boutique de Jerónima, en blé grâce aux réseaux commerciaux que José Antonio avait tissé dans toute une vaste zone au nord-ouest de la péninsule) permit de maintenir les profits tandis que l'engagement libéral des fils de José Antonio et leur participation à la défense de Bilbao contre les troupes carlistes situaient la famille dans le camp des vainqueurs en 1839.

Au demeurant, l'essor des affaires s'accompagnait de la consolidation de la personnalité de José Antonio au sein de la compagnie : seul résident à Bilbao des quatre associés de la commandite, le siège social et l'administration de l'entreprise furent établis chez lui. Lorsque ses fils Juan María en 1834 et Gabriel en 1838 entrèrent comme actionnaires de la société, la direction effective échut exclusivement à la collégialité familiale Ybarra. Les autres actionnaires soit quittèrent la société (comme l'un des fondateurs Nicolas de Llano ou comme le gendre de José Mier) soit acceptèrent une position subordonnée.

Dans le même esprit, José Antonio Ybarra avait pris soin, à l'occasion du mariage de ses filles, d'associer stratégie matrimoniale et partenariat commercial et technique avec de grandes familles de Bilbao, comme les Zabalburu et les Zubiría bien possessionnées localement, ou, comme les Murrieta, installée… à Londres – un élément qui se révélera décisif. Cette stratégie de consolidation d'un véritable « conglomérat familial » alimenté par la dynamique de l'entrepreneuriat et le versement de très substantiels bénéfices à ses membres[13] fut à nouveau signifiée à l'ensemble de la communauté locale avec le mariage de la fille de Gabriel avec l'ingénieur catalan José Villalonga.

À sa mort, en 1849 José Antonio Ybarra laissait quatre millions de réaux ; en 1854 les héritiers de Mier se répartissaient trois millions de réaux.

11. Uriarte Ayo R., *Estructura, desarrollo y crisis de la siderurgía tradicional vizcaína 1700-1840,* Bilbao,Servicio Editorial de la Universidad del País Vasco, 1988.

12. de Ybarra y Ybarra J., *op. cit.*, p. 121 *sq*.

13. Díaz Morlan P., « Los Ybarra contra el «Síndrome de Buddenbrooks ». El éxito de seis generaciones de empresarios (1801-2001) », Casado Alonso H. et Robledo Hernández R., *Fortuna y negocios. Formación y gestión de los grandes patrimonios (siglos XVI-XX),* Valladolid, Universidad de Valladolid, 2002, p. 275-300.

Selon les calculs de Díaz Morlan le rendement du capital de Ybarra, Mier y Compañía aurait atteint la moyenne annuelle considérable de 16 % entre 1828 et 1854, date de liquidation de la société. Les affaires seraient désormais prises en charge par une nouvelle société, créée sous la raison sociale Ybarra Hermanos y Compañía, formée par deux des fils (le troisième faisait souche à Séville) et le gendre de José Antonio Ybarra, Cosme Zubiria. Ce qui en 1827 avait débuté comme la réunion du capital et de la volonté de quatre marchands de fer était devenu le vecteur principal et la principale source de la fortune et du pouvoir social d'une famille.

L'« éthique Ybarra » et l'esprit du capitalisme?

Le sang et les affaires : fécondité et endogamie

L'histoire de la famille Ybarra, montre combien la multiplicité de la progéniture, considérable dès la deuxième génération (celle du milieu du XIXe siècle), pouvait ne pas constituer un risque de dilution, mais au contraire, devenir un atout. Contrairement à ce qui semble s'être souvent passé en Catalogne par exemple, où l'introduction forcée du Code civil en 1889 ne fut pas sans créer de réelles difficultés à l'institution traditionnelle de l'*hereu*[14], il apparaît que les structures familiales traditionnelles basques, malgré leur distinctions locales, proposaient un degré supérieur d'adaptation aux sollicitations de la modernité[15].

Nombre de familles surent non pas simplement juxtaposer mais réellement combiner catholicisme, un certain attachement à la culture basque, et goût et aptitude pour le commerce. Mais rares furent celles qui comme les Ybarra ont su réussir aussi bien l'alchimie du catholicisme sans cesse réaffirmé et porté fort haut (Jerónima Ybarra légua sa part à l'Église tandis qu'à la génération suivante Rafaela fut béatifiée) et culture des affaires.

Ici, l'institution familiale en même temps qu'elle garantit la pérennité économique et sociale du groupe, fut un centre de formation et d'éducation pour chacun de ses membres. Le matériau rassemblé et présenté par Javier de Ybarra y Ybarra montre comment au sein de la famille se transmirent une série d'attitudes et de valeurs – le travail et l'effort, la tempérance et l'épargne, sans doute déjà présentes – on l'a suggéré – mais désormais formulées selon les normes propres de la bourgeoisie européenne du temps : la correspondance de José Antonio Ybarra avec son fils Juan, par exemple donne à voir combien la famille en son entier s'attachait à connaître et

14. Ferrer i Allos L., « Indicios de cambio en el sistema de heredero único en Cataluña en el siglo XIX », *Historia Contemporanea*, 2005 (II), 31, p. 481-503.

15. González Portilla M. et Urrutikoetxea Lizarraga J., « Campesinado tópico, campesinado real. Mundo rural y familia campesina en el País Vasco en vísperas de la industrialización », *Historia Contemporanea*, 2005 (II), 31, p. 389-438, distinguent pas moins de sept ensembles géographiques du point de vue des ressources, de l'habitat, des systèmes héréditaires et des modèles culturels.

contrôler le montant et le type de dépenses que ces jeunes membres en séjour d'étude à Liège ou à Londres pouvaient engager[16].

Au demeurant, l'attention que la famille porta très tôt aux études et à la formation de ses jeunes membres mérite d'être soulignée. Cependant, sans surprise, une distinction radicale séparait les jeunes filles des jeunes gens. Dès le milieu du XIXe siècle les Ybarra prirent l'habitude d'envoyer leurs fils poursuivre leurs études à l'étranger, Londres et Liège (à la prestigieuse école technique supérieure) de préférence ; vers la fin du siècle le passage préalable par le collège Albert le Grand de Paris paraît en outre avoir été fréquent. Si l'on offrait aussi des études aux jeunes filles de la famille, la forme, le contenu et la signification en étaient fort différentes. Leur formation scolaire s'effectuait dans une institution de Bilbao avant d'être fréquemment poursuivie à Bayonne: l'apprentissage du français s'inscrivant dans ce cas non comme l'accès à une langue du savoir et de la science (comme on pouvait l'espérer à Paris et à Liège) mais comme un atout mondain. Il était en effet dévolu aux jeunes filles de la famille un rôle extrêmement important : celui de consolider le groupe grâce à leurs mariages et à leur maternités : ainsi, grâce à ses quatre filles José Antonio avait pu s'allier à quatre des principales familles de commerçants et de propriétaires fonciers de Bilbao et de Biscaye. Durant les dernières décennies du XIXe siècle, dans un contexte économique profondément modifié, les filles Ybarra se marièrent avec les représentants des nouvelles élites économiques – les Martínez de las Rivas, les Chavarri[17].

La belle fécondité des Ybarra renforça les effets de l'endogamie. La contribution des femmes à la richesse et à la puissance du groupe familial fut essentielle. Elles furent ainsi des agents de l'endogamie en veillant au choix des époux, en organisant rencontres et fiançailles ; agents d'une remarquable efficacité comme en témoignaient dès la fin du XIXe siècle les patronymes en vue sur la place de Bilbao : Zubiria Ybarra, Urquijo Ybarra, Ybarra y Bergé, Ybarra y Urquijo ; comme en témoigne encore, à la fin du XXe siècle… l'historien de la famille qui se nomme – on l'a vu – Ybarra y Ybarra !

Les femmes prirent ainsi une part réellement fondamentale à la constitution et à la consolidation de ce que Francisco García González a appelé la « stratégie cumulative », consistant dans l'accumulation patrimoniale et visant à faire de la famille un marqueur fondamental des frontières entre groupes sociaux[18]. Bien entendu, les femmes n'avaient point seules la charge de cette stratégie cumulative, dont le modèle implicite procédait des com-

16. DE YBARRA Y YBARRA J., *op. cit., passim.*
17. ERDOZIA MARTÍNEZ X., *op. cit.*, p. 350.
18. GARCÍA GONZÁLEZ F., dans CASTELLANO J. L. et DEDIEU J.-P. (dir.), *Réseaux, familles et pouvoirs dans le monde ibérique à la fin de l'Ancien Régime*, Paris, CNRS Éditions, 1998.

portements des grandes familles du XVIIIe siècle. L'autre facette incombait aux garçons, dont la voie était tracée, et bien tracée.

Le « modèle » de gestion familiale instauré par le fondateur José Antonio fut conservé : dès la fin de l'adolescence les fils devaient participer à la vie des affaires avant d'être associés relativement tôt aux décisions : ainsi, Juan et Gabriel et leur beau-frère Cosme Zubiria n'hésitèrent pas à confier aux aînés de la troisième génération José Antonio, Fernando Luis et José María, alors que ces derniers étaient encore jeunes, la direction de la concession du chemin de fer minier. On voit bien par là combien la parentèle et le groupe social apparaissant en quelque sorte comme deux facettes d'un même phénomène[19].

Les affaires : l'accumulation de capitaux et la richesse

Si Ybarra Hermanos continua de gérer une série d'affaires véritablement diverses, dont la participation à la création du Banco de Bilbao et du chemin de fer de Bilbao à Tudela, la spécialisation minéro-sidérurgique non seulement se maintint mais se renforça en changeant de nature. À partir de 1841, la translation des douanes des frontières des territoires basques et de la Navarre avec la Castille à la frontière française et à la mer offrait de nouvelles perspectives aux commerçants de Bilbao disposant de capital. Il devenait dès lors intéressant de produire de l'acier pour le marché national en Biscaye au plus près du minerai et sur la rive même de la Ría. Tandis que l'aciérie de Baracaldo allait être le cœur de ce qui serait au début du XXe siècle le plus grand établissement industriel de la péninsule (Altos Hornos de Vizcaya), les Ybarra de la deuxième génération – Juan, Gabriel et leur beau-frère Cosme Zubiría – devenaient exploitants miniers en prenant 25 % des parts de la Orconera ou de la Franco-Belge des mines du Somorrostro.

Globalement, la richesse des Ybarra quintupla entre 1850 et 1890. À sa mort en 1882 Cosme Zubiria laissait une fortune évaluée à 5,6 millions de pesetas ; cinq ans plus tard celle de Juan s'élevait à 4,5 millions et en 1890 celle de Gabriel à 5,4 millions. Des chiffres qui ne tiennent pas compte d'ailleurs des participations à l'exploitation minière et que l'on peut considérer équivalentes, et sans tenir compte de Villalonga, le plus riche sans doute du clan du fait des sa participation propre à Ybarra Hnos. Díaz Morlan évalue la fortune de la famille vers 1890 à 37 millions de pesetas (à comparer aux 23 millions de pesetas laissées à sa mort par le marquis de Comillas).

Cependant, le destin du groupe entrepreneurial familial change à partir de la mort des membres de la deuxième génération. À partir de 1890, la

19. *Ibid.*

société Ybarra sert essentiellement à collecter et à répartir la rente tirée de l'exploitation minière et les bénéfices de la sidérurgie entre 44 personnes en 1890, plus de 60 en 1900 : au demeurant, nombre d'entre eux ne résidant pas en Biscaye, ces bénéfices s'acheminèrent vers des destinations parfois inconnues[20]. La famille Ybarra « comme "groupe unifié d'investisseurs" cessa d'exister après 1890 et sa place fut occupée par un groupe fourni d'héritiers. Parmi ces derniers, certains continuèrent les affaires et à cet effet continuèrent à unifier leurs stratégies d'investissement, mais la plupart se contentèrent d'être rentiers[21] ». Sans même aller jusqu'aux cas comme celui de José Luis qui vit une authentique vie de propriétaire terrien dans la Manche, l'on se plaît désormais à résider à Neguri, quartier de la localité de Guecho sur la rive droite vers la mer, où l'on se fait construire de véritables palais dans le goût du jour, plutôt que dans l'immeuble inconfortable de Bilbao. Le luxe du style de vie (domesticité impressionnante, automobiles, yachts, etc.) paraît signifier une évolution sensible : on semble loin de l'austérité, voire de l'ascétisme, du fondateur. Pourtant, et Pablo Díaz Morlan en a fait l'objet de l'une de ses études sur la famille, aucun « syndrome des Buddenbrock » ici. Pas de déclin de la fortune, ni des positions sociales. Bien au contraire, car si nombre de membres de la famille ne détournèrent de l'entrepreneuriat, il en demeura suffisamment qui, fidèles à « l'esprit Ybarra » poursuivirent décidément le grand œuvre d'accumulation des capitaux et de constitution de substantiels profits.

L'installation à Guecho peut être vue comme une sorte de retour aux sources familiales; elle semble perpétuer au XXe cette « famille d'expérience », dont parle Tomás Mantecón à propos d'une famille de Cantabrie qu'il suit du XVIe à la fin du XVIIIe : une famille aux frontières « mouvantes », qui couvrirait tous ceux que les individus, dans leur action quotidienne, reconnaissent comme membres de leur groupe familial et avec qui ils se sentent solidaires. La notion de famille serait ainsi étendue non seulement à la parentèle vivante, mais également aux membres passés de la lignée dont on garde le souvenir[22]. On a surtout là – outre le choix d'un lieu débarrassé des nuisances de la ville – la contribution des Ybarra (une contribution primordiale) à la constitution d'un espace socialement distingué[23], construit autour de normes sociales spécifiques empruntant aux bourgeoisies européennes autant sinon davantage qu'aux élites basques traditionnelles et où

20. Nous avons évoqué dans *Villes, services publics, entreprises en France et en Espagne, XIXe-XXe siècles*, Pessac, MSHA, 2006, p. 142 *sq.*, la controverse sur le rôle qui revient à l'extraction minière dans la constitution de l'industrie sidérurgique et le poids du secteur dans l'économie biscayenne entre Manuel González Portilla d'une part et Emiliano Fernández de Pinedo et Antonio Escudero d'autre part.

21. Díaz Morlan P., *op. cit.*, p. 281.

22. Castellano J. L. et Dedieu J.-P. (dir.), *Réseaux, familles et pouvoirs dans le monde ibérique à la fin de l'Ancien Régime*, paris, CNRS Éditions, 1998.

23. Beascoechea Gangoiti J., « La ciudad segregada de principios del siglo XX. Neguri, un suburbio burgués de Bilbao », *Historia Contemporanea*, 2002 (I), 24, p. 245-280.

il ne fait aucun doute que les effets de réseaux construits et entretenus par les jeux et rôles de la mondanité sont constamment mis au service de la consolidation du pouvoir de la famille et de ses membres. Serait-ce attribuer à ces effets de réseaux, et au rôle joué par les acteurs « individuels » ou « familiaux » dans le fonctionnement de leur mécanique, l'exclusivité de la bonne fortune continuée des Ybarra? Ce serait sans aucun doute oublier un peu vite combien à partir du dernier tiers du XIXe siècle les Ybarra ont représenté la bourgeoisie industrielle biscayenne, combien ils ont été perçus, et ils se sont perçus eux-mêmes[24], tout au long du XXe siècle, comme une sorte de paradigme de l'oligarchie biscayenne… et espagnole.

Pouvoir économique, social et politique : les Ybarra comme principaux représentants de l'oligarchie biscayenne

Les Ybarra semblent en effet comme une illustration de la classique description de la grande bourgeoisie au pouvoir de Jean Lhomme : outre le pouvoir économique constitutif, ils jouissent en effet un large pouvoir social qu'ils s'efforcent de consolider par l'exercice, autant que faire se peut, du pouvoir politique.

L'empire économique est remarquable : en 1921, quatre Ybarra occupaient des postes d'administrateurs dans 46 des principales sociétés espagnoles industrielles, maritimes, minières, transports, électricité et banque. Deux surtout réunissent tous les types de pouvoir : Tomás de Zubiría e Ybarra, comte depuis 1907, président des conseils d'administration de Altos Hornos de Vizcaya (une des deux ou trois plus affaires industrielles de la péninsule) et des Chantiers Navals, à l'origine de nombreuses créations de société dans la chimie, les papeteries, les exploitations minières et les compagnies de navigation et son cousin Fernando MaríaYbarra y Revilla, marquis de Arriluce depuis 1918, président de Hidroleléctrica Ibérica et administrateur de très nombreuses autres sociétés : « à tous les deux ils embrassèrent à de nombreuses reprises la représentation des intérêts familiaux et les leurs propres. Cette représentation était complétée de la présence de certains de leurs frères, cousins et neveux[25] ».

Au Pays basque seul le groupe Sota y Aznar pouvait leur être comparé; dans toute la péninsule, seuls le groupe Comillas-Güell en Catalogne et les Urquijo de Madrid avec lesquels d'ailleurs ils s'allièrent : c'était là d'ailleurs reconduire les stratégies matrimoniales qui avaient donné de si bons résultats au XIXe siècle, mais à une échelle qui n'était plus celle de la province mais celle de l'État espagnol.

24. DE YBARRA Y YBARRA J., *op. cit.*, qui sait de quoi il parle et qui n'a pas peur des mots, emploie le terme à plusieurs reprises.
25. DIAZ MORLAN P., *op. cit.*

Hommes d'affaires et capitaines d'industrie, dépositaires d'une accumulation prolongée de capitaux[26], les Ybarra de la fin du XIXe siècle et du début du XXe siècle parvinrent à se constituer, avec deux ou trois autres familles de la place (Martínez de las Rivas, Chavarri), en véritable oligarchie. En prenant l'ascendant, d'une part, sur les vieilles élites ralliées ou marginalisées (repliées sur les confins provinciaux où le vote carliste témoignait de leur survivance), d'autre part sur le capitalisme industriel local, pourtant fort vivace[27].

La tentative de construction d'une hégémonie dans la société biscayenne passe par un paternalisme industriel actif; en direction de la société civile, les œuvres et patronages abondent et la fondation Los Angeles Custodios à destination des orphelins contribua par exemple à la béatification de Rafaela Ybarra.

Dans le domaine politique, après avoir été plutôt libéraux « fueristes[28] » durant les trois premiers quarts du siècle, les Ybarra choisissent le conservatisme dynastique, le soutien au régime de la Restauración, ne gardant de leur ancien fuerisme que l'attention porté aux termes des *conciertos económicos*, accords fiscaux passées entre le pouvoir central et les provinces basques et très avantageux pour ces dernières. En outre, leur fortune, et celle, remarquable également, de leurs partenaires, notamment Victor Chavarri, les dispensent de s'astreindre au *turno* : alternance conservateurs-libéraux organisée par le régime – en achetant directement les votes (instauré par la révolution de 1869, aboli par la Restauration en 1876 qui lui substitue un suffrage censitaire, le suffrage universel est rétabli en 1890), sans attendre le versement des subsides gouvernementaux (caciquisme). Victor Chavarri fait figure de leader politique de ces « ploutocrates » dénoncés par le jeune helléniste et philosophe Miguel de Unamuno. Après la mort de Chavarri ce sont les Ybarra qui sont chargés de mener ce que le phalangiste Rafael Sánchez Masas a appelé bien plus tard la « politique des familles » dans la préface qu'il donna en 1946 à l'ouvrage la *Politica Nacional en Vizcaya*, rédigé par… Javier Ybarra y Bergé. La famille Ybarra met à disposition de puissants moyens, dont le quotidien *El Pueblo Vasco* : ce titre s'attache non seulement à soutenir la dynastie parmi une opinion travaillée par les oppo-

26. Sur l'importance de cette accumulation primitive voir FERNÁNDEZ DE PINEDO E., « De la primera industrialización a la reconversión industrial; la economía vasca 1841 y 1991 », GERMÁN L. *et al.*, *Historia económica regional de España,* Barcelone, Crítica, 2001, p. 95-124.

27. Pour une synthèse en français voir FERNANDEZ A., « Créations et créateurs d'entreprises en Biscaye (XIXe siècle-début du XXe siècle) », MARSEILLE J. (dir.), *Créateurs et créations d'entreprises de la Révolution industrielle à nos jours*, Paris, 2000, p. 437-464.

28. Globalement il s'agit d'une position politique assez commune à Bilbao et à Saint-Sébastien qui distingue ces villes, tant de leur environnement provincial, où domine le traditionalisme carliste, que du reste du pays, où le libéralisme centralisateur s'accommode fort mal de tout maintien de quelque dose d'autonomie que se soit, fût-elle inscrite de longue date dans les *fueros*.

sitions socialiste et nationalistes, mais à célébrer les progrès[29] accomplis en une génération sur la Ría de Bilbao et les hommes qui ont porté ces progrès. José María Urquijo e Ybarra, ayant été jugé trop intégriste, Fernando María Ybarra y de la Revilla regroupa à partir de 1907 les forces conservatrices dynastiques, dans un combat cependant fort difficile qui l'opposait non seulement aux socialistes, puissants dans les districts miniers et industriels, mais aussi, fréquemment, aux républicains et aux nationalises basques, respectivement emmenés... par deux autres représentants de grande bourgeoisie locale : Horacio Echevarrieta et Ramón de la Sota !

Cependant, si la fortune de ce dernier était supérieure à celle de Fernando María Ybarra y de la Revilla par exemple, si le poids de ses entreprises dans l'économie espagnole était notable[30], il ne participait pas de la même manière au « bloc de pouvoir » hégémonique à l'échelle nationale analysé par Manuel Túñon de Lara, formé par l'intégration de la grande bourgeoisie aux anciennes grandes familles aristocratiques[31]. Une intégration dont le signe fut l'anoblissement (Ramón de la Sota fut également anobli... mais par la couronne britannique) et le fondement la richesse – en 1924 Miguel de Unamuno encore fustigeait les « comtes sidérurgiques[32] » – mais dont le support fut, on l'a vu, la « stratégie du sang ».

Lorsqu'il mourut en 1849 José Antonio Ybarra avait légué à ses trois fils et deux filles davantage qu'une fortune déjà considérable. Ayant su mettre à profit, dès la fin du XVIIIe siècle, et magistralement malgré les vicissitudes de la vie politique régionale et nationale, les ressources économiques de sa mère et les relations politiques locales de son père, il avait tenu également à lancer dans les affaires (*los negocios*) tant son épouse, propriétaire et gérante d'une boutique, que ses fils, invités dès leur jeune âge à faire leur apprentissage d'hommes d'affaires au comptoir de l'« *escritorio familiar* ». Loin de représenter un risque de dilution de la fortune accumulée au cours d'un demi-siècle d'aventures commerciales et industrielles, la multiplicité de la progéniture valait au contraire comme combinaison de compétences et d'esprit d'entreprise pour autant que les gendres fussent intégrés à la « famille » et que l'action de chacun fût incorporée au projet entrepreneurial de la maison. Les membres de cette seconde génération Ybarra, dont une branche fit souche à Séville tout en conservant des liens avec Bilbao,

29. DE ALZOLA P., ingénieur des Ponts, ancien maire de Bilbao, administrateur de sociétés appartenant ou liées aux Ybarra publie une ouvrage au titre significatif *Progreso de Vizcaya* : sur Alzola, voir FERNANDEZ A., « Pablo de Alzola y Minondo. Une figure d'ingénieur à Bilbao, fin XIXe-début XXe siècle »,, COCULA A.-M. et PONTET J. (dir.), *Au contact des lumières. Mélanges offerts à Philippe Loupèst*. II, Pessac, PUB, 2005, p. 319-331.

30. VALDALISO J. M., *Los navieros vascos y la marina mercante en España, 1860-1933*, Bilbao, IVAP, 1991.

31. TUÑON DE LARA M., *Poder y sociedad en España, 1900-1931*, Mardid, Espasa Calpe, 1982.

32. *El Libéral* du 1er janvier 1914, cité dans GARCÍA MERINO L. V., *La formación de una ciudad industrial. El despegue urbano de Bilbao*, Oñati, IVAP, 1985, p. 628.

furent des initiateurs les plus décidés et à coup sûr parmi les plus grands bénéficiaires de la révolution industrielle qui toucha la Biscaye. Au cours des années 1880, ils avaient laissé à leurs héritiers respectifs, non seulement des fortunes considérablement amplifiées mais un pouvoir de clan, économique et social et bientôt politique. Immensément riches, entourés de la gratitude de l'Église (en raison de leur action signalée de bienfaisance) et de leurs obligés, les Ybarra du début du XXe siècle constituent bien la pièce maîtresse de cette « oligarchie » (au sens plein du terme et d'ailleurs repris, sinon revendiqué, par les descendants eux-mêmes) biscayenne, pour qui le pouvoir social conserve une assise essentiellement locale mais dont les stratégies économiques et politiques sont à l'échelle nationale. En même temps, comme le signale Díaz Morlan l'unité d'action entre les trois fils de la deuxième génération, les deux « biscayens » et le « sévillan » ne disparut jamais totalement par la suite. Des Ybarra sévillans continuèrent à prendre des participations des Ybarra de Bilbao et inversement. Tout au long du XXe siècle plusieurs Andalous vinrent passer la saison estivale à Neguri, tandis que des Biscayens séjournaient en Andalousie. Le sentiment d'appartenir à un même clan, fût-il quelque peu dilué, se transmit d'une génération à l'autre. Sans doute, à jamais affecté par les circonstances de la mort de son père, Javier de Ybarra y Ybarra est-il bien pessimiste sur la conservation de ce que l'on peut à bon droit nommer le « pouvoir des liens du sang » qui avait permis la formation, la consolidation et la pérennisation de la puissance des Ybarra[33] ; à ce compte, la réunion de 1992 à Séville où près de 700 Ybarra, tous descendants de José Antonio, se réunirent n'aurait-elle la valeur que d'une simple fête de (grande) famille ?

33. DE YBARRA Y YBARRA J., *op. cit.*

Les peñalver de la Havane, XVIIe-XIXe siècle [*]

Dominique GONCALVÈS

« Tout peuple se compose d'une aristocratie et de lui même. Comme le peuple est un, cette aristocratie et ce lui-même sont identiques quant à leur substance. L'aristocratie se manifeste en tant qu'individus y compris individus amateurs ; le peuple, lui se révèle tout entier comme un seul individu. » Ce jugement de Pessoa a le mérite d'affirmer la prééminence des acteurs individuels à l'intérieur d'un groupe social, même s'il restreint le propos à l'aristocratie [1]. Il est pourtant vrai que les attitudes de chacun sont en grande partie déterminées par le milieu social qu'il considère être le sien. Les lignes qui suivent voudraient présenter des acteurs d'une famille havanaise que l'on reconnaît comme grande. Grande par le nombre de ses membres, puisque c'est son évolution de la fin du XVIe siècle au début du XXe qui est envisagée ; grande surtout par son prestige social puisqu'elle compta parmi les plus influentes de La Havane, comme l'attestent ses titres de Castille, ses implications dans les organismes de décision créoles, ou l'image fastueuse qu'elle entretenait... De sorte que, au travers de l'histoire de cette famille Peñalver, c'est en partie l'histoire de Cuba, tracée par ses acteurs qui apparaît. Il convient alors de se demander en quoi les Peñalver ont pu influencer l'histoire de Cuba et en quoi l'histoire de Cuba a aussi influencé l'évolution de cette famille de *saccharocrates*, d'aristocrates du sucre ? Il est possible d'y répondre en recentrant l'analyse sur trois temps forts de l'histoire familiale qui se dégagent et qui rejoignent la grande histoire de l'Île : de la fin du XVIIe siècle à l'invasion anglaise de1762, temps pendant lequel Cuba acquiert une place majeure dans l'échiquier politique espagnol ; puis de 1763 aux années 1840 environ où Cuba devient une forteresse militaire et la plus grande plantation de canne à sucre du monde, et enfin la deuxième moitié du XIXe siècle, de nouveau marquée par les troubles politiques qui amènent Cuba vers l'indépendance. On suivra plus commodément cette famille en se reportant à l'arbre généalogique présenté [2].

* Cet article s'inscrit dans un programme international du *Consejo Superior de Investigaciones scientíficas*, référencé sous le numéro HUM200600454/HIST, portant sur les élites dans l'espace caraïbe.

1. PESSOA F., *Le banquier anarchiste*, Mesnil sur l'Estrée, Éditions 10/18, 1988, p. 91.

2. J'adresse mes remerciements à Monsieur Rubén C. Arango, professeur de la St Thomas University de Floride, pour ses éclaircissements. Arbre généalogique en annexe.

Une implantation havanaise moitié glorieuse, moitié honteuse : 1655-1763

Rapide ascension de la famille d'un réfugié politique

Les premiers Peñalver dont les archives ont conservé une part de la mémoire[3] sont originaires de Valdeolivos, près de Cuenca, en Nouvelle Castille ; ils appartiennent à la petite noblesse au moins depuis le XVIe siècle. Le premier membre qui passe aux Amériques, en 1637, Gabriel Peñalver Angulo y Curiel de Arias arrive à la Jamaïque nanti du poste de gouverneur. L'île est espagnole depuis 1494 et les sujets de Sa Majesté Catholique essaient d'y installer une colonie, après avoir décimé plus ou moins volontairement les Arawaks. L'Espagne s'intéresse à cette île parce qu'elle constitue une base arrière naturelle pour s'attaquer à la riche péninsule du Yucatan. Il y a peu de métaux précieux, mais on y importe des esclaves pour faire fonctionner les plantations. En 1639, Gabriel Peñalver cède la place à un successeur : la rotation des gouverneurs est fréquente. On ne sait quel poste il occupe alors, mais il s'implante puisqu'il fonde une famille, en se mariant avec María Menéndez Fuentes de Guzmán ; ils ont au moins trois fils. L'installation cependant tourne court : les Anglais, au retour d'un raid manqué sur Hispaniola, s'emparent de l'île en 1655.

Les parents, Gabriel et María, sont morts à la Jamaïque, avant, pendant ou après l'invasion anglaise. De leurs trois fils, on ne conserve la trace que de Diego Peñalver y Fuentes. C'est à Santiago de Cuba, une des plus anciennes fondations espagnoles, et siège de l'évêché de l'Île, qu'il s'installe. Il y arrive nommé (peut-être comme un dédommagement) *Contador y Juez Oficial de Real Hacienda* : à ce titre il doit gérer différentes caisses royales. Déjà, La Havane supplante Santiago en termes d'importance politique, économique et militaire : elle a rang de capitale depuis 1607. Même Bayamo, la cité contrebandière, attire davantage les migrants. Diego épouse une femme issue de l'oligarchie de Santiago, María Fromesta Moreira, ce qui l'aide à être élu *alcalde ordinario*, autrement dit maire, dès 1670[4].

Était-ce en raison de sa bonne gestion des fonds confiés ou bien d'un capital d'influence particulier qu'en 1681 la famille s'installe à La Havane ? Diego y est en effet muté et promu avec la prestigieuse charge de *Tesorero, Contador y Juez Oficial de Real Hacienda*, disons simplement trésorier royal, avec toute la force que peuvent recouvrir ces mots qui désignent la conservation des fonds de l'or et l'argent des Amériques en transit vers l'Espagne. La charge est héréditaire : on comprend l'influence qui se dégage de Diego Peñalver et de sa femme dès leur arrivée. Ils ont deux enfants qu'ils marient

3. Archivo general de Indias, *Santo Domingo*, liasse 1477.
4. CORNIDE M. T., *De La Havana, de siglos y de familias*, Ciencias Sociales, La Havane, Instituto Cubano del Libro, 2001, p. 257.

selon une politique bien réfléchie. Catalina épouse le fils d'un haut fonctionnaire espagnol, général et chevalier de l'ordre de Santiago. Son frère, Gabriel est marié en 1696 au sein de l'oligarchie locale, avec María, fille du *regidor*, Sebastián Calvo de la Puerta y Recio. Les *regidores* sont les échevins ; la charge est ici aussi héréditaire et autant source de prestige que de pouvoir. Rien d'étonnant alors à ce que Diego soit élu *alcalde ordinario* de La Havane en 1707. Les nouveaux époux Gabriel et María donnent naissance à la première génération de Peñalver née dans la capitale cubaine. Ils sont prolifiques : au moins treize enfants dont onze passent le cap de l'adolescence. C'est peut-être une bénédiction divine... C'est assurément un problème social. Comment ne pas diluer le prestige par des mésalliances lorsque l'on ne dispose pas des moyens pour les marier tous convenablement ?

Le problème vient du fait que le père, Gabriel, est mort en 1717, laissant à son fils aîné Diego, outre la charge de Trésorier Royal en 1700, l'autre plus lourde encore de subvenir aux besoins de ses frères et sœurs et de sa mère. Diego se retrouva donc à 17 ans chef de famille, sans disposer de l'argent ni de l'influence suffisante pour arranger de beaux mariages à toute sa fratrie : encore en 1751 il devait recourir à l'arbitrage royal pour ne plus être importuné par ses frères et sœurs qui lui réclamaient des subsides [5]. Il parvint cependant à imposer son autorité puisqu'il contraignit tout le monde au célibat, faisant exception pour lui et Sebastián, le second fils. Autre preuve qu'il n'est pas des plus fortunés en dépit des sommes astronomiques qui lui passent entre les mains : seule une fille, Nicolasa, est religieuse ; aucune des cinq autres n'intègre le couvent de Santa Clara qui accueille, moyennant finances, les filles de bonnes familles insuffisamment dotées. Deux autres enfants mâles, entrent aussi dans les Ordres, dont le pittoresque Juan Bautista qui fut Docteur en droit canon, auteur des premières études scientifiques sur Cuba qu'allait publier plus tard un neveu, *alcalde ordinario*, et combattant lors de la guerre de l'Oreille de Jenkins ! Un autre frère, José Joaquín fut également *alcalde ordinario*.

Diego et Sebastián sont donc les seuls à se marier ; ils choisissent tous les deux l'ancrage local, épousant le premier en 1729 une Cárdenas, fille d'un *regidor*, et le second confirmant l'alliance avec les Calvo de la Puerta puisqu'il se marie avec sa cousine Josefa. Unique héritière d'un poste de *regidor*, elle apporta aux Peñalver une part importante du pouvoir havanais, à une époque où le nombre d'échevins n'atteignait pas la dizaine.

Ce choix de l'excellence est perceptible dans les alliances matrimoniales des enfants de Diego et Sebastián. Diego marie en 1759 son aîné Ignacio, destiné à recevoir la précieuse charge de trésorier royal, à la fille du Gouverneur du Yucatan, Melchor Navarrete Bujanda. Au contraire, Sebastián, qui a déjà été élu plusieurs fois *alcalde ordinario*, confirme pour

5. Archivo general de Indias, *Santo Domingo*, liasse 1134.

ses enfants, le choix de l'enracinement local en les unissant aux Barreto. Jacinto Tomás Barreto est *regidor*, officier de milices, fortuné et descend par sa mère du puissant clan des Pedroso. Pour lui, marier ses enfants avec ceux du Trésorier le rapproche des arcanes de l'administration royale. En février 1757, Gabriel Peñalver y Calvo de la Puerta épouse Tomása Barreto ; en décembre, son frère Miguel convole avec María Josefa, sœur de la précédente. Mieux : veuf, Jacinto Tomás, épouse en janvier 1758... une troisième fille de Sebastián (et donc belle sœur de sa fille) : Josefa Peñalver.

C'est, alors que les autres enfants sont en âge de se marier, que survient l'épisode de l'invasion anglaise qui allait indirectement en partie gripper cette belle ascension sociale des Peñalver arrivés depuis un siècle à Cuba.

Le « Petit Anglais » et son fils « Bouclettes »

La Guerre de Sept Ans avait vu s'affronter une coalition groupée autour de la France et une autre autour de l'Angleterre. L'Espagne commit l'erreur de se joindre à la première, en 1761 : dès le 31 août 1762, les Anglais s'emparaient de La Havane à la suite d'une opération navale de très grande ampleur, suivie d'un siège qui dura presque trois mois.

Pour le chef de l'expédition britannique, le comte Albemarle, l'objectif militaire atteint, il fallait administrer sa prise. Or, étant étranger au monde havanais il devait s'appuyer sur le pouvoir créole : il y avait quand même plus de 50 000 personnes à gouverner. Il trouva un accord avec le *Cabildo*, la municipalité, qui s'engagea à ne pas résister, sans pour autant prêter serment de fidélité au roi d'Angleterre. Albemarle prit le titre de gouverneur de La Havane et désigna le *regidor* Sebastián Peñalver y Calvo Puerta, comme lieutenant, ce qu'il accepta. Pourtant, Peñalver qui avait été élu six fois déjà *alcalde ordinario*, avait été nommé colonel de milices au début de l'invasion et mit à la disposition des réfugiés ses haciendas éloignées du théâtre des opérations[6]. Une première explication à ce revirement, bien connue, concerne les fructueuses affaires qu'il réalisa, épaulé par les baïonnettes anglaises, notamment sur le cuir, la farine et les esclaves[7]. Il est possible d'en avancer une seconde : celle de la mémoire familiale. Son grand-père avait été chassé de la Jamaïque par les Anglais et ces derniers ne cessaient d'étendre leur influence sur les petites Antilles... L'issue de la guerre ne faisait plus de doute. Pragmatique, il fut un collaborateur zélé, ce qui lui valut de la part des Havanais le sobriquet d'*El Inglesito* : le petit Anglais.

Or, au Traité de Paris de 1763, La Havane fut rendue à la couronne d'Espagne, en échange de la Floride. Sombre tractation pour Sebastián

6. DE SANTA CRUZ Y MALLEN F. J., *Historia de las familias cubanas*, La Havane, Editorial Hérculas, 1940, tome IV, p. 267.
7. PARCERO TORRE C. M., *La perdida de la Habana y las reformas borbónica en Cuba*, Avila, Junta de Castilla y León, 1998, p. 161-167.

Peñalver! Non seulement, il fut abandonné par les Anglais, mais logiquement traîné devant un tribunal madrilène. Sebastián Peñalver y Calvo de la Puerta fut condamné à l'exil à Ceuta, peine commuée en interdiction de revenir à Cuba; il mourut à Madrid en 1770.

La raison de cette clémence, au regard de l'accusation de haute trahison, est mal expliquée. On l'attribue souvent à l'influence de son fils Gabriel à la cour. C'est une erreur puisqu'il fut jugé pour des motifs similaires[8]. Certes, il fut totalement innocenté et effectivement s'intégra à la cour, adoptant la coiffure qui y était de mode, la perruque, mais de manière plus ostentatoire qu'ostensible. Lorsqu'il revint à La Havane, paré d'une épaisse fausse chevelure blanche, il se vit immédiatement affublé du surnom de *Bucles* : Bouclettes[9]. Ce n'est pas cette démarche courtisane – frisant le ridicule, si l'on puis dire – qui évita une peine plus lourde à son père. Une explication plus plausible est, l'alliance indispensable pour le monarque espagnol avec l'oligarchie créole afin de contrôler cette place stratégique. Pendre un Peñalver, dont la famille trustait le *Cabildo*, dont le frère était Trésorier royal, n'eut pas été très adroit.

Et ce d'autant plus que ce trésorier royal avait réussi à mettre à l'abri près du tiers des fonds dont il avait la garde. Les Anglais s'emparèrent de 2,5 millions de pesos, Diego Peñalver put en cacher un million[10]. La suite suggère qu'il dut profiter de l'occasion pour détourner quelques caisses, enrichir un peu cette famille qui lui réclamait tant.

L'affirmation de la puissance : 1763-vers 1840

Le conflit et l'occupation avaient révélé les élites locales comme une pièce clé du système défensif. Les milices créoles qu'elles commandaient avaient bloqué la pénétration ennemie vers l'intérieur de l'Île, aidées par les fièvres tropicales qui tuèrent nombre de *Mameys*, les soldats britanniques[11]. La reprise en main de La Havane s'accompagna alors d'un plan de séduction des élites locales. Deux volets furent développés : la distribution massive de titres de Castille et l'autorisation de développer de grandes plantations de canne, les *ingenios*, grâce à la permission d'importer massivement des esclaves. C'était la possibilité de réaliser des fortunes gigantesques en peu de temps en profitant des prédispositions naturelles de l'Île à la culture de la canne à sucre. C'était aussi la transformation de l'oligarchie en *sac-*

8. Archivo general de Indias, *Santo Domingo*, liasse 1972.
9. De tous temps et jusqu'à aujourd'hui, l'humour cubain se montre particulièrement mordant en affublant de surnom les principales figures. Ernesto Guevara de La Serna ne fut-il pas *el Che*, Fidel Castro, *el Caballo*, et son frère Raúl reste *la Chineta roja*?
10. Cornide M. T., *op. cit.*, p. 260.
11. Cela veut dire papaye et l'appellation fut donnée en référence aux uniformes rouges de l'occupant, qui rappelle la chair rouge du fruit.

charocratie. Comment les Peñalver ont vécu cette mutation à laquelle ils avaient aspirés ?

Deux branches distinctes

Après le procès de Sebastián Peñalver, il faut considérer d'une manière séparée les deux branches de la famille : les Peñalver y Cárdenas avec à leur tête le Trésorier Diego, et les Peñalver y Calvo de la Puerta, dont le chef était Gabriel, *Bucles*.

Un coup d'œil suffit à constater l'étendue de la puissance des Peñalver y Cárdenas. Sur les six frères et sœurs, quatre se marient au sein la meilleure société et deux autres réalisent de belles carrières au sein de l'Église.

Ignacio, celui qui avait été marié à la fille d'un capitaine général, hérita en 1768, de la charge de trésorier de La Havane et, certainement, des petites économies que papa avait du faire pendant l'invasion anglaise. La même année, il fut chargé d'administrer les biens des jésuites expulsés : nul doute qu'il sut encore tirer quelques profits de l'argent qu'il eut à placer. Car en effet, en 1769, alors que les fonds mexicains, le *situado*, tardaient à venir, Ignacio prêta au roi, sans intérêt, 125 000 pesos, patientant trois ans avant d'être remboursé [12]. Sa maison était si grande qu'elle fut plus tard transformée en lycée artistique et littéraire de La Havane. Un dernier mot sur sa fortune : en 1804, il légua à son petit-fils, Ignacio Peñalver y Peñalver, 170 000 pesos [13].

Ignacio disposait d'un autre grand capital, celui de l'influence, comme l'atteste son rôle durant la guerre d'Indépendance américaine. Les Espagnols soutenant aussi les *Insurgents* des Treize colonies, le contre-amiral de Grasse envoya un navire à La Havane demander des subsides pour l'entretien de la flotte française. L'émissaire s'adressa au trésorier Peñalver qui lui répondit que les caisses étaient vides. Mais, lui, avait des sous et ses amis aussi. En six heures, l'oligarchie rassembla 500 000 pesos [14]. Cet argent permit au comte de Grasse de bloquer la baie de Chesapeake, privant ainsi les Anglais de renforts, ce qui à son tour permit aux colons de gagner la bataille de Yorktown. À cette date, le 19 octobre 1781, les États-Unis furent virtuellement indépendants, à la grande joie des Havanais, qui renforçaient leurs relations commerciales avec les nord-américains.

Le premier frère cadet d'Ignacio, Gabriel, fut aussi une figure. Élu en 1769 *alcalde ordinario* [15] de La Havane, il détenait en 1773, pour une rai-

12. Archivo general de Indias, *Títulos de Castilla*, liasse 3, dossier Casa Peñalver.
13. Archivo general de Indias, *Santo Domingo*, liasse 1972.
14. Archivo general de Indias, *Títulos de Castilla*, liasse 3, dossier Casa Peñalver.
15. Archivo de la Oficina del Historiador de la Ciudad de la Habana, *Actas capitulares*, registre 36. Afin de ne pas importuner le lecteur par des appels de note incessants, il convient de préciser que les mandats d'*alcaldes ordinarios* cités sont tous consultables dans les différents *libros* (registres) de la section *Actas capitulares*. Seul le numéro de la référence change, en fonction des périodes.

son inconnue, une charge de *regidor*[16]. L'année précédente, il avait épousé la fille d'un haut fonctionnaire, Lorenzo de Montalvo y Ruiz de Alarcón, intendant de Marine, qui recherchait un enracinement local. En 1765, Montalvo avait fait partie de la première fournée de nouveaux titrés, le roi l'ayant fait comte de Macuriges. Gabriel s'attacha toute sa vie à apparaître comme indispensable, ainsi, en 1784, il écrivit conjointement avec le marquis de Villalta, au ministre comte de Galvez pour se plaindre des « difficultés économiques » de l'Île, au nom des planteurs, les *hacendados*[17]. Il témoigna en faveur d'oligarques qui cherchaient à acquérir des habits d'ordres militaires[18] et prêta des sommes à la monarchie ; sa fortune était estimée à plus de 200 000 pesos, dès 1787[19].

Un troisième frère, Nicolás, s'impliqua également dans les affaires locales, se faisant élire *alcalde ordinario* en 1784. Il fut encore plus riche que les précédents car il avait fortement investi dans la plantation. À sa mort en 1818 sa fortune s'élevait à plus d'un million de pesos[20]. Il est probable qu'une partie provenait aussi de la dot de son épouse, fille du premier marquis Cárdenas de Montehermoso.

L'unique fille de la fratrie, María Loreto convola en 1766 avec Martín Xavier Echevarría y Loinaz, elle avait dix neuf ans, lui la quarantaine. L'époux était un péninsulaire, nommé directeur des tabacs. Cela montre que cette branche des Peñalver continuait à rechercher l'alliance transatlantique et à accroître une influence sur les plantations de tabac, peut-être pour les déplacer, tant ils avaient besoin d'étendre leurs plantations de canne.

Restent les deux célibataires dans les ordres, Luis et José María, qui ont laissé également une profonde empreinte sur la société de leur époque, et même au-delà. La carrière ecclésiastique de Luis (1749-1808) est connue : elle fut la plus belle réalisée en ce domaine par un créole dans l'histoire de Cuba. Nommé évêque de Floride et de Louisiane à partir de 1794, il le fut du Guatemala à partir de 1801. Sa naissance lui interdisait d'occuper l'évêché de La Havane, mais ce passionné d'architecture influença la construction de la cathédrale telle qu'on la voit à l'heure actuelle. Luis de Peñalver y Cárdenas est aussi resté célèbre pour son savoir et son évergétisme. Il rassembla les deux en promouvant la création de la Société Patriotique de La Havane en 1792-93 qui devint le point de rassemblement des âmes les plus instruites de la capitale cubaine. Il laissa à sa mort plus de 200 000 pesos pour la *Real Casa de Beneficiencia* qui accueillait les orphelins et dont il

16. Une explication possible, mais surprenante, serait que son frère Ignacio lui ait concédé la sienne. En effet, durant ces années, une nouvelle charge de *regidor* fut crée et liée au poste de trésorier. Comte De Vallellano, *Nobiliario Cubano, Las grandes familias isleñas*, Francisco Beltrán, Madrid, 1928, tome II, p. 373-374.
17. Archivo general de Indias, *Santo Domingo*, liasse 1973.
18. Par exemple, en 1791 pour Carlos de Pedroso y Garro, *Títulos de Castilla*, liasse 2, dossier Casa Pedroso.
19. Archivo general de Indias, *Títulos de Castilla*, liasse 10.
20. Archivo general de Indias, *Títulos de Castilla*, liasse 7b, dossier Rio Blanco.

impulsa la création. Le dernier frère enfin, José María, s'il monta moins haut dans la hiérarchie ecclésiastique, alla plus loin encore dans l'œuvre intellectuelle. Il n'est ni plus ni moins, avec José Felix Martín de Arrate, qu'un des premiers chantres de la « créolité » cubaine. Trésorier de la Société patriotique, il fut l'auteur du premier dictionnaire de Cuba qui présentait, à la manière d'un guide touristique (*una guía de forasteros*), l'histoire et les particularités de l'Île. L'ouvrage, de diffusion d'abord confidentielle, allait connaître un beau succès lorsqu'un neveu de l'auteur se chargea de le promouvoir.

En regard de tant de capital social, financier, intellectuel, la branche des cousins germains, celle des Peñalver y Calvo de la Puerta, paraît bien terne. La condamnation de Sebastián semble avoir brisé l'élan de la famille. Plusieurs indicateurs le montrent. Ainsi, après 1763, sur les cinq enfants en âge de se marier, seules deux unions sont concrétisées. Ce sont des mariages peu prestigieux avec des membres des élites secondes ; une fille rentre dans les ordres, et deux autres enfants restent célibataires. Parmi ces derniers, il est vrai, se trouve un aventurier de marine (donc peu enclin au mariage). Pourtant, le capital financier de cette branche, même moins important que celui des cousins reste considérable. C'est la preuve que ces unions moyennes témoignent d'une défiance envers la famille. De plus, ici les codes de l'oligarchie ne sont pas respectés : en 1815, Luis Peñalver y Calvo de La Puerta porte plainte contre son frère Gabriel pour captation d'héritage [21]. Ce même Luis, veuf entretenait une liaison illégitime avec une certaine Justa Josefa Cowert. Certes, c'était une pratique alors courante dans ces familles mais il eut la rare honnêteté de légitimer la fille qui naquit de cette union.

Pour autant, les Peñalver y Calvo de la Puerta n'étaient pas dans une impasse, *Bucles* avait même des alliés puissants. Son oncle, Pedro José Calvo de la Puerta y Arango avait été fait comte de Buena Vista en 1766 et Jacinto Tomás Barreto y Pedroso, comte de Casa Barreto en 1786. Ils devaient penser qu'il fallait aider les neveux et filles Peñalver y Calvo de la Puerta à s'élever aussi. L'un d'entre eux, Miguel, fut élu *alcalde ordinario* en 1771 et 1782. C'est l'aîné, *Bucles*, qui allait le plus œuvrer pour redorer le blason. Il rentra à La Havane en décembre 1770 [22], peu après la mort de son père. Il hérita de la charge de *regidor* et des *ingenios*. Et dès décembre 1771 il se faisait élire pour l'année suivante *alcalde ordinario* de La Havane, à la suite de son frère donc. En 1780, il occupa ce poste une seconde fois, et offrait 50 esclaves – sans que l'on ne lui demanda rien – pour aider à tous travaux de la monarchie [23]. Preuve qu'il avait à cette date recouvert un cer-

21. Archivo general de Indias, *Títulos de Castilla*, liasse 3, dossier Casa Peñalver.
22. Archivo general de Indias I, *Contratación*, liasse 5514, n° 1, verso 49.
23. Archivo general de Indias, *Cuba*, liasse 1242, dossier 32.

tain ascendant, il maria sa petite fille à Miguel de Cárdenas et Santa Cruz, dont la sœur avait épousé un cousin Peñalver y Cárdenas en 1771. Mais, le véritable retour en grâce ne pouvait être signifié que par le roi. Dès 1770, Peñalver avait demandé à pouvoir s'appeler marquis de la Real Fidelidad (de la Fidélité royale), et avait essuyé une rapide fin de non recevoir. Il réitéra sa demande cinq fois, ce qui est exceptionnel. Toujours, des hauts fonctionnaires qui n'avaient pas accepté son acquittement, et Charles III qui désirait montrer à l'oligarchie qu'il restait le maître des récompenses, s'étaient opposés à lui. Par incidence, ces refus prouvent combien était relative son influence à la cour. En 1789 *Bucles* proposa au *Cabildo* d'aller en personne féliciter Charles IV de son avènement au nom des patriciens, en assumant tous les frais de la représentation. Sur place, il fit son compliment au roi et sollicita un titre, pour la septième fois. Il se plaignit de continuer à être victime de moqueries portant sur l'affaire de 1762 et dit que, revenir sans titre serait « un sceau de son discrédit[24] ». Le roi, peut-être ému, le fit rapidement marquis de Casa Peñalver. L'honneur était enfin réparé ! Cela se remarqua vite dans les alliances matrimoniales. Alors, qu'en 1784 un de ses neveux avait épousé une fille des élites secondes, une Aguirre Menéndez, en 1805, un autre neveu convolait avec Ana Josefa de Carvajal, fille d'un gouverneur du Panama. Mieux, en 1805, son fils aîné, veuf d'une femme de Santiago épousée en 1778, se remariait avec une O'Farrill !

De retour à La Havane, paré du titre, Gabriel, continua son zèle monarchique. Il donna 3 000 pesos en 1793 pour lutter contre la France républicaine avec laquelle l'Espagne était en guerre[25]. En 1798, il avait déjà prêté au roi 36 000 pesos, libre d'intérêts, sans compter les esclaves et les caisses de sucre offerts. Durant la guerre d'Indépendance, il se montra l'un des plus ardents donateurs, entretenant à ses frais quinze soldats dans la péninsule, de 1808 à sa mort en 1812[26]. En 1802, il fut élu *Prior*, le poste officiellement le plus important, dans la nouvelle institution créole que Francisco de Arango y Parreño venait d'impulser, le *Real Consulado y Junta de Fomento*[27]. En 1804, il fut élu avec ce dernier pour défendre les planteurs au sujet de droits d'exportation de sucre et de café[28].

En somme, *Bucles* employa sa vie à essayer de gommer une erreur de jeunesse et la trahison de son père. Il mobilisa tous les moyens pour cela, ce qui explique peut-être pourquoi un de ses frères l'accusa de captation d'héritage. Son succès fut patent en 1790, mais le triomphe eut lieu après sa mort : en 1820 son petit-fils se mariait avec une fille de la branche cousine.

24. « *sería un sello de su discredito* », Archivo general de Indias, *Santo Domingo*, liasse 1972.
25. Archivo general de Indias, *Títulos de Castilla*, liasse 9.
26. Archivo general de Indias, *Títulos de Castilla*, liasse 7a, dossier Peñalver.
27. Archivo nacional de Cuba, *Real Consulado y Junta de Fomento*, registre 165.
28. Archivo nacional de Cuba, *Real Consulado y Junta de Fomento*, registre 166.

C'était le signe que les Peñalver refaisaient une seule et même famille. Pour être plus précis une famille de *saccharocrates*.

Une seule famille de saccharocrates

Il a été mentionné plusieurs fois les plantations de la famille, il faut y revenir plus en détail. En effet, les Peñalver ont été parmi les premiers à investir dans les *ingenios*. Diego Peñalver y Calvo de la Puerta fut le premier de la lignée à se lancer dans l'aventure en achetant un petit *ingenio* (cela dut se passer avant 1740) que la famille possédait encore au moins jusqu'à la fin du XVIIIe siècle. Cet *ingenio* fut connu sous le nom de *Ingenito Peñalver*[29] ; ce qui montre combien posséder une plantation posait une famille. Il était situé, comme les autres, aux environs immédiats de La Havane, et c'est pour cela qu'aujourd'hui, suite à la croissance de la ville, un quartier porte le nom de Peñalver[30]. Puis Diego acheta un autre *ingenio* et en référence à sa charge lui donna le nom d'*El Tesorero*. Son fils Ignacio était, avant 1761, propriétaire de l'*ingenio* Nuestra Señora de Loreto, considéré comme un des plus grands de l'Île; en 1804 un autre (ou bien le même) produisit plus de 471 tonnes de sucre[31]. Une enquête royale de 1763[32] montre que la famille Peñalver possédait 4 des 96 *ingenios* répertoriés dans la région havanaise. En 1780, un frère d'Ignacio, Gabriel Peñalver y Cárdenas, était un *hacendado* dont la fortune était estimée à plus de 200 000 pesos[33]. Du côté de la branche des cousins, ce n'était pas la misère non plus : *Bucles* avait hérité de son père l'un des plus grands *ingenio*, appelé *Jésus, María y José*, et Sebastián justement avait fait partie des six personnes privées à en posséder deux.

Pour les deux branches, jusque dans les années 1840, l'investissement en *ingenios* alla sans cesse croissant. Ainsi, même Luis Peñalver y Calvo de La Puerta (celui qui porta plainte pour captation d'héritage) acheta en 1795 un *ingenio* appelé Nuestra Señora de la Luz pour un prix de plus de 88 000 pesos[34]. Son neveu, Sebastián Peñalver y Barreto, conforta son statut en achetant en 1800 un *ingenio* appelé San Juan Bautista pour 150 000 pesos[35]. Quant au fils de *Bucles*, Juan Crisóstomo Peñalver y Barreto, il était en 1817 considéré comme l'une des premières fortunes de l'Île, possédant la majorité des parts de deux *ingenios*, évalués en total à près

29. Cornido M. T., *op. cit.*, p. 261.
30. Arango R. C., *La saccarocracia, historia de la aristocracia azucarera cubana*, Orlando Coré (d.), Miami, 2006, p. 135.
31. Fraginals M. M., *El Ingenio, Complejo económico social cubano del azúcar*, Editorial Crítica, Barcelone, 2000 réédition, p. 63 et p. 56. Les *ingenios* havanais se vendaient assez fréquemment, ou étaient déplacés, et à ces occasions changeaient parfois de nom.
32. Archivo general de Indias, *Santo Domingo*, liasse 1973.
33. Archivo general de Indias, *Títulos de Castilla*, liasse 10.
34. Archivo general de Indias, liasse 1977.
35. Archivo general de Indias, *Santo Domingo*, liasse 1979.

de 600 000 pesos[36]. Son cousin au deuxième degré Nicolás de Peñalver y Cárdenas, possédait un autre *ingenio* géant, *El Narciso*. Doit-on tenter de dénombrer les esclaves qui périrent dans ces plantations ?

Il n'est pas lieu non plus de s'étendre sur cette stratégie d'investissements. L'oligarchie havanaise, en accord avec la monarchie, fit de Cuba le premier producteur mondial de sucre : tant que la traite était assurée à des prix convenables, les exploitations rapportaient gros. Certes, les risques aussi étaient nombreux (cyclones, maladies) mais les enrichissements furent tels que l'on assista à ce que Manuel Moreno Fraginals appela « la danse des millions[37] ». D'autre part, Ignacio Peñalver y Cárdenas fut le dernier de la famille à être trésorier. À sa retraite, en 1797, la monarchie récupéra la charge et la fondit dans une nouvelle structure administrative[38]. Cela incita peut-être les Peñalver à accentuer leurs investissements dans la plantation.

Le deuxième terme qui participe de la définition du *saccharocrate* est la possession d'un titre de Castille, de là aussi les efforts déployés par Gabriel Peñalver y Calvo de la Puerta pour en décrocher un. Quelques titres ont été mentionnés : comte de Macuriges, de Buena Vista, de Casa Barreto, marquis de Cárdenas de Montehermoso. Durant cette époque, entre 1763 et 1840 environ, plusieurs familles ont, au travers de différents membres, cumulés plusieurs titres. Par exemple les Cárdenas, trois : comte de Cárdenas de Montehermoso en1765, marquis de Prado Ameno en 1786 et de Campo Florido en 1826 ; les Herrera en ont décroché trois aussi, dont un particulier : Grand d'Espagne en 1819. Quelques familles en reçurent également deux ou trois. Mais les Peñalver détiennent le record absolu avec cinq titres[39].

Le premier fut concédé en 1787, soit bien tardivement, à Gabriel Peñalver y Cárdenas, qui l'avait sollicité pour en doter sa fille unique. Pour une raison inconnue, la monarchie lui refusa une première fois cet honneur, et il fallut l'intervention du ministre José de Galvez pour qu'il obtint gain de cause[40]. Cela montre, par incidence, son influence à Madrid. Il est vrai que le fait d'avoir prêté 70 000 pesos sans intérêt à la monarchie facilita les choses. Gabriel parvint à faire valider le choix de sa titulature : comte de Santa María de Loreto, qu'il choisit en hommage à sa femme, María Loreto. Ce qui montre que l'on pouvait être esclavagiste et romantique à la fois. Le second titre fut obtenu par le cousin, *Bucles*, en 1790, dans les conditions que l'on connaît, et à défaut de pouvoir afficher une « royale fidélité », il exalta le nom de la famille en devenant marquis de Casa Peñalver. Le

36. Archivo general de Indias, *Títulos de Castilla*, liasse 7a, dossier Peñalver.
37. Fraginals M. M., « *La danza de los miliones* », *El Ingenio*, *op. cit.*, p. 81.
38. Archivo general de Indias, *Ultramar*, liasse 121, dossier 6.
39. Pour ne pas ennuyer le lecteur, n'ont pas été comptabilisés les dizaines d'habits d'ordres militaires et les différentes décorations des hommes comme des femmes de cette famille.
40. Archivo general de Indias, *Santo Domingo*, liasse 1972.

troisième titre revint en 1792 au frère du premier, Ignacio, le Trésorier : il devint marquis de Arcos. Peut-être y avait-il un jeu de mots avec « *las arcas* », qui sont en français les coffres. Le quatrième fut donné en 1817 à un enfant de *Bucles*, son aîné devant hériter du titre de marquis de Casa Peñalver. Juan Crisóstomo Peñalver y Barreto, s'était jusqu'alors distingué par un zèle particulier au roi et à l'Espagne : il avait été le premier en 1808, lors du renversement des Bourbons d'Espagne par Napoléon, à proposer au *Cabildo* de jurer fidélité à la famille royale, et donna beaucoup d'argent pour renvoyer les Aigles derrière les Pyrénées. C'est pourquoi il choisit un titre qui unissait son nom à celui de Ferdinand VII (*Fernando Septimo*). Ce dernier lui donna le droit de s'appeler comte de San Fernando Peñalver. Enfin, en 1825, Nicolás Francisco de Peñalver y Cárdenas, celui-là même qui était immensément riche, acheta un des quatre titres concédés en 1816 à un monastère madrilène pour faciliter ses réparations. Il déboursa la somme rondelette de 100 000 réaux de billons, après avoir souscrit aux formalités administratives et juridiques qui lui permettaient de prétendre à cet honneur. Il devint comte de Peñalver[41].

Si l'on étudie plus en détail la trajectoire politique des descendants d'*El Inglesio*, force est de constater qu'elle ne fut pas toujours d'une fidélité monarchiste absolue, en dépit du pardon de 1790. Ainsi, *Bucles*, commit l'erreur d'être l'un des rares signataires de la pétition de Francisco Arango y Parreño de 1808 en faveur de la création d'une *Junta de gobierno* dont on savait qu'elle pouvait être un prélude à l'autonomie[42]. De là peut-être que, dès l'échec de la *Junta*, il essaya de se rattraper par un zèle monarchique éclatant, en espèces sonnantes et trébuchantes, en caisses de sucre bien pesantes. Un autre parent de cette même branche, José Miguel Peñalver y Aguirre alla plus loin en se rangeant dans le rang constitutionnel en 1820, pour six mois seulement, il est vrai[43]. En face, les descendants du trésorier se montrèrent exemplaires de loyalisme monarchiste. Et s'il y eut tache, elle provint de l'union contre laquelle s'était opposé un temps à la fin des années 1770 Ignacio Peñalver y Cárdenas entre sa fille et le fils du comte de Buena Vista[44]. Car ce fils, le marquis de Casa Calvo[45], devint ministre de la guerre de Joseph Bonaparte, proclamé roi d'Espagne par Napoléon. Son épouse, qui resta à La Havane du se trouver dans une position délicate.

41. Archivo general de Indias, *Títulos de Castilla*, liasse 9.
42. KUETHE A. J., *Cuba, 1753-1815, Crown, Military, and Society*, The University of Tennessee Press, Knoxville, 1986, p. 162.
43. Comte DE VALLELLANO, *op. cit.*, p. 283.
44. Il affirmait que les Peñalver y Cárdenas était d'un rang supérieur aux Calvo de la Puerta y Arango. Archivo general de Indias, *Santo Domingo*, liasse 1657.
45. Sur l'arbre généalogique entre le père et le fils, le lien de filiation n'a pas été porté, par souci de clarté.

Restant dans le domaine de la politique, il est à noter en ces années, la forte implication des Peñalver dans les affaires locales, au travers de l'exercice de postes municipaux et consulaires. L'arbre généalogique le montre, le tableau ci-dessous est encore plus éclairant. Il convient de préciser qu'étaient élus chaque année deux *alcaldes ordinarios* (exerçant un semestre chacun) et une année sur deux un *Prior* et son lieutenant au *Real Consulado y Junta de Fomento*. C'est par souci d'équilibre numérique avec le *Cabildo* qu'est mentionné le lieutenant du *Prior* du *Real Consulado*. Cette dernière institution ne se mit en place qu'à partir de 1793 et ne fut prestigieuse que jusqu'en 1829, année où la monarchie l'affaiblit considérablement.

Présence de membres de la famille Peñalver
dans les deux principales institutions créoles au XVIIIe et XIXe siècles

Année	***Alcalde ordinario de la Habana***	***Prior* ou *teniente de Prior del Real Consulado***
1738	Peñalver y Calvo de la Puerta Sebastián	
1739	*idem*	
1742	Peñalver y Calvo de la Puerta Juan Bautista	
1744	Peñalver y Calvo de la Puerta Sebastián	
1748	Peñalver y Calvo de la Puerta Juan Bautista	
1751	Peñalver y Calvo de la Puerta José Joaquín	
1754	Peñalver y Calvo de la Puerta Sebastián	
1759	*idem*	
1760	*idem*	
1769	Peñalver y Cárdenas Gabriel	
1771	Peñalver y Calvo de la Puerta Miguel	
1772	Peñalver y Calvo de la Puerta Gabriel	
1780	*idem*	
1782	Peñalver y Calvo de la Puerta Miguel	
1784	Peñalver y Cárdenas Nicolás	
1791	Peñalver y Navarette José María	
1800	Peñalver y Barreto José Ignacio	
1802	Peñalver y Barreto José Cristobal	Peñalver y Calvo de la Puerta Gabriel
1804	Peñalver y Barreto Sebastián José	
1806	Peñalver y Barreto Juan Crisóstomo	
1810		Peñalver y Cárdenas Francisco José
1814		Peñalver y Barreto Juan Crisóstomo
1817	Peñalver y Cárdenas Francisco José	
1822		Peñalver y Cárdenas José María
1846	Peñalver y Cárdenas Nicolás	
1856	Peñalver y Peñalver Juan Crisóstomo	

On pourrait compléter la définition du *saccharocrate* par l'intégration dans l'armée, et l'on sait combien les créoles havanais étaient orgueilleux de porter des galons (de capitaine au minimum). En cela les Peñalver se distinguèrent des autres familles car peu d'entre eux firent carrière dans l'armée régulière ou les milices. Le seul membre de la famille à faire carrière dans l'armée fut Ignacio Peñalver y Calvo de la Puerta. Né en 1744, un document de 1761 le présente comme cet « aventurier de marine » déjà évoqué[46]. Peut-être que la trahison de son père l'incita lui aussi à redonner un certain lustre à la famille. En effet, il participa à l'expédition d'Alger de 1775, termina sa carrière comme capitaine de frégate, et demanda l'équivalence dans les troupes terrestres en 1783 comme lieutenant-colonel; ses états de service sont élogieux. Mais il reste une exception et il est étonnant de voir combien les Peñalver, cumulant les titres et non les grades, apparaissent comme le contrepoint d'une autre grande famille havanaise, celle des O'Farrill[47].

Ces titres, cette intégration dans les organes de décision, supposent une vie sociale particulière. Par ailleurs, dans la seconde moitié du XIXe siècle, les Peñalver n'apparaissent plus dans la municipalité. N'y aurait-il pas une corrélation?

Grandeurs et décadences dans la deuxième moitié du XIXe siècle

Raffinements aristocratiques dans les salons…

Les élites aristocratiques des XVIIIe siècle et du début du XIXe siècle eurent à cœur de montrer leur rang, de s'épanouir dans l'*otium*, tout en s'intéressant aux sciences et aux arts, ne serait-ce que pour se différencier des élites bourgeoises. Les figures de l'évêque Luis ou de son frère José María ont laissé supposer que, ici aussi, les Peñalver s'étaient rapidement conformés aux canons aristocratiques. Nombreux furent en fait les Peñalver à confirmer cette tendance, au fil du temps[48].

C'est encore une fois la branche du trésorier qui manifesta le plus rapidement et avec le plus d'éclat cet aspect aristocratique de la famille. Suivant un ordre chronologique – et par honneur aux dames – il faudrait commencer par faire référence à María Luisa Peñalver y Navarrete (celle qui avait épousé le premier marquis de Casa Calvo) : d'une rare beauté, elle donna dans les années 1790 avec son mari des réceptions éblouissantes dans leur palais havanais situé *Plaza Nueva*[49]. Son beau-frère, José María Peñalver

46. Archivo general de Indias, *Santo Domingo*, liasse 2100.
47. Serrano Álavarez J. M. et Kuethe A. J., *La familia O'Farrill y la élite habanera*, Elites Urbanas en Hispanoamérica, Universidad de Sevilla, 2005, p. 203-212.
48. Arango R. C., *op. cit.*, p. 317, dresse une liste des salons célèbres.
49. *Ibid.*, p. 138.

y Cárdenas, éduqué par son oncle l'évêque donna plus d'éclat encore aux fêtes, car il y joignit le bel esprit. Il fut très influent au *Cabildo*, au *Real Consulado*, et au sein de la Société Patriotique, où il diffusa les œuvres de son oncle prêtre qui portait exactement le même nom, en particulier un *Memoria que promueve la edición de un diccionario provincial de la Isla de Cuba*. Militaire, il participa à l'écriture d'un règlement des milices rurales. José María était aussi un bon compositeur et virtuose au piano avec lequel il accompagnait sa fille « Teresita » douée d'un réel talent au chant. Ces grâces du père et de la fille, plus certainement ceux de la fille, ne laissèrent pas insensible le prince de Joinville lors de sa visite à Cuba en 1838. En effet, le fils de Louis-Philippe Ier profitant d'une escale (il servait dans la Marine) vint rendre une visite de courtoisie aux amis de son père. Il s'arrêta aussi chez le troisième marquis de Arcos et son exquise femme surnommée *la marquesita*. Oui, car durant son exil le chef de la Maison d'Orléans avait voyagé à Cuba où il avait été reçu par la *saccharocratie*. Ce n'est que par la visite de son fils que l'on sait combien il fut lié aux Peñalver[50]. Un frère de José María, le premier comte de Peñalver, fut un autre protecteur des arts et, avec le comte d'O'Reilly, fit goûter l'opéra italien aux Havanais. Le 8 juillet 1840, il donna un bal merveilleux en l'honneur de sa lointaine cousine la célèbre comtesse Merlin – qui inspira tant Balzac – où chanta Teresita. On parle de centaines d'invités, et comme les fenêtres des salons donnaient sur la *Alameda de Paula*, l'avenue la plus chic, les passants dansèrent aussi au rythme de la musique, au clair de lune, face à la baie de La Havane[51].

Moins romantique, mais plus scientifique, un fils de José María, Narciso Peñalver y Peñalver s'inscrivit dans la dure tâche de concilier philosophie et religion, ce qu'il fit avec un certain talent dans plusieurs opuscules qu'il rassembla dans une grande édition publiée à Barcelone : *Suma Filosófica del siglo XIX, Defensa del catolicismo contra sus modernos*.

Chez les descendants de *Bucles*, il y eut aussi les expressions d'une vie mondaine. Ce fut d'abord le premier comte de San Fernando Peñalver qui essaya de relayer ses cousins. Il reçut en 1841, avec son épouse, dans leur palais situé à l'angle des rues San Ignacio et Empedrado (près de la cathédrale), la célèbre danseuse autrichienne Fanny Elssler, qui avait fait tourner la tête à Théophile Gautier. Une plaque commémorative rappelle cette réception au promeneur[52]. Leur salon fut le lieu de *tertulias* brillantes. Le troisième comte de San Fernando (le deuxième étant mort jeune) poursuivit

50. Sa visite chez la comtesse de Gibacoa est mieux connue : Guerra Sanchez R., *Manual de Historia de Cuba, desde su descubrimiento hasta 1868*, Ciencias sociales, La Havane, 1973, réédition, p. 199.
51. Cornide M. T., *op. cit.*, p. 266.
52. *Ibid.*, p. 273.

l'œuvre de son père, aidé en cela par son épouse María Josefa Montalvo y Cárdenas, d'une grande beauté.

Or, il se trouve que ce concours d'élégance fut aussi le chant du cygne de la *saccharocratie*, du moins du premier cycle de fortunes. Chant du cygne à proprement parler, puisque le troisième comte de San Fernando Peñalver dont il vient d'être fait mention, fut assassiné en 1873 à la sortie de la messe[53]. L'affaire est peu connue, il est probable qu'il s'agisse d'un assassinat politique. Encore une fois, un descendant d'*El Inglesito* aurait été du mauvais côté... celui des anti-indépendantistes. Le comte, après avoir été élu *alcalde ordinario* avait été nommé en 1856 conseiller d'administration auprès du capitaine général, la plus haute autorité de l'Île. Devant les revendications sans cesse plus forte d'autonomie et d'indépendance, le gouvernement finit par employer des mesures extrêmes qui provoquèrent la Guerre de Dix Ans, en 1868. Le capitaine général Valmaseda se montra tyrannique, fusillant sans jugement quantité de suspects. C'est une interprétation personnelle, mais son collaborateur, Juan Crisóstomo Peñalver y Peñalver aurait pu être tué par représailles.

Et si dès les années 1820, on ne vit plus beaucoup de Peñalver dans le *Cabildo*, c'est aussi, mais pas seulement, en raison de ce climat de tensions où les idéaux indépendantistes faisant leur chemin, la monarchie entendit gouverner Cuba en se passant des créoles, dont elle n'avait plus besoin car elle pouvait y concentrer son armée, ayant perdu l'empire. Les temps changèrent pour la *sacchaorcratie*. De là aussi qu'elle essaya de conserver les apparences du pouvoir en magnifiant son prestige social dans les palais, les salons et à l'étranger. Car les aristocrates voyagèrent davantage et même émigrèrent. Tel fut le cas du troisième marquis de Arcos qui mourut en 1851 à New York, son fils, José Ignacio expira à Paris en 1899. Le cinquième marquis mourut en 1916 à Madrid, comme son frère, sixième du nom.

Si l'on excepte María Teresa Peñalver y Cárdenas qui se rapprocha du pouvoir en se mariant, en 1845, de son plein gré, avec un Ministre honoraire et le comte assassiné, il n'y eut qu'un autre Peñalver à fréquenter les sphères du pouvoir. En effet, le cinquième marquis de Arcos, plus connu sous son autre titre, quatrième comte de Peñalver, réalisa à Madrid ce qu'il ne put peut-être pas faire à La Havane. Il fut député aux Cortés, et maire de la capitale espagnole de 1907 à 1909, raison pour laquelle une rue madrilène porte encore le nom de *Conde de Peñalver*. Il fut l'un des fondateurs en 1903, du *Real Automóvil Club de España*, association qui regroupe aujourd'hui plusieurs dizaines de milliers d'Espagnols passionnés de belles cylindrées.

53. Nieto y Cortadellas R., *Dignidades nobiliarias cubanas*, Ediciones cultura hispánica, Madrid, 1954, p. 491.

Cette disparition des Peñalver de la scène politique s'explique aussi par leur disparition physique consécutive à une stratégie endogame suicidaire.

… et dégénérescence biologique dans les chambres à coucher

Au travers des lignes qui précèdent les mêmes noms sont revenus avec insistance, peu finalement, mais sous plusieurs formes : Calvo de la Puerta, Barreto, Cárdenas, qui finissent par donner des « Peñalver y Peñalver ». Le marché matrimonial parmi les grandes familles havanaises était mince ; même entre elles, il y avait des hiérarchies. Et l'on a vu combien pouvait se montrer dure la politique du chef de famille pour éviter des mésalliances. En fait, au prestige de se marier au sein de l'aristocratie titrée, se joignait le souci d'éviter la division des *ingenios* lors des successions. Se marier avec sa cousine, sa nièce (les autorités accordaient des licences très facilement) permettait de préserver statut social et patrimonial. Cette extrême endogamie est une des particularités des aristocrates havanais, qui pendant longtemps, les a séparés des plus fortunés des commerçants, ceux-là pourtant qui les fournissaient en esclaves. Le préjugé raciste était naturel dans les sociétés coloniales, mais alors que dans d'autres lieux, la fortune l'atténuait, du moins entre Blancs, les *saccharocrates* havanais, avec toute l'intransigeance de nouveaux aristocrates l'accentuaient. Être blanc, avec une bonne *limpieza de sangre*, était une condition insuffisante pour épouser une Peñalver. Il fallait aussi que le prétendant soit titré ou, à la rigueur, haut fonctionnaire, et *hacendado*

Le résultat d'une telle fermeture, d'une telle discipline de groupe amena à l'extinction en quelques générations. Avant de la décrire, il faut se persuader que les *saccharocrates* avaient parfaitement conscience des résultats à court, moyen et long termes de ces mariages consanguins. Ils le savaient parce qu'ils étaient agriculteurs, et que croiser des animaux entre eux finit toujours par appauvrir la race. Ils le savaient parce qu'en 1700 cette politique amena l'extinction de la dynastie des Habsbourg en Espagne. Ils le savaient parce qu'ils l'ont écrit. Ainsi, lorsque Juan Crisóstomo Peñalver y Barreto devient comte de San Fernando de Peñalver, il demande expressément (et obtient) à ce que son titre puisse être transmis également à sa fille, en cas de décès de son seul fils unique, de santé fragile[54]. Sage précaution : il eut un second fils, mais l'aîné mourut sans enfant.

L'arbre généalogique rend compte des dégâts de cette politique à travers trois caractéristiques majeures : l'écheveau matrimonial, « l'effet entonnoir » et la transmission indirecte des titres de Castille.

54. Archivo general de Indias, *Títulos de Castilla*, liasse 9 dossier San Fernando Peñalver.

La complexité de l'écheveau matrimonial date de l'enracinement même des Peñalver, par les multiples unions avec les Calvo de La Puerta dès les années 1730 et avec les Barreto en 1750. En 1802, le deuxième marquis de Arcos se marie avec sa cousine germaine. Une fille qui naquit de cette union, María Concepción Peñalver y Peñalver se maria en 1820 avec un autre cousin germain, Antonio María Peñalver Cárdenas duquel elle n'eut pas d'enfant et qui mourut rapidement. Deux ans plus tard, elle épousait le comte de Peñalver, frère de son défunt mari. Le premier comte de San Fernando Peñalver épousa aussi sa nièce. Ce n'est qu'un aperçu. La liste de telles pratiques est longue.

Ce que l'on appelle « l'effet entonnoir » est la réduction progressive du nombre d'enfants, due non pas à une politique contraceptive mais à une baisse de la fertilité des couples. Alors que la première génération de Peñalver née à La Havane est une fratrie de treize, les derniers couples du XIXe siècle sont très peu prolifiques et parfois stériles. C'est à partir des années 1820 que le problème est devenu grave. Et il est plus accentué pour la branche issue du « héros » que pour celle descendante du « traître ». Simplement parce que les enfants du Trésorier ont réalisé plus tôt des mariages au sein de la *saccharocratie*. Les Peñalver y Cárdenas sont alliés avec les comtes de Macuriges, les marquis de Santa Ollala, de Prado Ameno, de Casa Calvo, les comtes de Casa Montalvo. Or, toutes ces familles pratiquent également le mariage intergénérationnel : l'appauvrissement du sang est alors accéléré. Pourtant, après les années 1840, lorsque, par les évolutions sociales, les enfants ont pu échapper aux pressions paternelles, ils ont reproduit ces schémas. Tel est le cas de María Dolores Peñalver y Zamora, « Lola », cinquième comtesse de Peñalver et septième de Arcos qui épouse en 1910 un membre de la famille des ducs britanniques de Saint-Albans, à la généalogie tortueuse. La dégénérescence de certains membres de la famille fut parfois terrible, à l'exemple du quatrième marquis de Arcos, qui mourut dément[55].

En face, chez les Peñalver y Calvo de la Puerta, il a fallu attendre le pardon royal de 1790 pour réintégrer la *saccharocratie*. On s'est donc marié sur les marges de ce groupe en attendant. Le résultat ce sont des branches plus prolifiques. Mais, dès le prestige revenu, la même endogamie se développe : c'est, par exemple, le mariage entre le second comte de San Fernando Peñalver et la fille du marquis de Campo Florido qui n'aboutit à aucune descendance. Certes, le troisième comte de San Fernando Peñalver est le père de cinq enfants, dont trois fils, mais de ces derniers un seul parvient à procréer.

La transmission des titres rend compte de cela. Alors qu'ils devraient passer de père en fils, les parcours sont plus sinueux, car des filles uniques

55. DE SANTA CRUZ Y MALLEN F. J., *op. cit.*, tome IV, p. 270.

en héritent et les apportent à d'autres familles. Le titre de comte de Santa María de Loreto a été transmis à une fille, puis à une autre fille, puis s'est perdu avant de revenir en 1890 aux Peñalver par un nouveau mariage. Le titre de marquis de Arcos s'est transmis de père en fils pendant quatre générations, puis échu à un cousin déjà comte de Peñalver. Le marquisat de Casa Peñalver suivit un chemin semblable : quatre générations classiques, la cinquième titulaire fut María Peñalver y Cárdenas, mère d'une fille unique.

En fait, les Peñalver ont pratiqué cette politique comme tous les *saccharocrates*. Et, si des titres leur échappent, ils héritent des marquisats de Casa Calvo et de Casa Cárdenas. C'est dire que les Calvo de la Puerta et les Cárdenas n'étaient guère mieux lotis.

Aujourd'hui, il y a beaucoup de Peñalver à Cuba. Ce sont pour la plupart des descendants d'esclaves qui prirent le nom de leur maître lors de leur manumission, ou des gens qui choisirent ce nom en référence à un *ingenio* ou un quartier ainsi dénommé près duquel ils vivaient. Actuellement aucun des cinq titres de la famille n'est détenu par un Peñalver. Celui de comte de Santa María de Loreto est même vacant. Cependant, ceux de marquis de Casa Peñalver et de comte de Peñalver sont portés par Esther María Koplowitz y Romero de Juseu, figure bien connue de la « jet-set » : si le sang des Peñalver a en partie disparu (restent des branches illégitimes et les descendants par les femmes), leur esprit et leur aura demeurent entier.

Telles sont les grandes lignes de l'importante lignée des Peñalver de La Havane. Aristocrates, esclavagistes, endogames, *hacendados*, oligarques, mais aussi brillants esprits, religieux, humanistes et protecteurs des arts. Parmi eux, un évêque, quatorze maires de La Havane et un de Madrid, des *Priores*, des Trésoriers, un philosophe, des femmes superbes, un haut fonctionnaire assassiné, quelques militaires et aventuriers : ce sont avant tout des êtres humains, qui ont agi au sein de règles établies par cette *saccharocratie* qu'ils ont contribué à fortifier. Pour autant, ils ne se conformèrent pas toujours à des choix de « classe », comme le montrent les attitudes contraires de Sebastián et de son frère Diego en 1762 qui eurent une telle influence sur la destinée de la famille. L'œuvre des Peñalver s'est faite sentir à Cuba depuis la fin du XVIIe siècle jusqu'à la révolution castriste. Que reste-t-il des Peñalver aujourd'hui à La Havane ? Rien et tout. Rien, parce que ce qu'ils ont fait dans l'histoire de Cuba, bien que si important, n'est connu qu'au travers de quelques livres, quelques lignes par la communauté des historiens passionnés par cette ville magique de La Havane. Rien parce que leur politique endogame les a conduit à l'extinction. Dans cette Île, l'exercice du pouvoir avait corrompu leur sang. Mais il reste tout, parce que nombre de Cubains descendent des Peñalver, tout enfin, parce qu'il suffit de se promener dans leurs anciens palais déserts ou reconvertis en centres culturels, parce qu'il faut aller voir le *Museo de Arte colonial* où sont conservés quelques unes de leurs reliques (carrosses, couverts armoriés), pour s'apercevoir de la force, de la sagesse et de la beauté qu'ils ont contribué à insuffler à la capitale cubaine et qui, certainement, participent à ce qu'elle soit encore debout.

AN
Arbre gé

Généalogie simplifiée de la famille Peñalver

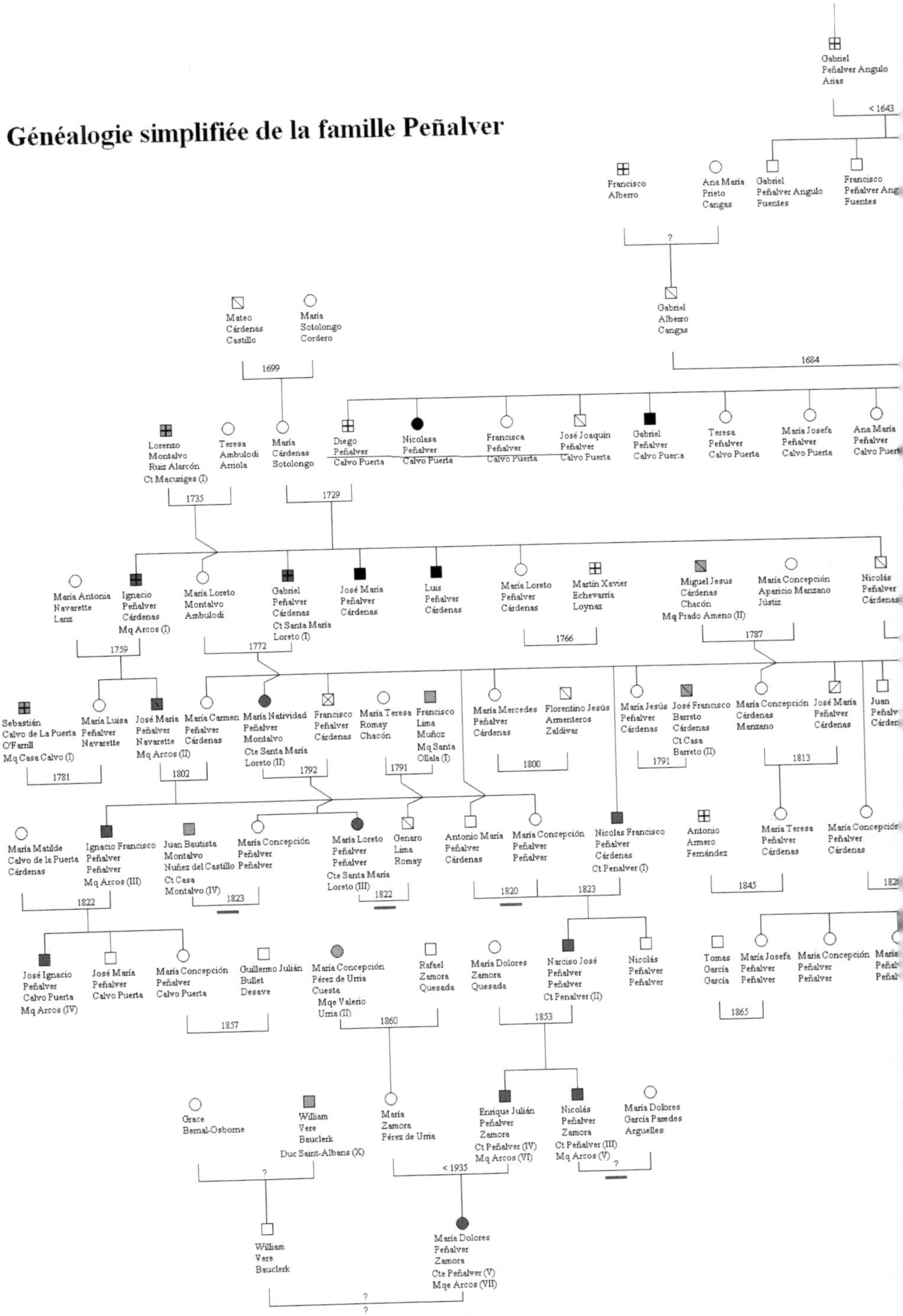

NEXE

éalogique

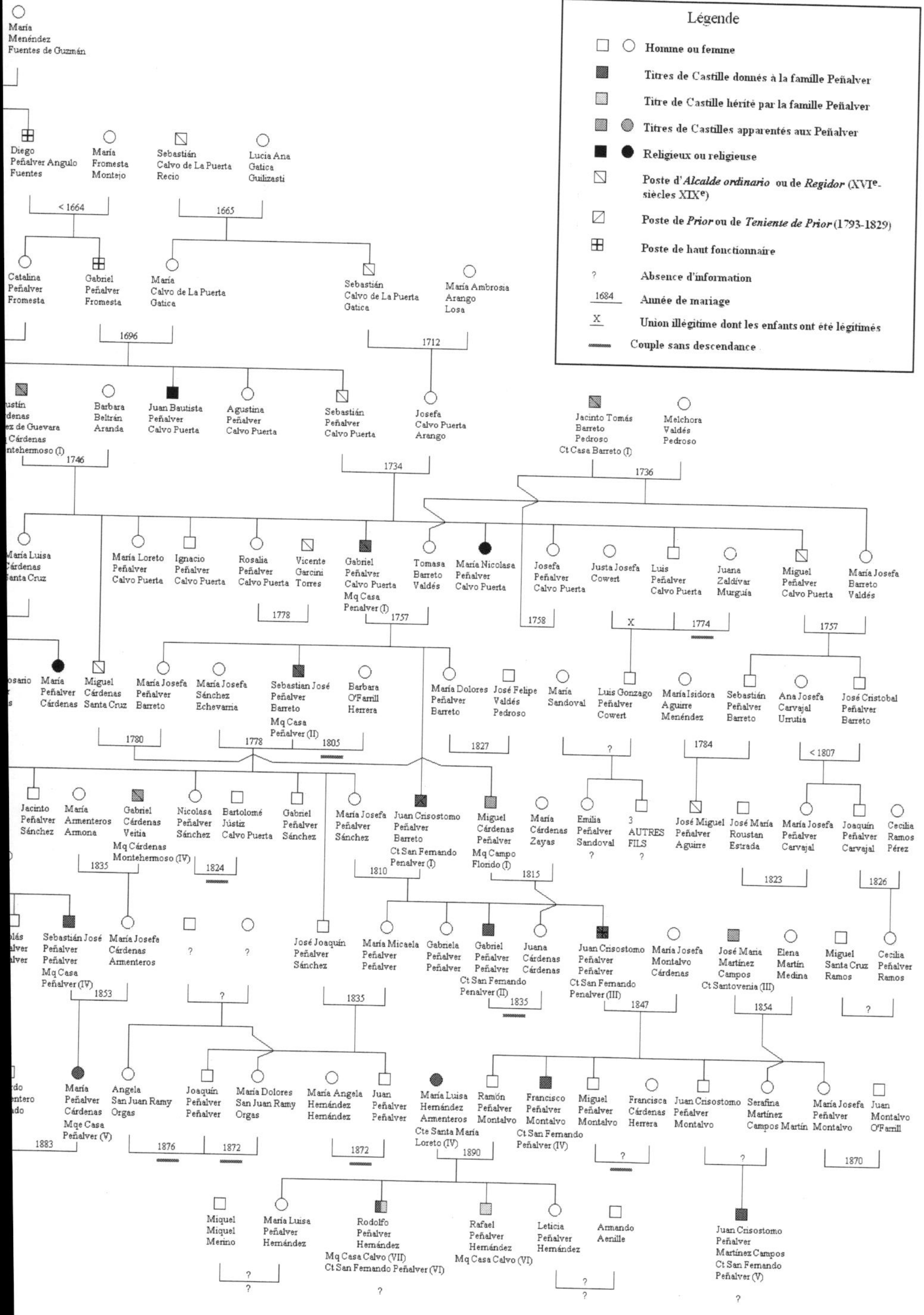

La puissance des Villeroy
L'héritage du pouvoir à l'épreuve, 1589-1619

Yann Lignereux

Dans les deux derniers siècles de l'Ancien Régime, l'horizon politique des élites urbaines n'est souvent jamais plus que la peau de chagrin d'une puissance ancienne soumise aux appétits de compétiteurs plus en grâces. S'il convient de nuancer ce jugement global en prenant en compte, outre les particularités locales, comment il faut définir et ce qu'il faut entendre dans les mots de pouvoir, de politique, d'administration et de gouvernance urbaines, ce constat appelle surtout à comprendre les mécanismes transformant un type de relation en un autre et à préciser la chronologie de ces altérations. Dans le cadre lyonnais, le contraste est saisissant entre, d'une part, la relative autonomie du consulat et la réalité de ses pouvoirs au XVIe et au début du XVIIe siècle et, d'autre part, sa sujétion apparemment sans réserve à l'autorité des gouverneurs de la province qui se sont rendus maîtres des élections échevinales et censeurs de l'administration du corps de ville, forts de la faveur continue du gouvernement royal. Pour comprendre le pouvoir des élites dirigeantes urbaines, il faut donc non seulement s'intéresser à leur nature et à leurs actions mais surtout prendre en compte ce qui, au sens premier du terme, les définit. C'est cette perspective exogène que nous adopterons ici en étudiant le destin singulier de celui par lequel le pouvoir du consulat lyonnais est soumis à une irrémédiable transformation de ses légitimités et de ses prérogatives au terme d'un processus d'affirmation néo-féodale d'une famille, les Neufville-Villeroy, en marche vers la patrimonialisation aristocratique de son lignage et de son influence[1]. Aussi, davantage que les magistrats populaires de la cité lyonnaise, c'est l'histoire de cette mutation familiale qui constituera le cœur de cette étude fondée chronologiquement sur la transition capitale des années 1580-1620 et sur l'action d'un homme, Charles de Neufville, dont le rôle crucial dans cette promotion curiale doit être mieux compris.

1. Influence dont témoigne la place des Villeroy comme gouverneurs des rois Louis XIV et Louis XV rappelée par Pascale Mormiche dans un livre récent, *Devenir prince. L'école du pouvoir en France, XVIIe-XVIIIe siècles*, Paris, CNRS Éditions, 2009.

Avant les alliances aristocratiques bien connues des lignages ministériels des Louvois, Barberzieux, Courtanvaux, Seignelay et Blainville à la fin du XVIIe siècle, la voie avait été ouverte, un siècle plus tôt en effet, par le secrétaire d'État Nicolas de Neufville grâce auquel sa famille se signale par « l'extrême rapidité d'une parfaite intégration aristocratique » comme le signale Charles Frostin [2]. Son petit-fils, Nicolas de Neufville de Villeroy se marie ainsi en 1617 avec Madeleine de Créqui, fille du maréchal-duc de Créqui et petite-fille du connétable de Lesdiguières. Il devient ensuite gouverneur du jeune Louis XIV en 1646 et maréchal de France cette même année, puis chef du Conseil royal des Finances en 1661, duc de Villeroy et pair de France en 1663. Son fils, François, maréchal de France en 1693, ministre d'État et chef du Conseil royal des Finances en 1714, est membre du Conseil de Régence sous la Polysynodie et gouverneur du jeune Louis XV de 1717 à 1722. Son mariage en 1662 avec Marguerite de Cossé, fille de Louis de Cossé, duc de Brissac, grand panetier de France, et de Marguerite-Françoise de Gondi, cousine germaine du cardinal de Retz consacre cette mutation et alimente la vindicte d'un Saint-Simon.

Cet exceptionnel parcours familial en moins d'un demi-siècle n'a de comparable dans sa précocité et sa permanence que la bonne fortune de Louis Potier de Gesvres, nommé secrétaire d'État en février 1589 quelques mois après la première disgrâce de Nicolas de Neufville en septembre 1588. Son intégration est même plus rapide encore si l'on considère la date d'érection en duché-pairie de la seigneurie puis comté de Tresmes antérieure d'une quinzaine d'années (1648) à celle de Villeroy (1663), les Neufville gardant cependant l'avantage en termes de proximité curiale avec leur succession comme gouverneurs des jeunes Louis XIV et Louis XV et de pouvoir local avec l'antériorité de leur gouvernement lyonnais en 1612 quand Léon Potier, connu sous le nom de duc de Gresves, ne devient gouverneur de Paris qu'en 1687 cette charge se conservant dans la famille jusqu'à Louis-Joachim-Paris, guillotiné en 1794. Derrière ces similitudes fortes et ces destinées familiales parallèles, l'avantage revient cependant aux Villeroy puisqu'ils sortent indemnes des bouleversements politiques du ministériat de Richelieu, conservant leur gouvernement lyonnais, tenu en 1794 par Gabriel-Louis-François de Neufville, duc de Villeroy, guillotiné cette année-là, quand les douze grands gouvernements du royaume connurent de nouveaux maîtres.

Ce qui semble déterminant dans ces fortunes lignagères réside dans le choix pour l'aîné de ces deux secrétaires d'État d'un destin curial : René Potier (1579-1670), seigneur de Tresmes en Valois, capitaine des gardes du corps en 1610, se marie en 1607 avec Marguerite de Luxembourg, fille de François de Luxembourg, duc de Piney et pair de France (mort en

2. Frostin C., *Les Pontchartrain, ministres de Louis XIV. Alliances et réseau d'influence sous l'Ancien Régime*, Rennes, Presses universitaires de Rennes, 2006, p. 242.

1613) et de Diane de Lorraine-Aumale apparentée à la maison de Guise. L'aîné de ses enfants, meurt au siège de Thionville en 1643 comme lieutenant-général des armées ; le cadet est tué en 1646 au siège de Lérida comme maréchal de camp. Son troisième fils, Léon, premier duc de Gesvres, est pourvu de la charge de premier gentilhomme de la chambre du roi en 1669 avant de devenir gouverneur de Paris en 1687. C'est avec ce personnage que le lignage devient véritablement une des principales figures de l'aristocratie française. Pour les Villeroy, cet éclat courtisan et cette proximité avec la famille royale survient avec le premier duc de Villeroy évoqué plus haut.

Ce qui est également intéressant à relever dans ce rapprochement entre les Villeroy et les Potier consiste dans le maintien, parallèlement à la promotion aristocratique et l'impôt du sang qui l'exemplifie, d'une branche ministérielle indirecte et ténue mais qui a pu jouer son rôle dans les décennies 1610-1620[3]. À ces emplois laïcs, il faut également ajouter la bonne fortune d'une ramification ecclésiastique que nous n'étudierons pas précisément ici mais qui a certainement bénéficié aux deux lignages[4]. Pour les Potier de Gesvres, dans l'ordre ministériel, il revient d'abord au benjamin de Louis, Antoine Potier de Sceaux, d'obtenir la survivance du secrétariat d'État de son père en 1606 avant que sa mort, survenue en 1620, refasse revenir cette charge, en octobre 1622, à l'un des neveux du vieux secrétaire d'État, Nicolas Potier d'Ocquerre, jusqu'à sa mort en 1628. Faute d'autre fils, la charge de Nicolas de Villeroy est transmise au gendre de Charles de Neufville, Pierre Brulard, vicomte de Puysieux qui avait épousé Madeleine de Neufville. Il obtient le 4 mars 1606 la survivance de la charge de secrétaire d'État pour l'exercer conjointement avec Nicolas de Villeroy. Le 9 août 1616, Claude Mangot obtient cette survivance du fait de la volonté du maréchal d'Ancre qui avait écarté Pierre Brulard de la cour. Après la promotion de Mangot comme garde des sceaux, cette survivance fut obtenue pour Richelieu le 30 novembre suivant. Mais avec le coup de Majesté d'avril 1617, Puysieux retourna en grâce et retrouva sa place au côté de Villeroy. La mort de ce dernier lui fit jouir pleinement de cette charge jusqu'à la disgrâce de son père, Nicolas Brulart de Puysieux, marquis de Sillery, garde des sceaux en 1604, chancelier depuis 1607 et renvoyé en janvier 1624. Sa charge revenant sans récompense d'abord à Charles de Beauclerc le 5 février 1624 avant d'être remise à Abel Servien. La disgrâce de Puysieux en 1624 précède donc de quelques années la perte pour la

3. Deux des enfants de Charles d'Halincourt, Charles-Henri de Neufville, comte de Bury, et Lyon-François de Neufville, chevalier de Malte, meurent dans les armées du roi en juin 1628 et en août 1639 durant ses campagnes italiennes.

4. Deux neveux de Louis Potier, René et Augustin, sont ainsi évêques-comtes de Beauvais et pairs ecclésiastiques de France, quand le petit-fils de Nicolas de Villeroy, Camille, monte en 1654 sur le siège archiépiscopal de Lyon et devient primat des Gaules tandis que son frère, Ferdinand, d'abord coadjuteur de son oncle, Achille de Harlay de Sancy, est fait évêque de Saint-Malo en 1644 avant de devenir évêque de Chartres en 1657.

famille de Gesvres de leur charge ministérielle quand se maintient dans la robe une branche du lignage avec les Potier de Novion, descendant du président à mortier au Parlement de Paris, Nicolas Potier de Blancmesnil, frère aîné de Louis Potier de Gesvres, et ancêtre de deux autres présidents à mortier au Parlement de Paris, son fils Nicolas, de 1678 à 1689, et son petit-fils André II, de 1723 à 1731. Ce lien des Villeroy avec les milieux robins, rouge ou noir, n'est pas définitivement brisé en 1624 car l'année précédente s'est conclu le mariage entre Charles-Henri de Neufville, comte de Bury, et Marie-Françoise, la nièce de Paul Phélypeaux, secrétaire d'État de 1610 à 1621 et fondateur de la fortune ministérielle des Pontchartrain avec son frère aîné Raymond qui lui succède dans cette charge jusqu'à sa mort en 1629 et dont hérite son fils cadet Louis Ier de La Vrillière[5].

Précisément, dans sa récente étude consacrée à ces derniers où il s'intéresse notamment au virage aristocratique de cette lignée avec la vie et la carrière de Jérôme de Pontchartrain sous le règne de Louis XIV, Charles Frostin rappelle l'importance dans ces conquêtes curiales des personnages de transition généralement tenus dans une ombre destinée à renforcer l'éclat d'une histoire familiale édifiante et vertueuse. Sans connaître, toutes proportions gardées, le même sort que Jérôme de Pontchartrain, quelquefois oublié des histoires lignagères ou simplement mentionné dans l'évocation des liens qui unissent les deux grandes figures familiales, son père, le contrôleur général puis le chancelier Louis II de Pontchartrain d'une part, et son fils, Jean-Frédéric Phélypeaux de Maurepas, le grand ministre de la Marine de Louis XV d'autre part, Charles de Neufville est un personnage destiné dans ces mécanismes de transmission d'un pouvoir familial à ne jouer qu'un rôle falot[6]. Un rôle de simple transition biologique quand c'est avec lui, pour reprendre les expressions de Charles Frostin, qu'est réussie par le secrétaire Nicolas de Villeroy « la conquête de la cour » que constitue le « coup d'éclat », quelques mois avant sa disgrâce, du mariage en 1588 de son fils avec la fille unique de François de Mandelot, gouverneur de Lyon, puis, quelques mois avant sa mort, celui de son petit-fils, Nicolas de Neufville, avec la petite-fille du connétable de Lesdiguières, Madeleine de Créqui, fille d'un maréchal de France, duc et pair du royaume[7]. Et l'on pourrait parfaitement reprendre le constat établi alors par Charles Frostin entre les deux figures Pontchartrain d'un « usage cavalier de sauter directement de l'aïeul au petit-fils, en négligeant le père » pour les Villeroy du début du

5. On pourrait relever également les liens ténus des Villeroy avec les Harlay de Beaumont, présidents au parlement de Paris, par l'intermédiaire de Jacqueline de Harlay de Sancy, petite-fille d'Achille Ier de Harlay, premier président au parlement de Paris jusqu'en 1611. Notons également que Lyon ne dispose pas de cour souveraine aux XVIe et XVIIe siècles et qu'une cour des monnaies est créée seulement en 1704.

6. Frostin C., *Les Pontchartrain…*, *op. cit.*, p. 22.

7. *Ibid.*, p. 245.

XVIIe siècle[8]. Le rapprochement entre ces deux raccourcis outranciers est d'autant plus pertinent que peut s'y lire la marque de Saint-Simon dont la plume se montre prompte et efficace dans l'art de la confusion et dans celui de peindre un portrait voilé par le fiel d'un duc et pair outragé par les fortunes incompréhensibles d'héritiers de bureaucrates, de plumitifs et de vils bourgeois comme les dénonçait déjà un Sully en 1601 en ridiculisant ceux dont la charge consistait seulement à « prôner, caqueter, faire la mine, écrire et sceller » et à s'agiter « avec des mains de papier, des peaux de parchemin, des coups de ganivet, des traits de plumes, des paroles vaines, des sceaux et de la cire, bref, avec des imaginations, fantaisies, mines et simagrées[9] ».

Toutefois, ne pensant pas qu'après avoir été « chargé de la vengeance des peuples », l'historien doive se muer en vengeur d'un homme et s'efforcer à une réhabilitation aussi suspecte dans sa pertinence scientifique que l'entreprise d'oubli ou de mépris contre laquelle elle lutte, il s'agira pour nous ici de comprendre la place occupée par ce personnage, Charles de Neufville, marquis d'Halincourt, dans cette histoire de famille et de pouvoir. Nous y rencontrerons aussi bien ce qui factuellement a nourri ce dénigrement que ce qui structurellement devait provoquer l'oubli de son rôle durant cette période charnière de la transformation de la puissance ministérielle de son père en l'autorité curiale et aristocratique de son fils, soit trois décennies entre 1589 et 1619. À partir d'un constat qui est celui d'une insigne médiocrité illuminée, paradoxalement, de rôles éclatants, nous esquisserons ensuite la figure d'un homme qui, d'héritier, ne peut être seulement ni définitivement tenu pour « l'idiot de la famille », un homme dont la brutalité apparente ne doit pas dissimuler l'habilité politique de l'heureux manœuvrier.

« Une personne de peu de valeur, un incapable et un ignorant… » : la fortune sourirait-elle aux imbéciles ?

Derrière cette question ce sont les mécanismes de la promotion sociale plus que les qualités d'un individu qui seront les héros de l'histoire brièvement rappelée. Charles de Neufville n'a longtemps jamais été que le fils du secrétaire d'État Nicolas de Villeroy (1543-1617) et le père du premier duc de ce nom, Nicolas de Neufville. Au regard d'une historiographie qui l'ignore largement, il semble n'avoir existé que pour relier biologiquement ces deux grandes figures d'un des plus importants lignages ministériels et curiaux de l'époque moderne comme le signalent d'abondance les faveurs dont se trouvèrent régulièrement gratifiés les héritiers du grand ministre

8. *Ibid.*, p. 22.

9. SULLY, « Mémoires des sages et royales œconomies d'Estat de Henry le Grand », *Collection des mémoires relatifs à l'histoire de France… par M. Petitot*, Paris, Foucault, libraire, 1820, 2e série, t. IV, p. 56-57.

de Charles IX, d'Henri III, d'Henri IV et de Louis XIII et le souverain mépris que nourrissait à leur égard l'écriture acerbe du duc de Saint-Simon attaché à dénoncer autant leur faveur qu'à compter leurs humiliations [10]. Oublié par le public savant, inconnu des amateurs, Charles de Neufville n'est pas loin de n'être plus qu'un personnage de roman, caricaturé sous les traits d'un grotesque et ridicule potentat provincial comme le croque allègrement Tallemant des Réaux dans l'une de ses historiettes qui ne s'arrête à son existence que pour mieux l'associer à la médiocrité galante, à la bêtise et à la morgue d'un personnage abîmé dans sa propre suffisance [11]. Comme l'histoire littéraire nous l'a enseigné, le chroniqueur n'est ici que le greffier de la rumeur commune, le secrétaire curieux des « on dit » qui font et défont les réputations au gré d'une économie tourmentée de la considération et de l'estime. C'est un piètre personnage qui se dessine donc à l'issue de ces quelques témoignages ébranlant le monument glorieux que ce dernier s'est efforcé, sa vie durant, de dresser à son avantage comme l'illustre le remarquable tombeau qu'il avait fait ériger dans le couvent des Carmélites de Lyon pour le faire entrer dans l'Histoire, le collier des ordres du roi sur la poitrine et les mains jointes pour honorer Dieu [12]. Entre la caricature et l'encomiastique, la satire et l'honneur, une récente exposition, organisée au Musée Condé de Chantilly et consacrée au portraitiste Daniel Dumontier, a rappelé l'humanité vraisemblable de l'individu et fixé les traits d'un personnage oscillant entre une médiocrité cocasse et une gloire éthérée quand ce n'est pas le soupçon de la tyrannie qui vient teinter d'ombre la figure d'un courtisan devenu gouverneur de la seconde ville du royaume dont il fera son miel et ses fils leur « Pérou ».

Fils unique de Nicolas de Villeroy, il bénéficie de l'extraordinaire longévité du pouvoir et du crédit de son père qui, au terme de sa carrière, devient selon les mots mêmes du jeune Louis XIII une sorte de figure tutélaire de la monarchie française. Aux lendemains de l'exécution du maréchal d'Ancre, le roi fit rappeler les « barbons » disgraciés précédemment par le favori de sa mère, demandant le 24 avril 1617 à Villeroy de le retrouver pour l'assister de ses conseils : « Mon père, je suis roi à présent, ne m'abandonnez pas. » Si la grande étude de Joseph Nouaillac sur le secrétaire d'État nous a

10. Les principaux passages sur les Villeroy se trouvent dans les *Mémoires [...] de Saint-Simon*, Chéruel A. (éd.), 1924, t. XI, p. 195-198 ; 1928, t. VI, p. 413-416 (voir également *Mémoires*, de Boislisle A. (éd.), Paris, 1962-1966, t. II, p. 561-562, t. XI, p. 194 et suivantes et t. XIII, p. 258). Il est plaisant de relever que parmi les blessures cruelles infligées à l'amour-propre du duc de Villeroy, l'une des plus mordantes fut un mot du duc de Gesvres, en 1699, qui rappela que leurs pères descendaient pour lui d'un marchand de marée des Halles et pour lui-même d'un porte-balle « et peut-être de pis ». Cette saillie est aussi sensible à l'honneur du duc de Villeroy que son humiliation, en 1701, lorsque le prince de Savoie, sans dire un mot, renversa sa tabatière par terre après qu'il se soit saisi d'une pincée du tabac qu'elle contenait, ordonnant qu'on lui en apportât une nouvelle.

11. Tallemand des Réaux G., *Historiettes*, Adam A. (éd.), Paris, Gallimard, 1960, t. I, p. 219.

12. Lignereux Y., *Lyon et le Roi. De la « bonne ville » à l'absolutisme municipal, 1594-1654*, Seyssel, Champ Vallon, 2003, p. 413-415.

dessiné la figure d'un homme de pouvoir dont il faudrait préciser certaines caractéristiques à l'aune des renouvellements historiographiques contemporains, celle de son fils demeure encore peu connue quand elle permettrait d'éclairer les mécanismes d'une promotion sociale que ne connurent pas, ou pas immédiatement, les autres membres du Conseil royal à l'articulation des XVIe et XVIIe siècles [13]. Si les Potier partagent avec les Villeroy la transformation de leur fortune individuelle en Maisons aristocratiques dès le milieu du XVIIe siècle, les Pontchartrain doivent attendre la fin de celui-ci quand les Jeannin (1542-1623), Bellièvre (1529-1607) et Sillery (1544-1624) connaissent des destins moins éclatants. Pour le premier, les difficultés se succèdent : la mort de son fils, le baron de Montjeu, lors d'un duel en 1612 et la disgrâce de son gendre, Pierre de Castille, ambassadeur en Suisse puis intendant des finances et contrôleur général, à la suite de la chute du surintendant des finances, le maréchal de Schomberg, en janvier 1623, suivie trois ans après par celle de sa petite-fille, mariée à la mort de son premier mari, Charles Chabot de Charny, avec Henri de Talleyrand, prince de Chalais, grand-maître de la garde-robe du roi et artisan de la conspiration à qui il donna son nom et qui lui coûta sa tête, constituèrent autant de revers qui brisèrent les ambitions d'un lignage. La chute de Nicolas Fouquet entraîna ensuite l'embastillement, en 1662, de Nicolas Jeannin de Castille, marquis de Montjeu en 1655, conseiller du roi, trésorier de l'Épargne et greffier des ordres du roi [14]. Pour le second, la disgrâce implicite qui accompagne l'échec de son opposition à la paulette et le choix d'une carrière ecclésiastique et robine pour ses enfants pénalisent la promotion d'un lignage qui, malmené par des stratégies successorales malheureuses aggravées par les aléas biologiques, et en dépit des qualités du petit-fils de chancelier, Pomponne II, président à mortier au parlement de Paris et employé par le pouvoir royal dans différentes missions diploma-

13. NOUAILLAC J., *Villeroy, secrétaire d'État et ministre de Charles IX, Henri III & Henri IV (1543-1610)*, Paris, Honoré Champion, 1909. En dépit du travail plus récent de DICKERMAN E. H. (*Bellièvre and Villeroy. Power in France under Henry III and Henry IV*, Providence, Brown University Press, 1971 et son article écrit avec WALKER A. M., « The Language of Blame : Henri III and the Dismissal of his Ministers », *French History*, 1999, n° 13, p. 77-98), il manque une grande étude contemporaine sur ce personnage et ses réseaux. Dans notre thèse (*Lyon et le roi…, op. cit.*) nous avons commencé ce travail de reconstitution de la carrière et de la fortune de Charles de Neufville complété notamment par l'étude d'un projet inabouti de biographie de ce personnage par un religieux lyonnais (« Soldat du roi ou *miles christi*? L'illustre vie de Charles de Neufville (1566-1642), gouverneur du Lyonnais », WEBER J. et JOLY B. (éd.), *Églises de l'Ouest. Églises d'ailleurs. Mélanges offerts à Marcel Launay*, Paris, Les Indes Savantes, 2009, p. 57-70) auxquels nous renvoyons pour des développements plus précis. Nous avons également entrepris depuis quelques temps l'étude mieux documentée de son ambassade romaine en 1605-1608, épisode qu'il faut compléter par une analyse plus approfondie de la « guerre du Bien public » qui l'opposa, de 1616 à 1619, à son lieutenant-général, le marquis de Saint-Chamond, et à laquelle nous emprunterons quelques éléments d'analyse pour notre dernière partie.

14. BALLANDE H., *Rebelle et conseiller de trois souverains : le président Jeannin, 1542-1623*, Paris, Barre-Dayez Éditeurs, 1981 ; POIGEAUD P., *Le roman du président Jeannin (1541-1623)*, Précis-sur-Thil, Éditions de l'Armançon, 2001.

tiques, ne peut éviter la banqueroute et la ruine à la fin des années 1670, soit seulement vingt ans après la mort de ce dernier[15]. Le troisième enfin, en dépit d'appuis solides dans les milieux robins et aristocratiques avec les Bellièvre, les Desmarets ou encore les La Rochefoucauld, ne parvient pas à constituer un lignage comparable en crédit et en influence avec les Potier ou les Villeroy.

Bénéficiant des soins attentifs d'un père soucieux de favoriser la carrière de son fils unique, Halincourt jouit dès son baptême en janvier 1566 de l'attention bienveillante du roi qui est son parrain et qui lui donne son prénom et à l'occasion duquel encore Ronsard compose quelques vers. La chronique qui suit dresse le tableau de l'éducation d'un homme nourri auprès de personnages destinés à l'accueillir parmi la meilleure noblesse du royaume, lui, le fils de plumitifs anoblis depuis un demi-siècle seulement (1507).

Après l'échec d'un premier projet de mariage avec Louise de Maure, il se marie, le 26 février 1588, à Lyon, avec Marguerite de Mandelot, dame de Passy et de Lerné, fille du gouverneur en poste depuis février 1571, François de Mandelot, et d'Éléonore de Robertet. Mais survient la disgrâce de son père le 8 septembre suivant aggravée par la mort de Mandelot le 24 novembre, alors âgé de 59 ans, sans qu'Halincourt ait pu affermir sa position dans la ville et résister au duc de Nemours qui obtient du roi ce gouvernement quelques jours plus tard. Le « petit brigand » comme l'appelait son père au témoignage de Pierre de L'Estoile (28 novembre 1588) se voit par ailleurs privé de la lieutenance-générale du gouvernement et du bailliage de Mâcon. Présent à Lyon lors du soulèvement de la ville contre le roi le 24 février 1589 et dans lequel il prit une part considérable selon Jacques-Auguste de Thou contrairement à ce que veut laisser croire son père dans ses « Mémoires », il espère obtenir de Mayenne ce que le roi lui a ôté mais la lieutenance-générale que lui donne le chef de la Ligue, le 12 mars suivant, n'est qu'un leurre pour le retenir dans la Sainte-Union jusqu'au retour dans la province de son demi-frère, le duc de Nemours, qui, après s'être évadé, à la fin du mois de janvier 1589, de Blois où Henri III l'avait fait enfermer lors du coup de Majesté du mois de décembre précédent, avait rejoint Paris pour défendre la ville révoltée contre les troupes royales.

Villeroy rend postérieurement compte de son attitude et de celle de son fils dans la « Lettre de Monsieur de Villeroy a Monsieur du Vair sur le subject d'un livre intitulé la Satyre menippee, 1594 ». Dans cette lettre de justification, datée du 1er août 1594, réagissant aux attaques dont il était la cible dans la première édition de *La Satyre Ménippée*, il affirme comment,

15. Poncet O., *Pomponne de Bellièvre (1529-1607). Un homme d'État au temps des guerres de religion*, Paris, École des Chartes, 1998, p. 365-380.

par désespoir et au prix de sa vie, il s'est rallié avec son père à la Ligue à laquelle son fils s'était joint, lui, par dépit, maladresse et inconséquence [16].

La position de son fils à Lyon devient de plus en plus précaire. Utilisant l'hostilité de la noblesse de la province à l'égard d'un homme dont elle ne reconnaît pas les mérites et la qualité, le duc de Nemours, dès son retour à Lyon, le 22 mars, travaille au discrédit d'Halincourt qui éclate le 10 avril suivant quand l'assemblée de la noblesse propose que le frère puîné de Nemours, le marquis de Saint-Sorlin, Henri de Savoie, soit pourvu de la lieutenance-générale en lieu et place du fils d'un secrétaire d'État disgracié, lui-même descendant d'un aïeul marchand de poissons dieppois mort en 1401. Ces événements témoignent dans leurs péripéties dramatiques de la difficile intégration à la noblesse d'un héritier qui n'est pas proprement un gentilhomme. Dans la perspective arrêtée ici, c'est bien là l'essentiel de notre propos. Quand l'autorité politique fait défaut et ne peut imposer sa volonté, la résistance idéologique et sociale d'un corps condamne au mépris celui qu'il ne reconnaît pas, n'avoue ni n'agrée [17].

Pourtant, Villeroy n'avait pas ménagé ses efforts pour former et nourrir en gentilhomme son fils. Après des études au Collège de Navarre, la fréquentation des académies militaires et un tour italien pour parfaire son éducation et sa connaissance du monde, il l'avait placé auprès des princes de Longueville et Halincourt avait rejoint le maréchal de Matignon dans sa campagne de Guyenne au printemps 1586. Il gagne ensuite le service du duc de Joyeuse et après avoir échappé au désastre de Coutras, le 24 octobre 1587, il rejoint probablement le duc d'Épernon en Bourgogne qui poursuivait les restes de l'armée protestante vaincue par le duc de Guise à Vimory puis à Auneau pendant que son père, depuis le mois de mai de cette année, négociait son mariage avec la fille du gouverneur Mandelot.

Après son humiliation lyonnaise, son arrivée à Pontoise au mois de juin 1589 est l'occasion de parfaire son image de soldat et de montrer sa bravoure, marqueurs d'une identité nobiliaire qui lui avaient fait alors défaut. Il suit donc les traces de son grand-père, réfugié à Paris, pourvu du titre de lieutenant du roi en Île-de-France, après avoir été prévôt des marchands de cette ville entre 1566 et 1570, chevalier de l'ordre du roi en 1572 et gouverneur de Melun, Mantes et Meulan [18]. Tenant cette ville pour

16. « Lettre » publiée par TRICOTEL E. dans son édition de *La Satyre Ménippée de la vertu du catholicon d'Espagne et de la tenue des Estatz de Paris*, Paris, LEMERRE A. (éd.), 1877-1881, deux tomes, t. II, p. 140-175, le passage cité se trouve à la page 165.

17. Sur les transformations sociales et les mutations idéologiques du second ordre à l'articulation des XVIe et XVIIe siècles, DEVYVER A., *Le sang épuré. Les préjugés de race chez les gentilshommes français de l'Ancien Régime, 1560-1720*, Bruxelles, Éditions de l'Université, 1973 ; JOUANNA A., *L'idée de race en France au XVIe siècle et au début du XVIIe siècle*, Montpellier, Presses de l'imprimerie de recherche Université Paul Valéry, 1981, 2 vol. ; SCHALK E., *L'épée et le sang. Une histoire du concept de noblesse (vers 1500-vers 1650)*, Seyssel, Champ Vallon, 1996.

18. La National Gallery de Dublin conserve un magnifique tableau du corps de ville de la capitale en 1568 où il figure, la robe courte et l'épée au côté, face aux quatre échevins parisiens.

la Ligue, il doit repousser dès le 11 juillet 1589 l'armée des deux Henri qui lui enlèvent Pontoise après la mort de son lieutenant et sa blessure au bras, recevant ainsi le témoignage dans sa chair de son engagement martial et religieux, dont le souvenir se perpétuera au siècle suivant. Reprise par les troupes de la Ligue, Pontoise est confiée de nouveau à Halincourt en janvier 1590 par Mayenne pour s'assurer de la fidélité de son père qui poursuivait le rapprochement de la fraction modérée de la Ligue avec Henri IV. Le début de l'année 1592 annonce le ralliement prochain des Villeroy au parti royaliste et, de trêves en trêves, Halincourt ouvre les portes de Pontoise aux troupes d'Henri IV le 22 mars 1594. Tandis que son père obtient la restitution de sa charge de secrétaire d'État à la mort de Louis Révol au mois de septembre suivant, et le paiement d'une forte indemnité, Halincourt se voit confirmer dans son titre de gouverneur de Pontoise et du Vexin français – ville dont il était le seigneur depuis août 1593 –, obtenant ensuite celui de lieutenant au gouvernement d'Île-de-France et prenant la qualité de conseiller du roi en son Conseil d'État.

S'il s'engage aux côtés d'Henri IV dans ses combats à Laon, à La Fère et devant Amiens notamment, il doit davantage sa bonne fortune à son père et à la mort de sa femme qu'à ses qualités particulières en dépit des hyperboles héroïques employées par son biographe pour décrire avec enthousiasme ses actions militaires. À la tête des affaires étrangères et de la guerre, Villeroy retrouve la place éminente qu'il avait occupée aux conseils du roi jusqu'en septembre 1588 quand la mort de Marguerite de Mandelot, âgée de 23 ans, le 10 juillet 1593, faisait de son fils un parti à s'allier pour qui souhaitait entrer dans ses bonnes grâces. Son mariage avec Jacqueline de Harlay, fille de Nicolas de Harlay (1546-1629), baron de Sancy, premier maître d'hôtel du roi, surintendant des finances sans le titre, ambassadeur et colonel général des Suisses, fut célébré le 11 février 1596 [19]. Il devient ensuite gentilhomme ordinaire de la chambre du roi à la fin de cette année et, dérogeant aux statuts de l'ordre grâce à une dispense d'âge, il est fait chevalier du Saint-Esprit le 5 janvier 1597. Cette promotion aristocratique ne connaît qu'un seul échec en septembre de cette année quand le roi lui préfère le père de sa maîtresse, Antoine d'Estrées, pour la charge de grand-maître de l'artillerie vacante par la mort d'Espinay de Saint-Luc devant Amiens. Trop content de ce revers infligé plus à Villeroy qu'à son fils, Sully mentionne dans ses *Œconomies royales* qu'Henri IV trouvait au jeune chevalier « les ongles bien pasles » pour une pareille charge [20]. Toutefois, c'est lui qu'il choisit comme ambassadeur extraordinaire en janvier 1600 pour remercier le pape Clément VIII d'avoir fait annuler, le 24 octobre

19. Schrenck G., *Nicolas de Harly sieur de Sancy (1546-1629). L'antagoniste d'Agrippa d'Aubigné. Étude biographique et contexte pamphlétaire*, Paris, Honoré Champion, 2000, p. 154.
20. *Les Œconomies Royales de Sully*, Buisseret D. et Barbiche B. (éd.), t. II, 1595-1599, Paris, Librairie C. Klincksieck, 1988, p. 185-186.

précédent, son mariage avec Marguerite de Valois. Reçu par le pape le 7 février 1600, il demeure à Rome jusqu'aux fêtes de Pâques pour regagner la France en passant par Florence où la Grande Duchesse lui remet un portrait de Marie de Médicis pour l'offrir au roi. Le rapport qu'il fait à ce dernier au sujet de son ambassade et surtout son éloge de la future reine lui assurent la bonne grâce royale, Marie de Médicis se souvenant par la suite de ce service. Dans la continuité de cette mission diplomatique, Villeroy s'efforce de le faire nommer ambassadeur à Rome mais, entrant en conflit avec Sully qui poursuivait cette charge pour son frère, Philippe de Béthune, c'est ce dernier qui est envoyé auprès du pape le 23 août 1601, le roi assurant toutefois que Charles de Neufville lui succèdera son mandat fini pour satisfaire ses deux principaux ministres[21]. Apprenant ce choix, l'envoyé du Grand-Duc de Toscane en France, Baccio Giovannini fait part à son maître, le 19 septembre 1604, de ses doutes quant à la pertinence de cette désignation, estimant Halincourt incapable d'honorer dignement les charges d'une telle promotion, « *perchè egli è un dappoco, un inetto e un'ignorante, e non è in alcuna stima per avere a esser contrapeso all'ambasciator di Spagna nel teatro del mondo*[22] ». Quelques semaines plus tard, il renouvelle ses appréhensions à l'égard d'une personne qui « *nè per nobiltà nè per virtù, non vale nulla*[23] ». Cet homme qui « ne vaut rien » arrive à Rome le 27 juillet 1605 et grâce à l'important parti français reconstitué dans la Curie grâce aux soins de son prédécesseur, il saura défendre l'honneur de son roi sur le grand « théâtre du monde » et augmenter sa réputation. Si la résolution du conflit romano-vénitien grâce à l'arbitrage de la France doit bien davantage au cardinal de Joyeuse et à Fresne-Canaye qu'à ses qualités de diplomate, il saura oublier le peu de cette science qu'il maîtrise manifestement si mal pour défendre point par point la prééminence française à Rome contre l'ambassadeur espagnol et faire élever, dans la basilique de Saint-Jean de Latran, une statue de bronze d'Henri IV sous le nez du parti hispanophile de la cour romaine[24]. Il quitte Rome le 6 juin 1608 pour prendre la charge de lieutenant-général du gouvernement du Lyonnais laissée vacante par la mort de Philibert de La Guiche un an auparavant, un vieux compagnon

21. Sully, « Mémoires des sages et royales œconomies d'Estat », *Nouvelle collection des mémoires relatifs à l'histoire de France depuis le XIIIe siècle jusqu'à la fin du XVIIIe siècle*, t. XVI, Michaud et Poujoulat (éd.), Paris, Didier, 1854, p. 369-370 ; Barbiche B. et de Dainville-Barbiche S., *Sully. L'homme et ses fidèles*, Paris, Fayard, 1997, p. 144-145.

22. Desjardins A. (éd.), *Relations diplomatiques de la France avec la Toscane*, t. V, Paris, Imprimerie nationale, M.DCCC.LXXV., p. 546 : « parce qu'il est une personne de peu de valeur, un incapable et un ignorant, et il ne jouit d'aucune estime pour pouvoir servir de contrepoids à l'ambassadeur d'Espagne dans le théâtre du monde ».

23. *Ibid.*, p. 549, lettre de Bartoloni Giovannini au Grand-Duc de Toscane, datée du 14 novembre 1604 : « les bons conseillers du roi ne doivent pas être tout à fait d'accord qu'on envoie comme ambassadeur à Rome une personne qui, ni en noblesse, ni en vertu, ne vaut quelque chose ».

24. Lignereux Y., *Lyon et le roi…*, *op. cit.*, p. 273-279. L'étude précise de cette ambassade est en cours de réalisation mais la fermeture de la Bibliothèque apostolique du Vatican a contrarié la confrontation de la correspondance de l'ambassadeur avec les *avvisi*.

d'armes d'Henri III et d'Henri IV que ce dernier avait placé dans ce gouvernement dont son fils illégitime, César de Vendôme, né en juin 1594, était nominalement le gouverneur en chef depuis le 15 septembre 1595.

Le crédit de Villeroy assure de nouveau à son fils cette charge en dépit des prétentions d'autres grands personnages comme le marquis de Praslin, Charles de Choiseul. L'entrée d'Halincourt dans Lyon, le 21 novembre 1608, est un triomphe quasi royal – Halincourt empruntant notamment à l'iconographie du roi le thème herculéen – que prolonge sept jours plus tard une pièce théâtrale jouée par les élèves du collège jésuite de la Sainte-Trinité, une pastorale dans laquelle « Halincus » figure comme le pasteur des lions d'Henri IV, le berger des troupeaux lyonnais au milieu de la Rhétorique et de la Musique et parmi les nymphes et les déesses [25]. Et l'on verra désormais comment il entend défendre le bien qu'on lui a confié.

D'un berger romain au prince lyonnais ?

Résumons. À la veille de l'assassinat d'Henri IV, Charles de Neufville est chevalier des ordres du roi, capitaine d'une compagnie d'ordonnance de cent hommes d'armes, lieutenant-général du gouvernement de Lyon. Son père est un secrétaire d'État à qui seul Sully résiste encore mais celui-ci se retrouve souvent isolé dans les conseils du roi, Pierre Jeannin et Nicolas Brulart de Sillery étant attachés au premier. Son beau-père, bien que retiré de la vie publique depuis 1605, continue d'avoir de nombreux appuis dont son oncle et son fils, présidents au parlement de Paris. Les liens familiaux de son père avec les L'Aubépine lui permettent en juillet 1609 de prendre le titre de grand maréchal des logis du roi après le décès de Méry de Barbezières de La Roche-Chémerault grâce aux bons soins de la veuve de ce dernier, Claude de L'Aubépine, comtesse de Civray [26]. Sa fille Madeleine est mariée depuis 1606 au fils du chancelier Sillery, Pierre Brulart de Puysieux, auquel Villeroy a assuré la survivance de sa charge, et il marie, le 3 mai 1610, sa seconde fille, Catherine, avec Jean II de Souvré, marquis de Courtanvaux et premier gentilhomme de la chambre du roi, fils de Gilles de Souvré, gouverneur de Touraine et du dauphin. Sa femme est une cousine éloignée de Charlotte des Essarts, maîtresse du roi en 1607-1608. L'un de ses fils, Camille, a eu pour parrain en 1606 le pape et son autre fils, Ferdinand, né en 1608, le Grand-Duc de Toscane. À la cour du roi, probablement durant l'automne 1610, le peintre Dumoustier fait son portrait et celui de sa femme.

25. *Ibid.*, p. 281-288 ; « Pastorale allégorique sur le bonheur et pronostique du gouvernement de Monseigneur d'Halincourt, représentée dans le Collège des Jésuites, le 28 de novembre 1608 », 37 feuillets (BML, Mss, Fds Gal 1406 [1307], microfilm 312).

26. En décembre 1610, bénéficiant de l'intercession du chancelier, il se défait de cette charge contre 90 000 L. en faveur de Jacques d'Étampes, sieur de Valençay, d'Applaincourt et de Boray.

L'établissement de la régence n'entame en rien cette bonne fortune ; elle sert même les intérêts du clan Villeroy avec la défaveur grandissante de Sully qui doit se retirer du Conseil en 1611 quand les rumeurs font état, très rapidement, d'une prochaine promotion d'Halincourt auprès du jeune roi[27]. S'il ne parvient pas à lui obtenir un état de maréchal de France qui lui aurait permis, selon la mémoire rancunière de Sully, « sans se souvenir de son extraction [...] non seulement [de] faire le seigneur d'illustre maison, mais le prince », son père lui obtient de lucratives sources de revenus comme la ferme des greffes du Châtelet de Paris[28]. Cette faveur est pleinement accomplie lorsqu'il est pourvu de la charge de gouverneur en chef du Lyonnais, le 18 février 1612, acquise de César de Vendôme pour 240 000 L. de récompense et quand la terre de Villeroy, érigée en châtellenie en septembre 1610, est élevée à la qualité de marquisat en janvier 1615. S'il a dû céder sa lieutenance-générale du gouvernement au marquis de Saint-Chamond, Halincourt parvient à obtenir, en mai 1615, la survivance de sa charge de gouverneur en faveur de son fils aîné, Nicolas de Neufville, âgé de seize ans, enfant d'honneur, par ailleurs, de Louis XIII[29].

Ces différents exemples témoignent du crédit quasi sans partage que s'est acquis le vieux secrétaire d'État auprès de Marie de Médicis, confirmant l'analyse de l'ambassadeur florentin Bartoloni dans une lettre au Grand-Duc, datée du 1er septembre 1612, dans laquelle il considère que « le conseil secret de ce roi est Villeroy seul[30]. » Concini, ne pouvant vaincre immédiatement un tel adversaire, se propose d'abord de se l'allier après l'échec de ses premiers efforts matrimoniaux en direction d'Épernon, de Charles de Lorraine et du comte de Soissons. Grâce à l'entremise du président Jeannin et du marquis de Cœuvres, un accord de mariage, signé à Fontainebleau en septembre 1613 en présence de la reine, promet la fille du favori, Marie, née en 1607, à l'un des petits-fils de Nicolas de Villeroy, Halincourt obtenant la dot fabuleuse de 450 000 L. – ramenée ensuite à 300 000 L. dont la reine s'engage à payer le tiers –, la charge également de premier gentilhomme de la chambre du roi pour son fils Nicolas et une place de dame d'honneur

27. En reconstituant la bonne fortune de ces lignages, il est difficile d'éviter un certain type de vocabulaire emprunté aux associations criminelles contemporaines comme s'y emploie Frostin C., avec « parrain » et « syndicat », *Les Pontchartrain...*, *op. cit.*, p. 30 et p. 41. Le consulat, le 23 septembre 1610, informe son député envoyé à la cour que l'on « murmure que l'on pourroit attirer led. seigneur d'Halincourt a delaisser ce gouvernement pour l'employer a plus serieuses charges pres la personne du Roy » (Arch. Mun. de Lyon, BB 146, ff.108vo-109).

28. Sully, *Mémoires des sages et royales œconomies d'Estat...* , *op. cit.*, t. II, p. 407-408.

29. La patrimonialisation régionale de ce grand crédit se manifeste par l'obtention, en 1611, de la prestigieuse abbaye lyonnaise d'Ainay en faveur de son fils Camille qui prend possession sept ans plus tard, à l'âge de douze ans, d'une autre importante abbaye de la région, celle de l'Ile-Barbe sur la Saône. Consolidant ses assises régionales, Halincourt acquiert, dans des circonstances douteuses, la charge de sénéchal du Lyonnais en avril 1616.

30. Citée par Duccini H., *Concini. Grandeur et misère du favori de Marie de Médicis*, Paris, Albin Michel, 1991, p. 133.

auprès de la future reine de France pour sa fille Catherine[31]. Les événements politiques à la fin de cette année et au début de la suivante brouillent ensuite le secrétaire d'État et le favori qui dénonce au mois de mai l'alliance précédemment négociée. Ce revers prend place dans une période capitale de la consolidation ou la fragilisation de l'aristocratisation du lignage Villeroy. Outre qu'il s'est aliéné le favori de la reine-mère, le secrétaire d'État, vieillissant, perd la confiance de Jeannin tandis que ses liens avec le chancelier se distendent du fait qu'il ait été tenu à l'écart de ces négociations et que leur alliance pâtisse de la mort de Madeleine de Neufville, le 24 novembre 1613, même si son mari continue d'exercer sa charge auprès de Villeroy. Toutefois Halincourt parvient à bien servir Concino Concini, en l'assistant lors de son conflit avec le duc de Longueville, et obtient de la reine-mère la survivance de son gouvernement lyonnais pour son fils aîné. La nouvelle disgrâce qui frappe finalement son père, en novembre 1616, place Halincourt dans une posture inédite où il doit surmonter une crise de légitimité dans son propre gouvernement quand ses appuis semblent céder de toutes parts.

Par le fer et le canon : être seigneur chez soi

Le fils du principal responsable de son humiliant rejet par la noblesse du gouvernement du Lyonnais au printemps 1589, Melchior Mitte de Chevrières, seigneur de Saint-Chamond, profite de ces orages à la cour pour donner à son titre honorifique de premier baron de la région une réalité politique et institutionnelle. Né en 1586, il devient à vingt ans le chef d'une maison à la tête des principaux réseaux nobiliaires du gouvernement et, dès son retour d'Italie, il affronte la famille Villeroy en essayant d'obtenir, mais en vain, réparation du rapt et du mariage forcé de sa sœur par Claude de L'Aubépine, marquis de Châteauneuf, apparenté au secrétaire d'État par sa tante. Il épouse en janvier 1610 Isabeau de Tournon, fille de Just-Louis de Tournon, comte de Roussillon, bailli de Vivarais et grand sénéchal d'Auvergne, et de Madeleine de La Rochefoucauld. Cette même année voit l'érection de sa terre de Saint-Chamond en marquisat et, en plus d'une pension annuelle de 1 200 écus, il acquiert, le 4 mai 1612, la lieutenance-générale du gouvernement du Lyonnais contre 120 000 L. de récompense offertes à Halincourt, ses lettres de provision insistant sur son enracinement régional et son autorité naturelle sur la noblesse du pays. Il n'a de cesse alors de rassembler tous ceux qui vivent le pouvoir d'Halincourt comme une injure permanente aux qualités du sang et sa faveur comme un outrage à l'honneur. Les liens d'Halincourt avec le favori de la reine déplacent sur le premier tous les reproches faits au second ; la disgrâce

31. À titre de comparaison, la dot de Marguerite de Sully, mariée en 1605, à Henri, duc de Rohan fut de 200 000 L.

de son père excite l'affrontement ; l'exécution d'avril 1617 fait espérer le dessillement du roi ; la mort du secrétaire d'État, le 12 décembre suivant, la chute de son fils.

La « guerre du Bien public » comme la nomme tardivement – en écho à d'autres troubles contemporains dont elle fournirait la trame dramatique – un fidèle du marquis de Saint-Chamond est l'épreuve à la fois de la puissance d'Halincourt et de l'aristocratisation de son lignage, le défi lancé à la métamorphose d'une famille de patients plumitifs en gendarmes bouillonnants et bardés de fer assistés des forces de la robe et de l'Église[32].

Dans ce conflit où finalement se font moins entendre les canons, les tambours et les trompettes que les pamphlets assassins, il revient à un homme de lettres d'ouvrir le feu des hostilités, le 30 janvier 1617[33]. Le tir est précis ; il peut infliger une blessure profonde. Dans la dédicace au marquis de Saint-Chamond accompagnant la publication du troisième volume des *Diverses leçons de Louis Guyon*, l'imprimeur lyonnais Claude Morillon feint d'ignorer la prééminence d'Halincourt tout au long d'une comparaison implicite avec lui au bénéfice exclusif de son rival « à qui doivent estre données les charges d'importance[34] ». Ce n'est pas ici le lieu de la chronique mi-dramatique mi-ridicule de cet affrontement qui dressa, entre 1616 et 1619, « Halincourtistes » contre « Sainct Chamontistes » selon les termes de l'époque, élevant en partis deux clans familiaux rivaux. Nous n'y relèverons que ce qui est pertinent pour notre propos sous l'angle lignager et éthique au sens où l'on parle d'un *ethos* nobiliaire. Car ce n'est pas tant la dimension institutionnelle et technique mobilisée par l'élément déclencheur des hos-

32. *Les dernieres paroles de Monsieur de Saint-Chamond, decede en son hostel a Paris, le 10 de Septembre 1649, aagé de soixante et trois années. Avec un fidel Recit des belles actions de sa Vie. Par le sieur de Figuiere*, À Paris, pour l'Autheur, et se vendent Chez Cardin Besongne, au Palais, en la Gallerie des prisonniers, M.DC. XLIX., avec privilege du Roy, 23 p. [BNF, Mss. Fds Clairambault 1105, ff.9-20, fol.16vo].

33. Outre une importante correspondance, nous nous appuierons principalement sur la *Requeste presentée contre le sieur d'Halincourt, sous le nom supposé de la Noblesse des pays, de Lyonnois, Forestz et Beaujollois. Avec la responce dud. sieur d'Halincourt, à lad. requeste*, s. n., s. l., s. d., in-4°, 7+13 p. (BNF, 4 FM 14975), la *Replique à la response faicte par le sieur d'Halincourt soubs le nom de Destouches son Procureur. A la Requeste de la Noblesse des pays de Lyonnois, Forestz et Beaujollois*, s.n., s.l ., in-4°, 36 p. (BNF, 4 FM 14977), l'*Advis salutaire d'un Bourgeois Citoyen de la ville de Lyon et Officier du Roy en icelle : addresse à ses Combourgeois, Concitoyens, et Confreres en Offices, pour leur conservation au service de sa Majesté*, à Lyon, M.DCXVII., in-8°, 20 p. (Bibliothèque municipale de Lyon [BML], Rés. 354 116), l'*Arrest rendu par le Roy séant en son Conseil au proffit du Sieur d'Halincourt contre la requeste présentée soubs le nom supposé de le noblesse des Pays de Lyonnois, Forests et Beaujollois. Donné à Paris le 2e jour d'octobre 1617*, à Lyon, par B. Ancelin et N. Jullieron, Imprimeurs ordinaires du Roy, 1617, avec privilege de sa Majesté, in-8°, 13 p. (BNF, F 47034 [19], le *Discours veritable de ce qui s'est faict et passé, touchant l'establissement de la compagnie de Mr de Longueville, en garnison à Montbrison, en novembre 1617*, s. l., s. d., in-8°, 15 p. (BNF, Mss. Fds Clairambault 373, ff.25-31vo), la *Coppie de l'acte de Monsieur le Duc de Guyse, touchant les differends de Messieurs d'Alincourt et de Sainct-Chamond du dernier juin 1618*, s. l., s. d., in-8°, 7 p. (BNF, Ln27 257) et sur le « Manifeste de Mr. Le comte de Saint-Chamont contre Mr. D'Halincourt », (BNF, fds frçs 4606, pièce n° 31, ff.62-64vo).

34. *Les diverses leçons de Louis Guyon, sieur de la Nauche, suivans celles de Pierre Messie et du sieur de Vauprivaz*, à Lyon, par C. Morillon, 1617, in-8°, t. III, (BNF, Z 19794), p. 4.

tilités qui est au centre véritable de cette rivalité qu'une contestation idéologique et sociale de la légitimité d'Halincourt à la tête du gouvernement. Chargé par le roi de lever un régiment de 1 200 hommes destinés à l'armée mise en place contre les menées du duc de Nevers, Saint-Chamond n'a pas pris son attache d'Halincourt comme il aurait dû le faire. Face à ce déni de son autorité, le gouverneur ordonne que soient arrêtés tous ceux qui font battre le tambour à cette fin, et notamment le châtelain de Saint-Paul-en-Forez dont la libération est demandée, le 17 mars 1617, par deux parents de Saint-Chamond. Leur requête est rejetée par Halincourt qui leur rappelle qu'il n'a pas de compagnon en sa charge pour refuser, à deux reprises, « une parole d'honneur » que le comte de La Baume voulait lui faire entendre de la part de son parent[35]. Les canons sont sortis de l'arsenal de Lyon pour être conduits à l'Abresle où le châtelain s'apprête à faire battre également le tambour pour l'enrôlement des troupes et au secours duquel Saint-Chamond rassemble en une semaine 1 500 cavaliers et 6 000 hommes. Cette question de l'attache à prendre du gouverneur n'est en fait que l'incident de trop qui permet de publier les rancunes et les ambitions des deux camps accumulées depuis le printemps 1616.

Parmi les principaux griefs adressés au gouverneur figure celui de la confusion qu'il a introduite dans les relations naturelles de la noblesse locale par l'usage partisan de son autorité politique. Il fait figure de perturbateur de l'ordre nobiliaire en instrumentalisant à son profit le pouvoir que lui a confié le roi. Dès 1608, il :

> « sema mil divisions, parmy les principaux d'entre nous : mettant les parents contre le parent, et les a entretenus tant qu'il a peu en ces aigreurs, tesmoignant de sçavoir mauvais gré aux amis communs, qui s'entremettoient de les accomoder, estant adverty par personnes de qualité qu'ils avoient des querelles formees entre des plus relevez et dont la consequence pouvoit porter grand prejudice à vostre service, et alterer le repos publicq. Il ne les a voulu accorder, ny leur faire aucunes deffences, pensant par ce moyen de se vanger de l'un aux despens de l'autre, et de pouvoir plus librement exercer les violences parmy les divisions des Principaux du Gouvernement[36] ».

Cette citation du pamphlet contre Halincourt de la fin de l'été 1617 trouve un écho direct dans la correspondance de Saint-Chamond qui dans une lettre au roi datée du 17 juillet 1617, évoque « la jallousie qu'il [Halincourt] avoit de me voir quantité de parentz et amys en ce pays ». Quelques lignes plus loin, Saint-Chamond ajoute que le gouverneur :

> « fermentoit sa hayne et recherchoit avecq plus de facilité les moyens de me perdre, car il essayoit de débaucher mes plus particuliers amys et ceulx qui vivoient comme domesticques chez moy et qui tiennent leur nourri-

35. BNF-Arsenal 4119, recueil Conrart, t. XIV, ff. 129-131, fol.130 ; BNF, Fds frçs 4606, pièce n° 31, ff. 62-64vo, ff. 62 vo-63.

36. *Requeste presentée contre le sieur d'Halincourt…*, *op. cit.*, p. 3.

ture et leur advancement de ma maison, faisant offrir aux ungs des charges et des pensions aux despens de vostre Majesté pourveu qu'ilz cessassent d'estre mes amys comme si ce fust ung crime de me voulloir du bien, et représentoit aux aultres que jamais aucun de mes amys ny moy n'auroient part aux commissions et aultres employs que vostre Majesté luy envoit pour distribuer dans ce gouvernement et que nous n'en pourrions espérer que par son moyen, et tout ceulx que ses artifices n'ont peu divertir de l'amytié qu'ilz m'avoient promise, ont heu pour vengence la compagnie de gens d'armes, et d'aultres logementz de gens de guerre dans leurs terres [...]. Il a encor exclue dans Lyon tous mes amys des honneurs et charges publicques pour ceste seulle considération qu'ilz sont mes amys et leur a faict dire en particulier que tant qu'ilz m'affectionneroient, il leur nuyroit de tout son pouvoir et la ainsy praticqué par effect[37]. »

En s'attaquant à la noblesse, Halincourt dévoilerait donc les desseins tyranniques de son gouvernement en substituant au respect de son ordre naturel l'artifice d'une domination politique illégitime. Il partagerait avec l'ancien favori, Concino Concini, non seulement une complicité dans la manipulation délictueuse des deniers du roi, mais surtout une même ambition nourrie de la même indignité sociale. Sa tyrannie et son ridicule se manifestent alors dans le déportement suivant que retiennent ses adversaires comme le symbole de l'ignominie d'un personnage qui s'est imaginé le chef de la noblesse du pays :

« Il a faict tenir la campagne à ses chiens courans comme à une compagnie de gens de pied, mandant aux Consuls des villages de les luy garder, si bien que les pauvres gens se sont accordez entre eux pour les nourrir, l'un 8 jours, l'autre 10, un autre 15 : ainsi du reste ; et ceux qui en ont laissé perdre quelques uns, pourront dire veritablement combien se vendent les chiens courans en ce pays : car on les leur a bien fait payer[38]. »

Ayant obtenu par le crédit retrouvé de son père auprès du roi un arrêt du Conseil favorable à ses intérêts, Halincourt réplique à ses détracteurs par la publication de celui-ci et d'un texte qui provoque la colère de ses adversaires. Dans un libelle s'ajoutent ainsi aux qualités d'hypocrite, de parjure et de rancunier précédemment prêtées au gouverneur, celles d'un homme qui ne doit véritablement sa place qu'à l'habilité politique de son père dont témoigne en effet de manière spectaculaire, le 11 juillet 1617, le mariage de son fils aîné, Nicolas, né en octobre 1598, avec la petite-fille du maréchal de Lesdiguières, Madeleine de Bonne de Créquy, fille cadette de Charles de Blanchefort, marquis de Créquy et colonel des gardes françaises, et de Madeleine de Bonne de Lesdiguières[39]. Il s'agit bien dès lors d'un procès d'indignité nobiliaire qui est intenté à Halincourt rendant d'autant plus

37. BNF, Mss. Fds Clairambault 372, fol. 185 et fol. 185vo.

38. *Requeste presentée contre le sieur d'Halincourt...*, *op. cit.*, p. 4-5.

39. Gal S., *Lesdiguières. Prince des Alpes et connétable de France*, Grenoble, PUG, 2007, p. 233-237 et p. 262-263.

singulière et injuste l'alliance dont il bénéficie. Ce manque de générosité qui distingue le noble de fraîche extraction du gentilhomme de race est mis en exergue dès les premières lignes du second pamphlet saint-chamontiste. Il se manifeste par l'absence de courage et de magnanimité[40]. Cette âme pusillanime n'est pas en mesure, en effet, de s'opposer à la noblesse de son lieutenant-général, illustrée notamment par les coups d'épée que ses prédécesseurs ont donné « plus de 500 ans avant que de parler des traicts de plume de ceux dud. Sieur d'Halincourt[41] ». Ce dernier use arbitrairement par ailleurs de son droit d'étapes pour faire tenir garnison aux compagnies revenant de Piémont dans les lieux où vivent ses adversaires, assuré du silence du maréchal de Lesdiguières, son parent. Et quand une ville s'y refuse, c'est presque toute une armée qui vient en faire le siège et ravager sa campagne comme le montre l'encerclement de Montbrison du 8 au 10 novembre 1617. Quand le devoir d'un noble est de protéger le bien public et de soulager les peuples confiés à ses soins, l'intérêt est toute la passion d'Halincourt comme le montrent ses détracteurs qui rappellent ses concussions à Pontoise dont il a cherché le pardon du roi :

> « C'est pourquoy il ne faut pas s'estonner de ce qu'il sçait si bien le metier de prendre, puis qu'il l'a praticqué dez sa jeunesse, aussi tient il ceste maxime (et l'a dict à des personnes dignes de foy) que le peuple n'a du bien que pour nourrir les honnestes gens, et qu'il ne sert de s'en faire aymer, parce que tant qu'on a du pouvoir sur eux, ils craignent et cela suffit, et quand on est hors de puissance, ils ne se souviennent plus ny du bien ny du mal, *oderint, dum metuant*[42]. »

Enfin, l'auteur termine son réquisitoire en convoquant la figure abominable de Concini pour admonester Halincourt en l'apostrophant directement dans une prière qui achève sa condamnation : « que peux tu esperer d'une semblable vie qu'une pareille fin, à laquelle ne vueille bien tost

40. Ce thème est développé également dans un cahier adressé à l'automne 1618 par Saint-Chamond aux arbitres commis par le roi pour régler son différend avec Halincourt comme le montrent ses premières lignes : « Entre les imperfections de l'homme, la plus punissable de toutes, et la moings punye, est le mecognoissance destestée des gens de bien, et condamnée par tout d'une hayne publique, comme mortelle ennemie de la société humaine qui s'entretient principalement par le recognoissance des biens faictz [...]. Voyant le soing que je prins de l'y recevoir avec mes amys les asseurances que je luy donnay deslors de mon affection, et que je luy ay depuis faict paroistre par les tesmoignages que j'en ay rendus en public, et tous les ordres, et en particulier par toutes mes actions pour les honneurs et frequentes visites que mes plus proches et moy luy avont rendu dans Lyon, la reception que nous luy avons faict en noz maisons, les caresses et bonne chere que ses amys ont receu de moy, pendant son absence pour les luy conserver, la confiance et communication de toutes affaires que j'ay eu avec luy et les siens par lettres et de vive voix, l'assistance que je luy ay rendu en ses querelles contre ceux mesmes qui lors estoient les plus relevez en fortune, les conseilz que je luy ay donné pour le soulagement du pauvre peuple, la conservation du repos public, le maintien de sa reputation et accroissement de son auctorité dans la province, et en fin, la franchise de mon deportement luy a tousjours faict cognoistre celle de mon intention. » (BNF, Mss. Fds Clairambault 375, ff. 99-106).

41. *Replique à la response faicte par le sieur d'Halincourt...*, *op. cit*, p. 3.

42. *Ibid.*, p. 33.

conduire pour nostre delivrance, le Pere, le Fils, et le Sainct Esprit. Ainsi soit-il[43] ». Cette prière ne fut pas entendue et après des péripéties oscillant entre le tragique et le grotesque – il est quand même question de duels, d'emprisonnement et d'un homme grillé à la broche comme d'une volée de coups de bâton et du vol d'un papier qu'aucun ne veut reconnaître ni avoir pris ni signé –, l'histoire finit par un beau mariage. Grâce à l'entremise des ducs de Ventadour, de Lesdiguières, de Guise et, enfin, en mars 1619, du maréchal de Thémines, Pons de Lauzières, un accord fut trouvé entre les deux champions. Si, dès le 7 novembre 1618, s'esquisse en effet une solution grâce au possible mariage du fils de Saint-Chamond, Louis Mitte de Chevrières, avec la fille d'Halincourt, Marie de Neufville, les négociations se poursuivent encore quant aux modalités honorables de l'abandon par le premier de sa charge de lieutenant-général du gouvernement et du juste montant de la dot à payer par le second comme l'établissement du prix du dédit en raison du bas âge des enfants concernés, Louis étant âgé de sept ans[44]. Le 23 avril 1619 est enfin signé ce traité de mariage et le 6 mai suivant, Halincourt donne pouvoir à son fils aîné de payer au marquis de Saint-Chamond 225 000 L. pour le récompenser de sa charge de lieutenant-général résignée en faveur de Charles-Henri de Neufville, comte de Bury, et frère cadet donc du gouverneur en survivance[45]. Le 21 mai 1619, le roi ordonne des lettres patentes en forme d'édit abolissant tous les troubles commis par ce différend dans le gouvernement et le mois suivant la noblesse réconciliée fête la fin des hostilités qui l'avaient déchirée.

Cet été 1619 marque la naissance des Villeroy comme Maison : le vaincu salue la générosité de son seigneur, titre avec lequel Saint-Chamond désigne Halincourt, qui est allé, « avec tous ses amis », le visiter dans ses terres du Forez. Il y termine « touttes les brollieries qu'il a trouvé dans son gouvernement », étant reçu partout « avec toutes sortes d'honneur et de bonne chere ». Laissons Halincourt savourer son triomphe de chef de la noblesse du pays : « j'ay acomodé en ses pais la grande quantité de querelles parmy

43. *Ibid.*, p. 35-36.

44. Il est arrêté le montant de 210 000 L. de récompense pour la lieutenance-générale, de 200 000 L. pour la dot et de 50 000 L. pour le dédit. Saint-Chamond s'efforça de se faire nommer ambassadeur à Rome mais en vain à la suite de l'expiration du mandat du marquis de Cœuvres. Il poursuivra par la suite une importante carrière de diplomate.

45. « Article du traicté de mariage du filz de Monsieur de St Chomon et la fille de M. d'Alincourt » (Arch. dép. du Rhône, « Contrats perpétuels » d'Antoine Grangier, années 1615-1623, 3 E 5313, à la date du 23 avril et du 6 mai 1619) et « Coppie de provisions de lieutenant général pour le Roy au gouvernement de Lyonnois, Forestz et Beaujollois, en faveur de Charles de Neufville, baron de Burry du 21 may 1619 », données à Amboise (BNF, Mss. Fds Clairambault 958, ff. 279-283). Marie de Neufville se marie finalement avec Alexandre de Bonne, comte d'Auriac et vicomte de Tallard, qui exerce la charge de lieutenant-général du gouvernement du Lyonnais de 1631 à sa mort en 1636 (Nicolas de Neufville s'en démettant en sa faveur après l'avoir recueillie à la mort de son frère Charles en juin 1628), puis avec Louis-Charles de Champlay, sieur de Courcelles, en mars 1640, qui hérite de cette charge jusqu'en 1645 avant qu'elle ne revienne à un autre fils de Charles d'Halincourt, Camille, alors abbé d'Ainay.

la noblesse et y ay remis un chacun bien avec lesdicts sieurs de Sainct-Chaumont et de la Baulme, et asoupi plusieurs divisions qui y estoient entre les officiers, tellement nombreux, que jamais pais ne fust sy en repos ny sy assuré qu'est maintenant ce gouvernement[46] ». Et lorsque Madame, Christine de France, entre dans Lyon le 7 octobre 1619, toute la noblesse du pays fait service au marquis de Villeroy en lui rendant honneur par sa présence exemplaire. Enfin, le 31 décembre, dans l'église des Augustins à Paris, le roi fait chevalier de l'ordre du Saint-Esprit deux de ses alliés directs, le marquis de Saint-Chamond et Jean de Souvré, marquis de Courtenvaux, dans une promotion où l'on compte le frère du roi, le comte de Soissons, le duc de Guise, le duc de Luynes ou encore le duc de Montmorency.

La Maison de Neufville après l'épreuve de la Ligue et les troubles de la Régence de Marie de Médicis a achevé la mutation aristocratique de ses membres. Le secrétaire d'État, raillé en 1601 par le gentilhomme de race qu'est le duc de Sully se gaussant de ses traits de plume et de l'encre couchée sur ses parchemins quand il peut, lui, faire valoir son épée ébréchée et son sang versé pour la défense de la Couronne, a eu sa revanche quelques mois avant de mourir. En épousant Madeleine de Créquy, son petit-fils devenait, en juillet 1617, le beau-frère du fils aîné de son rival au Conseil du roi, un Conseil par ailleurs où il siégeait toujours quand ce dernier en avait été écarté six ans plus tôt[47]. Deux gravures, en guise de conclusion, serviront de témoignage de cette aristocratisation.

Assise sur son trône, la Religion regarde Louis XIII, la tête ceinte d'une couronne de laurier, le sceptre à la main gauche et le grand collier des ordres du roi sur la poitrine, qui se tient debout, face à elle, quelques marches plus bas. À ses côtés, en contrebas, un homme plus âgé, portant comme le roi, une armure de gendarme, se retourne vers le spectateur de cette scène. Charles d'Halincourt est accompagné de ses quatre fils, rangés en deux groupes de part et d'autre de Louis XIII. Du côté de l'Église, se tiennent agenouillés Camille, abbé d'Ainay, et Ferdinand, abbé de Saint-Vandrille ; du côté du roi, Nicolas, accompagné de son fils, Charles qui tient un bouclier aux armes de la famille de Villeroy, et Lyon-François, reconnaissable à sa croix de chevalier de Malte. Gravée par Karl Audran d'après le lyonnais Jacques Stella, probablement vers 1635-1636, cette composition signale tout à la fois une continuité et une rupture[48]. La continuité d'un dévoue-

46. Lettres de Saint-Chamond et d'Halincourt au roi et à Pontchartrain des 4 et 7 juillet 1619 (BNF, Mss. Fds Clairambault 375, ff. 263-266vo).

47. Maximilien II de Béthune, marquis de Rosny et grand maître de l'artillerie en 1610, avait épousé en octobre 1609 Françoise de Créquy. Il se sépara ensuite rapidement de sa femme pour sa maîtresse, Marie d'Estournel, avec laquelle il abîma son patrimoine avant de mourir en 1634.

48. BNF, Cbt. des Estampes, E 073707 et E 036640 ; Chomer G., « Jacques Stella *pictor Lugdunensis* », *Revue de l'art*, n° 47, 1980, p. 85-89 et Perez M.-F., « Estampes et graveurs à Lyon aux xviie et xviiie siècles », *Estampes et gravures d'illustration*, n° 12, « Travaux de l'Institut d'Histoire de l'Art de Lyon », 1989, p. 3-17.

ment et d'une fidélité à la monarchie mais sous une forme différente. Au secrétaire d'État de quatre rois très-chrétiens succèdent quatre serviteurs de la Couronne et de l'Église conduits par le chef de leur Maison signalent par son geste de la main le mérite qui lui revient dans cette mutation du *ministerium*. Il n'est pas l'héritier passif d'une gloire qui passerait mystérieusement de son père à son fils mais il est bien l'artisan, maladroit quelquefois, brutal souvent, efficace toujours, de cette conquête aristocratique donnant ses enfants à l'Épée, à la Cour, à la Robe et à l'Église pour le service de la Couronne. Il est, avec son père, le fondateur de la Maison de Neufville sous les doubles auspices de Minerve et de Pallas comme l'immortalise Karl Audran dans une autre gravure exécutée vers 1615-1617[49].

Bibliothèque municipale de Lyon, Coste 14551

Deux de ses fils sont à l'Église appelés l'un à la primatie des Gaules et l'autre au prestigieux siège chartrain. Sa fille Madeleine est mariée en 1606 avec le fils du chancelier Sillery, le secrétaire d'État Pierre Brulart de Puysieux, et elle est la belle-sœur de Nicolas de Bellièvre, héritier du précédent chancelier. Charles-Henri a épousé en 1623 Marie Phélypeaux, fille et sœur de deux autres secrétaires d'État de la famille Pontchartrain. Sa dernière fille, Marie, après avoir épousé Alexandre de Bonne, vicomte de Tallard, s'est mariée en 1640 avec Louis de Champlais, seigneur de Courcelles, quand son autre sœur, Catherine, avait épousé en 1610 Jean II de Souvré, marquis de Courtanvaux. Nicolas, son aîné, est, en 1617, le

49. BML, Fds Coste, Estampe, 14551.

gendre du maréchal de Créqui et de la fille du connétable de Lesdiguières. Il est le gouverneur de Lyon et bientôt celui du Dauphin. Si le crédit et l'autorité de son père l'ont établi, puis rétabli, il revient cependant à Halincourt d'avoir affronté presque seul l'épreuve de sa reconnaissance nobiliaire. Dans sa victoire contre le « premier baron du Lyonnais », c'est bien son bâton de gentilhomme qu'il a gagné.

Conclusion

De la sociologie municipale aux cultures politiques, trois décennies d'évolution de l'historiographie française des corps de ville

François-Joseph Ruggiu

L'étude des élites urbaines est une tradition de l'historiographie française aussi bien des périodes médiévale et moderne que contemporaine[1]. Plusieurs colloques et volumes collectifs ont déjà favorisé la confrontation des points de vue[2] mais les recherches dans ce champ académique ont sans doute trouvé leur plus belle expression dans les grandes thèses d'histoire municipale qui sont parues dans les trente dernières années[3]. Elles ont fait le plus souvent une prosopographie rigoureuse des familles liées aux corps

1. Elle est l'objet d'une production considérable de travaux dans tous les pays d'Europe occidentale. Le lecteur pourra partir des pages qui sont consacrées aux gouvernements urbains dans les synthèses européennes publiées depuis une vingtaine d'années : Berengo M., *L'Europa delle città. Il volto della società urbana europea tra medioevo ed Età moderna*, Torino, Einaudi, 1999; Friedrichs C. R., *The Early Modern City 1450-1750*, New York et Londres, Longman, 1995; Knittler H., *Die europäische Statd in der frühen Neuzeit. Institutionen, Skrukturen, Entwicklungen*, Verlag für Geschichte und Politik, Wien, R. Oldenbourg Verlag, München, 2000; Lottin A., Poussou J.-P. *et alii*, *Études sur les villes en Europe Occidentale*, Paris, CDU-SEDES, 1983; Zeller O., « La ville moderne », Pinol J.-L. (dir.), *Histoire de l'Europe Urbaine*, tome I, *De l'Antiquité au XVIII*e *siècle*, Paris, Le Seuil, 2003.
2. Par exemple, *Construction, reproduction et représentation des patriciats urbains : de l'Antiquité au XX*e *siècle*, textes réunis et présentés par Petitfrère C., Tours, Université François Rabelais, CEHVI, Centre d'histoire de la ville moderne et contemporaine, 1999; Saupin G. (dir.), *Le pouvoir urbain dans l'Europe atlantique du XVI*e *au XVIII*e *siècle*, Actes du colloque international de Nantes, 21 et 22 janvier 2000, Ouest Éditions/Presses Académiques de l'Ouest, 2002. Le fait que le premier numéro de la revue électronique *Cahiers du CRHQ*, coordonné par Hugon A. et réunissant sept articles, porte sur « Les conflits d'autorité dans l'administration urbaine, de la fin du Moyen Age à la fin du XIXe siècle », est un autre signe de la vitalité de ces études.
3. Entres autres, Combet M., *Jeux des pouvoirs et familles. Les élites municipales à Bergerac au XVIII*e *siècle*, Bordeaux, Fédération Historique du Sud-Ouest, 2003; Coste L., *Messieurs de Bordeaux. Pouvoirs et hommes de pouvoirs à l'hôtel de ville (1548-1789)*, Bordeaux, Fédération Historique du Sud-Ouest, Centre Aquitain d'Histoire Moderne et Contemporaine, 2006; Guignet P., *Le pouvoir dans la ville au XVIII*e *siècle; Pratiques politiques, notabilité et éthique sociale de part et d'autre de la frontière franco-belge*, Paris, Éditions de l'EHESS, 1990; Maillard J., *Le pouvoir municipal à Angers de 1657 à 1789*, Angers, Presses de l'Université d'Angers, 1984, 2 volumes; Mouysset S., *Le pouvoir dans la bonne ville. Les consuls de Rodez sous l'Ancien Régime*, Rodez, Société des lettres, sciences et arts de l'Aveyron, Toulouse, CNRS, Université de Toulouse-Le Mirail, 2000; Saupin G., *Nantes au XVII*e *siècle. Vie*

de ville en même temps qu'elles ont analysé les transformations de leurs organisations et de leurs compétences au fil des siècles. Elles ont défini un cadre général qui est celui de l'oligarchisation de la plupart des corps de ville au cours des XVIIe et XVIIIe siècles, un mouvement que l'on retrouve d'ailleurs dans presque toute l'Europe. Il est passé, à des degrés divers selon les cas, par une réduction sensible du nombre des familles participant à l'exercice des pouvoirs municipaux, liée soit à la transformation des charges électives en offices ou en fonctions héréditaires, en particulier en Espagne ou en Italie[4], soit à la reconduction par le pouvoir central des corps de ville en charge, une opération fréquente dans la France du XVIIIe siècle, soit à l'instauration de mécanismes permettant de transformer les élections en cooptation, comme en Angleterre. Il est cependant rare que la fermeture soit totale, ne serait-ce qu'en raison de l'extinction biologique et de l'émigration, et les nouvelles familles ont toujours pu s'insérer, à des degrés divers, dans les élites municipales.

Mais l'histoire des pouvoirs urbains a sans cesse su renouveler ses thématiques et l'une des premières forces du volume tiré du colloque « Le pouvoir et le sang » que nous avons le plaisir de conclure est de faire un état des principales directions suivies à présent ainsi que des pistes qui s'ouvrent à l'avenir devant les chercheurs[5]. La première des grandes caractéristiques de ce collectif est de raisonner à l'échelle de l'Europe atlantique avec des ramifications vers la Méditerranée. L'histoire comparée, ou croisée, des élites a, en effet, récemment pris, spécialement à l'Université de Bordeaux 3, un essor de plus en plus dynamique, d'autant plus que se multiplient les synthèses qui permettent de mettre en valeur les points de convergence et les points de divergence[6]. Les textes directement comparatifs qui sont présentés dans ce volume, comme celui de Guy Saupin, ou les réflexions que permet la juxtaposition des exemples venus d'Angleterre (Perry Gauci), d'Espagne (Vincent Montojo) ou encore du Portugal (Nuno Monteiro) relèvent donc d'une logique de plus en plus suivie en France. Elle témoigne d'une heureuse internationalisation de recherches qui, surtout dans ce cas précis, doivent impérativement dépasser le cadre à présent bien arpenté de nos paroisses et de nos communes. La présence

politique et société urbaine, Presses universitaires de Rennes, 1996. Au-delà de ces travaux spécialisés, la plupart des monographies urbaines consacrent un chapitre à l'étude des corps de ville.

4. Voir, à ce sujet, la belle synthèse de DELILLE G., *Le maire et le prieur. Pouvoir central et pouvoir local en Méditerranée occidentale (XVe-XVIIIe siècle)*, Paris, École française de Rome; École des Hautes Études en Sciences Sociales, 2003.

5. Dans ce volume, les contributions sur la France portent toutes sur les villes de province mais il faut souligner ici l'importance des études sur les élites municipales parisiennes menées dans le sillage des travaux de DESCIMON R., « Les assemblées de l'hôtel de ville de Paris (mi-XVIe-mi-XVIIe siècles) », *Mémoires de la Société de l'Histoire de Paris et de l'Île-de-France*, tome 38, 1987, p. 39-55 et « Le corps de ville et les élections échevinales à Paris aux XVIe et XVIIe siècles. Codification coutumière et pratiques sociales », *Histoire, Économie et Société*, 1994, n° 3, p. 507-530.

6. Sur la question qui nous occupe, COSTE L., *Les lys et le chaperon. Les oligarchies municipales en France de la Renaissance à la Révolution*, Bordeaux, Presses Universitaires de Bordeaux, 2007.

d'études menées sur le terrain colonial – le Brésil (Nuno Monteiro), Cuba (Dominique Goncalvès) et, en toile de fond de la carrière londonienne de William Beckford, la Jamaïque (Perry Gauci) – est ici une avancée qui doit être également saluée. L'intégration des colonies aux histoires nationales, sans naturellement que soit niée la spécificité du contexte ultramarin, est, nous semble-t-il, un des grands enjeux historiographiques des prochaines années[7]. Une dernière grande caractéristique de ce volume est de dépasser, ce qui paraît logique dans cette perspective européenne que nous venons d'évoquer, la barrière de la Révolution française, et de mettre en perspective, en particulier, les continuités entre le XVIIIe siècle et le XIXe siècle.

La plupart des participants à ce volume ont pratiqué et pratiquent toujours, pour certaines questions, les techniques éprouvées de la sociologie municipale. Plusieurs communications, comme celles de Béatrice Baumier, sur les marchands dans le corps de ville de Tours, de Stéphane Durand, à propos des échelles consulaires de Mèze, d'Agathe Leyssens, dans une comparaison des édiles de Boulogne, Calais, Dunkerque et Lille, de Jean-Paul Jourdan, pour sa comparaison des villes maritimes et intérieures du Sud-Ouest au XIXe siècle, de Christine Lamarre, sur les échevins de Dijon, et, enfin, de Jean-Pierre Poussou, à propos des élites du Lot-et-Garonne au début du XXe siècle, sont autant d'études de cas précises et stimulantes car rapportées à des problématiques plus amples comme, par exemple, la question de l'enracinement des élites. Mais tous ces auteurs insistent, nous semble-t-il, sur la nécessité de dépasser le stade, qui reste naturellement indispensable, de la comptabilité des familles et des catégories sociales liées aux corps de ville. La sociologie municipale présente, en effet, le danger de réduire les individus à de simples représentants de catégories socioprofessionnelles ou de stratégies familiales intemporelles qui ont souvent du mal à se concrétiser dans les sources qualitatives et qui ont le défaut de minorer la force de l'extinction biologique.

Les contributeurs à ce volume ont donc suivi de multiples voies pour pallier ces inconvénients. Les uns, comme Stéphane Durand, ont critiqué les notions mêmes de catégories sociales en s'interrogeant sur les contenus pratiques des professions déclarées, en réfléchissant sur les identités sociales et professionnelles des acteurs du jeu politique local et en travaillant sur le lien entre ces identités et les prises de position assumées dans l'exercice du pouvoir municipal. C'est ainsi que Béatrice Baumier insiste, avec pertinence, sur la nécessité de distinguer entre les différentes catégories

7. Elle a été récemment réclamée, dans des perspectives différentes, par SCHAUB J.-F., « La catégorie "études coloniales" est-elle indispensable ? », *Annales HSS*, n° 3, 2008, p. 625-646 ; ainsi que par RUGGIU F.-J. et VIDAL C., « Réflexions sur l'historiographie des sociétés coloniales et/ou esclavagistes américaines », VIDAL C. et RUGGIU F.-J. (dir.), *Sociétés, colonisations et esclavages dans le monde atlantique. Historiographie des sociétés américaines des XVIe-XIXe siècles*, Rennes, Perséides, 2009, p. 9-29.

de marchands qui ont participé au corps de ville de Tours, les uns liés aux finances de la monarchie, les autres davantage centrés sur des activités commerciales traditionnelles. Beaucoup ont interrogé les rapports entre l'élite urbaine et la noblesse. La juxtaposition des expériences du Portugal, où, comme le rappelle Nuno Monteiro, les magistrats urbains devaient être choisis parmi les « meilleurs des lieux », quels qu'ils soient, de l'Espagne levantine ou encore de la Bretagne, étudiée par Philippe Jarnoux, est particulièrement éclairante.

Dans la ligne des travaux des années 1990, en particulier de Philippe Guignet et de Guy Saupin, certains auteurs s'interrogent, enfin, sur les valeurs portées par les individus et par les familles qui cherchaient à entrer dans les municipalités et donc à participer concrètement à la définition de la politique de la ville et à sa gestion. Une bonne partie d'entre eux étaient, en effet, profondément, imprégnés de cette culture civique très complexe qui irriguait la vie quotidienne des urbains de l'époque moderne et qui se manifestait au premier chef dans les représentations de la ville. Les édiles municipaux n'étaient donc pas uniquement engagés dans les corps de ville pour se conformer à une stratégie familiale, pour préserver une influence locale, ou pour tenir une position sociale, même si cette dimension ne saurait être négligée. Comme le rappelle Olivia Carpi [8], ils étaient animés par une idéologie du service envers la communauté qui n'était pas l'apanage de la noblesse militaire ou des magistrats pour lesquels cette notion a souvent été étudiée. La notion de service, et la notion d'honneur qui y était liée, irriguaient, en fait, l'ensemble de la société au-delà de la barrière des ordres ou des états. Les épitaphes inscrites sur les tombes des *common councilmen* et des *aldermen* dans les églises urbaines anglaises le proclament haut et fort. La lecture des tableaux statistiques ne doit jamais faire oublier cette dimension politique et culturelle des engagements municipaux [9]. C'est, nous semble-t-il, la conclusion à laquelle parvient Guy Saupin au terme de sa rigoureuse étude comparée : la divergence entre les corps de ville anglais et français des façades maritimes n'est que marginalement due à un décalage de puissance de leur dynamique commerciale mais elle est bien plutôt liée à une différence dans les modèles administratifs monarchiques et, partant, dans les cultures politiques des élites urbaines. Il « repolitise » ainsi le politique et explique pourquoi la plupart des contributeurs qui abordent cette question, ne constatent que de faibles différences entre les villes de l'intérieur et les villes maritimes en ce qui concerne l'ouverture ou la fermeture des municipalités.

8. Nous renvoyons ici à son livre *Une république imaginaire : Amiens pendant les troubles de religion, 1559-1597*, Paris, Belin, 2005 ; ainsi qu'aux travaux de Lignereux Y., *Lyon et le roi : de la «bonne ville» à l'absolutisme municipal, 1594-1654*, Seyssel, Champ Vallon, 2003.

9. Ruggiu F.-J., « Pour une étude l'engagement civique au xviiie siècle », *Histoire Urbaine*, n° 19, août 2007, p. 145-164.

L'étude de la culture et des valeurs politiques nous amène presque naturellement à la réintroduction de l'individu dans le jeu municipal. Plusieurs contributions évoquent, en effet, l'importance de l'autorité naturelle, du talent, en particulier dans les pratiques oratoires ou à travers le sens politique, ou encore les capacités pour expliquer les succès ou les échecs de certains acteurs majeurs. Ces observations passent, en partie, par la reconstitution de carrières individuelles d'édiles, de familles d'édiles ou de personnages marquants de la vie politique locale. Cette dimension avait été jusque-là négligée par les historiens modernistes, les biographies de maires ou d'hommes politiques locaux semblant être plutôt une spécialité des spécialistes d'histoire contemporaine. Elle se développe cependant depuis quelques années et trois contributions nous en montrent ici la richesse comme, d'ailleurs, celle d'Alexandre Fernandez consacrée aux Ybarra, une famille d'entrepreneurs de Bilbao. Dominique Goncalvès suit ainsi sur trois siècles le destin des Penalver, qui comptent de nombreux *alcaldes* ou *regidores* de La Havane. Il met en lumière l'importance, sur la longue durée, pour les deux branches de la famille d'un choix contradictoire fait au moment de l'invasion de Cuba par les Britanniques durant la guerre de Sept Ans. Perry Gauci retrace la manière dont William Beckford, issu d'une famille de riches planteurs de la Jamaïque, réussit son implantation dans la vie politique de la City londonienne dont il est devenu, dans la seconde moitié du XVIIIe siècle, un des symboles politiques. En s'appuyant sur l'étude des campagnes électorales de William Beckford, qui n'ont pas été faciles, et sur ses discours parlementaires, il montre la manière dont il a su entrer en résonnance avec les préoccupations des électeurs de la City. À l'inverse, Yann Ligneureux reconstitue les événements qui ont permis à Charles de Neufville, marquis d'Halincourt, gouverneur de Lyon, pourtant « une personne de peu de valeur, un incapable, un ignorant... », selon le commentaire peu amène d'un envoyé du Grand-Duc de Toscane, et un personnage effacé au sein d'une brillante famille, d'être celui qui a scellé l'accession des Villeroy parmi les grandes maisons aristocratiques du royaume.

Une bonne partie des éléments que nous signalons ici se diffusent, en fait, dans le milieu des spécialistes de la ville depuis le début des années 1990. Ils scandent le lent détachement qu'opère l'étude du politique en milieu urbain des cadres socioéconomiques qui ont été sa matrice dans les années 1980 et l'influence croissante sur ses méthodes et ses thématiques de la notion de culture politique [10]. Plusieurs directions nouvelles se

10. L'influence des spécialistes britanniques et étatsuniens de l'histoire des relations entre le pouvoir central et le pouvoir local dans la France de l'époque moderne, dans la ligne des travaux de BEIK W., a joué ici un rôle fondamental. Voir, par exemple, SCHNEIDER R. A., *Public Life in Toulouse, 1463-1789. From municipal republic to cosmopolitan city*, Ithaca, Londres, Cornell University Press, 1989 ;

signalent dans ce volume qui renforcent ce mouvement. Le premier est la réhabilitation à l'échelle locale de la notion de « parti », au sens d'alliances ou de regroupements plus ou moins éphémères, d'acteurs locaux autour de thèmes politiques ou édilitaires précis. Il apparaît qu'il est temps de revenir sur les commentaires dédaigneux qui en ont été données par les érudits du XIXe siècle. Prenant à leur valeur faciale les analyses des contemporains, ils les interprétaient, en effet, seulement en termes de « brigue » ou de « corruption » et ils dépeignaient leurs acteurs comme attachés à des intérêts égoïstes, soit individuels, soit liés à une classe sociale. Il est cependant possible à présent de montrer en quoi, comme l'esquisse Stéphane Durand à propos de Mèze, les conflits de partis participaient à une réelle dynamique des pouvoirs locaux. Christine Lamarre est encore plus affirmative à propos de la violente crise survenue dans la municipalité de Dijon entre 1783 et 1785 car elle la relie à un affrontement entre l'intendant et les princes de Condé et à un vrai « clivage politique ».

Cette interrogation est reliée à une autre qui porte sur la réalité du pouvoir au sein des villes et de son exercice. Qui détenait réellement le pouvoir au sein de la municipalité d'Ancien Régime ou XIXe siècle ? Était-ce le maire, qui était souvent soumis à un renouvellement annuel ? Étaient-ce les éléments plus stables du corps de ville, c'est-à-dire le corps des échevins le plus souvent, voire l'administration permanente, qui, à l'image des sept conseillers pensionnaires, procureur-syndic, greffiers et trésoriers qui assistaient les trente-trois membres temporaires de la Loi lilloise, survivait le plus souvent à tous les bouleversements électoraux ? C'est en ce sens que la sociologie municipale, par l'intermédiaire des études sur l'assistance aux sessions du, ou des conseils ou encore sur l'exercice des responsabilités exécutives, qui pouvaient être fort lourdes, a justement rappelé Christine Lamarrre, a encore un rôle essentiel à jouer. Au cours de l'époque moderne, les fonctions assumées par les magistrats municipaux dans le royaume de France ont, d'ailleurs, considérablement évolué car elles sont devenues moins politiques et plus administratives. Ce mouvement ne doit pas être interprété seulement comme une « perte » de pouvoir, qui aurait été subie par les municipalités en raison de la croissance de l'État central, mais aussi comme une réorientation gestionnaire des municipalités dont les compétences, en ce domaine, se sont accrues considérablement, ainsi que la charge de travail qui y était liée.

La seconde direction que nous aimerions mettre en valeur concerne la notion, à nos yeux essentielle, de culture familiale. À une époque où l'éducation, y compris dans les milieux de la notabilité urbaine que nous étudions, était largement une affaire interne à la famille, l'imprégnation

---

BERNSTEIN H. J., *Between crown and community : politics and civic culture in sixteenth-century Poitiers*, Ithaca (N. Y.), Cornell University Press, 2004 ; BREEN M. P., *Law, city, and king : legal culture, municipal politics, and state formation in early modern Dijon*, Rochester (N. Y.), University of Rochester Press, 2007.

des enfants par les attitudes assumées par les parents était encore un élément fondamental. Cette culture familiale se différencie pour nous de la nature patriarcale de la société d'Ancien Régime et des valeurs communes transcendant les ordres et les états qui étaient diffusées par le système d'éducation publique. Elle se déclinait, à notre sens, dans une vaste gamme d'actions : le choix d'une profession, par exemple, mais aussi les comportements familiaux (l'âge au mariage ; le choix de la conjointe et du lieu de la résidence ; les dispositions testamentaires ; la propension à migrer ; les comportements sexuels) ou encore les différents engagements sociaux. Dans ces domaines, et dans beaucoup d'autres, chaque génération passait à l'autre, qui pouvait naturellement le recevoir ou le contester, un ensemble de comportements acceptables, et donc reproductibles, parce que observés dans le cadre familial et parce que portés par la mémoire familiale soit transmise directement soit par les archives familiales (au premier rang desquels les écrits du for privé). La culture familiale n'était, bien sûr, pas seulement liée à la relation entre les parents et les enfants mais elle concernait ce qui était observé du comportement des grands-parents et des collatéraux, oncles et tantes, cousins et cousines, voire cercles des amis proches, dont la présence dans la vie quotidienne était plus faible que les parents, mais dont les comportements qui pouvaient marquer encore plus fortement, dans l'acceptation ou la désapprobation, les individus et orienter à des moments clefs leur choix de vie. L'entrée de familles entières vers l'Église, parfois y compris le fils aîné, ou dans l'armée fait partie des exemples les plus évidents de ces cultures familiales que nous aimerions mettre en valeur et qui expliquent que, parfois, des familles ayant les mêmes attributs socio-économiques, ont eu des comportements très différents. Nous avançons donc, encore à titre d'hypothèse, que les variations dans les comportements des élites urbaines vis-à-vis des corps de ville peuvent être, dans une certaine mesure, le fruit d'une culture familiale face à l'engagement civique et la vérification d'une telle hypothèse passe naturellement par la multiplication des monographies familiales. C'est pourquoi, comme le souligne Jean-Paul Jourdan, les études sur la parenté au sein des corps de ville, souvent entreprises pour l'époque moderne en ce qui concerne les liens directs (père/fils, frères, beau-père/gendre), doit rester une dimension importante de nos travaux.

La troisième direction essentielle à nos yeux concerne l'articulation de ce que nous appelons souvent le « pouvoir municipal » avec les autres formes de pouvoirs qui irriguent l'ensemble de l'organisme urbain. Nous avons depuis longtemps l'habitude de nous interroger sur les liens qui existent entre le corps de ville et les autres grandes institutions abritées par les villes – cours souveraines ou supérieures, bureaux des finances, présidiaux et bien d'autres – mais il est sans doute fondamental de nous interroger davantage sur les ramifications qui unissent le corps de ville et les échelons inférieurs du pouvoir municipal qu'il s'agissent de structures territoriales comme les quartiers ou les paroisses ou de structures corporatives comme les corps de métiers ou, comme cela a été récemment montré, les compagnies de milice[11]. Les sociétés urbaines de l'époque moderne sont, en effet, animées, comme cela a été depuis longtemps montré, entre autres, par Jean-Pierre Bardet et Jean-Pierre Poussou, par de puissants mouvements migratoires qui aboutissent à des renouvellements réguliers de leurs populations. Ils ne concernent pas seulement la population flottante des journaliers et des domestiques mais aussi les marchands, les boutiquiers et les artisans. Un des principaux problèmes que devaient résoudre les élites urbaines était autant l'intégration, si possible discrète, selon une expression de Philippe Jarnoux, des migrants aisés que l'encadrement et la surveillance des migrants pauvres. La ligne de fracture qui séparait au sein des villes de l'époque moderne les migrants des sédentaires était, sans doute, tout aussi importante que celle qui séparait économiquement les pauvres des riches. Il était donc nécessaire de construire des « lieux » et de produire une « culture » qui puissent inclure les migrants. Les institutions municipales, au sens très large, qu'elles fonctionnent selon un système pyramidal, faisant remonter le pouvoir vers un cœur constitué par le conseil des échevins, ou dans un système polynucléaire, juxtaposant des organes plus ou moins autonomes, étaient pleinement partie prenante de ce dispositif. Les contributions de Vincent Montojo sur les élites d'Alicante et de Carthagène ainsi que celle de Jean-François Priotti sur la famille Ruiz à Nantes apportent sur ce point des éléments d'une grande richesse. Le premier montre que les familles italiennes installées dans le Levant espagnol pour des raisons commerciales ont réussi à s'intégrer sans trop de difficulté dans les élites urbaines avec l'aide de la Couronne. Le second démontre la profonde implication d'un réseau de parenté – les Ruiz et leurs alliés Rocaz et Le Lou – qui est centré sur une famille étrangère dont le chef, Simon Ruiz, est établi à Médina del Campo, en Castille, dans les affaires municipales de la ville. L'idée d'une culture politique urbaine est d'autant plus importante que la plupart des systèmes municipaux différaient d'une ville à l'autre, le cas du Portugal, où les règles étaient les mêmes partout en métropole, sauf pour la capitale et dans l'empire, étant ici une exception.

Les études des corps de villes sont, à présent, à un tournant. La voie, à présent ancienne, de la sociologie municipale reste essentielle mais il est

11. Sur ce dernier point, voir Descimon R., « Milice bourgeoise et identité citadine à Paris au temps de la Ligue », *Annales ESC*, n° 4, juillet-août 1993, p. 885-906 ; Po-chia Hsia R., « Civic militia and civic liberties in early modern cities », *Tijdschrift voor sociale Geschiedenis*, 1997, vol. 23, n° 1, p. 52-62 ; Lamarre C., « Les jeux militaires au xviiie siècle. Une forme de sociabilité urbaine négligée », *Histoire Urbaine*, n° 5, 2002, p. 85-103 ; Coste L., « Les milices bourgeoises en France », Poussou J.-P. (dir.), *Les sociétés urbaines au xviie siècle*, Paris, Presses de l'Université de Paris-Sorbonne, 2007, p. 175-188.

clair qu'elle ne suffit plus à renouveler les problématiques. Les directions proposées dans ce volume – les comparaisons internationales ; la dimension coloniale ; l'importance de l'acteur individuel et des cultures familiales ; la notion de culture politique urbaine – apparaissent en filigrane de bien des travaux depuis un certain nombre d'années. Elles s'offrent à présent, ouvertement et ensembles, aux chercheurs qui s'intéressent aux élites urbaines et il est sûr qu'elles donneront lieu dans les années à venir à des développements passionnants.

Les auteurs

Béatrice Baumier

Professeur agrégée d'histoire a soutenu en 2004 sous la direction de Monsieur Claude Petitfrère, Professeur à l'Université François Rabelais de Tours une thèse qui a été publiée 2007 sous le titre *Tours entre Lumières et Révolution. Pouvoir municipal et métamorphoses d'une ville (1764-1792).* Ses recherches portent sur l'histoire de la Touraine et les sociétés urbaines.

Olivia Carpi-Mailly

Ancienne élève à l'ENS, a soutenu à Paris I, en 2000, sous la direction de Nicole Lemaitre une thèse publiée en 2005 sous le titre *Une République imaginaire. Amiens pendant les troubles de religion (1559-1597).* Elle a publié la même année, avec Philippe Nivet, un ouvrage sur *La Picardie occupée.* Elle est maître de conférences à l'Université de Picardie.

Laurent Coste

Professeur à l'Université Michel de Montaigne-Bordeaux 3, depuis 2006, après une HDR dirigée par Madame Josette Pontet, sur Les corps de ville en France sous l'Ancien Régime : essai sur le renouvellement des oligarchies municipales (du milieu du xvie siècle à la Révolution). Ses travaux portent sur les élites urbaines d'Ancien régime : *Messieurs de Bordeaux. Pouvoirs et hommes de pouvoir à l'hôtel de ville (1548-1789)*, Pessac, FHSO-CAHMC, 2006, *Les lys & le chaperon. Les oligarchies municipales en France de la Renaissance à la Révolution*, Pessac, PUB, 2007, *Les élites municipales françaises. Dictionnaire prosopographique. Les jurats de Bordeaux de 1550 à 1789*, Bordeaux, HISME-SAHCC-CGSO, 2008.

Stéphane Durand

Maître de conférences habilité à l'Université Paul-Valéry-Montpellier III. Il a publié chez Hachette en 2006, *Les villes en France xvie-xviiie siècles.* Ses recherches portent sur l'histoire des villes, des finances et de la fiscalité.

Alexandre Fernandez

Professeur à l'Université Michel de Montaigne-Bordeaux 3 est un spécialiste des réseaux économiques et politiques de l'époque contemporaine, tant dans le nord de l'Espagne que dans le Sud-Ouest de la France. Il a dirigé avec Christophe Bouneau *L'entreprise publique en France et en Espagne de la fin du XVIIIe siècle au milieu du XXe siècle*, Pessac, Éd. de la MSHA, 2004, et publié en 2006 *Villes, services publics, entreprises. France, Espagne, XIXe-XXe siècles*, Pessac, Éd. de la MSHA.

Michel Figeac

Professeur à l'Université Michel de Montaigne-Bordeaux 3. Professeur d'histoire moderne. Directeur du Centre d'Étude des Mondes Moderne et Contemporain. Ses travaux portent sur l'histoire des noblesses européennes, l'histoire de la Révolution française, l'histoire des sociétés urbaines, l'histoire de la culture matérielle, des mentalités et des sensibilités à l'époque moderne. Il vient de publier *Le rayonnement français en Europe centrale du XVIe siècle à nos jours* édité par la Maison des Sciences de l'Homme d'Aquitaine, Pessac, novembre 2009.

Perry Gauci

Enseigne au Lincoln College de l'Université d'Oxford. Il est spécialiste d'histoire politique et sociale des XVIe , XVIIe et XVIIIe siècles. Il a publié *Politics and Society in Great Yarmouth 1660-1722* (Oxford University Press, 1996) ; *The Politics of Trade : The Merchant outre-mer dans l'État et la société* (Oxford University Press, 2001) ; *Emporium du monde: Les marchands de Londres* (Hambledon Continuum, 2007).

Dominique Goncalves

Ancien pensionnaire de la Casa de Velazquez, a soutenu une thèse en 2004 sous la direction de Monsieur le Professeur Michel Bertrand de l'Université de Toulouse II Le Mirail. Il a publié *Le planteur et le roi. L'aristocratie havanaise et la Couronne d'Espagne*, Bibliothèque de la Casa de Velázquez (39), Madrid, 2008. Il est membre de l'équipe de recherche FRAMESPA. Ses recherches portent sur les Caraïbes hispanophones.

Philippe Jarnoux

Professeur d'histoire moderne à l'Université de Brest, auteur de *Les bourgeois et la terre. Fortunes et stratégies foncières à Rennes au XVIIIe siècle*, Rennes, PUR, 1996. Il a dirigé de nombreuses publications comme *Elites et notables en Bretagne de l'Ancien Régime à nos jours*, Brest, 1999. Ses travaux portent sur l'histoire maritime, l'histoire économique et sociale de la Bretagne, l'histoire des Amériques coloniales à l'époque moderne.

Jean-Paul Jourdan

Professeur d'histoire contemporaine à l'Université Michel de Montaigne-Bordeaux 3 dont il est l'un des Vice-Présidents depuis 2009. Ses travaux portent sur l'administration et le personnel administratif français au XIXe siècle. *Le personnel de l'administration dans le Sud-Ouest aquitain de la fin de l'Ancien Régime aux années 1880*, Septentrion, Presses universitaires, 2001, *Bordeaux, un siècle de vie, 1900-2000,* Fécamp, Édition des Falaises, 2005, *Histoire de l'académie de Bordeaux et de ses recteurs,* en co-direction avec Jean-Paul Grasset, 2008.

Christine Lamarre

Professeur émérite des Universités a enseigné à l'Université de Bourgogne. Elle préside la Société d'Histoire des petites villes. Ses travaux ont porté sur la Bourgogne d'Ancien Régime. Elle a notamment publié *Petites villes et fait urbain en France au XVIIIe siècle. Le cas bourguignon*, Dijon, EUD, 1993.

Agathe Leyssens

Professeur agrégée d'Histoire, chargée de cours à l'Université du Littoral Côte d'Opale, a présenté une thèse sous la direction de Monsieur le Professeur Philippe Guignet, sur *Élites municipales, corporations et pouvoirs à Dunkerque au XVIIIe siècle.*

Yann Lignereux

Maître de Conférences à l'Université de Nantes et membre du Centre de recherches en histoire internationale et atlantique. Il a soutenu à Paris IV-Sorbonne sous la direction de Monsieur Denis Crouzet une thèse qui a été publiée sous le titre *Lyon et le roi. De la « bonne ville » à l'absolutisme municipal (1594-1654)*, Paris, ChampVallon, 2003, en collaboration, Paris, BelinSup, 2006. Ses recherches portent actuellement sur les grands lignages provinciaux français.

Nuno Gonçalo Monteiro

Professeur à l'Université de Lisbonne et Investigador coordenador à l'Instituto de Ciências Sociais. Spécialiste de la société portugaise, il a publié en 1995 *O Crepúsculo dos Grandes. A Casa e o Património da Aristocracia em Portugal (1750-1834),* en 2007 *Elites e poder.Entre o Antigo Regime eo Liberalismo*, et publié en 2009 en collaboration, *Historia de portugal.*

Vicente Montojo

Docteur en histoire moderne de l'Université de Murcie. Il est archiviste (Archives municipales de Carthagène, de Murcie, Archives générales de la région de Murcie). Il est l'auteur de plusieurs publications sur la description archivistique et heuristique des sources documentaires, sur les élites urbaines et sur les confréries espagnoles.

Jean-Pierre Poussou

Professeur émérite des Universités a été Recteur de l'Académie de Bordeaux et Président de l'Université Paris IV-Sorbonne. Ses travaux portent sur la démographie de l'ancienne France et sur les villes d'Europe occidentale à l'époque moderne. Parmi ses nombreux ouvrages, il faut citer ici *Bordeaux et le sud-Ouest au XVIIIe siècle. Croissance économique et attraction urbaine*, Paris, Jean Touzot, 1983 ; *Études sur les villes en Europe occidentale (milieu du XVIIe siècle à la veille de la Révolution française)*, Paris, SEDES-CDU, 1983 (en collaboration).

Jean-Philippe Priotti

Membre du Centre de Recherche en Histoire Atlantique et Littorale (Université du Littoral-Côte d'Opale) et membre associé de l'UMR 5591-CNRS (France Méridionale et Espagne : Histoire des sociétés du Moyen Age à nos jours), Université de Toulouse II-Le Mirail. Ses investigations actuelles portent plus particulièrement sur les réseaux sociaux entre la Castille, la France et l'Amérique espagnole aux XVIe-XVIIe siècles. Il a notamment publié *Bilbao et ses marchands au XVIe siècle*, Septentrion, 2004. Il est maître de Conférences habilité à l'Université du Littoral-Côte d'Opale

François-JosepH Ruggiu

A été Professeur à l'Université Michel de Montaigne-Bordeaux 3 et exerce à l'Université de Paris IV-Sorbonne. Ses travaux portent sur les élites urbaines de France et d'Angleterrecomme en témoigne *Les élites et les villes moyennes en France et en Angleterre (XVIIe-XVIIIe siècles)*, Paris, L'Harmattan, 1997. Il s'intéresse également aux écrits intimes puisqu'il co-dirige le GDR Les écrits du for privé en France de la fin du Moyen Âge à 1914.

Guy Saupin

Professeur à l'Université de Nantes, est l'un des meilleurs spécialistes français des élites dirigeantes de la France d'Ancien régime. Il a publié de nombreux ouvrages sur ce sujet ainsi que des synthèses nationales : *Nantes au XVIIe siècle. Vie politique et société urbaine*, Rennes, PUR, 1996 ; *Les villes en France à l'époque moderne (XVIe-XVIIIe siècles)*, Paris, Belin, 2002. Il est membre du Centre de recherches en histoire internationale et atlantique de l'Université de Nantes.

TABLE DES MATIÈRES

Avant-propos
Michel Figeac 7

Introduction
Laurent Coste 9

Première partie
Le pouvoir dans les villes maritimes

Guy Saupin
Sociologie du gouvernement urbain des villes atlantiques anglaises et françaises aux XVIIe et XVIIIe siècles 19

Jean-Philippe Priotti
Dynamiques commerciales castillanes, ordres locaux bretons et monarchie française (seconde moitié du XVIe siècle) 45

Nuno Gonçalo Monteiro
Les élites urbaines au Portugal et au Brésil (1640-1820) 73

Vicente Montojo Montojo
Immigration et groupes de pouvoir dans le Levant espagnol 95

Deuxième partie
Villes portuaires, villes de l'intérieur, des oppositions à relativiser ?

Philippe Jarnoux
Offices, pouvoir et mobilité sociale dans les villes bretonnes au XVIIe siècle 111

Stéphane Durand
Les élites municipales dans les villes du bas Languedoc au XVIIIe siècle : réflexions autour de l'exemple de Mèze 127

Agathe Leyssens
Élites municipales des Flandres : Dunkerque, Calais, Boulogne sur mer et Lille au XVIIIe siècle 145

Jean-Paul Jourdan
Les élites des villes maritimes et des villes de l'intérieur en Aquitaine au XIXe siècle 171

Troisième partie
Le pouvoir dans les villes continentales

Olivia Carpi
Des vertus de l'oligarchie : la municipalité amiénoise au XVIe siècle 189

Béatrice Baumier
Les maires et échevins d'origine marchande : l'exemple de Tours à l'époque moderne (1589-1789) 213

Christine Lamarre
Échevinage et échevins de Dijon au XVIIIe siècle 231

Jean-Pierre Poussou
Un exemple d'enracinement local : les élites lot-et-garonnaises à la fin du XIXe et au début du XXe siècle 243

Quatrième partie
Destins individuels, destins familiaux

Perry Gauci
Un apprentissage impérial : William Beckford et la cité de Londres 255

Alexandre FERNANDEZ
Les affaires, le sang et le pouvoir : les Ybarra de Bilbao de la fin du XVIIIe siècle au début du XXe siècle ... 277

Dominique GONCALVÈS
Les Peñalver de la Havane, XVIIe-XIXe siècle ... 289

Yann LIGNEREUX
La puissance des Villeroy
L'héritage du pouvoir à l'épreuve, 1589-1619 ... 311

Conclusion
François-Joseph RUGGIU ... 333

Les auteurs ... 343

Achevé d'imprimer
sur les presses de la reprographie
de l'université Rennes 2
en avril 2010

Imprimé en France